孩子一读就懂的
天文地理

趣味天文学

［俄罗斯］雅科夫·伊西达洛维奇·别莱利曼　著

薛双　译

北京理工大学出版社
BEIJING INSTITUTE OF TECHNOLOGY PRESS

图书在版编目（CIP）数据

孩子一读就懂的天文地理 . 趣味天文学 /（俄罗斯）
雅科夫·伊西达洛维奇·别莱利曼著；薛双译 . –– 北京：
北京理工大学出版社，2021.10（2025.4 重印）
ISBN 978-7-5763-0019-2

Ⅰ . ①孩… Ⅱ . ①雅… ②薛… Ⅲ . ①天文学—青少
年读物 Ⅳ . ① P1-49 ② K90-49

中国版本图书馆 CIP 数据核字（2021）第 133970 号

责任编辑：徐艳君　　　文案编辑：徐艳君
责任校对：周瑞红　　　责任印制：施胜娟

出版发行 / 北京理工大学出版社有限责任公司
社　　址 / 北京市丰台区四合庄路 6 号
邮　　编 / 100070
电　　话 /（010）68944451（大众售后服务热线）
　　　　　（010）68912824（大众售后服务热线）
网　　址 / http://www.bitpress.com.cn

版 印 次 / 2025 年 4 月第 1 版第 2 次印刷
印　　刷 / 武汉林瑞升包装科技有限公司
开　　本 / 880 mm×710 mm　1/16
印　　张 / 14
字　　数 / 190 千字
定　　价 / 138.80 元（全 3 册）

序 言

　　天文学是一门让人感到幸福的学科：按照法国科学家阿拉戈的说法，它不需要任何修饰。天文学领域的成绩令人瞩目，因此不需要花费心思获得人们的关注。然而，天文学不仅有惊人的发现和大胆的理论，它更是我们生活中日复一日都在发生的真实存在和客观事实。对于大多数非天文爱好者来说，这一层面上的天文学往往枯燥而乏味，因此普通人常常对这方面的内容知之甚少甚至毫无兴趣。所以我们眼前的世界也很难引起他们的关注。

　　有关天文学枯燥基础知识的前几页，而非最后几页，是构成本书的重要组成部分（但并非唯一的组成部分）。读者可以通过本书的内容了解天文学的一些基本现象。当然，这并不意味着《趣味天文学》就是类似于初级教科书的东西。相反，本书作者对材料的分析和处理方式与教科书大相径庭。在这里，我们日常中一知半解的现象常常会以一种不同寻常，甚至与我们以往认知完全相悖的面貌出现，作者从全新的、意想不到的角度为我们重现了过去被我们忽视的现象，希望能够引起我们的关注，重新树立我们的兴趣。此外，与教科书不同，在本书中尽量避免出现令人费解的专业术语和复杂的技术设备，而这些因素往往正是读者与天文学书籍之间的障碍。

　　普通的科普类书籍常常因为严肃知识的欠缺而备受诟病。这种指责从某种程度上来说是公平的（如果我们谈论的是精密学科、自然学科方面的书籍）。普通的科普类书籍不涉及任何形式的数学计算，这一现象多少也能够支持上述观点。然而，只有当读者真正掌握了计算，哪怕是基本单位的计算时才能够算是真正理解掌握了这些材料。因此，《趣味天文学》和本系列其他书籍一样并没有刻意回避数学计算。作者真正关注的是如何简化这些计算，使之能够顺利地被读者理解，哪怕他们只有中学生的计算水平。这一过程不仅能够深化读者对本书内容的认识，也为读者日后阅读更为复杂的严肃科学作品打下了基础。

本书涵盖多个章节。作者选取了其他同类书籍很少涉及的材料向读者介绍了关于地球、月球、行星、恒星和重力等方面的内容。而本书未能收录的其他天文学主题，作者本计划在《趣味天文学》下卷中慢慢展现。毕竟，作者从未妄图能够通过这一本书尽述当代天文学的所有辉煌成就。

雅科夫·伊西达洛维奇·别莱利曼

C O N T E N T S
目录

01
地球、地球的形态和运动

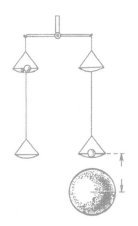

C O N T E N T S

目录

02　月球及其运动

03　行星

04

恒星

C O N T E N T S
目录

05

万有引力

01

地球、地球的形态和运动

第 1 节

地面上和地图上的最短路线

老师用粉笔在黑板上圈出两个位置并让学生找出两地之间的最短路线。

学生思考片刻，然后认真地在黑板上画出一条弧线。

"对，这确实是它们之间最短的距离！"老师感到十分不可思议，忍不住问道，"这是谁教你的？"

"我爸爸，他是一名出租车司机。"学生回答。

这位天真的小学生画出的线路弯弯曲曲，颇有些好笑。但是如果有人告诉你图1中虚线标注出来的弧线确实是好望角到澳大利亚南端的最短路线，你还会觉得可笑吗？如果我们接下来再告诉你图2中从日本到巴拿马运河的不同路线中，半圆形的曲线航线要比直线航线短，你是不是更觉得难以置信呢？

这些听起来似乎是个笑话，但实际上却是毋庸置疑的真理。制图学家们对此最清楚不过了。

想要解释清这个问题，我们首先要简单了解一下地图，尤其是航海地图。众所周知，我们的地球是个球体，而在保证不出现褶皱和断裂的情况下，我们很难将一个球体的表面在平面上展开。因此，想要在纸上画出地表这件事儿从理论上来说就是非常不容易的。正因如此，我们不得不接受地图存在的一些偏差。制图学家曾想出很多制图方法，但总是不可避免地存在这样或那样的缺陷，完美无缺的地图是不存在的。

航海家们使用的地图是根据16世纪荷兰的制图学家、数学家墨卡托提出的方法绘制的，这种方法被称为"墨卡托投影"。这种航海图上有很多直角网格，因此很容易理解：图上一排排竖直的平行线表示经线；而垂直于经线的平行直线则表示纬线（见图1）。

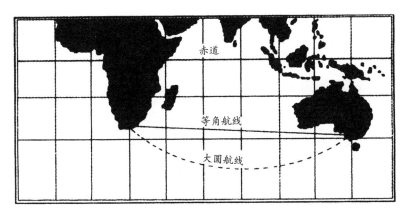

图1　在航海图上，从好望角到澳大利亚南端最短的距离并非直线
（等角航线），而是曲线（大圆航线）

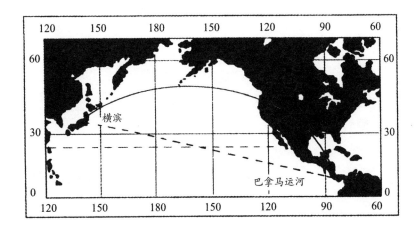

图2　在航海图上，横滨和巴拿马运河之间的曲线航线要比直线航线短

现在让我们想象一下，如果同一纬线上有两个港口，它们之间的所有航线均可通

行。我们如果能找到最短的那条航线，自然就可以选择沿着这条最短航线前进了。那么，我们怎样才能找到最短的航线呢？很多人会不假思索地回答，和纬线重合的那条航线当然就是最短的——毕竟两点之间，还有什么会比直线更短呢？遗憾的是，事实并非如此：纬线所在的那条航线并不是最短的。

实际上，球面上两点之间最短的距离应该是通过它们的大圆弧线[1]，而纬线只是一条小弧线。两点之间，大圆弧线的曲率小于其他小弧线：小曲率对应着大半径。而圆中，直径所在的直线是最长的直线。如果我们在地球仪上同一纬度的两点之间拉一条线（见图2），我们可以明显看出，这条线并没有沿着纬线延伸。按照此前的认知，我们拉出这条直线毫无疑问应该是最短的路线。如果它不与纬线重合，我们就可以说，在航海图中，最短路线并不是用直线表示的：前文我们已经说明在这类地图中纬线即表示直线。而所有线条，如果不与纬线平行，即为曲线。

第 **2** 节

1° 经线和 1° 纬线，到底哪个更长？

【问题】毫无疑问，大家都对经度和纬度有一定的了解。但是我相信，并不是所有人都能正确回答出下面这个问题：1° 纬线是否始终比 1° 经线长？

---

1 地球面上两点间最短距离是通过两点间大圆的劣弧。

【回答】大多数人都会认为，答案是肯定的。因为1°经线的长度是通过纬线得出的，1°纬线的长度则是通过经线来计算的，而任何一个纬线圈都比经线圈小，因此无论如何，1°经线的长度不可能超过1°纬线的长度。我想，之所以存在这样的观点，是因为我们忘记了，地球并不是一个规则的球形，而是一个在赤道处鼓起的椭圆形球体。在椭圆形的地球上，不仅赤道的长度大于经线圈，靠近赤道的纬线圈也都大于经线圈。计算结果显示，从赤道至5°纬线，每隔1经度纬线的距离（即长度）要大于每隔1纬度经线的距离（即宽度）。

第 3 节

阿蒙森的去问

【问题】探险家罗阿尔德·阿蒙森从北极返回时是沿着什么方向前进的？从南极返回时又是沿着哪个方向前进的呢？朋友们，请不要查阅资料，试着给出自己的答案。

【回答】北极是地球的最北端。如果从北极出发，不管往哪个方向，我们始终是在往南前行。因此探险家罗阿尔德·阿蒙森从北极返回时只能往南行进，没有其他方向。以下是从阿蒙森乘坐"挪威"号征服北极圈的旅行日记中摘录的片段。

我们驾驶着"挪威"号飞艇在北极上方转了一圈，然后继续飞行……离开北极时，我们始终朝南飞行，直到在罗马城降落。

而同样的，从南极返回的阿蒙森，也只能往北前行。

科兹马·普鲁特科夫有一则笑话，说的是一个土耳其人跌落到了世界"最西面"的古老国度的故事。他在书中描述到：

我的前面是东方，背后还是东方。西面呢？你或许认为西面我们总可以看到点什么，哪怕是远远的一个移动的点……可是没有！我的西面还是东方。总之，我的周围到处都是东方，无穷无尽的东方。

书中描绘的这个被东方包围的国度在地球上当然是不存在的。但是却存在四面八方都是南以及四面八方都是北的点。比如，在北极点上，我们可以建造一座四面朝南的房子。而实际上我们光荣的苏联极地探险家已经将这件事变成了现实。

第 4 节

5 种计时方法

日常生活中我们已习惯了手表和挂钟，但也许大部分人并不清楚钟表指针的意义。我相信，我们的读者中只有为数不多的一部分人能够解释清楚"现在是晚上7时"这句话的科学含义，尽管我们可能经常会说这句话。

难道这句话只是在说时针指向了数字7吗？那么钟表上的数字7又代表什么呢？你也许会回答，数字7表示从正午截至下午的此时此刻已经过去了今天的$\frac{7}{24}$。那么我们所说的下午是根据什么界定出来的呢？一天又是怎么回事儿呢？我们常说"昼夜更替，日复一日"，这些表述中便提到了一种常用的计时方法。在这里，一昼夜是指位于太阳系的地球在自己的轨道上完成一次自转的时间。太阳（或者更精确地说是太阳中心）连续两次经过同一条线时即被视为完成了一个自转周期，也就是一个昼夜。这条线便是观察者头顶正上方（天顶）与地平线正南方的一个点的连线。然而，我们观测到的昼夜时长并不是一成不变的：太阳有时会早一点有时又会晚一点通过这条线。因此，想要完全按照"真正的正午"来校对钟表是不可能的。就连技艺最精湛的钟表大师也不敢保证钟表能够完全按照太阳的升降走时，因为这个时间间隔并无规律可循。一百多年前就有一位巴黎制表大师在自己的招牌上写道：太阳是时间的骗子。

所以我们的钟表并不是按照现实中的太阳——而是按照我们想象中的太阳来校对的。这个太阳不发光不发热，只是人们为了方便计时假想出来的。它长年围绕地球匀速转动，且其绕地一周的时间恰巧与地球自转一周的时间完全一致。当然在这里我们需要再次声明，这个太阳只是我们假想中的太阳，被称为"平太阳"，而平太阳穿过天顶线的那一刻被称为"平午"。两个平午之间的时间间隔即为一个"平太阳日"，"平太阳时"也是据此计算的。生活中，我们的时钟和挂钟都是按照平太阳时走时的，而以影子的变化来计时的日晷显示的则是当地的"真太阳时"。

通过上面的论述，读者可能会误认为，既然地球自转是不规律的，那么真太阳日也不会是固定的。显然，这种认识并不准确：真太阳日的时长不等是由其他地球运动导致的，准确来说是因为地球公转的不规则导致的。现在我们就来了解一下地球公转是如何影响真太阳日时长的。

在图3中我们可以看到两个不同位置上的地球。让我们先看一下左边的地球：地球右下角的箭头表示地球的自转方向，从北极圈上空看地球自转是逆时针方向。图中正对着太阳的A点此时恰为正午。我们知道，地球自转的同时也围绕太阳公转。所以，当地球完成一圈自转后，它也会沿着公转轨道向右移动一定的距离，到达图中右边的位置。如图3所示，经过A点的地球半径方向与前一天保持一致，然而此时的A点已不再是正对太阳的了。所以对于站在A点的人来说，正午尚未到来。地球还需要经过几分钟的自转A点才会来到太阳的正对面，迎来正午。

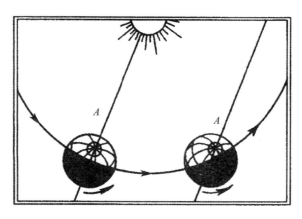

图3　处在两个不同位置上的地球

这种现象会带来什么影响呢？那就是两个真太阳正午的间隔比地球完成一次自转的时间间隔长。如果地球匀速地在以太阳为圆心的规则的圆形轨道上运动，那么地球的自转周期与真太阳日之间的差距也应该是始终相同的。不难发现，如果我们将每天的时间差叠加，所得结果刚好是一整个昼夜（地球绕太阳公转一年所需的时间，比地球自转一年的时间多出一天）；也就是说，地球在它的公转轨道上每完成一次自转的用时为：

$$365\frac{1}{4}:366\frac{1}{4}\approx0.997日=23时56分4秒$$

此外，还应指出的是，我们在这里算出的昼夜时长，也正好是地球相对任一恒星完成一周自转所用的时间。科学家们将这种计时方式下的一昼夜称为一个"恒星日"。

所以，恒星日平均比太阳日短3分钟56秒，也就是大约4分钟。然而这个差数也不是固定不变的，因为：

（1）地球公转并不是匀速的，而且地球轨道也不是规则的圆形，而是椭圆形。因此，地球的公转速度在靠近太阳的地方会快一点，在远离太阳的位置又会慢一点。

（2）地球自转的中心轴与它的公转轨道平面并不是垂直的，它们之间存在夹角。

这两个原因的存在导致恒星日与平太阳日的时长差距每天都是不同的，在某些天这一差距甚至可达16分钟。一年之中恒星日与平太阳日重叠的日子只有四天，分别为：4月15日、6月14日、9月1日、12月24日。

相反，在2月11日和11月2日，恒星日与平太阳日之间的差距会达到最高水平，接近$\frac{1}{4}$小时。图4中的曲线表示出一年中这一差距的变化趋势。

如4月1日正午时分，精准的机械表上显示的时间应该是12时5分；换句话说，曲线代表的是恒星日正午出现的标准时间。

1919年之前，苏联人民都是按照各自的地方时作息的。由于各地纬度不同，平太阳正午到来的时间也各不相同，因此各市居民都会按照本地时间来安排生活起居，只有火车会按照统一的时间（也就是列宁格勒[1]时间）发车或抵达。所以在日常生活中，苏联人会遇到两种即时方法，即地方时和火车时。前者是本市钟楼上显示的当地平太阳时，而后者则是列车车厢上显示的列宁格勒的平太阳时。当然，目前在苏联，所有的列车都是按莫斯科时间运行的。

---

1 列宁格勒今为圣彼得堡。

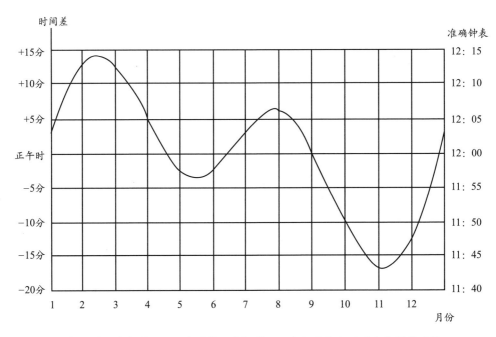

图4 时间方程图。显示出了某天内恒星日正午与平太阳日正午之间的时差

1919年之后，各地不再使用当地平太阳时，而根据时区安排作息。由于不同经度上的时间不同，为了平衡时差与作息习惯，人们在地球上划分出24个相等的时区。同一时区内各地时间相同，即以本时区中央经线上的平太阳时为准。因此，现在地球上其实只存在24个不同的时间。而在时区的概念引入之前，地球上存在无数个不同的时间。

上面我们已经介绍了3种计时方式：真太阳时、当地平太阳时、时区。其实，我们还应该加上第4种——恒星时。恒星时是按照我们此前提到的恒星日计算得来的。正如前文所说，恒星日比平太阳日短4分钟左右。9月22日这天，恒星时与平太阳时重合。9月22日之后，恒星时平均每天都比平太阳时早4分钟。

最后，还有第5种计时方法，即所谓的法定时。苏联人民全年都按照这种计时方法安排作息，而多数西方国家只在夏天才会使用这种计时方案。

法定时比时区整整提前了1小时。采用这种计时方法的目的在于，从春天到秋天白昼时间较长，因此应该尽早安排开工和收工以降低人工照明带来的能源浪费。在上述西方国家这是通过官方将钟表始终向前拨动来实现的，每年春天都会统一调整一次时间（凌晨1时拨快钟表使其指针指向凌晨2时），每年秋天再重新将钟表往回拨1小时。

而苏联则一年四季都在使用法定时，因此不管是夏天还是冬天，人们需要不停地调整钟表。如此一来，尽管照明能耗并未降低，但是稳定了发电站的工作负荷。

苏联从1917年开始引入法定时间，在某些时期，法定时甚至提前了2小时、3小时乃至4小时。这一政策曾中断若干年，1930年春天，法定时重新回到历史舞台，但是只比时区提前了1小时。

第5节

昼之长短

众所周知，不同日期不同地方的昼长也是不尽相同的。读者当然可以通过天文年鉴查出它的确切时长，但是日常生活中，我们也许并不需要如此精确的数字。如果相对粗略的数字就能够满足你的需求，那么你或许会对图5感兴趣。图5中纵轴表示白昼时长，单位为时，横轴表示太阳与地球赤道的距离。这一距离是用角度计算的，也被称为太阳赤纬。根据观察者所处的位置不同，图中直线的倾斜角度也随之不同。

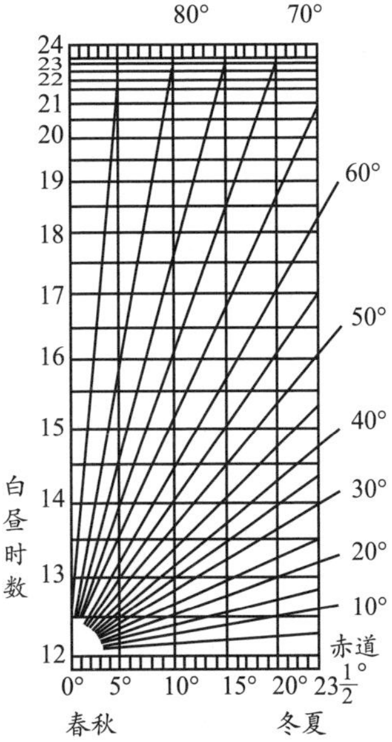

日期	太阳赤纬	日期	太阳赤纬
1月21日	−20°	7月24日	+20°
2月8日	−15°	8月12日	+15°
2月23日	−10°	8月28日	+10°
3月8日	−5°	9月10日	+5°
3月21日	0	9月23日	0
4月4日	+5°	10月6日	−5°
4月16日	+10°	10月20日	−10°
5月1日	+15°	11月3日	−15°
5月21日	+20°	11月22日	−20°
6月22日	+23.5°	12月22日	−23.5°

图5　用于计算昼长的图表

只需要配合使用图5右侧的表格，找到不同时期的太阳赤纬，我们便可以利用图5粗略地计算出某地的昼长。现在就让我们通过两个案例来展示一下如何使用图5进行计算。

案例一：计算列宁格勒（即北纬60°）4月中旬的日长。

首先，我们需要在右侧的表格中找到4月中旬的太阳赤纬，也就是太阳与地球赤道的角度：+10°。

然后，我们需要在图5中找到10°所在的点，从该点出发做一条垂直于底边的直线使之与60°纬线相交。从图5中我们可以看出交点对应的纵轴上的数字为$14\frac{1}{2}$，也就是说昼长约为14时30分。我们之所以在这里说"大约"，是因为图5并未考虑大气折射的影响。

案例二：计算11月10日阿斯特拉罕（北纬46°）的昼长。

11月10日阿斯特拉罕的太阳赤纬为 – 17° （太阳位于南半球）。通过上述方法，我们发现交点在图5中对应的纵轴上的数字仍为 $14\frac{1}{2}$。然而，由于此时太阳赤纬为负数，也就是说我们得到的数字并非昼长而是夜长。因此，通过计算我们可以得出11月10日阿斯特拉罕的昼长为：$24 - 14\frac{1}{2} = 9\frac{1}{2}$（时）。

此外，通过这些数据我们甚至还可以算出11月10日当天阿斯特拉罕的日出时间。首先，我们将 $9\frac{1}{2}$ 时平均分成两半，即4时45分。从图4中我们可以知道，11月10日的正午出现在11时43分，因此日出时间为11时43分–4时45分 = 6时58分。同理，这一天的日落时间则为11时43分+4时45分 = 16时28分，也就是下午的4时28分。如此一来，如果我们同时使用这两张图（图4和图5）就能够代替天文年鉴。根据我们的方法，你可以参考图6纬度为50°的地区全日出、日落时间（该图是按照地方时而非法定时绘制的），记录自己所在纬度的日出、日落时间。

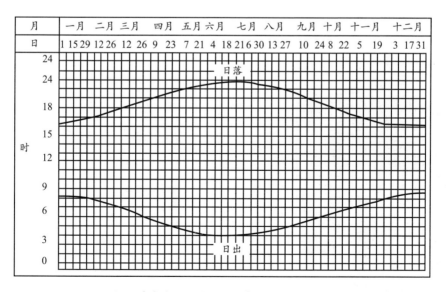

图6　纬度为50°的地区全年日出、日落时间

仔细研究图6你就会发现，想要绘制出一张这样的图其实非常简单。有了这张图，你只需要轻轻扫一眼，便能立马说出某天大概的日出或日落时间。

第6节

不同寻常的影子

图7所描绘的景象乍看起来似乎令人难以置信：画中人完全暴露在太阳下，但是我们却几乎看不到他的影子。然而实际上，这种现象在自然界中是真实存在的。当然，画中的情形并不会发生在我们所在的纬度，却可能出现在近赤道地区。当太阳位于观察者的正上方（即我们此前提到的天顶）时，就会出现图7所描绘的这种情形。

图7 根据在赤道附近拍摄的照片重绘的图片，画中人几乎没有影子

由于苏联的大部分城市位于北半球高纬度地区，因此对于我们来说，太阳永远不可能到达我们的天顶，所以图7中的景象永远也不会发生。每年6月22日，太阳到达北半球的最高纬度，也就是北纬23.5°上空。对所有北回归线上的人来说，太阳此时正位于他们的天顶。半年之后，也就是12月22日，太阳来到南回归线上空。而在南北回归线之

间，也就是我们所说的热带地区一年之中会出现两次太阳位于天顶的情况。在这特殊的两天，太阳位于观察者的正上方，所以乍看上去好像所有物体的影子都消失了，但实际上，它们的影子就在这些物体的正下方。

与之相反，图8则完全是凭想象创造出来的图片，但也很有启发意义。在地球上人是不可能同时拥有6个影子的。然而，艺术家通过这种夸张的视觉化的方式向我们展示出了极地太阳的特征：一天之内同一事物在极地地区的影子长度相等。原因在于，太阳在苏联境内的运动轨迹与地平线存在夹角。而在极地地区，太阳运动轨迹几乎与地平线平行。这幅图的问题在于，图中人物影子的长度与其真实身高相比过短。在太阳高度角为40°时，影子才有可能达到图中的长度。而在极地地区，由于太阳高度角不会超过23.5°，所以影子的长度会远远大于图中所绘，就连最短长度也不可能低于物体真实高度的2.3倍。我相信，熟悉三角函数的读者很容易就能够验证这一结论。

图8　在极地地区，影子长度一天之内保持不变

第7节

两辆火车的问题

【问题】两辆完全相同的火车以同样的速度相向而行（见图9），一辆自东向西行驶，另一辆自西向东行驶。那么，这两辆火车中，哪一辆会更重一些呢？

图9　以同样速度相向行驶的火车

【回答】在上述两辆火车中，行驶方向与地球自转方向相反的火车更重（即作用于轨道的力更大），也就是说自东向西行驶的火车更重。当火车向西行驶时，由于它的运行方向与地球自转方向相反，所以这辆火车围绕自转轴运动的速度也会更慢。在离心力的作用下，该火车减轻的质量也会更小。

这一差距究竟有多大呢？我们可以通过计算得到确切的数字。假设这两辆火车正沿着60°纬线以72千米/时（或20米/秒）的速度行驶。我们知道，在60°纬线上地球自转的速度为230米/秒。也就是说对于沿着地球自转方向向东行驶的火车而言，它的实际运行速度是（230+20）米/秒，也就是250米/秒。而另一列火车的运行速度则为（230−20）米/秒，即210米/秒。又因为60° 纬线圈的半径约为3 200千米，因此我们可以得出：

向东行驶的火车，向心加速度为：

$$\frac{v_1^2}{R} = \frac{25\,000^2}{320\,000\,000} \quad （厘米/秒^2）$$

同理，向西行驶的火车，向心加速度为：

$$\frac{v_2^2}{R} = \frac{21\,000^2}{320\,000\,000} \quad （厘米/秒^2）$$

两火车的向心加速度之差为：

$$\frac{v_1^2 - v_2^2}{R} = \frac{25\,000^2 - 21\,000^2}{320\,000\,000} \approx 0.6 \quad （厘米/秒^2）$$

由于向心加速度与重力成60° 夹角，那么叠加到重力上的部分就是 $0.6 \times \cos 60° = 0.3$（厘米/秒^2）。

而重力加速度为9.8米/秒^2，所以当二者相除时：$\dfrac{0.3}{980}$，约等于0.000 3。

也就是说，向东行驶的火车与向西行驶的火车相比，减轻的质量为其自重的0.000 3。若一辆由火车头和45节车厢组成的火车重3 500吨，那么相向行驶的两辆火车对火车轨道的压力差就是：

$$3\,500 \times 0.000\,3 = 1.05 （吨） = 1\,050 （千克）$$

通过同样的方法我们可以计算出，对于两辆运行速度为35千米/时（20节）排水量近20 000吨的大型货轮而言，则这一差值可达3吨。我们甚至能从轮船的吃水线上感受到它们的质量差。在60° 纬线上，向东行驶的轮船的吃水高度会比向西的轮船吃水高度低0.1毫米。哪怕是在列宁格勒大街上以5千米/时的速度行走的人，他向东行进时给地面的压力也会比向西时轻1克。

第 8 节

怀表定向

晴天的时候，我们可以利用怀表来确定方向，我想大家对这个方法并不陌生。我们只需要调整怀表的方向使其时针指向太阳，那么指针与刻度12的夹角的中分线即指向正南方。

这一方法背后的原理并不复杂。太阳在天空中转一圈需要24小时，而时针在怀表上转一圈需要12小时。也就是说，在相同时间内时针走过的弧度是太阳的2倍。由于正午时分时针指向太阳，所以一段时间后，我们只需要平分时针与刻度12之间的夹角就能找到南方（见图10）。

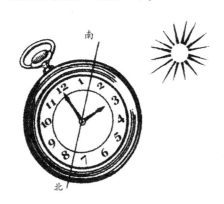

图10 怀表定向——简单但是并不十分精确的辨别方向的方法

然而这种方法并不精确，有时候误差甚至会达到10°左右。如果我们弄清了这种方法的原理，就不难发现误差产生的原因。首先，表盘是和地平线平行的。而在现实生活中，只有在极地地区太阳才会与地面平行。在其他纬度，太阳与地平面之间始终存在一定的夹角，尤其是在赤道地区，这个夹角可达90°。因此，怀表定向的方法只有在极地地区才是精确的，在其他地区使用这种方法时不可避免地会出现大或小的误差。

见图11a，假设观察者位于M点，N点为北极点，圆HASNRBQ为经过观察者天顶和北极点的子午线。我们只需要用量角器测出北极点与水平线HR之间的角度NMR，就能知道观察者的纬度，二者应该是相等的。H点所在的方位即为观察者的正南方。在图11中，太阳的运动轨迹用是用直线表示的，这条直线被HR分成了两段：位于水平线上方的是太阳在白天的运动轨迹，而下方的则是太阳夜晚的运动轨迹。直线AQ表示太阳在回归日当天（即春分和秋分）的运动轨迹——回归日时，昼夜等长。与直线AQ平行的直线SB则是夏天时太阳的活动路径。这条直线的大部分位于水平线之上，只有一小部分位于水平线之下，这与北半球夏季昼长夜短的特点相符。太阳每小时的运动轨迹是其全长的 $\frac{1}{24}$ ，

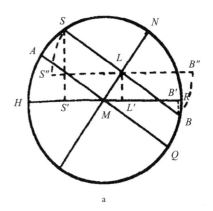

也就是 $\frac{360°}{24} = 15°$ 。然而下午3时的时候，太阳并没有像我们预计的那样出现在观察者西南方45°的方位上，原因在于相等弧长的太阳路线在水平面上的投影是不等的。

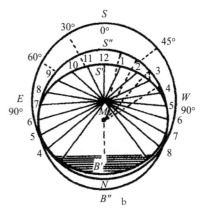

图11 为何用怀表定向时存在误差

关于这一点，也许图11b解释得更清楚。在图11b中，圆SWNE表示观察者在天顶点看到的水平圈，直线SN为天体子午线，观察者位于M点。为了方便研究，我们可以将图11a中的太阳轨迹SB旋转到S″B″的位置，也就是说将太阳轨迹转移到水平面上，则它在图11b中表现为圆S″B″。那么椭圆S′B′为它在水平面上的投影，点L′（见图11a）则

是轨迹圆心在水平面的投影。

为了使读者更直观地理解误差产生的原因，我们可以将太阳轨迹和轨迹投影分别平分成24份，对比它们之间的差距。显然，我们得到的弧长并不相等。而对于 M 点的观察者来说，由于他并没有处在椭圆中心 L' 处，这些弧线之间的差距看上去就会更为明显。

如果在我们的城市（北纬53°）中使用这种方法来确定方向，那么我们找到的方位和实际方位之间差距到底会有多大呢？

想要弄清楚这个问题，我们首先要了解在我们的城市，日出大约出现在凌晨3时到4时之间（图11b阴影部分表示夜晚）。在利用怀表定向时，我们会发现，太阳到达正东 E 点（东经90°）的时间是早上7时30分，而不是钟表显示的早上6时；在南偏东60°的方向，日出的时间也并不是时钟上显示的上午8时而是上午9时30分；而在正南偏西30°的地区，日出的时间也不是上午10时而是11时；而在西南45°方向，日出的时间也不是在下午3时而是在下午1时40分；太阳到达正西时也不是下午6时而是下午4时30分。

如果某地使用法定时，那么钟表显示的时间并不是当地的真太阳时。如果我们再将这一因素考虑进去，那么钟表定向的误差还会加大。

因此，钟表虽然能够被当作指南针来使用，但是并不精确。只有在回归日前后（观察者的位置偏心距会消失）和冬至时这种误差才会减小一些。

第 **9** 节

白夜与极夜

　　每年从4月中旬开始，列宁格勒就进入了白夜时期。在这段时间内，列宁格勒人可以看到"明亮的黄昏"和"光辉的黑夜"。这些奇妙的光线曾孕育出无数的诗情画意，甚至很多文学作品也会将列宁格勒和它的白夜紧密联系在一起，以至于无数游客会特意赶往旧都感受白夜。实际上，白夜作为一种天文学现象，在很多高纬度地区都能够观测到。

　　如果抛开文学巨匠们所赋予的浪漫色彩，我们会发现白夜产生的原因不过就是白天与黑夜交叠。著名诗人亚历山大·谢尔盖耶维奇·普希金曾经把这一现象描述为两道紧密相连的霞光：

> 黑夜还未及把帷幕
>
> 遮没金色的天空
>
> 朝霞已匆匆来临
>
> 前霞方逝，后霞已至

　　在一些高纬度国家，太阳并不会落入地平线下方超过17.5°的位置，所以我们肉眼所看到的景象便是：晚霞还没未彻底消失，晨曦便已出现，只留给黑夜半小时的时间。当然，白夜并不是只发生在列宁格勒或者其他某个城市，在很多地方都可以观测到白夜现象。通过计算我们得知，在列宁格勒所在纬线以南很远的地区就已经开始出现白夜现象了。

每年5月中旬到7月底，莫斯科居民也可能欣赏到白夜。尽管在同一月份，莫斯科的白夜不如列宁格勒的明亮，但是到了6月和7月，莫斯科白夜的亮度已经可以达到列宁格勒5月的亮度了。

在苏联，可以观测到白夜的最南端的城市是波尔塔瓦地区（北纬49°，东经66.5°～17.5°）每年6月22日，我们可以在这里看到波尔塔瓦唯一的一天白夜。从这里往北，白夜时间越来越长，持续的天数也越来越多。在苏联境内，古比雪夫、喀山、普斯科夫、基洛夫和耶尼塞斯克等地区都会出现白夜现象，不过由于这些地区都在列宁格勒以南，所以白夜持续的天数（6月22日前后）往往更少且亮度不及列宁格勒。但是普多日的白夜却比列宁格勒更亮。在离日不落地区不远的阿尔汉格尔斯克，白夜尤其耀眼，而在斯德哥尔摩，我们看到的白夜几乎与列宁格勒的差不多。

在某些地区，太阳并不会落到地平线下方，只是沿着地平线轻轻擦过，这时候我们根本看不到晨曦与黄昏的交替，只有连续不断的白天。这种现象最先可以在65°42′纬线上观测到：即使是午夜，我们也可以在这里看到明亮的太阳。如果再往北，从67°24′开始，我们看到的则是与白夜完全相反的现象：黑昼。在这里，晨光和夜晚并不是从午夜而是从中午开始更替的。所以与白夜相反，这里是黑昼。白夜和黑昼的覆盖范围是相同的。一年之中，这些地区在某段时期内经历白夜，剩下的时间则面临黑昼。在6月可以看到日不落的地区[1]在12月也会面临沉睡的太阳。

---

1 从5月12日到8月7日，在季克西湾附近太阳不会落山；而从5月19日至7月26日，在安巴奇克湾太阳也不会落入地平线下。

第一个区域：从赤道出发向南北两个方向延伸到49°纬度，这里并且只有这里每天都有完整的白天和完整的黑夜。

第二个区域：在49°和65.5°纬度之间，包括苏联波尔多瓦以北的所有区域，这些地区在夏至前后会出现白夜。

第三个区域：在65.5°到67.5°纬度之间，6月22日前后这里会出现日不落现象，我们可以在这里观测到午夜太阳。

第四个区域：在67.5°到83.5°纬度之间，6月这里也会出现极昼，而12月又会出现连续多日的黑夜。这时候太阳像是睡着了一样，不管是白天还是夜晚，日光始终被黑暗压制着，这里是所谓的极夜地带。

第五个区域：在83.5°纬度以北的地区情况最复杂，在这里，列宁格勒白夜期间那种规律的昼夜更替现象被彻底打破。仅从夏至到冬至的这半年，也就是从6月22日到12月22日，这一地区的昼夜更替便可以被分为五个阶段或者说是五个季节。第一阶段是永昼；在第二阶段午夜时分天空会出现稍许暗色，但就像列宁格勒的夏夜，这里看不到真正意义上的黑夜；在第三阶段全天都是昏暗的光线，看不到真正的白天或真正的黑夜；而第四阶段，昏暗的光线逐渐消失，午夜时分会迎来彻底的黑暗；最终在第五阶段，黑暗占领了整个天际。在剩下的半年里，也就是从12月至次年6月，这种更替现象会重复发生。

而在地球的另一侧，也就是在南半球相同的纬度内，相同的昼夜更替现象也在发生。

但是由于南半球高纬度地区是一片汪洋以及无人定居的南极洲，所以很多人都对"遥远的南方"的昼夜更替感到陌生。南半球与列宁格勒相同纬度的地区是一片汪洋，没有一块陆地，也许只有南极的海员们才能欣赏到南半球绝美的白夜。

第11节

极地太阳的奥秘

【问题】极地探险家们发现高纬度地区的太阳光线十分神奇：尽管极地地区的太阳光线十分微弱，但当它们照射到垂直物体上时却能量巨大。在太阳的照射下，这里陡峭的山体、垂直的墙壁会迅速升温，险峻的冰川也会快速消融，甚至木质容器里的沥青也会快速融化，我们的皮肤也不可避免地会被晒伤……

我们应该如何解释极地光线的这一特质呢？

【回答】这一现象可以通过物理学原理来解释。物理学认为，物体与光线之间的夹角越接近直角，吸收的太阳能则越多。

我们知道，即使是在夏天，极地地区太阳高度角也不会很大。在高纬度地区尤其是在极地地区，光线角度远低于45°。

由此，我们不难得知，如果太阳光线与地平线的夹角小于45°，那么它与垂线的夹角则远大于45°。换句话说，太阳光线与垂直物体表面的夹角远大于45°。

现在也许就不难理解为什么极地地区的光线作用到垂直物体表面时能量如此巨大了。

第 12 节

四季始于何时

在北半球，不管3月21日这天是狂风暴雨，还是冰冻三尺漫天飞雪，又或者是暖阳普照春风十里，它始终被看作是冬天的终结、春天的开始。当然，这里的春天是指天文学概念中的春天。那么，天文学家们为什么偏偏把3月21日（在某些年份也可能是3月22日）当作冬天和春天的分界线呢？

原因很简单，因为天文学上的春天并不是根据天气状况来界定的，毕竟偌大的北半球，各处的天气怎么会完全一致呢？

天文学家在划分四季时考虑的并不是气象特征而是天文特征，准确来说是正午太阳高度和白天时长，气候特征仅仅是附加参考因素。

3月21日之所以与其他日期不同，是因为它的晨昏线恰巧经过南北两极极点。我们可以通过实验来模拟一下：我们拿起一个地球仪把它转向光源，使光线投射范围的边缘恰巧与经线重合，并且与赤道和其他纬线相交成直角。然后缓慢地转动地球仪，我们发现地球仪表面的所有点的一半处于灯光之下，一半处于阴影之中。这也就意味着，在这一天，从南极到北极，地球上的所有地区昼夜等长。换句话说，在这一天世界各地的白天和黑夜都是12小时，并且太阳统一在6时升起，18时落下（根据当地的地方时间）。

这就是3月21日相较其他日期的独特之处：这一天地球上的任意一点昼夜等分。天文学中这一天被称为春分日。之所以前面冠以"春"字，是因为3月21日并不是唯一一处昼夜等长的一天。半年之后，也就是9月23日，我们会重新迎来昼夜等分的日子，也就是我们所说的秋分日。秋分日也意味着夏天的结束和秋天的开始。

当然，在北半球经历春分的时候，位于赤道另一端的南半球正在经历秋分；而当北半球的春天赶走了冬天时，南半球的秋天也紧随夏天来到。反之亦然。南北半球的四季并不是同步的。

接下来再让我们看一下昼夜长短在一年之中是如何变化的。从秋分日开始，也就是自9月23日起，北半球的白天开始逐渐缩短，直到12月22日黑夜时长达到最高点，也就是说从秋分到冬至，北半球昼短夜长。12月22日之后，白昼时长重新增加直至3月21日昼夜时长再次平分。从3月21日开始，北半球的白昼开始长于黑夜。这段时间，白昼时长会持续增加直到6月22日。而从6月22日到9月23日，白昼时间逐渐缩短但始终长于黑夜，直到9月23日（秋分日）昼夜时长再次相等，又一个时间轮回重新开始。

上述提到的四个时间，即是天文学中用以界定四季起始的时间。如果我们想更清晰、更直观地了解昼夜时长的变化，我们可以将上述规律简单总结为：

3月21日——春季开始——昼夜等长

6月22日——夏季开始——白天最长

9月23日——秋季开始——昼夜等长

12月23日——冬季开始——白天最短

而南半球的情况则与北半球完全相反：在北半球经历春天的时候，南半球迎来了自己的秋天；而当我们欢度冬天的时候，南半球正在经历夏天。如此类推。

为了加深大家对上述内容的理解，让我们一起来思考下面几个问题：

【问题】

1.地球上的哪个地区一年四季昼夜等长？

2.今年3月21日塔什干的太阳几时升起（按照当地时间）？东京呢？布宜诺斯艾利斯呢？今年9月23日新西伯利亚的太阳几时落山（按照当地时间）？纽约呢？好望角呢？

3.8月23日赤道上任意一点的太阳几时升起？2月27日呢？

4.7月份会出现霜冻天气吗？1月份会有酷暑吗？

【回答】

1.赤道上始终昼夜等长。因为不管地球运动到什么位置，太阳光线始终平分赤道。

2.在春分日和秋分日，地球上任何地方的太阳都是在当地6时升起，18时落下。

3.在赤道上太阳一年四季都是在当地时间6时升起18时落下。

4.在南半球中纬度地区7月出现霜冻天气或者1月出现闷热天气都是十分常见的。

第 13 节

关于地球公转的三个假设

相比一些不同寻常的事情，人们往往很难注意到那些稀疏平常的东西。比如，我们从小习惯了十进制计算方法，只有在我们开始接触其他的计算方法时（如七进制或十二进制）才会开始注意它。再比如，只有当我们接触到非欧几里得几何时，我们才会关注从前熟知的欧几里得几何；如果我们想知道重力在日常生活中的作用，可以先假设重力比现在的实际数值大或者小好多。也就是说，在这里我们将用三个"假设"帮助我们了解地球公转。

地球的自转轴与地球公转轨道平面之间存在一个66.5°的夹角，但是我们似乎对此已习以为常，以至于忽略了这个夹角的天文学影响。所以在这里，让我们假设这一夹角为90°，我们所熟悉的这个世界又会发生什么样的变化呢？换句话说，就像儒勒·凡尔纳的科幻小说《上下颠倒》中炮兵俱乐部成员幻想的那样，当地球自转轴和公转轨道平面垂直时，这个世界会变成什么样子呢？

假设地轴与地球公转轨道平面垂直

在儒勒·凡尔纳小说《上下颠倒》中，炮兵军官们也曾提出"将地轴竖起来"的想法。如果这一想法变成了现实，也就是说地轴与公转轨道平面垂直，我们的世界会经历怎样的变化呢？

首先，出现的变化将会出现在小熊星座α星身上。小熊座α星将不再作为地球的北极星出现。如果此时将地轴无限延伸，我们会发现它将不再靠近小熊星座而是围绕另一颗星星转动。

其次，四季更迭的现象也会被完全改变。确切来说，地球上不会再出现明显的四季交替。

想要弄清楚这个原因，我们首先要明白地球上为什么会出现四季更替？为什么夏天比冬天热？尽管这些问题在我们中学时早有接触，但是课本中的解释过于简单，而大部分人也没有再进行进一步研究。因此本书中我们将对此问题做出进一步的解释。

北半球的夏天之所以气温较高，主要有两个原因。首先是因为地轴的倾斜。夏天，北半球与太阳光线接触的面积更大，白昼时间长，黑夜时间短，因此地面接收光照的时间更长。这些白天积聚的热量夜里来不及完全散尽，长此以往地球热量增加，气温升高。其次，由于地球倾斜角的存在，白天太阳高度角较大，即太阳光线与地面的夹角较大。也就是说，夏天不仅光照时间长，太阳能量也较大。与之相反，冬天光照时间短且能量较小，夜晚冷却时间相对较长，因此北半球冬冷夏热。

在南半球，同样的情况会延后6个月发生（也可以说是6个月之前）。春秋两季，南北半球的太阳位置与太阳光线照射情况相同，光照圈几乎与经线重合，昼夜时长相近，因而南北半球春秋两季气候相近。

那么，如果地轴与公转轨道平面垂直，四季的交替是否还会发生呢？显然不会。因为太阳位置相对地球来说始终是固定不变的，因此一年到头就只有一个季节——春季，当然我们也可以说是秋季。此时，白天和黑夜时长始终相等，就像现在的3月21日和9月21日（由于木星的自转轴与其公转轨道几乎垂直，所以类似的情况我们可以在木星上看到）。

如果说在热带或者温带，气候变化并不显著，那么在极地地区，我们就能够明显地感受到这种变化。由于大气折射的影响，极地地区的太阳不再东升西落，而是始终位于地平面上方（见图12）。

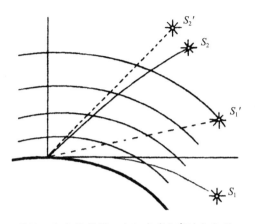

图12　大气折射图。太阳光线S_2穿过大气层时，在每一层都发生折射和弯曲，因此对于观察者来说，光线似乎从S_2'发出的。当S_1落于地平面之下时，由于大气折射的存在，观察者仍然感觉能看到它

当地轴与公转轨道平面垂直时，极地地区的太阳不再落山，而是始终沿着地平面滑动，所以这一地区将面临永昼，更准确地说，永远都是清晨。尽管极地地区的太阳光线强度不大，但由于太阳全年对此地持续加热，极地严酷的气候条件将得到明显改善。这或许是地轴角度改变后唯一的好处，而这一好处则意味着其他地区的巨大灾难。

假设地轴与地球公转轨道平面成45°夹角

现在让我们重新改造地轴，使它与公转轨道平面的夹角成45°，那么在春分或者秋分时（3月21日和9月23日前后）地球的昼夜变化和现在保持不变。但是6月份，太阳将出现在45°（而非23.5°）纬线天顶，因此45°纬线将被看作回归线。这期间，太阳距离列宁格勒（北纬60°）的天顶只相差15°，在这样的太阳高度下，北纬60°地区将变成热带。也就是说，热带地区将直接与寒极相连，温带已不复存在。在莫斯科和哈尔科夫，整个6月将是不间断的白昼；而冬天则完全相反，10月之后莫斯科、基辅、哈巴罗夫、波尔多瓦将面临漆黑的极夜。热带此时变成了温带，因为太阳在热带地区的高度不超过45°。

当然，这种变化会导致热带和温带面积减少，而极地地区在经历了无比恶劣的天气后（比我们现在的极地天气更加恶劣）将迎来温暖的温带地区的夏天。在这期间，

即使是在北极点，太阳的正午高度角也能达到45° 并且将持续半年之久，北极圈的永久冰川将在太阳光照的作用下逐渐消退。

假设地轴位于地球公转轨道平面内

现在我们来研究第三个假设。如果我们将地轴放倒，使其位于公转轨道平面内（即地轴与公转轨道平面的夹角为0°，见图13），那么地球将"躺"着围绕太阳进行公转，就如我们星系遥远的家庭成员天王星一样。在这种情况下的地球会发生哪些改变呢？

在极地附近，年中时太阳会以螺旋状路线从地平线上升至天顶然后按照同样的螺旋状路线降回至原处，随之迎来长达半年之久的黑夜。这半年的黑夜会由连续的多日黄昏隔开。在太阳落山（落到地平线下）之前，会沿着地平线滑行数天，太阳在这几天内出现在所有地区的上空，与此同时，冬季积存的冰雪会全部融化。

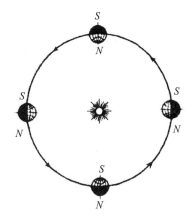

图13　假设地轴"躺"在公转轨道平面内，地球公转会是什么样子

中纬度地区的白天时长会从春季伊始迅速增加。若干天后，中纬度地区会接连出现持续几个昼夜的白天。当地纬度距离两极多少度，相邻白天就会间隔几个昼夜，且持续时间为当地纬度的2倍。也就是说，纬度越高，白天持续时间越长。

比如，就列宁格勒而言，这个持续几个昼夜的白天会在3月21日之后的30天到来，持续时间为120个昼夜。黑夜会在9月23日前的30日内重新来临。冬天则相反：持续几个昼夜的白天将被黑夜代替。只有在赤道地区昼夜始终等长。

正如前文所说，天王星即是在这样的相对位置运动的：天王星自转轴与公转轨道平面的夹角为8°，可以说，天王星是"躺着"围绕太阳运动的。

经过上述三个假设，我想读者应该了解了气候与黄赤夹角的密切关系。在希腊语中，"气候"一词意味着角度，也许这并非偶然。

第14节
又一个"假设"

现在让我们换个角度来研究一下地球运动——看一下它的轨道形状。和其他星球一样，地球的运动遵循着开普勒第一定律：所有行星绕日运动的轨道都是椭圆形，而太阳则处在椭圆的一个焦点上。

地球公转的轨道是一个怎样的椭圆形呢？它与圆形又有哪些区别呢？

在天文学教科书及其他天文学入门书籍中，地球轨道常常被画成两端被拉长了的椭圆形。这些照片深深刻在了人们的脑海中，以至于有些人一辈子都被这些不正确的图片所误导，深信地球公转轨道是一个被明显拉长的椭圆。但事实并非如此。

地球公转轨道与圆形的区别很小。如果我们想在纸上画出这一轨道的形状，那么除圆形之外我们别无他选；如果画出一个直径为1米的地球公转轨道，那么轨道图形与圆的偏差甚至小于我们所画的线条的粗度，哪怕是火眼金睛的画家也很难发现它们之间的区别。

现在让我们来认识一下椭圆这一几何图形。在椭圆形（见图14）中，AB是它的长轴，*CD*是它的短轴。在每个椭圆中除了中心*O*，还有两个非常重要的点，即焦点。焦点分别处于椭圆中心两侧，且位于长轴上。我们可以通过下述方法找到椭圆（见图15）的焦点：将圆规打开使两脚距离与*OB*等长。以短轴的一个端点*C*为圆心，以*OB*长度为半径画弧。弧线与长轴的交点*F*、*F*₁即为椭圆的两个焦点。线段*OF*与*OF*₁的长度（相等）通常用*c*表示。而长轴与短轴的长度通常则用2*a*和2*b*表示。距离*c*除以一半长轴*a*，也就是分数*c/a*，也叫偏心率，可以用来衡量椭圆的拉伸程度。偏心率越大，椭圆与圆形的差异就越大。

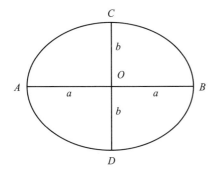

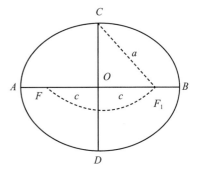

图14 椭圆形中，*AB*为长径，*CD*为短径，*O*为中心　　图15 怎样找出椭圆形的焦点*F*、*F*₁

如果我们知道偏心率的大小，就能够对这个椭圆有一个准确的认识。如此一来，我们不需要进行测量便可以得到地球公转轨道的大小。由于轨道上的各个点与焦点的距离不等，我们在地球上看到的太阳大小也不尽相同。由于地球与太阳之间距离的相对位置不同，所以我们看到的太阳就会有时大，有时小。假设太阳处在焦点*F*₁上（见图15），6月1日前后地球位于轨道上*A*点的位置，这时太阳与我们的观测相对角最大为32′32″。我们可以得到以下等式：

$$\frac{32'28''}{32'32''} = \frac{BF_1}{AF_1} = \frac{a-c}{a+c}$$

由此可以推导出以下恒等式：

$$\frac{a-c-(a+c)}{a+c+(a-c)}=\frac{31'28''-32'32''}{32'32''+31'32''}$$

或

$$\frac{64''}{64'}=\frac{c}{a}$$

所以：

$$\frac{c}{a}=\frac{1}{60}=0.017$$

也就是说，地球轨道的偏心率等于0.017。这一数字足以说明，只要我们仔细观测太阳可见面的大小，就能够推断出地球轨道的形状。

现在我们就向各位展示地球轨道与圆相差甚少这一事实。假设我们在一张巨大的白纸上描绘长半轴为1米的地球轨道，那么轨道的短轴长度应该是多少呢？从图15中的直角三角形OCF_1中我们可以得到：

$$c^2=a^2-b^2,\ 或\frac{c^2}{a^2}=\frac{a^2-b^2}{a^2}$$

但是$\frac{c}{a}$是地球轨道的偏心率，也就是$\frac{1}{60}$。代数式a^2-b^2可以分解成（$a-b$）（$a+b$），因为b与a之间的差距很小，所以（$a+b$）可近似取为$2a$。

已知：

$$\frac{1}{60^2}=\frac{2a(a-b)}{a^2}=\frac{2(a-b)}{a}$$

得：

$$a-b=\frac{a}{2\times60^2}=\frac{1\,000}{7\,200}$$

也就是小于$\frac{1}{7}$毫米。

由此可得，在如此大图纸上地球轨道长短半轴之间的差距也不会超过 $\frac{1}{7}$ 毫米，甚至用极细铅笔所画的线条的宽度都要大于这一数值。所以说如果我们把地球公转轨道画成圆形也无可厚非。在这张图中，我们应该把太阳放在哪一位置呢？它与中心相距多远才能处在焦点的位置？换句话说，在我们所画的图中，OF 或者说 OF_1 的长度等于多少？其实计算起来很简单：

$$\frac{c}{a} = \frac{1}{60}$$

$$c = \frac{a}{60} = \frac{100}{60} = 1.7 （厘米）$$

所以太阳中心应处于距轨道中心1.7厘米的位置。而太阳本身是一个直径为1厘米的圆形，又因为其在如此图中，所以只有经验丰富的画家才能够发现太阳并没有位于圆心。

综上所述，我们在画图时可以把地球公转轨道画成圆形，把太阳放在圆心旁边一点的位置。

我们发现，太阳位置存在轻微的不对称，那么这一现象会影响地球的气候吗？想要弄懂这个问题，就要了解这一现象到底会有怎样的影响，我们需要再次使用之前的"假设"法。假设地球轨道偏心率明显增加到0.5。这就意味着，椭圆形焦点将它的半轴平分成两半。这种椭圆看上去像一个鸡蛋。但是在我们的太阳系内并不存在偏心率很大的主要行星轨道。冥王星的轨道是被拉伸严重的，其偏心率也只有0.25（小行星和彗星的轨道往往拉伸程度都比较高）。

假设地球公转轨道拉伸程度更高

让我们假设地球轨道被明显拉伸，其焦点位于长半轴的中点上。图16中展示的即为我们假设的地球新轨道。和此前一样，1月1日地球位于 A 点，此时的地球距离太阳最近。而7月1日地球位于点B，此时的地球距离太阳最远。因为线段FB长度是FA的3倍，所以相比于7月份，1月份太阳与地球之间的距离缩短为$\frac{1}{3}$，那么1月份的太阳便比7月份的太阳大3倍。此外，1月份太阳的发热量是7月份的9倍（与距离的平方成反比）。那么彼时我们北半球的冬天还剩下什么呢？只有天空中低低挂着的太阳，以及短暂的白昼和漫长的黑夜。但是严寒将不复存在：因为太阳距离较近，光照充足。

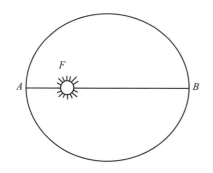

图16 如果地球公转轨道的偏心率等于0.5，轨道形状会是什么样子的呢？太阳位于椭圆的一个焦点F点上

这里还应该结合开普勒第二定律，即矢径在相等时间内扫过的面积相等。

矢径是指连接太阳与行星的直线，当然，我们这里研究的主要是太阳与地球的连线。由于地球沿着一定轨道运动，所以矢径会在一定时间内扫过相应的面积。开普勒定律指出，在相等的时间内，矢径在椭圆轨道内扫过的面积相等。地球在近日点沿轨道运动的速度比其在远日点的运动的速度快；否则，在相等的时间内，较短矢径扫过的面积不可能与较长矢径扫过的面积相同（见图17）。

若将上述理论运用到我们想象出的轨道上，那么当年12月到次年2月，地球与太阳距离较近时，它在轨道上运动速度非常快；而从6月到8月，其在轨道上的运动速度则较慢。换句话说，冬季很短，与之相反，夏季则会持续很长时间，这像是对太阳吝啬给予温暖的奖赏。

图18中椭圆表示地球新轨道的形状（偏心率

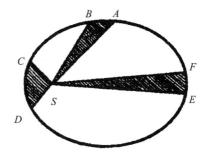

图17 根据开普勒第二定律：如果弧AB、CD和EF是地球在相等的时间内走过的路程，则扫过的面积也相同

为0.5）。数字1～12将地球轨道分成12个部分，表示地球在相等时间内走过的路径。根据开普勒第二定律，被这些矢径隔开的椭圆面积相同。图中数字1表示1月1日地球所处的位置，数字2表示2月1日地球所处的位置，数字3表示3月1日地球所在的位置，并以此类推。从图18中可以看出，春分点（A）会在2月初到来，而秋分（B）则在11月底。也就是说，彼时北半球的冬天只会持续两个半月，即从11月底至2月初。而昼长夜短，正午太阳高度角大的时期则会持续将近$9\frac{1}{2}$个月，也就是说，会从春分一直持续到秋分。

南半球的情况则恰恰相反。太阳高度角较小且白天时间短时，地球正好位于远日点，此时太阳光照强度仅是近日点太阳光照强度的$\frac{1}{9}$；地球位于近日点时，其太阳光照强度则比北半球更强。也就是说，南半球的冬天会比北半球的气候更加严酷，且持续时间更久；夏天则相反，虽然短一些，但是更加闷热难耐。

在我们这一假设下还存在着另一种结果。1月时，由于地球在自己的轨道上高

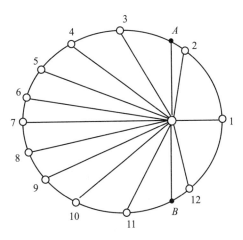

图18 此图或许能更直观地帮我们认识上述假设条件下，地球四季的持续时间

速公转运动，导致真正午时分和平正午时分存在明显差异，有时可能长达数小时。如果我们按照平太阳时安排作息的话，这将会给我们带来极大不便。

太阳偏离中心位置所带来的影响已经十分明了：首先，北半球的冬季会变得更加短暂，其气候条件更加温和，夏季则会更加漫长（相比于比南半球其持续时间长）。我们在日常生活中是否也会对此有所察觉呢？毫无疑问，答案是肯定的。1月时地球

与太阳的距离会比7月时的距离近 $2 \times \dfrac{1}{60}$ ，也就是 $\dfrac{1}{30}$ ，由此1月时地球接收的太阳能量是7月时接收的太阳能量的 $\left(\dfrac{61}{59}\right)^2$ 倍，也就是多出了7%。这在某种程度上缓和了冬季严酷的气候条件。从另一方面说，相比南半球，北半球的秋季与冬季要少8天，而夏季和春季又多8天。这一问题也许能从南极更大的覆冰面积上得到证明。具体的南北半球四季时长见下表。

北半球	持续时长	南半球
春	92天19小时	秋
夏	93天15小时	冬
秋	89天19小时	春
冬	89天0小时	夏

由此可见，北半球的夏天比冬天多4.6天，而春天则比秋天多3天。

但是北半球的这种气候优势并不是一成不变的。地球轨道的长轴会在空间范围内缓慢移动，所以地球轨道的近日点与远日点也会随之移动。这一变化的周期为21 000年。据计算，大约在公元10700年时，北半球现有的气候优势将会转移到南半球。

此外，地球轨道偏心率本身也不是永恒的，它的大小会以世纪为单位缓慢波动：从0.003（此时地球轨道几乎为圆）到0.077（此时轨道拉伸程度最高，轨道形状接近火星轨道）。当前，地球轨道偏心率正处于衰减期。这一状态还将持续24 000年，到那时偏心率将会缩小到0.003。在这之后，地球轨道偏心率将迎来为期40 000年的增长期。毫无疑问，这种变化的过程十分缓慢，因此它对我们而言只具有理论意义。

我们何时距太阳最近？中午还是黄昏？

如果地球公转轨道是一个以太阳为圆心的规则圆形，那么标题中的问题就显得十分容易：中午时我们距离太阳最近。由于地球自转，中午时分地表上相对应的点均会朝向太阳。与黄昏时相比，中午时地球赤道上的点与太阳的距离要短6 400千米（即地球半径的长度）。但是地球公转轨道并非正圆，而是椭圆形，太阳位于其中一个焦点之上（见图19），因此地球上的点距离太阳时远时近。上半年（1月1日到7月1日）地球离太阳较远，而下半年则恰好相反。因此地日之间最远与最近的距离之间相差$2 \times \frac{1}{60} \times 150\ 000\ 000$千米，也就是5 000 000千米。

地球与太阳的距离平均每昼夜变化近30 000千米。因此从中午到日落$\left(\frac{1}{4}$昼夜$\right)$的这段时间内，地球与太阳的距离平均变化约为7 500千米。这一数值显然大于地球半径。

由此可知，对于标题中的问题，答案应该是：从1月到7月，我们（位于北半球的人）在中午时距离太阳较近；而从7月到1月，则是在黄昏时距离太阳较近。

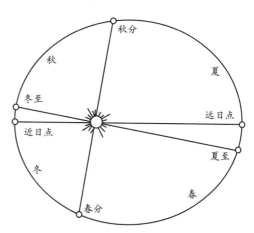

图19　地球绕日运动路径示意图

假设地球公转半径增加1米

【问题】地球与太阳之间的距离为150 000 000千米，让我们想象一下，如果这一距离增加1米的话，地球绕日运动的公转轨道会延长多少呢？我们的一年又会增加多少时间呢？（假设地球公转速度不变，见图20）

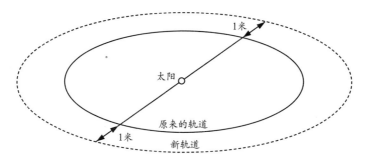

图20　如果我们的地日距离增加1米，地球公转轨道周长增加多少

【回答】1米并不是一个很大的数值；但是考虑到地球轨道的长度，我们倾向于认为，这微不足道的1米会使地球轨道长度大大增加，相应地，地球公转一年的周期也随之加长。

但是经过计算，我们所得结果显示出的变化微乎其微，以至于我们怀疑在计算时出现了失误。实际上，我们没有必要大惊小怪：计算结果显示出的差别本来就应该很小。两个同心圆周长之间的差别并不取决于同心圆半径的大小，而取决于半径之间的差值。如果我们在底板上画出两个同心圆，并假设它们与地球轨道尺寸完全相同，并

且半径相差1米，然后我们在此基础上进行计算。若地球轨道半径为R米，则轨道长度为$2\pi R$米。如果半径增加1米，则新的轨道半径为$2\pi（R+1）=2\pi R+2\pi$（米）。也就是说轨道长度只增加了2π米，也就是6.28米，并且与轨道半径无关。

因此，若地日距离增加1米，则地球公转轨道长度只增加6.28米。而一年的时长也不会有显著变化，因为地球公转速度约为每秒30 000米，所以一年的时长只增加了$\frac{1}{5\,000}$秒。毫无疑问，这点变化几乎不会对我们的日常生活产生影响。

第 **17** 节

从不同角度看自由落体

如果一个物体从你手中掉落，那么以你的视角来看，其坠落轨迹是呈直线状的。如果有人告诉你，对于另外某些人而言自由下落物体的运动轨道看上去并非直线，你也许会大吃一惊。然而对于那些不处于地球上的观察者来说，他们观察到的物体下落轨迹确实不是直线。

让我们尝试以上述观察者的视角观察物体下落。见图21，假设一个重球从500米高空做自由落体运动。在重球下落时，也参与到了地球的所有运动中。尽管这些运动十分迅速，但是我们却毫无察觉。这是因为我们自身也参与到了这些运动中。所以只有当我们自身从这些运动中解放出来时，我们才会发现进行自由下落物体的运动轨迹并不是垂直的。

图21 对于地球上的观察者来说，
自由下落物体的运动路径是直线

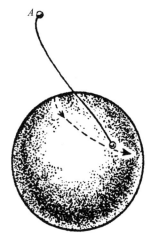

图22 对于在月球上的观察者而言，地
球上自由下落物体的运动路径是弯曲的

假设我们并不是站在地球表面，而是在月球上观察物体下落。月球伴随着地球一起围绕太阳运动，但是并不绕着地球的自转轴旋转。因此，当我们在月球上观察物体下落时，会看到两种运动方式：第一种是垂直运动；第二种是此前未被注意到的，一种沿着地表切线的向东运动。当然，这两种运动会同时发生且受力学原理支配。由于两种运动中的一种（垂直下落运动）是非匀速的，而另外一种是匀速的，这就导致物体的运动轨迹为曲线，见图22中的曲线；位于月球的观察者能够很容易地发现地球上的物体是按照图22中所示的曲线下落的。

让我们继续假设观察者来到了太阳上，并且随身携带了一台强大的望远镜，用以观测朝着地球下坠的重球。站在太阳上的我们已经与地球的自转和公转毫不相关。因此，在太阳上我们可以同时观测到下落物体的三种运动（见图23）：

（1）垂直下落运动；

（2）沿与地面相切方向向东运动；

（3）环日运动。

对于第一种运动，物体在10秒内下落的距离为0.5千米；对于第二种运动，在10秒内，在莫斯科所在纬度上方物体的位移距离为$0.3 \times 10 = 3$（千米）；对于第三种运动，物体的速度则是最快的，在10秒内沿地球轨道移动了300千米。与位移明显的第三种运动（30千米/秒）相比，前两种运动10秒内速度分别为0.05千米/秒和0.3千米/

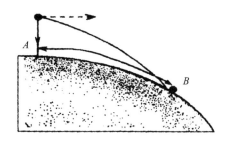

图23　由于地球自转的存在，地球自由落体同时还沿地球表面的点在自转方向上的切线运动

秒——几乎不太容易被发觉。站在太阳上的我们只能注意到最明显的位移变化。那么我们看到的究竟会是怎样的一幅图景呢？也许是如图24中所绘的那般吧。地球向左运动，而下落物体只是从地球右边某一位置运动到地球左边的位置（其实只是向下运动了一点）。图中并未标明比例尺和距离，因为地球中心在10秒内移动的距离并不是画家为了直观而夸大表现出的10 000千米，而是只有300千米。

现在让我们继续向前，来到某颗遥远的恒星上，从而摆脱太阳的影响。当我们在这颗恒星上时，我们发现，自由下落的物体还参与了除上述三种运动之外的第四种运动，也就是相对于该恒星的运动。第四种运动的强度和方向取决于我们具体所选的恒星。也就是说，第四种运动取决于所选恒星与整个太阳系之间的相对关系。

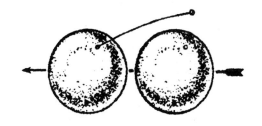

图24　位于太阳上的观察者看到的自由下落物体（见图21）的运动轨迹是什么样子的呢？（未遵守比例尺）

图25为我们展示了某种可能的情况。如图25所示，在我们所选的恒星与地球轨道之间形成了一个锐角，且太阳系与该恒星以每秒100千米的速度进行相对运动（在实

际星体中这一速度是可以观测到的）。在此情况下，自由下落的物体在10秒内可以沿着太阳系相对该恒星运动方向移动1 000千米，这使得我们观测到物体下落路线更为复杂。因此，当我们从其他恒星上观测物体下落时，其路线长度和运动方向将会截然不同。

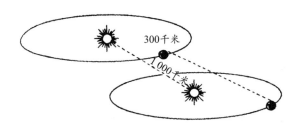

300千米

1 000千米

图25　对于遥远恒星上的观察者来说，地球上的自由落体下落路线是什么样子的呢

　　我们甚至可以向更远处前进：对于身处银河系以外的观察者来说，在地球上进行自由下落物体的运动轨迹又会是什么样子的呢？毕竟观察者不会参与地球相对银河系中其他天体所进行的快速运动。虽然我们没有深入太空，但我想读者们现在已经明了，每从一个全新的位置去观察自由落体时，我们所看到的下落路径都是不尽相同的。

第 18 节

地外时间

　　如果你工作了1小时，然后又休息了1小时，请问这两段时间是相等的吗？如果我们用校准好的钟表来计算的话，那么毫无疑问，上述的工作时间和休息时间就是相等

的。大部分人的答案是如此。那么一块怎样的钟表才能被看作是准确的呢？当然只有经过天文观测者依据观测结果校对的钟表才算是准确的。换句话说，钟表应与地球的匀速自转完全一致：在相等的时间内，钟表走时应与地球旋转角度完全相等。

但是，我们要怎样才能知道地球是匀速自转的呢？为何我们能够确信，地球绕中心轴完成连续两周自转用时是完全相等的呢？只要地球自转仍是时间单位，那么上述问题便无法解答。

最近，天文学家认为，出于某种目的，这种被长期公认为匀速的运动可以被其他模型暂时取代。下面我们将为大家介绍进行上述替换的原因和目的。

如果我们仔细研究过天体运动，便会发现，事实上，很多天体的运动与我们上面提到的理论背道而驰，并且这种偏差无法通过天体力学定律加以解释。上述现象既发生在月球上，也发生在木卫一和木卫二上，还出现在水星上，甚至连太阳的周年视运动也存在偏差，也就是说，地球在其公转轨道上的运动也会发生偏差。就月球而言，月球在极大程度上偏离了理论轨道，有时甚至会达到0.25′弧长，而对太阳而言，其轨道偏差可达到1″弧长。经过分析我们发现，上述偏差存在着共同特征：在某些时间段内，所有运动的速度均会加快，而在下一个时间段又会减慢。因此，我们自然也会认为，这些偏差是由共同的原因所引起的。

偏差产生的原因是否有可能并不在于自然时钟的不准确性，而在于我们误认为的地球自转是匀速的呢？

曾有人提出过关于取代地球时间的问题。"地球时间"曾一度被抛弃，人们转而使用其他自然时来度量地球运动，比如基于木卫一和木卫二的运动来进行计时，或根据月亮运动来计时，又或者用水星运动来计时。事实证明，当我们使用这些替代时间来计时时，由于这些天体进行的是匀速运动，所以结果十分令人满意。而地球的自转在新的计时方式下也就不再是匀速的了：地球自转的减速期长达几十年，然后会迎来几十年的加速期，然后又会出现几十年的减速期，如此循环往复。

1897年的昼夜时长比之前多了0.003 5秒。而1918年昼夜时长相比于1897—1918年却减少了0.003 5秒。我们今天的昼夜时长相比于100年前长了0.002秒。

从这个意义上说，地球自转相对于其他运动来说并非匀速。同样地，我们通常认为它在星系中进行匀速运动，事实也并非如此。但地球自转与严格意义上匀速运动之间（上述意义上）的差别并不大：地球自转在1680—1780年的整整一百年间逐渐变缓。就"地球时间"和"地外时间"两种不同的计时方法来看，我们的昼夜时长增加了近30秒；19世纪中叶的昼夜时长缩短了大概10秒，两者之间的差异也相应减少；而到了20世纪初，昼夜时长又减少了20秒；在20世纪前25年间，地球自转重新减速，昼夜时长再次增加，所增加的时间达到了半分钟左右（见图26）。

导致地球自转速度产生变化的原因是多样的，可能是月潮、地球半径的改变[1]等造成的。未来我们在这一问题上或许会有重大发现，届时，这一现象将得到全方位的分析和解答。

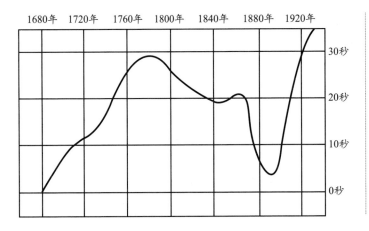

图26　这条曲线表明，从1680—1920年，地球自转相对于匀速转动的情况。如果地球自转是匀速运动，则在表格中的线应为直线。曲线上升意味着昼夜时长增加，也就是说地球自转减速；曲线下降则反之

---

1 地球半径长度的变化不需要直接测量，因为这个数值很难精确到100米。此外，哪怕地球半径增减数米，这一变化所产生的一系列影响也足够我们讨论数天。

第19节

年月始于何时？

当莫斯科地区12月份结束，新年第一天随之来临时，而莫斯科以西的地区尚处于12月31日，莫斯科以东的地区则早已跨入1月1日。但在地球上，东西方的相遇是不可避免的；也就是说，地球上存在着一条界线，分割12月与1月，1日与31日，新年与旧岁。

这条分界线也就是国际日期变更线。这条线经过白令海峡，穿过太平洋海域，它在总体上是沿着180°经线延伸的。它的准确位置是经由国际协议确定的。

这条假设出来的线沿着180°经线横穿太平洋无人海域，地球在这里首次完成了日期和年月的更迭；这里仿佛存在着通向日历的大门，各月的日期从此不断出现，同时，新的一年也在此孕育。相比其他任何一个地方，每月的第一天率先在此降临；之后这些日期便开始向西奔走，绕地球环行一圈，最后回到出生地，消失不见。

苏联比世界上任何国家都更早迎来新的一天：新的一天刚刚在白令海峡水域中诞生，便匆匆地由杰日尼奥夫角进入拥挤的人类世界，并开始了自己的环球旅行。同时，新的一天也是在这里，即苏联亚洲地区东部的尽头结束其为期24小时的旅途。

日子的更替就是这样在日界线[1]上完成的。早些时候，由于该线尚未被确定，因此早期进行环球航行活动的人往往会把日期搞混。以下是麦哲伦的同行者安东尼·皮

---

1 日界线：又称国际改日线、国际日期变更线。它大体上沿180°经线延伸。

卡费塔在环球航行时所记录的真实故事：

7月19日，星期三。我们看到了佛得角（非洲）并开始准备停泊。我们吩咐他人上岸打听今天周几，以便确保我们的航行日志记录准确。人们回答说是星期四。这使我们大吃一惊，因为根据我们的日志来看今天才周三而已。看来我们所有人都记混了一天，但这似乎又不太可能……后来才知道，我们的日志并没有错误，因为我们一直跟着太阳运动向西行驶，所以当我们回到原处时，就比留在原地的人少过了24小时。只要想清楚这个问题，一切都会变得明了。

那么当现代海员在越过日界线时，他们是如何处理的呢？为了不记混日期，海员们会采取以下措施：如果他们自东向西越过日界线时，就会自动减掉一天；而如果他们自西向东穿过日界线时，就会将同一天记录两次，也就是说在越过1号之后，他们还会再过一次1号。所以在现实生活中不可能发生儒勒·凡尔纳在其小说《80天环游地球》中提到的故事：冒险家周游世界并将"星期天"带回了自己的家乡，而当时那里还只是星期六。这个故事也许只能发生在麦哲伦时代，那是因为彼时的人们还没有就日界线达成共识。爱伦·坡在笑话《一周三个星期天》中描述了这一情形：有一位水手由东向西地进行环球航行，在家乡遇到了朝着相反方向进行环球航行的水手。一位水手确定地说昨天是星期天，而另外一个人则说明天才是星期天。而一位哪儿都没去过的老朋友则说今天才是星期天。很显然，上述情形是不会在我们这个时代发生的。

当我们朝东航行时，应在记录日期的时候稍作停歇，让太阳赶上自己，也就是将同一天记录两次；而当我们向西航行时则相反，应该从我们实际记录的日期中减掉一天来使我们追上太阳。这样我们就能在环球航行时不与日历产生冲突。

这些问题看上去似乎并不非常复杂。但即使距离麦哲伦完成环球航行后4个世纪的今天，这个问题仍然不是所有人都能搞清楚的。

第 20 节

2 月 有 几 个 星 期 五 ？

【问题】2月最多或最少有几个星期五？

【回答】一般人们都会回答，2月最多有5个星期五，最少则有4个。如果当年的2月1日刚好是星期五，那么2月29日也肯定是星期五，所以此时2月就有5个星期五。

但是我们可以在同一个2月中找到10个星期五。让我们想象，一艘定期往返于西伯利亚东海岸与美国阿拉斯加之间的轮船，该轮船每星期五从西伯利亚东海岸出发。如果今年是闰年且2月1日是星期五，那么该船长会在2月经历几次星期五呢？因为该轮船每星期五从西向东穿过日界线，所以船员们每周会经历两个星期五，而他们在整个2月便会经历10个星期五。相反地，每星期四从阿拉斯加出发，驶向西伯利亚的船长，他在计算日期时需要跳过一天，所以在整个2月，他们一次星期五也不会遇到。

所以正确答案应该是：2月最多可能有10个星期五，最少可能有0个星期五。

02

月球及其运动

第 1 节

新月还是残月？

望向天空中的弯月，并不是所有人都能够顺利辨别它是新月还是残月的。新月和残月的区别仅在于月弯的朝向不同。在北半球，新月的月弯总是在右边，而残月的月弯则朝向左边。那么我们怎样才能准确且牢固地记住月弯在各个月份的朝向呢？

在此我们仅需了解这样一个特征即可。

我们通过观察月亮形状，辨别其是与字母P相近，还是与字母C相近，便能够轻松辨别出我们眼前的是新月还是残月（见图27）。

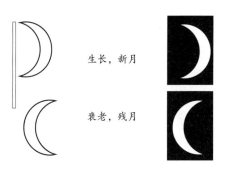

生长，新月

衰老，残月

图27 辨别新月与残月的简单办法

法国人也有自己独特的记忆方法。他们会在脑海中想象出一条直线，并使这条直线经过月牙上下两个角。如此一来他们就能想象出两个类似拉丁字母d和P的图形。而字母d是法语单词"dernier"（意为最后的）的首字母，所以这表示当下处于下旬，也就是说看到的月亮是残月；字母P则是法语单词"premier"（意为起初的）的首字母，所以这表示当下正处于上旬，当下的月亮正是新月。德国人也会将月亮与字母联想在一起，以此来确定所看到的是新月还是残月。

但是这些办法只适用于北半球。在澳大利亚及德兰士瓦的人们所看到的特征则完全相反。而且这些办法即使是在北半球也不是通用的，在一些低纬度地区它们就不适用。例如，克里米亚和高加索地区的新月尚且接近半躺，而更南面一些地方的弯月则完全呈横卧状。在赤道地区天空中的弯月仿佛水中漂浮的独木船，又好似明亮的拱门。在这一地区，不管是苏联人的辨别办法，还是法国人的辨别办法，统统都不适用。因为就卧倒的月亮而言，我们很难说它是更像字母P、C，还是p、d。难怪古罗马时期的人们曾认为斜月是会说谎的月亮。如果我们想准确区别新月和残月，就应该了解月亮的天文特征，即傍晚出现在西方天空中的是新月，而清晨出现在东方天空中的则是残月。

第 2 节

神 奇 的 月 相

　　月亮的光线反射于太阳，因此毫无疑问，月弯的凸出部分应该是面向太阳的。但是画家们在进行艺术创作时往往会忽略这一事实，我们常常能在画展上看到带有月亮元素的风景画，画中弯月凹进的一面对着太阳，也就是说弯月的两角正对太阳（见图28）。

　　但需要说明的是，想要准确无误地画出一轮新月并没有我们想象得那样简单，甚至连经验丰富的画家也会把月亮的内外弧都画成半圆形（见图29b）。实际上，只有月亮外弧是半圆形，内弧是月球受阳光照射形成的边缘阴影，为椭圆形（见图29a）。

图28　这个月亮的错误在哪里呢

图29 a　弯月的正确画法

图29 b　弯月的错误画法

此外，月亮的正确位置也很难确定。若是想要在满月或弦月时弄清月亮之于太阳的相对位置，则需费大功夫。原因在于，月亮光线来自太阳，所以新月末端所成的直线应与太阳光线成直角（见图30）。换句话说，太阳中心应该处于月亮两端所成直线的中垂线上。然而这一位置确定法只适用于弯月。图31给出了月亮在不同阶段相对太阳所处的位置，给我们的感觉就像是平直的太阳光线在到达月亮表面时发生了弯曲。

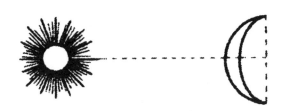

图30　新月与太阳的相对位置

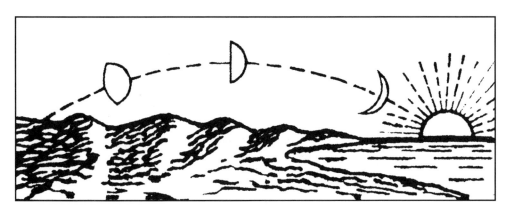

图31　月亮在不同阶段相对太阳所处的位置

原因在于，太阳发出的光线确实与月亮两端所成的直线垂直，且太阳光线在整个空间中均呈直线。但是我们的眼睛在天空中看到的并非上述的这条直线，而是它在天穹中的投影，也就是我们所说的曲线。

这就是我们为什么说月亮悬挂不正确的原因。画家们应该好好研究月球的这一特征，并准确地将它们画出来。

第 **3** 节

孪生星球

人们常把地球和月亮看作孪生星球，这一称号可谓实至名归。与其他行星的卫星相比，地球卫星的大小和质量都非比寻常，甚至可以与中心行星一较高低。当然，太阳系中还存在着许多尺寸更大、质量更大的卫星，但与它们的中心行星相比，这些卫星就显得微不足道了。事实上，月球的直径大于地球直径的 $\frac{1}{4}$，而太阳系中最大的卫星，其直径也只是中心行星直径的 $\frac{1}{10}$（海卫一，海王星的卫星之一）。此外，月球质量是地球质量的 $\frac{1}{18}$，而太阳系中最重的卫星——木卫三，其质量还不到木星的 $\frac{1}{10\,000}$。

本页的图表为我们列举了一些数据，展示了太阳系中某些巨型卫星与其中心行星的质量比。

行星	卫星	卫星与中心行星的质量比
地球	月球	0.012 3
木星	木卫三	0.000 08
土星	土卫六	0.000 21
天王星	天卫三	0.000 03
海王星	海卫一	0.001 29

从表中我们可以看出，月球质量与中心行星质量比最高。我们认为月球与地球是双星系统的第三个原因在于，这两个天体距离相近。很多其他卫星的轨道均距离中心行星较远，如木星的某些卫星（见图32中的木卫九）与木星的距离是地月距离的65倍。

图32 月球与地球的距离跟木卫九与木星的距离相比要近得多

关于这点还存在一个有趣的事实，即月球围绕太阳旋转的轨道与地球轨道十分相似。这个事实看上去似乎不太可能，那么请回忆一下，月亮绕地轨道与地球的距离为400 000千米。在月球环绕地球运转一周时，地球也带着它一起完成了$\frac{1}{13}$圈绕日公转（也就是说约70 000 000千米）。我们想象一下，月球绕地轨道的长为2 500 000千米，假设我们把这一轨道的长度扩大30倍，那么它还会是圆形吗？显然不会。但两者相差并不太大——月球几乎是沿着地球公转轨道绕日运动的，只不过月球轨道有13个微不足道的凸起部分。简单来说，月球绕日运动轨道像是一个带有凸出圆角的十三角形。

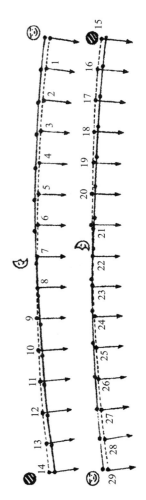

在图33中，我们分别可以看到同一个月内地球和月球的绕日轨道。其中，虚线代表地球轨道，实线代表月球轨道。两条轨道之间的距离如此贴近，以至于当我们想要将它们分开来看时，不得不采用很大的比例尺：假设我们在图纸上画出的地球轨道直径为$\frac{1}{2}$米，如果把地球轨道画成10厘米，那么图中两条路线的最大差距甚至小于我们画出的最细的线条。看到图片你就会确信，月球与地球围绕太阳运动的轨道几乎是相同的。它们被天文学家冠以"孪生星球"的称号真是当之无愧。

图33 同一个月内月球（实线）和地球（虚线）围绕太阳运动的路径图

如果我们仔细观察图片便会发现，月球的运动轨迹并不是非常规则的图形，而在现实生活中也确实如此。月球围绕地球运动的轨道是椭圆形，地球位于其中一个焦点上。根据开普勒第二定律，月球在近地点时运动速度加快，在远地点时则速度减缓。月球轨道偏心率较大，约为0.055。

当我们在太阳上观察时，月球的绕日运动轨道几乎与地球公转轨道一致，只是在个别位置略有波动。这与月球相对地球的运动轨道接近于椭圆形完全不矛盾。只不过，当我们位于地球上时，由于我们自身也参与了地球运动，因此我们察觉不到月球也在随地球围绕太阳旋转。

第 4 节

为什么月球没有掉到太阳上

这个问题也许看上去很幼稚，月球为什么要掉到太阳上面？毕竟，邻近的地球会始终吸引着月球围绕自己旋转，使其远离太阳。如果读者知道了下面这个事实，想必又要大吃一惊：事实上，太阳对月亮的引力远大于地球对它的引力。

计算结果显示确实如此。比较太阳和地球对月球的引力后，我们发现二者取决于两个因素：一个是天体的质量，另一个则是天体距月球的距离。太阳的质量是地球的330 000多倍；而如果两个天体与月球的距离相等，太阳对月球的引力也要比地球对月球的引力高出相同的倍数。但是，太阳与月球之间的距离是地月距离的400倍左右，而引力与距离的平方成反比，因此太阳对月球的引力比地球对月球的引力会减少$\frac{1}{400^2}$，也就是$\frac{1}{160\,000}$。也就是说，太阳对月球的引力是地球对月球的引力的

$\dfrac{330\ 000}{160\ 000}$倍，也就是2倍多。

既然太阳对月球的引力是地球的2倍多，那么为什么月球没有围绕着太阳旋转呢？为什么地球仍然能够使月球围绕着自己运动，而没有让太阳占据优势呢？

月球没有落到太阳上的原因与地球没有落到太阳上的原因是一样的。月球和地球一起在太阳周围做环行运动，而太阳的引力也毫无保留地作用到两个天体上，使它们的运动路径从直线变成了曲线，也就是说月球和地球的运动轨迹从直线变成了曲线。

读者可能仍旧有一些疑问：这一切都是如何发生的呢？地球吸引着月球靠近自己，但是太阳对月球的引力更大，然而月球并没有落到太阳上反而是绕着地球运动。确实，如果太阳引力只作用于月球的话，这种现象确实不合常理。但是太阳的引力同时作用到月球和地球，也就是"双星系统"上，这并不会影响到它们系统之间的内部关系。严格说来，太阳引力作用到地月系统的共同重心上。这一重心位于地心与月心的连线上，距离地心的距离为地球直径的$\dfrac{2}{3}$。月球和地球围绕这一重心旋转，旋转周期为一个月。

第 5 节

月 球 的 可 见 面 与 不 可 见 面

没有什么镜面反射效应比月球的反射效应更令人震撼。尽管月亮在天空中总是以一个近似茶托的平面形象出现，但实际上月球却是球状物体。

月球立体图片的获取绝非易事，我想大多数人对此没有异议。首先我们要熟悉这个夜晚才会出现的调皮天体的特性。

月球围绕地球旋转时，总是以同一面朝向地球。在绕地球运动的同时，月球也在围绕自己的中心轴自转。这两种运动是在相同的时间间隔内同时完成的。

图34的椭圆很清楚地展示出了月球轨道的形状。图片刻意夸大了月球轨道的椭圆程度。实际上，月球轨道的偏心率只有0.055或者$\frac{1}{81}$。如果把月球轨道缩小到一张图纸中，我们是不可能用肉眼看出它和圆形的差别的。就算我们把月球轨道的长轴画成1米长，短轴也只比长轴短1毫米；而地球距轨道中心只有5.5厘米。我们把月球轨道画成略为拉长了的椭圆是为了让读者更好地理解。

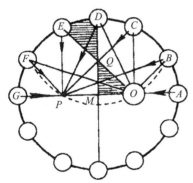

图34 月球绕地球旋转的轨道

假设图34中的椭圆形便是月球的绕地轨道。地球位于点O，即椭圆的一个焦点上。开普勒定律不仅适用于地球公转，也同样适用于卫星围绕行星的运动。具体来说，开普勒定律也适用于月球的绕地运动。根据开普勒第二定律，如果月球在$\frac{1}{4}$月内走过的路程为AE，则图形$OABCDE$的面积应该是椭圆面积的$\frac{1}{4}$，也就等于扇形$MABCD$的面积（图形OAE的面积与MAD面积相等，MOQ与EQD面积相近）。因此，月球在$\frac{1}{4}$月内从A点运动到了E点。而月球和其他行星一样，它的自转与绕日公转的区别在于它是匀速的：在$\frac{1}{4}$月内，它刚好旋转了90°。因此当月球到达点E时，在A点朝向地球的半径走过了90°，但此时该半径并不是投影到了M点，而是M点偏左一点的位置，即轨道的另一焦点P旁边。由于月球正面稍微偏离地球，因此观察者望向月亮时，首先看到的就是其右侧一条狭长的亮光。当月球到达F点时，由于$\angle OFP$小于$\angle OEP$，所以地球观察者观测到的已经是更为狭长的部分。在G点（也就是月球的远地点）时，此时月球所处的位置与其在近地点所处的位置类似。如果月球继续旋转，那么就会是另一面朝向地球。而地球上观察者看到的则是与先前一侧相对的另一侧的狭长亮光：这片亮光先会变宽，然后会逐渐变窄，直到回到原来点A的位置。

由于月球绕地轨道是两边并不完全对称的椭圆形，因此月球并不总是以同一面朝向地球，而是面向轨道的焦点。于地球上的我们而言，月球运动像是在天平的中心来回摆动，天文学家因此称这种摇摆为天平动。天平动一词来自拉丁文"libra"，意为尺度。各点天平动的大小是通过相应的角度来测量的。比如，月亮在E点的天平动等于$\angle OEP$。月球最大的天平动为$7°\ 53'$，也就是约为$8°$。

随着月球轨道的位置发生变化，天平动的大小也会产生相应的增加或减少，观察这一现象本身便很有趣。让我们将圆规放在D点，画一条过焦点O和焦点P的弧，并使之交轨道于点B和点F。$\angle OBP$与$\angle OFP$为中心角$\angle ODP$的一半。由此可见，从点A到点B，天平动的速度快速增加，在点B达到最大值的一半后继续缓慢增加；从D点到F点运动时，天平动的速度首先会缓慢减小，然后快速减小。在运行至椭圆的另一边时，天平动保持同样的变化节奏，但变化方向相反（轨道上各点天平动的大小与月球到长轴的距离成正比）。

我们现在研究的天平动被称为"经天平动"，还有一种天平动被称为"纬天平动"。月球轨道平面与月球赤道面存在一个约为$6.5°$的夹角，因此我们从地球上看到月球时会发现，月球有时出现在天空南面一点的位置，有时出现在北面一点的位置，并且可以看到一部分经过月球两极的不可见月。这种天平动最大可达$6.5°$。

现在我们就来解释一下，天体摄影师是如何利用月球天平动现象来为月球拍摄立体图像的。想必大家已经猜到了，如果我们想要得到月球的立体照片，则需要捕获两个中心位置上的月球。在此条件下，一个位置上的月球相对另一位置上的月球来说已经旋转了足够的角度[1]。例如在A点和B点，B点和C点，C点和D点等。月球相对地球的不同位置很多，因此拍摄月球立体图形是可以实现的。但是现在我们面前又出现了新的问题：不同时间段月球所处的位置是不同的，若拍摄时间为1.5~2个昼夜，那么期间产生的差距便会过大，可能我们在某张照片中还能看见月球的发光边缘，但也许这在另一张图片中已经变成了阴影，上述情况是不允许出现在拍摄过程中的（因为到时边缘像银子一样发光）。那么现在就出现了一个非常艰难的任务：天体摄影师要在同一个相位蹲守月球，并保证月球的经度天平动（纬度天平动）相同，只有这样，月球发光部才会以相同的位置出现在月球表面。

大家也许就能够明白，月球立体照片的获取是多么的艰难。那么也就不难明白，为什么一组月球照片的拍摄往往需要耗费多年时间。

大家可能不会去拍摄月球的立体照片，所以我们在这里讲解它的拍摄方法并不是有什么实际目的，而只是想通过解释拍摄过程来说明月球运动的特点，让天文学家有机会看到平时看不到的月半球。通过月球的两种天平动，我们可以看到59%的月球表面，而不只限于通常认为的一半。对我们而言，月球完全不可见的部分只有41%。不可见部分的情况无人知晓，因此只能猜测它和我们所看到的这部分没有任何区别。人们曾尝试将月球上的山脊往后延伸，试图通过可见部分来勾勒出另一部分的细节。但是我们目前还没有办法验证这些推断的准确性。当然，也仅是就目前而言。很久以前，科学家们便试图向月球周围发射特殊的飞行器，这种飞行器能够克服地球引力在太空运动。

---

1 想要得到月球的立体图片，需要偏离月球1°。

第 **6** 节

第 二 颗 月 球 与 月 球 的 月 球

我们经常会在新闻报道中看到这样的消息：某个观察者声称其观测到了地球的第二颗卫星，也就是第二颗月球。尽管没人相信上述报道，但是这一主题却十分有趣，值得我们驻足研究。

关于地球存在第二颗卫星的说法由来已久。读过儒勒·凡尔纳小说《从地球到月球》的读者应该记得，作者就在该书中提到了第二颗月球。这颗月球十分小，却拥有着极高的运行速度，因此地球居民无法看到它。儒勒·凡尔纳称，法国天文学家佩蒂特首先提出了地球第二颗卫星存在的假说，并指出其环绕地球公转的周期为3时20分，这颗卫星距离地球表面8 240千米。英国科学杂志《自然》曾在一篇关于儒勒·凡尔纳的天文学文章中称，儒勒·凡尔纳援引的佩蒂特的论述根本就不存在，甚至佩蒂特这个人都是他凭空想象出来的，因为佩蒂特的名字从未出现在任何一部百科书籍之中。事实上，关于佩蒂特及其相关言论并不是儒勒凡尔纳凭空捏造的。图卢兹天文台台长普济于19世纪50年代确实提出了关于第二颗月球的说法，声称第二颗月亮的公转周期为3时20分，但是与地球表面的距离并非8 000千米，而是5 000千米。当时只有个别天文学家知道这一说法，因此后来逐渐被遗忘。

从理论上来看，地球存在第二颗小型卫星的说法并不违反科学规律。但是如果这种天体真的存在，就不应该只在它公转经过月球或太阳表面时才会偶尔被观测到。

即使第二颗卫星的旋转轨道太接近于地球，而导致它每次绕地球公转时都被覆盖在地球巨大的阴影下，那么我们也能在每天清晨或夜晚时，在太阳光线的照耀下看到它。这颗星球的高速运动和规律公转吸引了来自天文爱好者的广泛关注，哪怕是在日全食时，天文爱好者们也在密切关注第二颗月球。总之，如果地球的第二颗卫星确实存在的话，我们是可以观测到的，这是毋庸置疑的。此外，与第二颗卫星一同出现的问题还有：我们的小月球是否存在自己的卫星，即月球的月球呢？

但是直接证明这种月球卫星的存在是十分困难的。天文学家穆尔顿曾说过这样一段话：

> 当月球正常发光时，它的光线或太阳光线使我们很难区分与之相邻的小天体。只有在月食发生时，月球的卫星才会被太阳光线照射，第二颗月球才能摆脱月球散射光的影响。因此，我们只有在月食时才能够看到围绕月球运动的小天体。事实上，这种研究已经进行，但并没有什么实质性结果。

第 7 节

为何月球没有大气层

对于提出这一问题的人，我们或许应该先把问题抛回给他们。在我们质疑月球周围为什么没有大气之前，我们应该先问：为什么我们的地球周围存在大气？

首先我们要知道，不管是空气还是其他任何气体都只是内部连接松散的分子，这些分子朝不同的方向运动，于是就形成了气体。这些分子在0℃条件下的平均运动速度为$\frac{1}{2}$千米/秒（相当于子弹的速度）。那么它们为什么没有被发射到太空中呢？原因和地球没有落到太阳上的原因相同。分子的能量在摆脱引力作用的过程被消耗殆尽，于是便重新折回地球。可以说，我们地表附近布满了以$\frac{1}{2}$千米/秒的速度垂直向上运动的分子，它们可以飞多高呢？这个问题并不难。设速度为v，上升高度为h，重力加速度为g，它们之间的关系可以表示为：

$$v^2 = 2gh$$

在这里，v等于500米/秒，同时g等于10米/秒^2，因此：

$$250\,000 = 20h$$

也就是：

$$h = 12\,500\text{米} = 12\frac{1}{2}\text{千米}$$

但是，如果理论上空气分子的飞行高度不超过$12\frac{1}{2}$千米，那么它们又是如何到达这个高度以内的位置呢？地表附近大气层的主要组成部分是氧气（由植物光合作用释放出的），但是科学家们在地表之上500千米，乃至1 000千米的位置也发现了氧气的足迹。那么是什么力量将其抬升到了如此高度呢？物理学在这里给出了一个似乎是来自统计学家的答案。如果我们问他：人类平均寿命为40岁，为什么会有80多岁的老人呢？原因在于，我们计算的是平均值，而并非分子的实际运动速度。分子的平均速度为$\frac{1}{2}$千米/秒，然而实际上在分子运动时，有些分子的运动速度高于平均，而有些分子运动速度则低于平均。确实，速度明显偏离平均速度的分子比例并不高，并不会使平均值产生严重偏差。在0 ℃条件下，只有20%分子的速度可达400～500米/秒，与运动速度在300～400米/秒分子的占比相近。此外，17%分子的运动速度为200～300

米/秒，9%分子的运动速度为600～700米/秒；8%分子的运动速度为700～800米/秒；1%分子的运动速度为1 300～1 400米/秒。极小一部分（约为百万分之一）分子的运动速度可达到3 500米/秒，而这一运动速度足以使分子抵达600千米的高处。

实际上，由于$3\,500^2 = 20h$，由此$h = \dfrac{12\,250\,000}{20}$，所以得出的结果大于600千米。

现在已经明了了，为何在距离地表数百千米的高空也会有氧气的存在：这是由于气体的物理特性所致。但是绝大多数氧气、氮气、水蒸气、二氧化碳分子的运动速度还不足以完全摆脱地球引力。想要达到这一目标，分子的运动速度需不低于11千米/秒。在低温情况下，只有一小部分的上述气体能够达到这一速度。这就是地球上空会被大气层紧紧包围的原因。据计算，地球大气层最轻的气体，即氢气，其流失一半的时间也需要25年。数百万年来，地球大气层的组成和质量几乎没有发生任何改变。

现在我们就可以解释，为什么月球周围没有类似地球上紧密包裹着的大气层。首先，月球的引力只有地球引力的六分之一；相应地，气体克服月球引力的速度不会大于2 360米/秒。由于氧气和氮气的运动速度在常温就能够达到这一高度，所以如果月球周围存在大气层，则大气层内的气体会源源不断地流失，这是十分浅显易懂的。当这些速度最快的分子流失后，其他分子的运动就会到达这些速度（这是气体分子间速度分布规律的结果），于是月球大气中会有越来越多分子流失到太空中去。一段时间过后（该时间段在宇宙时间概念上可以忽略不计），整个大气层都会离开月球表面并被吸附到其他星体上。我们可以通过数学计算证明，如果分子的平均速度达到临界速度的$\dfrac{1}{3}$[对于月球而言也就是2 360÷3 = 790（米/秒）]，则大气层的一半可在数周之内全部流失（大气层稳定存在的前提是分子的平均速度小于临界速度的$\dfrac{1}{5}$）。

在探究和征服月球的过程中，人类曾经产生一种想法，确切来说是幻想：用人造大气包裹月球以使月球环境适合人类居住。

经过上述解释，大家应该明白这一想法完全是不切实际的。大气不存在于我们的卫星之上并不是偶然事件，也不是大自然的突发奇想，而是自然定律的必然结果。

此外，我们还应明白，几乎所有引力较小的天体周围都不存在大气，包括小行星和大多数卫星[1]。我们的月球也不例外。

第8节

月球的大小

数据当然能够更清晰地说明月球的大小，包括月球的直径（3 500千米）、表面积及体积等。然而尽管数字在计算中是不可或缺的，但若是读者想要感受到月球的大小，还需要发挥自己的想象，数字在这方面显然不够直观。我们可以采用对比的方法：将月球大陆（月球是一个连续的大陆）和地球大陆（见图35）进行对比。相比抽象的数字，这更能够说明月球表面积是地球表面积的 $\frac{1}{14}$ 这一事实。如果以平方千米计算，则我们卫星的表面积仅略小于两个美洲的面积。而月球可见部分的表面积只相当于南美洲大小。

---

[1] 1984年，苏联天文学家立普斯基发现了月球大气层的存在。月球大气层的总量不超过地球大气层的十万分之一。

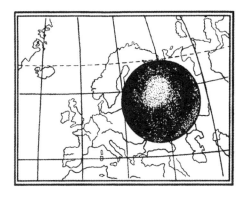

图35 月球大小与欧洲大陆对比图

为了更加直观地将月球海洋和地球海洋进行对比，我们原封不动地（见图36）把黑海和里海搬到了月球上。虽然月球海洋面积在月球表面积中占比较大，但在地球海洋面前就相形见绌了。比如月球上的澄海面积（170 000平方千米）仅为里海面积的$\frac{2}{5}$。

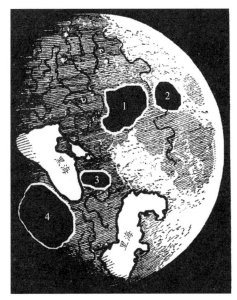

但是月球拥有地球所没有的庞大环形山。如格里马尔迪环形山所占面积甚至大于贝加尔湖的面积。在这一山脉内甚至可以安置比利时或瑞士等面积不大的国家。

图36 月球上的陆地和海洋与月球表面积对比图。如果将黑海与里海搬到月球上，则它们要比月球上所有的海洋都要大：1—云海；2—潮湿海；3—蒸汽海；4—澄海。

第 **9** 节

月 球 风 光

我们经常在书本中见到月球表面的照片，所以大家便会将这些熟悉的环形山（见图37）看作月球表面的典型特征。但是无论是通过照片观测，还是通过望远镜观测，都无法还原观察者在月球表面亲眼看到的景象和观察者当时的心情。当观察者站在月球表面时，他所观察到的景象可能与通过望远镜观察到的景象并不相同，毕竟从高处观察物体是一回事儿，而从近处观察又完全是另外一回事儿。我们将通过几个例子来说明两种方法的不同。厄拉多塞山若从地球上看是一座中间耸立着高峰的环形山脉；而如果从望远镜中看的话，厄拉多塞山则独立凸出于月球表面，它的周围则是或明或

图37 典型的月球环形山

暗的斑点。然而，如果我们看到它的截面图（见图38），就会明白：与环形山脉显著的长度（环行山脉围成的圆直径约为69千米）相比，它的高度以及中间山峰的高度简直微不足道；而与地球上的高山相比，它的坡度更加不值一提。

图38　月球巨型环形山厄拉多塞山的剖面图

现在请大家想象自己正在此环形山的山脚徘徊，如果有人告诉你环形山围成的圆的直径相当于拉多加湖到芬兰湾的距离，你对该圆环的大小是否就有了较为清晰的概念呢？此外由于环山底部突出的土壤将可能会遮住你的视线，所以你甚至看不到山脚的风光。由于月球直径约为地球直径的$\frac{1}{4}$，所以月球地平线的范围也小得多，大概只有地球的$\frac{1}{2}$。根据地平线公式计算得出，如果一个中等身高的地球人站在平坦的月球表面上，其所能观察到的视野范围不超过5千米。这个数字可以通过地平线范围公式得出：

$$D = \sqrt{2Rh}$$

此处，D为地平线的距离（千米），h为视线高度（千米），R为星球半径（千米）。

如果我们将地球数据和月球数据带入公式，就不难得知，对于中等身高的人来说，如果他在地球上的视野范围为4.8千米，那么在月球上只有2.5千米。

那么月球环山内观察者看到的景象会是怎样的呢？我们可以参考图39（图中描绘的是另外一个环形山）。图中展现的景象是否与我们听到"月球环形山"时想象的景象不同呢？实际上，当人们站在月球环形山的中心时，一般只会看到广阔的平原和地平线上矗立着的连绵不绝的小山丘。

图39　观察者来到月球环形山的中心将会看到的景象

如果我们来到环形山外侧，就会发现，眼前的景象与我们想象的景象也是不同的。环形山外部山坡（见图39）的坡度十分平缓，以至于身处其中的观察者完全不会认为它是山峰。更重要的是，我们无法确定观察者所看到的连绵不绝的丘陵便是我们所说的环形山，因为在巨环内部还有一个巨型盆地。想要看到盆地的面貌，我们就必须越过山峰。但是正如我们前面所说，观察者眼前并不会出现什么特别奇妙的景色。

月球上除了这些巨型环形山，还有很多小型环形山，就算我们距离它们很近也能很轻易发现它们。这些小型山脉的海拔较低，观察者未必会在这里发现什么不同寻常的东西。月球山脉多以地球山脉的名字命名，阿尔卑斯山、高加索山脉、亚平宁山脉等等，它们的高度与地球山脉高度相媲美，可达7～8千米。但因为月球尺寸较小，便使这些山脉显得十分突出。

由于月球没有大气层，所以导致观察者利用望远镜观察时会产生一种有趣的错觉：土壤细微的不平会被成倍放大，因此月亮表面看上去凹凸不平。如果我们将半粒豌豆放在月球表面，让它的凸面朝上。豌豆虽小，但其投下的影子却很大（见图

40）。当光线从豌豆侧面投过来时，它在月球表面形成的投影是其高度的20倍。这一现象能够很好地服务于天文学家：得益于月球上物体投影较长，哪怕是30米高的物体也能被望远镜观察到。但与此同时，月球土壤的不平整程度也被放大。如月球的匹克山，我们从望远镜中看到的山体非常陡峭，以至于很多人认为它是由陡峭的岩石构成的（见图41）。过去人们也是如此认为的；但是如果我们站在月球上的话，我们看到的完全会是另一番景象（见图42）。

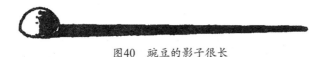

图40　豌豆的影子很长

图41　用天文望远镜看到的月球上高耸陡峭的匹克山

图42　在月球表面看到的匹克山实则十分平缓

与上述情况相反，月球地貌其他的一些特征却被我们低估了。当我们通过天文望远镜观察时，会发现月球表面上存在着很多细小的、不起眼的裂缝，于是我们自然而然地认为，这些小裂缝并不会对月表形态产生什么影响。如果我们将这些裂缝转移到地球上，便会惊奇地发现，我们脚下的深渊居然一直延伸到了地平线之外。我们还可以再举一个例子。月球上有一处被称为"直墙"的垂直阶梯，该阶梯横穿月亮的一个平原。当我们从地图上观察这堵墙时（见

图43），我们甚至会忘记它的高度为300米；但是如果我们来到这堵墙的脚下，我们一定会被它的宏伟所震撼。艺术家试图在图44、图45中描绘从墙角看过去时所感受到的雄伟，由于这堵墙面横向延伸长度可达100千米，所以其末端消失在了地平线的某处。同样地，我们用天文望远镜观测到的月球表面的细小裂缝也代表着自然创造的巨型裂谷。

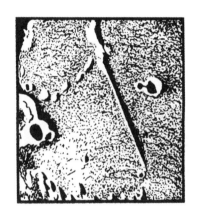

图43　月球表面所谓的"直墙"
（从天文望远镜中看到的形状）

图44　观察者站在月球"直墙"的墙角可能观察到的景象

图45　站在月表"细缝"近处可能看到的情景

第 10 节

月 球 的 天 空

如果地球人来到月球，我们首先便会被三种奇观所吸引。

黑色苍穹

首先映入眼帘的是月球白天天空的奇异色彩：此时天空的颜色并非我们习以为常的蓝色，而是一片漆黑，明亮的太阳光线零星地散布着。月球天空中的很多星星都清晰可见，但是由于月球缺少大气层，所以这些星星并不闪烁。

弗拉马利翁用自己独特的诗意的语言描述道：

深邃的苍穹和清朗的天空，熹微的晨光和暮色的雄伟光辉，迷人的沙漠美景，还有远处雾蒙蒙的田野和草地。亘古不变的湖水澄澈如镜面，倒映着蔚蓝的苍穹，深不见底。你的存在以及你目之所及的所有美丽都赖于天空中飘浮的轻云。没有这些，这些画面，这些美景都将不复存在。蔚蓝的天空被无边无际的黑暗取代；世间再无壮丽的日出日落和温柔的时间过渡，白天将迅速被黑夜取代，黑夜之后立刻便是白天。在太阳光线无法直射的地方，再也不会出现柔和的阴影。只有耀眼的太阳直接照射的地方才会有光明，其他位置将被浓密的黑暗笼罩。

　　如果地球大气层变薄，蔚蓝的天空也会逐渐转暗。曾有探险者搭乘苏联的"航空和化学建设促进会"号飞船在21千米的高空看见几乎是一片漆黑的月球天空。其实在月球上存在着上文中我们所描绘出的梦幻场景：漆黑的天空中没有晨曦也没有霞彩，而被光线照亮的地方又是如此耀眼。

悬挂在月球天空中的地球

　　我们在月球上看到的第二个奇观便是悬于空中的巨大地球。地球原本是在我们脚下，现在却挂在了头顶。其实没有什么好奇怪的，宇宙中的上下本来就是相对的，因此当我们站在月球上时，地球便是相对在上的。

　　此外，在月球上看地球时，我们会觉得地球非常庞大，其直径是在地球上看到的月球直径的4倍，面积是所看到月球的14倍。地球表面的反射能力也比月球强得多，大约是月球的6倍[1]，因此地球所反射的太阳光线自然比月球多得多。我们在月球上看到的地球亮度是满月亮度的90倍，换句话说，地球之于月球，就相当于90个满月同时照向月球表面，并且没有大气层的阻挡，我们可以想象，这样的夜晚该是多么明亮！在地球的"照耀"下，哪怕是在夜晚，月球也会跟白昼一样明亮。其实，正是有了地球的反射光线，我们才可以在地球上看到400 000千米之外的新月凹面！

　　那么，我们是否能够在月球上分辨出地球上的海洋和陆地呢？当下存在着一种非常普遍的错误观点，即在月球上观测到的地球和地球仪上展示出的地球形貌并没有什么不同之处。因此画家们在表现宇宙空间中的地球时，便常常会将地球大陆的轮廓和两极的冰川等细节绘于图上。事实上，以上这些都是人们的臆想。位于其他星球的观

---

[1] 月球上的土壤并非我们想象中的白色，而是暗黑色的，但这与白色的月光并不冲突。丁达尔曾经在一本讨论光线的书中写道："日光，即使是从黑色反射过来仍然是白色的。所以即便月球被披上了黑色的毯子，它在夜空中仍然像一面银盘"。

察者在观测地球时根本无法分辨这些细节，更不必说我们的地球一半以上都被云团覆盖，当太阳光线穿过大气层时，大气层本身也会发生散射现象。因此当我们从外部观察地球时，会发现我们的地球是如此的明亮耀眼，好似金星一般，以至于我们根本无法看到地表的细节。来自普尔科沃地区专门研究此问题的天文学家蒂科夫曾经在文章中写道：

当我们从其他星球望去，地球不过是一个发光的圆盘，我们很难看到地球上的任何细节。这是因为，日光到达地面之前与大气层以及大气层中的杂质相遇，从而发生了漫射。尽管地球自身也会反射光线，但是经过漫射，地球光线变得十分微弱。

面对其他天体，月球慷慨地向我们展示了其表面的各种细节，地球却羞涩地将其面目藏在了大气层下。

然而，月球与地球的区别还不止于此。我们可以在地球上欣赏月出月落，可以看到月亮和星星一起按照一定的轨迹在空中滑过。如果我们站在月球上，便不难发现，地球并不会发生同样规律的运动，它几乎是静止地悬于月空之上的：它不会升起也不会落下，更不会参与恒星缓慢而匀速的运动。它的位置相对月球上的任何一点始终都是固定不变的，但与此同时，其他恒星则在其身后缓慢地移动。这一现象是月球运动的结果。我们此前提到，月球总是同一面对着地球，围绕地球公转，因此对于月球上的观察者而言，地球几乎是纹丝不动地悬于空中的。如果在月球上某点看到地球恰巧悬于头顶，则地球将一直悬于头顶；如果从月球的某点望去，地球位于月平线上，则对于此点而言地球将永远留在月平线上。

当地球上还是朔月的时候，我们在月球上可以看到完整的地球圆盘——"满地"；相反，当我们地球上是满月的时候，从月球上看到的地球是"朔地"（见图46）。当我们从地球上看到的月亮是一轮崭新的月牙时，我们从月球上看到的地球则是一个不完整的圆盘，而缺少的部分恰恰正是我们此时看到的月球的形状。但是，地球的相位并没有月球相位这样清晰：地球大气层模糊了光线边界，使白天逐渐向黑夜过渡，也就是我们所经历的黄昏；黑夜到白天也是如此。

图46　月球上看到的"朔地"

地球相位和月球相位还有下面一个区别：我们在地球上是看不到新月时刻的月球的。此时的它通常位于太阳上方或下方（5°的位置，也就是10个自己的直径长度），被太阳照射成一条狭窄明亮的银线。但此刻的月球仍然是不可见的：太阳光线吸收掉了月球温和的银色光线。我们看到的新月通常已经是两天之后的新月了；只有当月球距离太阳足够远时，我们才会偶尔看到一天的新月（通常在春天时）。而月球上的观察者则看不到地球类似的变化：月球缺少大气层，因此无法散射太阳光线而在周围形成光晕。其他恒星和行星并不会在太阳光线中消失，反而在其身旁更加耀眼。因此，当地球不处在太阳的正前方（也就是不在天顶上），而是处在太阳偏上或偏下的位置时，我们的地球在星光点点的夜空中总是以弯弯的镰刀形状出现（见图47）。随着地球离开太阳做向左转动，镰刀似乎也在向左移动。

图47 月球上的"新地"。在地球镰刀状的白色光带下的是太阳

我们所说的这种现象通过小型单筒望远镜就可以观测到：满月之时的月球看上去并不是规则的圆形。由于月球中心和太阳中心并不与观察者的视线在同一条直线上，因此当月球向右移动时，月球上不可见的带状部分便会沿着发光圆盘的边缘向左滑动。因为地球和月球的相位是相对的，所以在上述月相出现时，月球观察者也有可能会看到弯弯的镰刀状的"新地"。

我们已经提到过，月球存在天平动现象，这说明地球也并不是在月球的天空中一动不动的，它会在中心位置南北14°和东西16°的范围内波动。而对于可以看到地球处在月平线位置的月球观察点来说，我们的地球有时会落下然后很快又从月平线上升起，在月空中画出一条奇怪的弧线（见图48）。地球在同一位置上的升起或下落可能会持续好几个地球昼夜。

图48 由于天平动，地球会在月球地平线附近缓慢运动。图中为地球球心的运动路线

月球上的食象

现在我们要为上面勾勒出的月空图景补充几种特殊的天象，也就是所说的"食象"。月球上存在两种食象，即日食和地食。其中，月球上的日食是一种独特的壮丽景观，和地球上的日食并不相同。当地球上发生月食的时候，月球上也会发生日食或地食，因为此时地球正处在太阳和月球中心的连线上。此时我们的卫星完全被地球的阴影笼罩。但那些在这些时刻见过月球的人就会明白，月球并不是完全不发光的，也没有从我们的视线中消失，我们可以通过樱红色的光线观测到躲在地球阴影中的月球。如果此时我们来到月球表面，并望向地球，我们就可以明白红色光线的来源，因为此时的地球位于月球天空中耀眼的太阳前方。由于在月球上看地球会比太阳更大，所以此时的地球是一个黑色圆盘，其边缘被赤红色的大气层包裹，红色光线就来源于这个发光的红色边缘（见图49）。

图49　月球上的日食过程：太阳逐渐移动到地球圆盘后面。地球相对月球的位置不变

与地球上的日食不同，月球上的日食持续时间可达4个多小时，而不仅仅是几分钟。因为实际上，月球上的日食就是地球上的月食，只不过观察者是从月球上而不是从地球上来观察这一现象的。所以月球上日食的持续时间与地球上月食的持续时间相同。

地食是如此不起眼，我们甚至不能把它们叫作地食。当地球上出现日食时，月球上的地食也同时发生。月球上的观察者可以在巨大的地球圆盘上看到极小的移动着的黑圈，身处这部分的人们是幸运的，因为他们可以从这里欣赏到日食。

值得指出的是，这些天食现象，如地球上的日食，在其他星球是看不到的。这些天文奇观主要是由于一些随机的现象所造成的：月球直径和太阳直径的比值，近似于月球与地球距离和太阳与地球距离的比值。而这种巧合在其他任何星球都不存在。

第11节
天文学家为何要观察日食

正是由于前文结尾提到的巧合，月球后面拖着的锥形阴影才能够到达地球表面（见图50）。严格来说，月球锥形阴影的平均长度小于月球和地球的平均距离。如果我们只关注平均大小，那么就可以得出结论，即地球上根本就不存在日全食。日全食之所以会发生，是因为月球绕地轨道是椭圆形的。月球在绕地轨道的某些位置上与地表的距离比其在其他位置上近42 200千米——地月距离会在356 900千米到399 100千米之间变动。

当月球影子的末端在地表滑过时，被它覆盖的地表就成了人们眼中的"日食能见光带"。这一光带宽度不超过300千米，因此每次日食发生时，能观测到这一天文现象的地区十分有限。如果在此向大家补充说明，日全食的持续时间只有几分钟（不会超过8分钟），那么我们就能明白，日全食是一种非常罕见的天文现象。对于地球上某一固定位置来说，日全食可能2~3个世纪内才会发生一次。

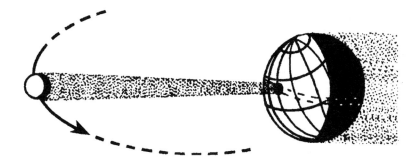

图50　在月球后面拖着的锥形阴影到达地表的地方能看到日全食

因此一旦日全食即将发生，科学家们都会全副武装地赶往可以观测到日全食的地方，因为对他们来说，下一次日全食可能很遥远。1936年6月19日，日食曾在苏联出现，但只有在边境地区才可以观测到日全食。为了这短短的2分钟，来自几十个国家的70名外国学者纷纷赶往苏联。而苏联也派出了自己庞大的观测团，近30名天文学家被派往到了日全食观测区开展研究。然而由于天气原因，四组观测团队的工作都落空了。

尽管月食的发生频率是日食的$\frac{2}{3}$，却比日食更容易被观测到。这一天文学悖论很容易解释：我们只有在太阳被月球遮挡住的有限地区才可以看到日食，而在这些有限的地区中，一些地方看到的是日全食，而另一些地方看到的则是日偏食（也就太阳被遮住了一部分）。对日偏食观测带内的不同位置来说，日食到来的时刻也是不同的。其中原因当然不是因为计时方法的不同，而是因为月球阴影滑过地表时，不同地点被阴影覆盖的时间也不相同。

月食发生的方式则完全不同。月食发生时，一半的（此刻可以看见月球的）地球都可以观测到这一现象，也就是说只要是能看到月球，就能看到月食。此外，对地表所有观测点来说，月食是在同一时刻到来的，只不过是计时时间不同而已。

因为月食会主动出现在人们面前，所以人们不必追逐月食。但是如果天文学家们想观测到日食，那么就不得不进行长途跋涉。天文学家甚至需要在极东或极西的热带岛屿上放置设备，以便在日食发生的几分钟之内观测到这一现象。

那么为这种短暂的观测活动配备价值高昂的设备到底有什么意义呢？这种观测只有在月球挡住太阳那一刻才能进行吗？为什么天文学家不能人为地用非透明的圆盘将望远镜遮住，从而制造出日全食呢？如果这样的话，我们就能够毫不费力地观测到太阳的边缘，而这正是日食最吸引天文学家的部分。

但是，这种人造日食观测并不能给我们带来观测真实的日食现象时可能得到的结果。原因在于，太阳光线在到达我们的视线之前必须要经过大气层，当太阳光线遇到大气中的杂质分子便会发生散射。正因如此，白天我们的头顶是浅蓝色的天空而不是繁星闪烁的黑色苍穹。如果在大气层之外存在一个把太阳遮住的屏风，那么上述光学现象便不会发生。月球便是这样一个位于大气层之外数千倍远的挡屏。在太阳光线到达地球之前会被月球遮挡，而被遮挡的地区也不存在太阳光线的散射。事实上并不是完全没有光线：在地球阴影之中，仍有部分来自周围大气的散射光线。因此即使是日全食到来时，人们也不会觉得自己身处子夜之中；我们也仍旧能够看到天空中最明亮的几颗星。

那么天文学家在观测日全食时的主要任务是什么呢？我们在此列举其中最重要的几项。

（1）可以观测太阳光谱线的"反转"。在通常情况下，太阳光谱线是一条带有许多暗线的明亮谱带，而在太阳完全被月球遮住的几秒内，太阳光谱线会变成一条有许多明线的暗谱带，这时的吸收光谱转变为了发射光谱。这就是所谓的"闪光谱"。虽然这一现象的出现不仅限于日食期间，但是在日食发生时，这一现象尤其明显，这对于研究太阳外层大气仍具有十分重要的意义。因此天文学家不想错过这一机会。

（2）研究日冕。日冕是日全食发生时我们能够观察到的最为明显的现象。在不同的日食形态下，黑色的月球外侧会被不同尺寸和形状的火红色圆盘包裹，而上面跳动着鲜红的火舌（日珥）（见图51）。通常，日冕的长度是太阳直径的好几倍，而其亮度却只是满月时月亮光线的一半。

图51 日全食出现时，黑色月球圆盘外侧会出现火红的日冕

1936年日全食发生时，日冕的亮度极高，甚至比满月还要明亮，这一现象十分罕见。当时，日冕光线长度是太阳直径的3倍多；整个日冕呈五角星形状，中间则是黑色的月球圆盘。

科学家们至今尚未完全了解关于日冕的奥秘。日食期间，天文学家对日冕的亮度、光谱进行了相关研究，这一切都能够帮助我们进一步了解日冕的物理构造。

（3）对广义相对论的推论之一展开论证。根据广义相对论原理，恒星光线经过太阳时会受到强大的引力导致光线产生变形，因此我们可以在太阳附近观测到恒星光线的偏移（见图52），而这种偏移只有在日全食的时候能够观测到。

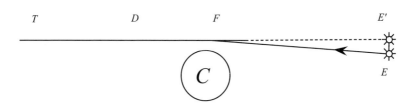

图52 广义相对论的推论之一。光线在太阳引力作用下发生变形。根据相对论原理，地球观察者在T点观测到位于直线TDFE′上的恒星E′，而实际上恒星位于E点，它射出的光线方向为EFDT。如果没有太阳的影响，从E点发出的光线应按照直线ET抵达地球。

严格说来，1919年、1922年、1926年和1936年对日全食展开的观测并没有给出决定性的结果。关于广义相对论的问题至今尚无定论[1]。

天文学家们正是为了这些主要目的才会离开天文台，奔赴远方，有时甚至需要到非常荒凉的地方才能观测到日食。

在文学作品中也对日全食这一罕见的自然现象有过非常精彩的描述。俄国作家柯罗连科在一篇关于"日食"的文章中描述了发生于1887年8月的日食，观察者位于伏尔加河沿岸的尤里耶维茨市。我们在这里节选了柯罗连科的文章，省略了某些部分：

太阳淹没在一片朦胧之中，一分钟后，当它再次从云丛中冒出时已经残缺不全了……此时，我们已经能在微薄的雾气中凭肉眼看到太阳了。雾气还在空气中氤氲着，柔和了太阳耀眼的光芒。

四周一片寂静。不知从何处传来了紧张而厚重的呼吸……

半小时过去了，天色依旧如此，太阳时而被遮蔽，时而露出，而此刻的

---

1 光线变形的事实已被确认。但事实与理论的完全一致性尚未确立。教授海洛夫经过观察后提出有必要重新思考光线偏折与万有引力理论之间的关系。

它已经浮到云彩之上，变成了镰刀状。

看到这些，孩子们充满了好奇和抑制不住的喜悦。

老头们在深深叹气，老太太们则歇斯底里地呻吟着，不知是谁由于牙疼而大声叫喊着。

天色明显地暗了下来。人们的脸上掠过恐惧的神情。人们的影子在身后的地面上逐渐模糊不清……似乎有一个幽灵正往下扑来。影子的轮廓越来越模糊，颜色逐渐消失。光线似乎在减少，但是黑暗并不像夜间那样纯粹。然而由于大气层底部的光线不会发生反射，所以这里的暮色异常恐怖。周围的景色也逐渐暗淡了下来：草儿失去了绿色，山脉也不再连绵……

然而，太阳处于镰刀状态，其周围仍然有白天苍白的日光，因此我认为，人们口中日食的黑暗显然被夸大了。

"难道……"我在心理想，"这是太阳熄灭之前最后跳跃的火花？难道这就是我们广阔世界最后的烛光？是不是待它熄灭后，世界便会立刻迎来黑夜？"

但是，这最后的火花也终于熄灭了。它仿佛是用尽全力跳出炉门的一束火花，在地上扑闪了一阵，但最终还是熄灭了。黑影随之而来。我看到，在黑影彻底赶走昏黄的一瞬，就像一张出现在南方的大毯子，迅速地盖住了群山、河流、森林和田野，并逐渐铺满了整个世界。一瞬间，巨大的黑幕将我们裹住，然后把我们锁在了北方。现在我站在黑幕之下伏尔加河畔的浅滩上望向身后的人群，人群中一片寂静，只见黑压压的众人……

这是一个不同寻常的夜晚。黑暗中的人们本能地去追寻月光，此时，平日穿过墨蓝色的天空倾洒到人间的银色月光却无处可寻。四下一片漆黑，没有亮光，墨蓝色的天空甚至也消失不见，好像肉眼不可见的细微火山灰从天空倾洒而下，又好像最细密的网纱撒在了天空中。我们似乎可以在远处天空的黑暗边缘中感觉到熹微的光线，它们正缓慢地滑向我们身处的黑暗，使黑暗失去了它的形状和密度。在这奇妙的自然景象之上飘动着一团乌云，它们激烈地斗争着。圆形的黑色天体如同蜘蛛一般，充满敌意地咬住耀眼的太阳，一起冲向高空。从黑色屏障后溢出的变化无常的光线似乎赋予了这一场景生命，而飘动的云彩更以自己无声的奔跑强化了这种错觉。

第12节
天文学家为何要观察月食

相较于日食，天文学家对月食的兴趣似乎没有那么强烈。月食现象曾被祖先们用来论证地球的形状。如果我们回顾一下月食在麦哲伦环球航行中的重要作用，那么就能得到一些启发。船员们在广阔无垠的太平洋海面上进行了漫长的航行之后，开始感到疲惫和绝望。这片海洋无边无垠，船员们觉得他们再也无法重新回到陆地之上了。某位船员说，地球是被水包围的广袤平原，但是只有麦哲伦一人没有丧失信念，他坚信地球是圆的，因为地球在月食期间投下的阴影是圆形的——通常情况下，物体是什么形状的，它投下的影子就应该是什么样子的……我们甚至能够在古老的天文学书籍中找到解释地球形状与月球阴影相互关系的图片（见图53）。

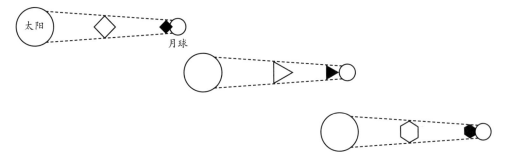

图53　月球上的阴影由地球的形状决定

　　现在我们已经没有必要对此进行论证。但是我们可以通过月食的亮度和颜色来研究地球大气层上层的构造。众所周知，月球并不是完全消失在阴影中，它在弯进锥形阴影区的太阳光线中仍是可见的。月食时月球的光照强度和颜色引起了天文学家的强烈兴趣，并且天文学家发现，它们与太阳黑子数量还存在意想不到的联系。除此之外，近年来月食还被天文学家用来测量月球土壤在失去太阳热量时的冷却速率（我们后续还会对此话题进行进一步说明）。

第 13 节

为何交食频率为 18 年

　　很久以前，巴比伦的天文观测者就注意到，某些天象，如日食和月食（我们统称为交食）每隔18年零10天便会重复发生一次。这一间期被称为"沙罗周期"。古人利用这一周期来预测天象，但是他们并不清楚这一数字的正确性及其依据：为何沙罗周期是18年零10天而非其他时长？很久之后，天文学家对月球运动进行了仔细研究，交食周期的依据这才被人们发现。

月球绕地球运动的周期是多久？关于这个问题可能有很多种答案，主要取决于我们认为月球绕地球旋转的运动结束于哪一刻。天文学家划分出了出五种形态的月球，在这里我们只对两种情况进行说明。

（1）第一种是我们所谓的"朔望月"。朔望月是我们从太阳上对月球进行观测时，月球沿轨道完成一整圈运动的时间。这也是两种月相重复出现的周期，如从望月到望月的周期为29.530 6个昼夜。

（2）第二种即我们所谓的"交点月"。交点月是指月球回到同一交点（这里的交点指月球轨道同地球轨道平面的交点）的时间间隔。交点月的周期为27.212 3个昼夜。

所以只有当满月或新月处在一个交点（月球轨道与地球轨道面的交点）上时才会出现交食。因为在这种情况下，月球中心与地球和太阳中心处在同一条直线上。因此，如果今天发生了交食，那么只有经过一定的时间间隔交食才会重新出现，即只有等到整数个朔望月或交点月结束后交食才会重新出现。那么为什么会偏偏是上述的时间间隔呢？关于这个问题，我们可以通过方程来解决：

$$29.530\ 6x = 27.212\ 3y$$

在这个公式里，x和y为整数。由此，我们可以得到变形等式：

$$\frac{x}{y} = \frac{272\ 123}{295\ 306}$$

因此，该方程最小的准确解为：$x = 272\ 123$，$y = 295\ 306$。

通过计算，我们得到了一串巨大的数字，这串数字代表的时间区间为数十万年。而这一数字已经巨大到失去了其现实的意义。古代天文学家满足于近似解。在这种情况下找到近似值最简便的方法是连分数展开。具体如下：

$$\frac{295\,306}{272\,123} = 1 + \frac{23\,183}{272\,123}$$

在整数后的分数部分，分子分母同时除以分子：

$$\frac{295\,306}{272\,123} = 1 + \frac{23\,183 \div 23183}{272\,123 \div 23\,183} = 1 + \frac{1}{11 + \frac{17\,110}{23\,183}}$$

将分数 $\frac{17\,110}{23\,183}$ 的分子分母同时除以分子，并以此类推。

最后我们得到：

$$\frac{295\,306}{272\,123} = 1 + \cfrac{1}{11 + \cfrac{1}{1 + \cfrac{1}{2 + \cfrac{1}{1 + \cfrac{1}{4 + \cfrac{1}{4 + \cfrac{1}{2 + \cfrac{1}{9 + \frac{51}{53}}}}}}}}}$$

我们取式子的前几节，得到：

$$\frac{12}{11},\ \frac{13}{12},\ \frac{38}{35},\ \frac{51}{47},\ \frac{242}{223},\ \frac{535}{493}\cdots$$

我们已经能够从列式的第五行中得出一串比较准确的数字。如果就此停止运算，则 $x = 223$，$y = 242$。也就是说交食会在223个朔望月或242个交点月结束后再次出现。换句话说，交食出现的间隔时间为6 585个昼夜，也就是18年零11.3个昼夜或18年零10.3个昼夜（视这一时期内有4个还是5个闰年而定）。

这便是沙罗周期的由来。知道了这一数字的来源，我们便可以得知，用它预测交食的准确性有多高。我们看到，如果我们舍掉0.3的话，那么沙罗周期则为18年10昼夜，与上次交食发生的时间相比，这次交食将会在一天中的另一时间段到来（将会推迟8小时左右）。如果重复使用3次沙罗周期来计算，得出的结果跟实际情况正好相差一天。此外，沙罗周期并没有计算地球距离和地日距离的变化。值得一提的是，这一变化也同样具有周期性，并且日全食的出现与否正是取决于上述的距离。因此，根据沙罗周期，我们只能够预测到交食会在哪一天发生，但是无法预测交食的类型，不知道究竟是全食、半食抑或环食。此外，也无法预测我们能否在上一个观测点看到交食。最后，以下现象也有可能出现：上次出现微小交食，18年后日食面积更小，接近为零，也就是几乎观察不到；或者相反，上次看不到的太阳部分这次却变得清晰可见。

在今天，天文学家已不再使用沙罗周期进行预测。我们对地球卫星变化无常的运动早已了如指掌，我们甚至可以将交食发生的预测时间精确到秒。如果我们所预测的交食没有如期来到，那么科学家就可能在某些环节出了错，当然这并不包括计算的错误。

儒勒·凡尔纳曾在自己的小说《毛皮之乡》中成功地指出了这一点。小说讲述了一位天文学家前往极地观测日食。不尽人意的是，日食并没有按照预测结果出现。为什么会这样呢？天文学家得出的结论：他所在的冰原并非大陆而是浮动的冰块，海流将他带到了交食带之外。这一说法很快便被证实，这也说明了人们对科学力量的深信不疑。

太阳和月亮是否可能同时出现在地平线上

一位观察者说，在月食期间，他恰巧在地平线的两侧同时见到了太阳和月亮。1936年也曾出现过类似的情况，确切来说是在7月4日月偏食发生的当天。

> 7月4日晚上20时31分，月亮升起。20时46分，太阳落山。在月亮升起来的那一刻，月食发生了，但是此刻月亮和太阳同时出现在了地平线之上。我对此大吃一惊，因为据我所知，光线是以直线的方式传播的。

一位读者曾在寄给我的信件中这样写道。

信中描写的景象确实奇怪：众所周知，月食发生时，月球、地球和太阳在一条直线上。那么月球和太阳怎么能同时出现在地平线上呢？我们能否相信上面目击者所说的话吗？

然而事实上，观察者所说的话是可信的。太阳和月食月同时出现在天空，正是由于太阳光线在地球大气中发生曲折导致的。

正是由于这种曲折，也就是所谓的"大气折射"，每个星体看上去的位置都比实际位置要高。当我们看到太阳或者月球接近地平线的时候，它们实际上已经位于地平线下。因此，太阳和月食月同时出现在地面上是完全有可能的。

弗拉马利翁就这一现象做以说明时称：

通常认为，这种特殊现象在1666年、1668年和1750年的日食期间，尤为明显。然而，我们也没有必要追溯到这么久远的年代。1877年2月15日，月亮在5时29分在巴黎上空升起，5时39分太阳落山，而在此期间出现了日全食。1880年12月4日，巴黎再次出现日全食：在这天，月亮在4时升起，太阳在4时2分落下。它们几乎处在日全食中段：从下午3时3分到4时33分巴黎上空出现了日食。如果大家认为这一现象不经常出现，那么一定是缺乏足够的观察。想要在日月同挂天空时观察日全食，我们只需要选择合适的位置即可，也就是说，月亮要在月食中段时恰巧位于地平线上。

第15节

只有部分人知道的交食知识

【问题】

1.日食和月食可以持续多长时间？

2.一年之间总共可以发生多少次日食和月食？

3.是否存在不会发生日食或月食的年份呢？

4.日食时，月球黑影是从哪一侧移动到太阳上的呢？左侧还是右侧？

5.月食是从月球的哪一侧开始的？左侧还是右侧？

6.为什么图54中叶子投影中间的光斑是镰刀状的？

7.日偏食时，镰刀状太阳和平时镰刀状月亮在形状上有何不同？

8.为什么要通过烟熏玻璃观测日食？

图54　日偏食时叶子的投影中间的光点呈镰刀状

【回答】

1.日全食最多持续 $7\frac{1}{2}$ 分钟（最长的持续时间发生在赤道上；日食发生的纬度越高，持续时间就越短。），整个日食过程可持续 $4\frac{1}{2}$ 小时（发生在赤道上）。整个月食过程可持续4小时；月全食最多可持续不超过1小时50分钟。

2. 一年中日食和月食发生的次数：最多7次，最少2次（1935年共发生了7次交食：5次日食和两次月食）

3. 每年都会发生日食：每年会至少发生两次日食。不发生月食的年份很常见，几乎每5年中就有一年不会发生月食。

4. 在北半球发生日食时，月亮会从右往左遮住太阳，而在南半球则反之（见图

55）。

5. 当月食发生在北半球时，月球总是率先从左侧边缘进入地球的阴影之中，而在南半球则反之。

6. 树叶影子中间光点的形状正是太阳的形状。日食期间太阳呈镰刀状，并且这一形状会在树叶影子之间的缝隙中表现出来。

7. 峨眉月的外侧是半圆弧，内侧则是椭圆圆弧。而镰刀状的太阳则是由两个圆弧构成的。

8. 即使太阳的一部分被遮住，我们也不能在无措施的情况下直视太阳。因为太阳光线会灼伤视网膜最敏感的部位，从而导致视力会在很长一段时间内明显下降，甚至有可能对眼睛造成终身损伤。

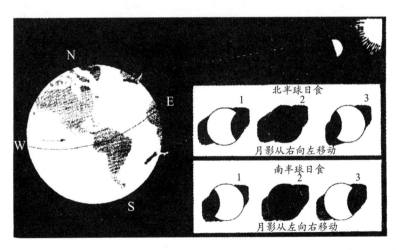

图55　发生日食时，日面上月影移动示意图。为何对于地球北半球的观察者来说，月食期间地球从右往左遮住太阳，而对南半球的观察者来说则是从左往右？

早在13世纪之初，诺夫哥罗德的编年史作家就曾记录：“在大诺夫哥罗德出现了日食，而看到它的人都几乎丧失了视力。”但是如果准备好熏玻璃，就可以很轻松地避免眼睛被灼伤。只需将玻璃置于蜡烛之上，使其被熏黑即可，这样我们从玻璃片中看到的太阳便没有了光线和光环，只是一个漆黑的圆盘。为了方便起见，我们可以用其他干净的玻璃盖住被熏黑的一面，并在边缘包上纸。由于我们无法提前预测日食期间太阳的光照强度和可见度，因此最好多准备几个熏黑程度不同的玻璃。

如果我们将两种不同颜色的玻璃叠加在一起（最好是附加颜色），就可以用彩色玻璃观察。而普通的墨镜并不能达到这个目的。另外，照相用的底片中有适当密度的深色区域非常适合观察太阳。

第 16 节

月 球 的 天 气 如 何

实际上，如果从字面意思上理解，月球并没有什么天气可言，毕竟月球上没有大气层、云层、水蒸气、降水和风等，又哪来的天气呢？因此，我们在这里唯一可以讨论的就只有土壤温度了。

月球土壤温度到底有多高呢？现在天文学家拥有一种不仅可以测量遥远天体温度，还可以区分其具体某个部分温度的设备。该仪器的设计原理基于热电现象，即将两种不同种类的金属焊接在一起。在探测时，如果一端的温度高于另一端的温度则会有电流通过，在此过程中出现的电流强度取决于金属两端的温度差。我们还可以通过这一仪器测量被测物体吸收的热量。

这一探测仪的灵敏度惊人。尽管它尺寸很小（负责探测的部分不超过0.2毫米，质量不超过0.1毫克），却能够对宇宙中的13等星传到地球的热量进行测量，而我们甚至无法通过望远镜观测到这些恒星，因为它们的光度是位于我们视野范围内可见恒星亮度的$\frac{1}{600}$。探测仪器所捕捉到的恒星能量可能相当于几千米外蜡烛的温度。天文学家们利用这种奇妙的探测仪器便可以探测望远镜拍摄的不同月球区域的温度，并在此基础上推测月球各区域的气温（准确度为10℃）。图56中即为我们探测的结果：月心的温度超过100℃，这比正常大气压下水的沸点还高。"在月球上时，我们没必要使用炉子做饭。"一位天文学家这样写道，"任何一个靠近月球中心的岩石都可被当作炉子使用。"月球的温度呈现出从中心向四周逐渐降低的趋势：在距离中心点2 700千米处，月球温度仍不低于80℃；再往外扩展时，温度开始急速下降。在靠近月球发光面边界的地方，气温下降到 – 50℃；月球背对太阳的一侧气温则更低，可达–160℃。

图56　月球可见半球中心地区的气温可达+110℃，月球温度从中心向四周递减，在边缘地区可下降到–50℃

我们曾经提到，月亮在月食期间会被地球阴影笼罩。此时失去了太阳光照的月球会迅速冷却。经过测量发现，冷却的结果十分明显：在某次月食期间，月球温度从 + 70℃急速下降到 – 117℃。也就是说在短短的不到两个小时中，月球温度下降了近200℃。而在相同情况下，也就是在日食期间，地球温度只会下降2℃左右，最多下降3℃。这一差别产生的原因正是地球上空存在的大气层，大气层对太阳可见光线相对透明的同时能够保留一些土壤反射的不可见光。

月球迅速失去其储存的热量这一现象说明月球土壤的热容量较低，热传导性能较差，因此在接收太阳光线时只来得及存储一部分热量。

03

行星

第1节

日光中的行星

我们能否在白天太阳耀眼的光线中看到行星呢？我们可以通过望远镜看见，这是毫无疑问的，因为天文学家经常在白天对行星进行观测，我们甚至可以用中等强度的镜头将它们区分开来，只是不如晚上观测到的清晰明了。当我们使用直径为10厘米的天文望远镜时，我们不仅能够在白天看到木星，甚至还能看到木星特有的云带。而对水星来说，白天对其进行观测比夜晚更好。因为白天水星处于地平线正上方很高的位置，而日落之后的水星则位于天空很低的位置，地球大气会严重扭曲水星在望远镜中的成像。

在满足一定天时地利的情况下，我们也能够在白天用肉眼天观测到某些行星。例如，我们经常可以在白天的天空中看到最明亮的行星——金星，当然是在其亮度最大的情况下。阿格拉在其著名的关于拿破仑一世的小说中写道："有一次例行巡视正在巴黎街道上正常进行，人群却突然躁动起来，原来是金星出现在了正午的天空之中。人们纷纷朝金星望去，只见它高高挂在空中。"白天，在大城市的街道上比在空旷地带更容易看到金星：高楼大厦遮住了太阳，使我们的眼睛免受其直射光线的伤害。

俄国的编年史作者也曾记录过白天观测到金星的场景。在诺夫哥罗德编年史中曾记载过：1331年，白天的天空中出现了十分奇怪的天象，星星在教堂上方闪耀着。而这颗星星正是金星。

古时候记录，最适宜观测金星的窗口期每8年便会出现一次。如果我们仔细观察天空，就会发现白天时我们不止可以用肉眼看到金星，还有机会看到木星，甚至水星。

在此我们恰好可以讨论行星相对亮度的问题。业余的天文爱好者经常会遇到这样的问题：哪些行星的亮度最强？是金星、木星，还是火星？显然，如果它们同时并排出现在一条线上，那么这个问题就很容易解决了。但是，当我们在不同的时间段看到不同的行星时，我们很难确定哪一个更亮一些。因此，在这里我们将这些行星按照亮度进行排列，具体结果如下。

$$\left.\begin{array}{l}\text{金星}\\ \text{火星}\\ \text{木星}\end{array}\right\} \text{亮度比天狼星亮很多倍} \qquad \left.\begin{array}{l}\text{水星}\\ \text{土星}\end{array}\right\} \text{亮度比天狼星弱，但是比一等星亮}$$

在后面的章节中我们介绍天体亮度评估数值时，还会探讨这一问题。

第 **2** 节

天 文 符 号

现代天文学家采用了非常古老的符号来表示太阳、月球和行星（见图57）。其中月球的代表符号非常容易理解，我们在此不再赘述。其他天体的符号则需要我们进一步解释。

水星的标志源自神话故事，是水星守护神权杖的简图；金星的标志则是金星守护神的手镜——象征着美丽与女性气质；火星的标志是一个盾牌的形状，这一图形源于火星的守护神——战神马尔斯；木星的标志不是其他，正是其希腊文名称的首字母Z的手写体；根据弗拉马利翁的解释，土星的标志是变形的"时间镰刀"，而它正是命运之神的所属物。

月	球	☾
水	星	☿
金	星	♀
火	星	♂
木	星	♃
土	星	♄
天	王 星	♅
海	王 星	♆
冥	王 星	♇
太	阳	☉
地	球	

图57

太阳、月球和各大行星的符号

自公元9世纪以来，人们开始使用现代符号来代表天体。毫无疑问的是，天王星的标志起源较晚：因为人们在18世纪末才发现了天王星。它的符号由字母H和小圆圈构成，它代表的是天王星发现者弗里德里希·威廉·赫歇尔（Herschel）；海王星（1846年被发现）的符号取自海神波塞冬的三叉戟。而太阳系最后一颗行星——冥王星[1]的符号则一目了然，是由字母PL合成的，代表冥神普鲁托（Pluto）。

在这个天体符号表上还应该加上我们赖以生存的星球的符号，以及太阳系的中心天体——太阳的符号。太阳的符号是最为古老的，它的出现比古埃及人使用的水星符号还要早数千年。

很多人认为西方天文学家用固定的天体符号表示一周中的七天，这是个很有趣的现象，具体如下：

星期天——太阳符号；

星期一——月亮符号；

星期二——火星符号；

星期三——水星符号；

星期四——木星符号；

星期五——金星符号；

---

[1] 2006年，国际天文学民间联合会，把冥王星看作太阳系的"矮行星"，冥王星已不再被当作大行星了。

星期六——土星符号。

如果我们对比一下各个星期的拉丁文或法语名称，我们就很容易发现星期与天体符号之间的联系。例如法语中：Lindi是星期一，意思是月球日；Mardi是星期二，意思是火星日；等等。

古代的炼金术士还用天体符号来表示金属，他们将每种金属与古老神话中的神灵联系了起来，以此来解释两者之间的关系。比如：

太阳符号——金；

月亮符号——银；

水星符号——汞；

金星符号——铜；

火星符号——铁；

木星符号——锡；

土星符号——铅。

这些天体符号除了被用来表示各个星期和金属，还被动植物学家用来表示雌性、雄性等概念，例如：

火星符号——雄性；

金星符号——雌性；

太阳符号——一年生植物；

木星符号——多年生草本植物；

土星符号——灌木和乔木。

可见，天体符号的应用十分广泛。

第3节

画不出的太阳系

我们无法将太阳系精准地画于纸上。那些天文学书籍中出现的所谓太阳系平面图往往只涉及行星轨道，而并非完整的太阳系，毕竟，想要在不破坏太阳系原有比例规模的情况下精确还原太阳系是不可能的。与各行星之间的距离相比，行星的大小本身就很微不足道，因此我们很难对它们之间的联系形成正确的认识。如果我们降低模型与行星系统之间的相似性，那么我们就能更容易地想象出行星系统微妙的运行机制，也就能够明白，为什么说我们无法在任何图纸中再现太阳系。而我们在图纸中唯一能够做到的无非就是描绘行星和太阳的相对尺寸罢了（见图58）。

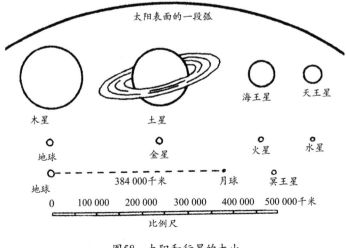

图58 太阳和行星的大小

我们选择最小的计量单位——直径为1毫米的大头针针头来代表地球。准确来说，图纸中的1毫米代表的是15 000千米，也就是说图纸中的比例尺为1：15 000 000 000。在这一背景下，月球则会被描绘成位于地球3厘米处直径为$\frac{1}{4}$毫米的圆。体积最大的太阳则用直径为10厘米的棒球表示，它位于距离地球10米处。宇宙空间中太阳和地球的关系类似于一个是空房子角落里的皮球，另一个则是落在房间里的大头针针头。显而易见，这里远比想象中的空间更为空旷。实际上，在太阳和地球之间还有两颗行星，即水星和金星，但是它们对于填充空间的帮助很小。我们的房间中只有两个体积较大的物件：一个是距离太阳4米远，半径为$\frac{1}{3}$毫米的水星，另外一个则是距离太阳7米远的第二颗大头针针头——金星。

地球以外的另一侧还存在某种大块头物件。在距离太阳16米远的地方有另外一个大家伙，即直径为$\frac{1}{2}$毫米的火星。这两个星球——地球和火星每隔15年便会移动到距离为4米的位置，此时这两个星球之间的距离最短。火星有两颗卫星，但是我们无法将它们在图纸中表现出来，因为它们在目前的比例尺下只有细菌大小！此外，还有大量的小行星无法在我们的模型中体现出来，但是它们的数量十分庞大，仅在木星和土星之间存在的小行星就多达1 500颗，在模型中，它们与太阳的平均距离为28米。此外，最大的小行星只有头发丝般粗细，而最小的只有一个细胞大。巨大的木星在模型中则可能只是距离太阳52米的一粒花生米（直径1厘米）。而在木星周围的3厘米、4厘米、7厘米、12厘米处则围绕着4颗卫星。这些大型卫星的尺寸大约为$\frac{1}{2}$毫米，而其他卫星大小则仍然如细菌一般。距离木星最远的一颗卫星——木卫九则位于距木星花生米2米远的位置；也就是说，整个木星系统直径为4米。这一数字远大于我们所在的地月系统（直径为6厘米），但是如果较之巨大的木星轨道（104米），则这一数据又显得十分渺小。

现在便已明了，想要在图纸上画出太阳系是一件多么不可靠的事情。如果大家继续阅读下面的内容，就会更加信服这一说法。在我们的模型中，土星不得不位于距离太阳100米处的位置，其形状看上去类似一颗直径为8毫米的小坚果。而土星著名的光环则是位于小坚果外侧1毫米处，一条宽4毫米、厚$\frac{1}{250}$毫米的圆环。土星的9颗卫星则散落在距它$\frac{1}{2}$米的位置，形状为直径不超过$\frac{1}{10}$毫米的小颗粒。

越是靠近太阳系的边缘，就越是凄凉。在我们的模型中，天王星位于距太阳196米远的地方。这颗直径为3毫米的小豌豆带有5个花粉粒大小的卫星，它们遍布在距离中心行星4厘米的地方。在距离太阳300米的远处，太阳系中最晚被发现的行星正缓慢地在自己的轨道上转动着，它就是海王星。在整个模型中，它只有豌豆般大小，而在它外侧3厘米和7厘米的地方有两颗卫星正绕着它旋转（海卫一和海卫二）。在太阳系更边远的地方——距离太阳400米的地方还存在一颗不大的行星——冥王星，它的直径只接近地球的一半。

然而，冥王星的公转轨道并不被认为是太阳系的边缘，因为我们的太阳系除行星以外还存在着很多彗星，大部分彗星在太阳附近沿着封闭轨道运动。在这些"长发星体"（彗星一词所代表的真正含义）中有一部分彗星的运转周期长达800年，它们分别是公元前372年号彗星，1106年号、1668年号、1680年号、1880年号、1882年号（两颗）和1887年号彗星。如果在我们的模型中，上述每颗彗星表现为被拉伸的椭圆形，则椭圆形一端（近日点）距离太阳12毫米，而另一端（远日点）则距离太阳1 700米，这一距离是冥王星与太阳之间距离的4倍多。如果我们计算太阳系大小时需要考虑到彗星的话，则我们的模型直径应扩大为 $3\frac{1}{2}$ 千米，此时的面积为9平方千米。不要忘了，我们的地球还只是大头针般大小！而在这9平方千米内还应该放置：1个棒球、2颗坚果、2颗豌豆、2个大头针针头、3颗米粒。

所以，我们是无法按照某一比例尺在图纸中将太阳系精准表现出来的。

第4节

为什么水星上没有大气层？

大气层的存在与行星自转时长之间有什么联系呢？乍一看，它们之间似乎并无关联，然而从与太阳最近的水星的例子上我们就能发现二者之间或许存在某种联系。

按照水星自身的引力，在水星周围是完全可以形成大气层的，且其成分与地球大气层的相同，但是可能没有地球大气层那般浓厚。

分子的运动速度需要达到4 900米/秒才能完全摆脱水星的引力。在温度不高的条件下，就连我们大气层中运动速度最快的分子也无法达到这一速度。然而水星还缺少大气层。此外，由于水星的公转模式与月球围绕地球运转的模式相近，也就是说，水星始终都是保持同一面面向中心天体的。水星在其轨道上公转一周所用的时间（88昼夜）与其自转一周所用的时间相等，因此在水星始终面向太阳的一侧是连续的白昼和永恒的夏天，而在背对太阳的一侧则是无穷无尽的黑夜和漫长的寒冬。不难想象，水星永昼的一侧经历的是怎样的炎热：水星与太阳之间的距离比地球与太阳之间的距离近$\frac{2}{5}$，相比于地球接受的太阳光热量，水星上太阳光线的热量则会多出2.5×2.5（倍），也就是6.25倍。而在水星背对太阳的一侧则完全相反，这里在数百万年的时间内都不曾出现过任何太阳光线。由于热量无法到达星体内部，因此这里常年被严寒占领，气温接近宇宙温度（约为 − 264 ℃）[1]。由于天平动[2]的影响，水星永昼与永夜的交界处会出现一段23 ℃的区域，在这里只能偶尔看到太阳。

行星大气层在这种不同寻常的气候条件下会发生怎样的变化呢？很显然，在水星背对太阳的一侧，由于可怕的低温，气体凝固并冻结。由于气压急剧下降，水星向阳一侧的气云奔向背阳的一侧并在那里冻结。最终，所有的大气都会流动到背向太阳的一侧，更准确来说是完全看不到太阳的一侧，并会在那里被冻结起来。如此看来，水星不存在大气层是物理定律的必然结果。

基于此推断，当我们重新审视在月球不可见面存在大气层这一猜想时，就能明白，这一经常出现的论断是不科学的。可以肯定地说，如果月球的一面缺少大气层的话，那么在另一面上也不可能存在大气层。就这一点来说，赫伯特·乔治·威尔斯的科幻小说《最先登上月球的人》是有悖自然规律的。作者假设在月球上存在着空气，并且会在连续14天的极夜中聚集并被冻结。而在连续的白昼之时，被冻结了的空气会重新恢复到气体的状态并形成大气层。然而实际上，类似的情况根本不可能发生。关于这个问题，教授奥列斯特·丹尼洛维奇·赫沃尔松写道：

如果气体会在月球背面凝固，那么所有的气体都会从明亮的一侧奔向黑

---

1 物理学中的宇宙温度是指完全隔绝太阳光线的宇宙空间的温度。在恒星辐射的加热作用下，这一温度仅比绝对零度（ −273 ℃）略高一点。

2 月球的经天平动原理同样适用于水星的经天平动。实际上水星的向阳面并不始终朝向太阳，而是始终面向自己狭长椭圆形轨道的另一个焦点。

暗的一侧并在那里结冰。在太阳光线的影响下，固态的气体会变成气态，然后马不停蹄地奔向黑暗的一侧，并在那里凝固——由于空气的蒸发永不停歇，所以月球的大气层永远不可能达到地球大气层的密度。

如果我们对水星和月球上是否存在大气层这一问题尚存疑问的话，那么对于距离太阳第二近的金星来说，大气层的存在则是确定无疑的了。

我们甚至可以确定在金星的平流层中存在大量的二氧化碳，其含量几乎是地球大气层中的10倍多。

第 **5** 节

金 星 的 相 位

著名数学家高斯曾说，有一天他建议自己的母亲利用天文望远镜观测金星，望远镜中金星在茫茫夜空中闪闪发光。这位数学家本以为当母亲看到镰刀状的金星时必然会大吃一惊，结果吃惊的却是自己。母亲并没有因为金星的形状而感到惊讶，令她感到奇怪的是为什么镜筒中的金星会沿着相反的方向旋转，直到那时高斯才明白母亲只用肉眼便可以分辨出金星的相位。这种敏锐的视力并不常见：在天文望远镜被发明出来之前，几乎没人会相信金星存在着和月亮一样的相位。

金星相位的特点在于，不同相位上金星的直径不同：在镰刀状相位上，狭窄月牙的直径大于满星时的直径（见图59）。原因在于，在不同相位上的金星与我们之间的距离是不同的。金星与太阳的平均距离为108 000 000千米，地球与太阳的平均距离为150 000 000千米。这样我们就不难理解，两个行星之间的最近距离为150 000 000–108 000 000千米，也就是42 000 000千米。相应地，地球与金星之间的最远距离为150 000 000+108 000 000也就是258 000 000千米。金星与地球的距离便在这个范围之内变化。

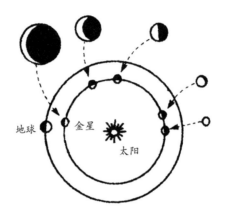

图59 从望远镜中看到的金星相位。由于金星到地球的位置不同，它在不同相位的视直径也不相同

当金星离我们最近时，朝向我们的也恰好是背光一面，因此，这时我们反而看不见它。但随着金星离我们远去，便衍生出了"新金星"，"新金星"呈镰刀状，镰刀的直径越小，宽度也就越大。金星亮度最大的时刻，既不是满星相位，也不是在其视直径最大的（64"）时候，而是位于这中间的某个相位上。从金星视直径最大时算起，30天后，金星亮度会达到最高值，此时其视直径达到40"，其镰刀宽度视角为10"，这一相位上金星是整个天空中最亮的星星，其亮度为天狼星的13倍。

第 **6** 节

火 星 大 冲

众所周知，火星最亮且离地球最近的时刻每15年才会出现一次。天文学家通常将这一时刻称为火星大冲。有历史记录的最近几次的火星大冲分别出现在1924年和1939年（见图60）。但是很少有人了解，为什么这一现象发生周期恰巧是15年。这一数学计算过程并不复杂。

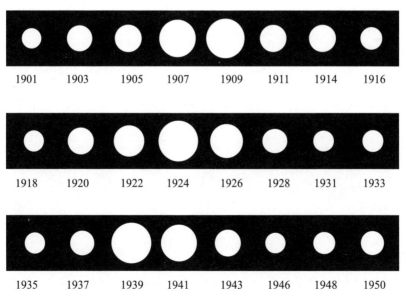

图60　在不同年份的火星冲日中，火星的视直径是不同的，1909年、1924年和1939年火星的视直径最大，为"大冲"

地球在公转轨道上完成一周运动所需时间为$365\frac{1}{4}$昼夜，而火星的公转周期则为687昼夜。如果两颗行星在相对距离最近的点相遇，则经过同样的时间间隔，也就是火星和地球的整数年后，它们会再次相距最近。换句话说，在这里我们需要找到方程的整数解。

根据条件我们可以列出方程：

$$365\frac{1}{4}x = 687y$$

即：

$$x = 1.88y$$

得：

$$\frac{x}{y} = 1.88 = \frac{47}{25}$$

我们不断将分子分母同时除以分子，得：

$$\frac{47}{25} = 1 + \cfrac{1}{1 + \cfrac{1}{7 + \cfrac{1}{3}}}$$

保留前三行，我们得到一个近似值：

$$1 + \cfrac{1}{1 + \cfrac{1}{7 + \cfrac{1}{3}}} = \frac{15}{8}$$

我们可以根据这一结果得出结论，即15个地球年等于8个火星年（在转换时我们取时间系数为1.88而不是更为准确的1.880 9，从某种程度上说是简化了计算）。

根据同样的方法，我们可以计算出木星大冲的周期。1个木星年等于11.86个地球年（更准确地说是11.862 2个地球年）。我们用同样的方法展开公式：

$$11.86 = 11\frac{43}{50} = 11 + \cfrac{1}{1 + \cfrac{1}{6 + \cfrac{1}{7}}}$$

我们取公式的前三行得到近似值 $\frac{83}{7}$。也就是说，每83个地球年（或每7个木星年）即会出现一次木星大冲。在这些年份中，木星的亮度会达到最高值。最近一次木星大冲出现在1927年，而下一次木星大冲则会出现在2010年。木星大冲时，地球与木星之间的距离为587 000 000千米，这也是太阳系中体积最大的行星距离我们地球最近的距离。

第 **7** 节

是行星还是小型太阳？

这一问题只针对木星——太阳系中最大的行星。这一巨星的体积相当于1 300个地球，木星巨大的引力使其周围环绕着一大群卫星。天文学家已发现的木星卫星有12颗，其中最大的4颗还是几个世纪前由意大利天文学家伽利略发现的。这4颗卫星以罗马数字命名，分别被称为木卫一、木卫二、木卫三、木卫四。木卫三和木卫四的大小甚至不亚于水星。在下一表格中，我们将这些卫星的直径与水星和火星直径进行对比，同时我们还列出了月球的相关信息。

天体名称	天体直径 / 千米
木卫一	3 700
木卫二	3 220
木卫三	5 150
木卫四	5 180
火星	6 788
水星	4 850
月球	3 480

图66显示得更加直观。图片上的大圆代表木星，沿大圆直径整齐排列的是地球；大圆右侧是月球，左侧则排列着它最大的四颗卫星。月球右侧则是火星和水星。当我们看到这张图时，我们应该清醒地意识到它只是一张平面图，而非立体图：图中各个圆圈的面积比并不能正确体现各天体的体积比。球体的体积取决于球体直径的立方。

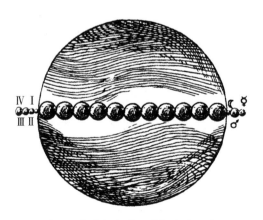

图61　木星与它的卫星与地球、月球、水星、火星的大小比例

如果木星的直径是地球直径的11倍，则木星的体积将会是地球体积的11^3倍，也就是1 300倍。因此我们应该调整一下图61中的视觉效果，届时巨型木星将以全新的形象出现在我们面前。木星具有强大的吸引力，这一点从木星周围卫星之间的距离就可以看出。在下表中我们列出了这些卫星之间的距离。

天体	距离 / 千米	与月地距离的比值
月球与地球的距离	380 000	1
木卫三与木星的距离	1 070 000	3
木卫四与木星的距离	1 900 000	5
木卫九与木星的距离	24 000 000	63

从表中我们可以看出，木星系统的大小是地月系统的63倍。这是太阳系中拥有最为庞大的卫星家族的行星了。

因此将木星比作小太阳并不是毫无根据的。木星的质量是太阳系其他行星质量之和的3倍。如果某天太阳突然消失，木星可以取代太阳的位置成为新的中心天体，能使太阳系的其他行星围绕它旋转，尽管这种运动将会十分缓慢。

木星与太阳在物理特征方面也有相近之处。木星的平均密度为1.35（以水的密度作为参考值），与太阳的平均密度（1.4）十分接近。所以科学家们推测，木星有一个密度非常大的核心，其外层应该是被厚厚的冰层和浓密的大气层包裹着。

此外，木星与太阳的相似性在最近得到了进一步的证实：有科学家认为，木星并没有被坚硬的外壳覆盖，甚至很快就会成为一颗自发光体。但是现在，这一观点已被推翻：通过对木星温度进行直接测量，我们发现木星温度非常低，低至零下140℃！当然，准确来说，我们这里指的是木星大气层中飘浮的云层的温度。

木星的低温使得对其物理特征的解释变得十分困难，如大气层中的剧烈反应、条纹图案以及红斑等。不久前，科学家在木星（以及它的邻居土星）的大气层中还发现了氦和甲烷的存在。除此之外，还有一大堆谜团摆在天文学家面前。

第 8 节

土 星 环 的 消 失

1921年时曾流出一则轰动一时的消息：土星外侧的光环消失了！此外，散落在宇宙中的土星环碎片沿着一定路线奔向太阳，其中一部分可能会撞向地球。人们甚至把撞击发生当天称为"毁灭日"。

这一事件可以被看作谣言传播的典型案例。产生这种谣言的原因很简单：根据天文历法，土星环会在上述年份某段很短的时间内"消失"，以至于我们观察不到。人们将土星环的"消失"当成了物理上的消失，也就是说光环崩坏了。接着，人们又为这一事件增添了某些细节，称光环碎片会飞向太阳，因此不可避免地会撞到地球。如此一来，这条关于宇宙灾难的谣言便更加可信了。

现在我们不必再为这种谣言担忧了，但为什么土星光环会消失呢？原因在于该光环非常薄，厚度只有20~30千米。相比它的直径，光环简直可以说是薄如蝉翼。因此当光环的侧面朝向太阳时，它的上表层和下表层就会失去光照，所以光环便不再可见。此外，当光环的边缘面对地球时，对于观察者来说，也是看不到的。

土星环与土星公转轨道的夹角成27°，但是在为期29年的公转中，土星环在两个完全相反的点上以侧面分别朝向太阳（见图62）；而在另外两个与之前点成90°的点上则完全相反，在这两个点上，土星环最宽的面朝向太阳。正如天文学家所说，土星"打开"了它的光环。

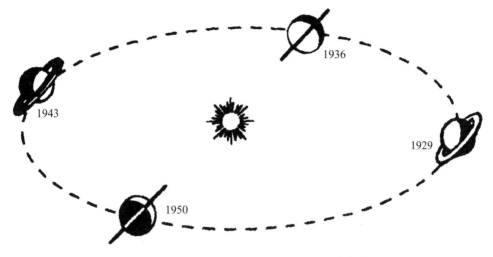

图62 土星公转一周的29年里，土星环与太阳的相对位置

第9节

天文密码

　　土星光环的消失曾令著名的天文学家伽利略感到十分困惑。那时的他明明已经观察到土星环的存在了，但壮丽的光环却忽然消失，这让伽利略非常不解。由于当时存在着发现优先权保留的惯例，所以这位天文学家以特殊的方式保留了土星发现者的身份。意思就是，尽管天文学家率先发现了某一天体，但它仍需要得到进一步确认。由于担心这一问题被其他天文学家率先突破，所以我们伟大的天文学家甚至开始借助于

字谜（即字母的重新排列）的方式简单公布自己的新发现，但是字谜的真正含义只有他自己明白。这样一来，天文学家们便可以不必急于验证自己的发现。如果出现另外一个申请人，优先发现的天文学家便可以用这串字符证明自己对这一发现拥有优先所有权。当天文学家最终确认了自己最初的猜测时，这串字符背后的含义才被解开。当伽利略在并不先进的望远镜中发现，土星侧面确实存在一些附属物后，他立刻为自己的发现做出声明并公布了下列一串字母：

Smaismrmielmepoetaleumlbuvnenugttaviras

想要猜出这些代码隐藏的内容，是完全不可能的。当然我们可以列举出这39个字母的所有排列组合方案，然后找到伽利略想要表达的含义。但是，这种方法工作量何其巨大！熟悉排列组合的人都能算出这里可能存在的不同组合（包括重复的）方式。根据条件可以列出式子：

$$\frac{39!}{3!5!5!4!5!2!2!3!2!2!2!}$$

这个结果可能是个36位数字（要知道，如果用秒来表示一年的话，也不过只有8位数而已！），所以说，伽利略非常好地隐藏了这一声明的秘密。

与伽利略同时代的德国学者开普勒以其无与伦比的耐心，花费了大量时间来试图解开伽利略这句字谜背后的意义。他用这些字母（实际上漏掉了两个字母）组成一个拉丁语句子：

Salve, umbistlneum geminatum Mart la proles

翻译过来为：

向您致敬，双生子，火星衍生物

看到这个句子时，开普勒坚信伽利略发现了火星的两颗卫星[1]，但他并不十分确定（这两颗卫星后来确实被人们发现了，只是已经过了两个半世纪）。但其实开普勒并没有猜对。最终，是伽利略自己揭开了谜底，这句话应该是：

Altisslmum planetam tergemlnum observavl

译为：

我看到3颗最高的行星

由于天文望远镜性能较差，伽利略无法弄清这土星周围到底是什么，最初认为是两颗附属行星。若干年后，当土星旁边的附属物彻底消失后，伽利略才确定他搞错了，又认为土星外围不存在任何附属物。

直到半世纪后，土星才向惠更斯展开了自己的光圈。像伽利略一样，惠更斯也立刻将自己的发现公布在报纸上：

Aaaaaaacccccdeeeeeghiiiiiiilllllmmnnnnnnnnnn

ooooppqrrstttttuuuuu

3年后，惠更斯证实了自己猜想的正确性，于是将谜底公布于世：

Annulo cingitur,tenui,plano,nusquam cohaerente,ad eclipticam inclinator.

译为：

土星周围的圆环薄而平坦，与土星没有任何接触，存在黄道夹角

---

[1] 开普勒在这里所依据的是关于行星的卫星个数的假设：已知地球有1个卫星，木星有4个卫星，于是他便推测位于地球和木星之间的火星一定有2个卫星。直到1877年火星的2颗卫星在望远镜中被人们看到时，这一推测才被证实。

第 10 节

海 王 星 以 外 的 行 星

　　我在之前的书中写到，太阳系最后一颗为人所知的行星是海王星。海王星与太阳之间的距离是地球到太阳之间的距离的30倍。然而今天，我已经不能再这样写了，因为在1930年，我们的太阳系又增加了新成员——在海王星的外侧还存在着围绕太阳运转的第九大行星[1]。

　　这一发现并不是完全出乎意料的。天文学家很早之前就认为在海王星之外还存在着其他未知的行星，就像100多年前人们认为天王星是太阳系最远的一颗行星一样。然而它不规则的运动使人们怀疑，在它的外侧还存在其他更遥远的行星，正是这颗行星的引力导致天王星的实际运动与计算结果相违背。英国数学家亚当斯曾就此进行过数学计算，而法国天文学家勒威里尔则通过观测得到了惊人的发现：天文望远镜中出现了一颗可疑的行星。我们可以说人类通过观察证实了这颗行星的存在。

　　海王星就这样被发现了。随后人们发现，海王星的存在并不能完全解释天王星的所有不规则运动，于是人们产生了一个新的想法：太阳系还存在另一颗不为人知的行星。于是，数学家们开始研究这一问题，以期能够发现这颗行星。人们最终得到了很多不同的计算结果，结果中第九颗行星与太阳的距离各不相同，此外，这颗预想中的天体被赋予了不同的质量。

---

1 冥王星一度被视为第九大行星，但在2006年，国际天文联合会重新定义，又将其排除出行星行列，定为矮行星。

最终，人们在1930年（更准确地说是1929年年底）通过天文望远镜在太阳系的黑暗边缘区域中发现了行星大家庭的新成员，并将其命名为冥王星。这一发现是由年轻的天文学家汤博完成的。

冥王星的运转轨道非常接近此前某个计算出的轨道。然而根据科学家们的观点，我们并不能把这次发现归结于那次计算的成功，因为大多数人都认为这只是一种巧合罢了。

我们对这个新发现的行星有哪些了解呢？到目前为止我们对它还知之甚少。冥王星离我们如此之远，就连太阳也只能将其微微照亮，即使利用最强大的工具目前也很难测出它的直径。冥王星的直径差不多是5 900千米，或者说它的直径是地球直径的0.47倍。冥王星的公转轨道被拉伸得十分厉害（偏心率为0.25），与地球轨道平面呈17°夹角。冥王星与太阳之间的平均距离是地日距离的40倍。冥王星需要花近250年才能走完它巨大的公转轨道。

冥王星上太阳的光照强度是地球上太阳的光照强度的$\frac{1}{1\,600}$。从冥王星上看去，太阳只是天空中45″视角大小的一个小圆盘，相当于我们从地球上看木星一般。令人好奇的是，冥王星上的太阳和地球上的满月相比，哪一个看上去更亮呢？

遥远的冥王星上的阳光似乎并不像我们想象中的那样微弱。满月时，月球的光照亮度是太阳光照亮度的$\frac{1}{440\,000}$；而白天时，冥王星上太阳的亮度是地球上太阳的亮度的$\frac{1}{1\,600}$，也就是说冥王星上的太阳亮度是地球上满月时亮度的$\frac{440\,000}{1\,600}=275$（倍）。如果冥王星的天空和地球的天空一样晴朗（这点是完全可信的，因为冥王星上空不存在大气），则白天站在冥王星上，就会感觉好像同时有275个月亮照着，其甚至比列宁格勒的白夜最明亮时还要亮30倍。因此，将冥王星称为"无尽黑夜之域"是不合适的。

第 11 节

矮 行 星

到目前为止我们所讨论的九个行星并没有涵盖太阳系中的所有行星居民，它们只是在体积上更为明显的行星的代表。除它们之外，还有更多体积较小的行星在不同的位置上围绕太阳旋转，天文学家称这些行星为矮行星或小行星。其中最有名的就是谷神星，其直径为770千米，体积远小于月球。就体积而言，谷神星之于月球相当于月球之于地球。

第一颗矮行星——谷神星于19世纪第一夜（1801年1月1日）被发现。整个19世纪，天文学家共发现了超过400颗的矮行星。所有这些矮行星都在火星与木星轨道之间围绕太阳运动。直到不久前，人们仍然认为，矮行星只存在于火星和木星轨道之间宽阔的圆形带内。

20世纪以来，尤其是最近几年，人们对小行星带的研究取得了不小的成就。上世纪末（1898年）人们发现爱神星已经偏离了原来的带状空间，它的轨道一大部分位于火星轨道内部。1920年，天文学家发现了矮行星伊达尔戈，它的运行轨道横穿木星轨道，且距离土星轨道不远。矮行星伊达尔戈的其他方面也引人注目：与其他已知的行星相比，它的轨道被拉伸得尤为厉害（偏心率为0.66），并且与地球轨道面的夹角高达43°。此外，我们还应指出的是，这颗矮行星是以在墨西哥独立战争中进行了光荣革命斗争的伊达尔戈·科斯蒂亚来命名的，这位英雄1811年去世。

1936年，人们对小行星带的研究进一步深入：发现了新的矮行星，且其偏心率为

0.78，该新成员名为阿多尼斯。新成员的特点在于，其轨道最远处与太阳的距离几乎与木星到太阳的距离相等，而最近处则距离水星轨道不远。

新发现矮行星的注册体系也十分有趣，它不出于任何天文学目的，却能成功地为大众所接受。首先，我们列出行星被发现的年份，接着是字母——表示发现日期所在的半月（一年被分成24个半月，每个半月都有其对应的字母）。

如果人们在同一个半月内发现了若干颗行星，则会在第一个字母后再额外增加一个字母：第二个字母在字母表中的顺序对应着它被发现的顺序。如果24个字母不够，则会重复上述方法，在字母后添加数字。如1932EA1表示1932年3月上旬中被发现的第25颗行星。若在计算出的轨道发现了新的行星，则新行星首先会获得一串数字，然后才是名称。

毫无疑问的是，在众多的小行星中，我们通过天文设备捕捉到的只是一小部分，其他的则巧妙地躲开了我们的猎网。根据计算，我们的太阳系中应该存在着40 000～50 000颗矮行星。

目前，我们捕捉到的矮行星数量已经超过了1 500颗，其中有100多颗是通过西梅伊兹天文台（位于黑海沿岸的克里米亚）发现的，天文学家涅伊曼为此做出了杰出的贡献。如果读者在小行星列表中看到了"弗拉基列那"（为纪念弗拉基米尔·伊里奇·列宁），又或者看见如"莫洛左维亚""费格涅利亚"（为纪念什利谢利堡的英雄们）"西梅伊兹"等名字时，你也不必大惊小怪。目前，就已被发现矮行星的数量而言，克里米亚天文台发现的矮行星数量在世界范围内都是最多的；而在有关矮行星的理论研究方面，苏联天文学家同样在世界科学舞台中占据着重要的位置。若干年来，苏联天文科学院理论研究所（位于列宁格勒）一直在对大量小行星的位置进行预先计算，大大完善了有关小行星运动的理论研究。该科学院每年都公布小行星的预计位置（所谓的星历表），并供全世界的天文台参考。

各个小行星在尺寸方面大相径庭。在众多小行星中，如谷神星和帕拉斯（直径为490千米）这样尺寸较大的并不多见。大概只有70颗矮行星的直径超过100千米，大部分矮行星的直径在20～40千米。此外，太阳系中还存在很多"微小"的矮行星，他们的直径只有2～3千米（"微小"带引号是因为，当这个词从天文学家的嘴里说出时，我们应该根据情况理解）。尽管已被发现的矮行星还远远不是全部，但是我们仍然有理由相信，所有已知和未知小行星的质量之和只是地球质量的千分之一。据推断，我们目前所发现的矮行星数量不超过所有可以通过天文望远镜观测到的矮行星数量的5%。

对矮行星了解最多的科学家诺伊明写道：

人们曾经以为所有矮行星的物理特性大致相同，但实际上，它们拥有着惊人的多样性。拿已经确定了的前4颗矮行星的反射能力来说，谷神星和帕拉斯对光线的反射能力与地球上黑色岩石的反射能力相近，而朱诺的反射能力则与白色岩石相近，维斯塔——类似于白云。更为有趣的是，由于矮行星体积较小，无法在周围形成大气，因此毫无疑问，它们反射能力的差异完全取决于行星表面的构成材料。

在一些小行星上还存在着光波振动，这说明它们也存在自转且形状并不规则。

第 12 节

矮 行 星 阿 多 尼 斯

我们在上一节中提到矮行星阿多尼斯与其他矮行星不同，它不仅体积庞大，而且运行轨道也被拉伸得十分严重。除此之外，它与地球的距离十分相近，这也足以令人关注。阿多尼斯被发现时，它正在距离地球150万千米的区域进行运动。月球确实离我们更近，虽然月球的体积远大于矮行星，其等级却低于它们：月球不是行星，只是卫星。所以人们认为阿多尼斯是距离地球最近的行星。另外一颗矮行星阿波罗也完全可以出现在"离地球最近的行星"的列表上。阿波罗被发现的那一年，它正处于距离地球300万千米的轨道上。这种距离应该被认为实际上非常短，因为火星与地球的最近距离不少于5 500万千米，而金星与地球的最近距离则不少于4 000万千米。更为奇妙的是，阿波罗号矮行星与金星的距离更加接近，只有20万千米，这个距离是地月距离的 $\frac{1}{2}$！就目前来看，太阳系中不存在比它更接近于大行星的矮行星了。

离我们最近的行星邻居阿多尼斯之所以备受关注，是因为它是被天文学家记录在册的最小的行星之一。它的直径不超过2千米，也许更小。1937年，矮行星赫尔墨斯被发现，有时，该行星与地球之间的距离只有50万千米，这一距离与地月距离差不多。矮行星赫尔墨斯的直径不超过1千米。

仔细研究这些例子或许能够给我们一些启发，并帮助我们理解天文学家所说"微小"是什么概念了。比如，某颗微型矮行星体积只有0.52立方千米，如果该行星由花岗岩构成，则其质量将约为15亿吨——相当于300座胡夫金字塔的质量。

由此可见，天文学家口中的"微小"和我们平时所理解的微小是完全不同的概念。

木星的同伴

在目前已知的1 600颗矮行星中存在一个由15颗小行星组成的矮行星群，这个星群以自己独特的运动方式引起了人们的关注，人们以特洛伊战争中英雄们的名字命名：阿喀琉斯、帕特罗克鲁斯、赫克托、内斯特、普里姆、阿伽门农等。特洛伊星群的运动轨道十分奇特，特洛伊星群、木星、太阳始终位于等边三角形的顶点上。

特洛伊星群可以被看作木星的同伴，它们始终在远处陪伴着木星。其中一些矮行星位于木星前方60°的位置，另外一些则在木星后方60°的位置，所有行星同时沿着轨道公转，且公转周期相同。

这个行星三角形非常稳定：如果矮行星要离开自己的位置的话，那么引力便会立即把它拉回原来的位置。

在发现特洛伊星群之前，类似的三体引力平衡运动就曾在法国数学家拉格朗日的理论研究中被证实。但是他只将这种现象看作奇怪的数学问题，认为宇宙中不可能真正存在类似的天体。然而通过人们对宇宙空间的不断探索，拉格朗日理论中的场景最终变成了我们行星系统中的真实画面。小行星研究对天文学的发展具有重要意义。

第 14 节

去外星旅行

此前我们已经幻想出了一次登月飞行，并从月表对我们的地球和其他天体进行观测。

现在，我们要飞向太阳系的其他行星，在那里观赏宇宙的浩瀚图景。

那么就让我们从金星开始吧。如果金星的大气层足够清透，我们就会注意到，天空中的太阳是我们从地球上看到的太阳的2倍（见图63），相应地，来自太阳的热量和光线也是地球的2倍。但在夜晚时，我们会惊奇地发现，夜空中的星星格外明亮。尽管金星与地球的大小几乎相等，但是从金星上看到的地球远比我们从地球上看到的金星要明亮得多。为什么会这样呢？其实不难理解，这是由于金星公转的轨道比地球轨道近所致。因此，当金星距离地球最近时，它背阳的一侧朝向我们，而我们是根本看不见它的；只有当它向侧面移动一段距离后，我们才有可能看到金星弯弯的镰刀状表面，金星光线也正是从这一小部分发射出来的。然而，当金星与地球距离最近时，金星上所看到的地球和火星冲日时一样，都是满相。因此，金星上的地球在满相时，其亮度会是地球上所见金星的亮度的6倍。当然，需要再次说明的是，这一切都是基于金星大气层足够清透这一前提之上的。人们可能误认为，地球的反射光能倾洒在金星不可视一侧，从而将其照亮，而实际情况是，金星接收到的地球反射光线能量几乎和35米之外蜡烛的光线能量相等。

在金星的天空中，经常还会有月球光线随着地球光线一起洒落，并且值得一提的是，金星上月球的亮度是天狼星的4倍。当地月系统共同在金星天空中发光时，我们很难从太阳系中找到比它们更亮的天体。然而，大部分时间，金星上的观察者看到的地球和月球是分开的，并且位于该处的观察者能从天文望远镜中观察到月球表面的很多细节。

水星也是金星上空十分明亮的一颗行星，在金星上，水星亮度是地球上其所见亮度的2~3倍；相比之下，在地球上看起来明亮的火星就要黯然失色了。金星上的火星亮度只是地球上的火星亮度的$\frac{2}{5}$，甚至比地球上看到的木星亮度还低。

从水星上看　　从金星上看　　从木星上看　　从土星上看　　从天王星上看　　从海王星上看　　从冥王星上看　　从火星上看　　从地球上看

图63　从地球和其他行星上看到的太阳的大小

至于固定恒星，从太阳系的任何行星上看，那些星座的轮廓始终是完全相同的。从水星、木星、土星、海王星和冥王星上看，我们观测到的将会是同样的星纹。由此可见，恒星与我们的距离远大于行星之间的距离。

当我们离开金星匆忙赶到小小的水星时，我们会发现自己来到了一个可怕的星球，这里没有大气层且不分白天黑夜。在这里，太阳一动不动地悬挂在天空上。这个巨大圆盘的面积比我们从地球上看到的太阳面积大6倍。水星上看到的地球亮度是地球上看到的金星亮度的2倍。金星在这里异常的明亮。太阳系中没有其他任何一颗比水星黑暗天空中的金星更为耀眼的行星了。

当我们来到火星时便会发现，在这里，太阳的面积比在地球上看到的太阳的面积小$\frac{1}{3}$。地球在火星的天空中会以晨星和昏星两种形态出现，就像地球天空中的金星一般，然而火星上地球的亮度低于地球上金星的亮度，大致与我们从地球上看到的木星亮度相等。地球永远都不会以满相状态出现在火星上：火星人最多只能看到地球的$\frac{3}{4}$部分。此外，我们在火星上用肉眼便可以观测到月球，它的亮度几乎和天狼星的亮度相同。而借助天文望远镜我们可以看到地球以及地球卫星——月球的不同相位。

在火星上，我们的注意力更容易被离火星最近的卫星——火卫一（福布斯）所吸引：尽管火卫一体型较小（直径只有16千米），但是由于它与火星距离相近，所以在满相时，火卫一的亮度甚至是地球上的金星亮度的25倍。火卫二（德摩斯）的亮度则明显较低，但足以超过火星上看到的地球的亮度。火星卫星的尺寸较小，但是由于火卫一与火星距离近，所以我们能够在火星上很清晰地看到它的相位。视力敏锐的人甚至还可以看到火卫二的相位（在火星上火卫二的视直径约为1.8'，火卫一的视直径约为8'）。

在前往更远的星球之前，我们在离火星最近的卫星上稍作停留。我们可以在那里看到独一无二的画面：在火卫一的天空上，我们可以看到一个相位迅速变化的，比我们的月球亮度高数千倍的巨大圆盘，它就是火星。火星在火卫一上的视直径有41°，大小是月球看起来的80倍。或许我们只有在木星最近的卫星上才能看到类似不同寻常的风景。

现在我们来到了刚刚提到的巨型行星的表面——木星的表面（见图64）。如果木星上空足够清透，则我们所看到的太阳大小将是地球上的太阳的$\frac{1}{25}$；太阳亮度也会相应地降低到$\frac{1}{25}$。这里的白昼只有短短5个小时，便会被夜晚迅速代替。当我们在木星天空中寻找熟悉的星球时，就会发现，它们在这里的变化是如此巨大！首先，水星完全消失在了太阳光线之中，我们只有通过超级望远镜才能观察到金星和地球——它们会与太阳和火星一同落下，因此几乎难以察觉。其次，土星的亮度成功盖过天狼星的亮度。

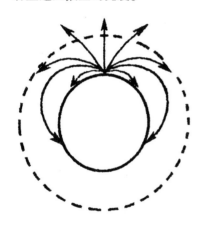

图64　光线在土星大气层中可能发生的偏折

我们能够清晰地在木星上看到围绕着它的卫星：木卫一和木卫二的亮度等同于金星上地球的亮度；木卫三的亮度则是金星上地球亮度的3倍；木卫四和木卫五的亮度则比天狼星亮度高好几倍。至于它们的大小，如果就视觉效果而言，前四颗卫星的直径大于太阳的直径。木星的前三颗卫星在每次运转时都会转到木星的阴影中去，因此我们永远看不到它们的满相位。在木星上也会发生日全食，不过只有在木星上极窄的一片区域才能观测到。

木星的大气层又高又密，并不像地球的大气层那样澄澈。木星大气层的高密度导致木星存在与光线折射相关的独特光学现象。在地球上，大气层的折射光线并不强烈，所以我们看到的天体位置只比它们的实际位置略高一点（见第一章中的图12）。然而由于木星大气层位置很高，且大气层的浓度较大，因此，木星上的折射现象更为明显。从木星表面一点发出的光线，其角度会发生倾斜，因此它没有被发射到大气层中而是到了行星表面，就像地球大气中的无线电波一样。位于该点上的观察者会看到十分不同寻常的景象，他会觉得自己处在一个巨大的碗底，碗的内壁相当于这个巨大行星的表面，木星的轮廓会在碗的边缘被强烈压缩。与地球上观测到的天空不同，我们在该"碗"中可以看到木星的整个天空，只是在天空的边界处会因雾气的存在而显得轮廓模糊。白天木星会一直处在这种奇怪天空的笼罩之下，因此，从木星上的任何一点都可以看到午夜的太阳。然而木星上的大气条件是否如我们所说的这样奇特，谁也不能妄下定论。从所有相近的卫星上看，木星本身就是一种奇异的视觉现象（见图65）。比如，从木卫五（距离木星最近的一颗卫星）上看，木星的直径是月球直径的90倍，且其光照亮度达到太阳亮度的 $\frac{1}{7}$。当木星的下缘碰触到地平线时，它的上缘还在天空中。当它逐渐没入地平线时，圆面直径差不多是整个地平圈的 $\frac{1}{8}$。因此在这个迅速旋转的巨大圆盘上常常会掠过黑点，这就是木星卫星的影子。当然，这些影子对木星的影响并不大，只不过当它们经过木星这个庞然大物时会十分惹人注目。

图65　从木星的卫星上看到的木星景象

我们一来到土星，便会立刻被它拥有的巨大光环所吸引。首先，并不是在土星上所有的地点都能看到这个大光环。从极点到64°纬线这片区域是完全见不到这一光环的。在这些极低地区的边界上，我们只能看到土星光环的外围（见图66）。观测土星光环的条件会在64°至50°之间的区域逐渐变好。而在50°纬线上，观察者能够以最大的12°视角看到全部的土星光环。在土星赤道附近，尽管我们看到的土星光环上升

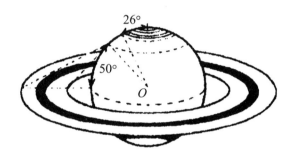

图66　在土星表面不同位置上观察到的土星光环情况

到地平线以上，但同时它们的面积也在变窄。在赤道上，我们看到的土星光环仅仅是一条狭窄的细带，这条细带从西向东横穿了整个天空，并且会经过天顶。

当然，上面所说的这些并不是我们看到的土星光环的全貌。正如我们记得的那样，土星光环始终只有一侧发光，另一侧则始终位于土星的阴影之中。而发光的一侧只有在其所在的土星半球上才能被看到。在半个漫长的土星年中，只有在一半的土星区域上才可以看到光环（在其余的时间内则可以在土星的另一半上观察到它），当然，绝大多数情况下只有白天才能观测到土星光环。在夜晚只有短短几个小时能看到土星光环，然后它就会没入黑暗当中。最后还有一个有趣的细节：在土星赤道地区，每隔一段地球年便会出现光环食现象。

毫无疑问，对土星观察者来说，站在离土星最近的一个卫星上，能看到天空中最迷人的风景。当土星呈镰刀状时，其拥有的光环和其他卫星也处在非满相状态，这一

现象是在其他任何行星上都观测不到的。此时这颗卫星的天空上会出现一把巨大的镰刀，并且还有一条狭窄的带状圆环会从侧面穿过该巨型镰刀。而在巨型镰刀的周围，其他看得到的卫星也呈镰刀状分布着，只不过尺寸相当小。

下表按照由大到小的顺序，展示了不同天体在不同行星上的亮度。

我们可以从表中第4、第7和第10栏中看到地球上不同行星的亮度，由于我们对这些行星的亮度比较熟悉，因此可以将它们作为评估其他行星上不同天体亮度的依据。

| 1.水星天空中的金星 |
| 2.金星天空中的地球 |
| 3.水星天空中的地球 |
| 4.地球天空中的金星 |
| 5.火星天空中的金星 |
| 6.火星天空中的木星 |
| 7.地球天空中的火星 |
| 8.金星天空中的水星 |
| 9.火星天空中的地球 |
| 10.地球天空中的木星 |
| 11.金星天空中的木星 |
| 12.水星天空中的木星 |
| 13.木星天空中的土星 |

此外，我们再给出一系列与太阳系有关的数据，以供参考。

太阳：直径1 390 600千米，体积（假设地球体积为1）1 301 200，质量（假设地球质量为1）333 434，密度（假设水的密度为1）1.41。

月球：直径3 473千米，体积（假设地球体积为1）0.020 3，质量（假设地球质量为1）0.012 3，密度（假设水的密度为1）3.34。

月球到地球的平均距离为384 400千米。

图67中给出的是几个小型天体在100倍天文望远镜中的图像。为了便于比较，我们在图68中给出了月球在该天文望远镜中所成的影像（需使眼睛离图像25厘米远，以便获得清晰的视觉效果）。图67上方是最近和最远距离下的水星在上述望远镜中的图像。水星下方分别是金星、火星、木星系统，土星及其最大的卫星。

水星在距离地球最近（不可见）
和最远时在望远镜中的图像

金星距地球最近时不可见（左）；可见
的最大面积为月牙形（中）；最远时为
一小点（右）

火星距地球最近和最远时在天文望远镜
中的图像

木星和它的四大卫星

土星和它最大的卫星

图67　用望远镜放大100倍的一些行星与卫星的图像

图68　月球在天文望远镜中放大100倍后的图像

行星的大小、质量、密度、卫星数量等参数一览表

行星名称	平均直径			体积（地球体积＝1）	质量（地球质量＝1）	密度		卫星的数量
	视直径/秒	真实直径				地球密度＝1	水密度＝1	
		千米	地球直径＝1					
水星	13～4.7	4 700	0.37	0.050	0.054	1.00	5.5	—
金星	64～10	12 400	0.97	0.90	0.814	0.92	5.1	—
地球	—	12 757	1	1.00	1.000	1	5.52	1
火星	25～3.5	6 600	0.52	0.14	0.107	0.74	4.1	2
木星	50～30.5	142 000	11.2	1 295	318.4	0.24	1.35	12
土星	20.5～15	120 000	9.5	745	95.2	0.13	0.71	9
天王星	4.2～3.4	51 000	4.0	63	14.6	0.23	1.30	5
海王星	2.4～2.2	55 000	4.3	78	17.3	0.22	1.20	2

行星到太阳的距离、公转周期、自转周期、引力等参数一览表

行星名称	平均距离		轨道偏心率	公转周期/地球年	平均轨道速度/（千米·秒⁻¹）	自转周期	赤道与轨道平面的倾斜角度	引力（地球重心引力＝1）
	天文单位	百万千米						
水星	0.387	57.9	0.21	0.24	47.8	88日	5.5	0.26
金星	0.723	108.1	0.007	0.62	35	30日	5.1	0.90
地球	1.000	149.5	0.017	1	29.76	23时56分	5.52	1
火星	1.524	227.8	0.093	1.88	24	24时37分	4.1	0.37
木星	5.203	777.8	0.048	11.86	13	9时55分	1.35	2.64
土星	9.539	1 426.1	0.056	29.46	9.6	10时14分	0.71	1.13
天王星	19.191	2 869.1	0.047	84.02	6.8	10时48分	1.30	0.84
海王星	30.071	4 495.7	0.009	164.8	5.4	15时48分	1.20	1.14

04

恒星

第1节

恒星之所以叫恒星

当我们抬头仰望星空，只用肉眼便能看到闪烁的恒星。

天文学家亥姆霍兹认为，我们之所以能够看到恒星的光芒，是因为我们的眼珠并非透明晶体。与玻璃结构不同，我们的眼睛是纤维状质的。

眼睛看到的图像光点闪闪发光，这一说法是不正确的。原因在于我们的晶状体，晶状体中的纤维向着六个方向呈放射状排列。我们会认为某些光线是来自光点的，如恒星，或远处的火焰。但其实，我们看到的这些景象都是晶状体结构辐射的结果。

那么我们的眼睛到底存在着多少缺陷呢？关于这一问题，我们似乎可以从所有的发光天体都被认为是"星星"这件事上找到答案。

事实上有一种方法能够使我们弥补眼睛结构的缺陷，并且在不需要求助于望远镜的情况下就能够看到不带光芒的天体本身。这便是由莱昂纳多·达·芬奇在400多年前提出的方法。

他在书中写道：

看到不带光芒的恒星这件事情，其实是可以做到的。我们只需从针头上的小孔观察恒星，便会发现这些恒星是何其的小，甚至已经小到不能再小了。

这与亥姆霍兹关于恒星光芒来源的理论并不冲突，相反，上述事实恰巧证实了他的理论：从针孔观测恒星时，只有极细微的光束会穿过瞳孔中心，因此不会受到瞳孔辐射的影响。

如果我们的眼睛结构能够得到优化的话，那么我们在天空中看到的就不会是闪烁的星星，而是一个个的光点了。

第2节

为什么恒星闪烁，而行星不闪烁？

即使我们不依靠星图，只用肉眼也能很轻松地辨别固定的星星和"游移"的星星（即行星）。行星总是在安静地释放着光芒，而恒星看上去则是在不断地闪烁、颤动，其亮度也在不断地发生变化。位于地平线近处一些明亮的恒星甚至闪耀着不同颜色的光芒。弗拉马利翁说："这些光线，时而明亮，时而微弱，或白或绿，有时还会变成红色，这些星星就像是一颗颗透明的钻石，使浩渺的星空荒漠充满了生机；这些星星仿佛长有眼睛，正看着我们的地球。"在有霜冻或者大风的夜晚，又或者乌云散去时的雨后天空，这些星星闪烁得尤其明显，色彩也更加绚丽。地平线远处的星星通常比高空中的星星闪烁得更厉害；白色的星星也比淡黄色或淡红色的星星闪烁得更厉害。

就像拥有光芒一样，闪烁也并不是恒星自身所固有的特征，而是我们地球的大气层赋予它们的。恒星光线在抵达我们的眼睛之前需要穿过大气层。如果我们来到大气层的上方，便会发现，从那看去所有的恒星都是静止的：它们全部安安静静地悬挂于夜空之中，其光线恒久且稳定。

正如土壤在炎热的天气下被太阳剧烈暴晒后，从上面看去，远处的物体会发生颤抖一样，恒星闪烁的原因也是一样的。

恒星光线抵达眼睛之前必须穿过不均匀介质。由于大气层温度不同、密度不等，因此折射率也存在差别。我们可以说，大气层中分散着数量众多的光学棱镜，而这些凸透镜和凹透镜位置也在不断变化着。于是，当光线穿过大气层并遇到这些光学棱镜时，必然会发生聚集或散射，所以光线的路径也会远远偏离原先的直线。恒星亮度也正是从这里开始频繁变化。由于光线曲折伴随着色散同时发生，因此，在我们看到恒星亮度变化时还会观察到恒星颜色的改变。

普尔科沃天文台天文学家基霍夫写道："在研究恒星闪烁这一问题时，某些方法能够帮我们计算出这些闪烁恒星在一定时间内颜色变化的数量。由于恒星颜色的变化十分迅速，因此，处在不同情况下的恒星在一秒内发生的变化次数在数百到数千范围内波动。关于这一点，我们可以通过下述方法验证：拿起双筒望远镜并将它对准明亮的星星，然后迅速地转动镜筒。这时我们所看到的不再是恒星，而是一个由许多单独的、不同颜色星星组成的圆环。在星星闪烁的速度放慢，或者镜筒迅速转动时，这个圆环会分解成许多长短不一、颜色各异的圆弧。"

当然，我们仍然要解释，为什么行星不像恒星那样闪烁，而是平静地悬挂在空中呢？原因在于，行星与我们之间的距离远小于恒星与我们之间的距离，因此，它们并不是以点，而是以发光圆盘的形状呈现在我们眼前。

该圆盘上每个独立的光点都是闪烁的，但由于单个光点的亮度和颜色变化都是独立发生的，且发生的时间点也不尽相同，因此，光点之间存在着亮度互补的情况：当某一个光点亮度减弱时，另一个光点的亮度便会增强，因此行星整体光线保持不变。所以行星的光芒看起来十分平静，也不会闪烁。

第 **3** 节

白 天 能 看 到 星 星 吗？

在夜里我们看到满天繁星，可到了白天，它们都看不到了。这些星星是因为地球的转动而看不见了，还是被明亮的阳光"隐藏"起来了？

我们只需一些非常简单的生活经验，就可以清楚地说明这些星星是因为白天的太阳光线而消失的。首先，我们要在纸箱的侧壁上钻出几个小孔，然后在纸箱外侧粘上白纸。需要保证的是，钻孔的排列需要和天空中某些星座的位置相同。然后我们将纸箱放到一个漆黑的房间中，并将纸箱内部照亮：这时，内部被照亮的小孔清晰地映照在打孔的纸箱壁上，这些便是夜空中的星星。只要我们在不熄灭纸箱内部光源的前提下打开房间内明亮的灯，就会发现，这些人造星星立马消失得无影无踪了，换句话说，星星被"白天光线"熄灭了。

我们经常在书中读到，如果我们身处在矿井、水井或高高烟囱的底部，则我们甚至能够在白天看到星星。人们对此普遍确信无疑，甚至很多权威的作品也会引用这一观点。直到不久前才出现批判的声音：这一说法并没有得到任何验证。

实际上，从亚里士多德到19世纪的约翰逊·赫谢尔，所有提到过这一说法的作者中，没有人在上述条件下进行过观测。所有人都是在引用第三方作者的论证。然而，下面例子中这位好奇的"目击者"利用事实说明，这一说法是不可信的。在美国杂志上曾刊登过一篇文章，文中描述了井底与白天星星可见度之间的关系。一位农民来信说，他某天白天时曾在20米高的青贮塔塔底看到了御夫座α星和英仙座β星。这篇文章则有力地反驳了这位农民的说法。作者指出，在这位农夫所在的纬度上，御夫座α星或者其他任何星座都不可能在上述时间段内位于观察者看到的天空，因此农夫不可能从青贮塔塔底观测到它们。

没有理论能够证明，青贮塔或者水井可以帮助我们在白天看到星星。正如我们之前所说的那样，我们之所以不能在白天看到星星，是因为它们淹没在了白天的日光之中。然而站在青贮塔底并不能改变这种视觉条件。在青贮塔中，被遮挡的只是侧方光线，但是从上部开口中进入的空气分子仍然会干扰星星的能见度。在这种情况下唯一有益的是，井壁能够使眼睛免受太阳强光的影响。但是这也仅对观察者观测行星有益而已，对恒星的观测毫无帮助。

白天，我们之所以能够在望远镜中观测到星星，并不是如很多人所想的那样是因为我们从"镜筒底部"观察的，而是因为光线在玻璃上发生的折射，或者在镜面上发生的反射降低了我们所观测天空的亮度，而星星自身的亮度（表现为光点）反而增加了。在直径为7厘米的镜筒中，我们就已经可以在白天观测到第一级，甚至第二级亮度的恒星了。但是这种光线变化并不会发生在仓筒、矿井或烟囱底部。

一些明亮的行星如金星、木星和火星等则是另外一回事了。由于它们的亮度甚至远高于很多明亮的恒星，所以即使是白天，我们也能在某些条件下观测到它们。

第 4 节

什么是星等

大家在欣赏夜晚的星空时，会看到不同亮度的星星。很早以前，人们就根据星星的大小和亮度将星星划分成不同的等级。这里的等级在天文学上称为"星等"。早在古代，人们就能够将更为明亮的星星区分出来，它们总是会比其他所有星星更早出现在天空中，这些星星便属于1等星。在它们之后是2等星、3等星等，一直到肉眼几乎难以看清的六等星。但是显然这种根据亮度主观划分出的星等并不能满足当代天文学家的要求，于是人们利用更为坚实的理论基础对星星亮度进行了划分。人们发现，最亮的星星（最亮星星的亮度也是不同的）比肉眼可见最暗的星星平均亮100倍。

星星亮度等级表的设计原理在于，两个邻级星星的相对亮度比是固定的。如果我们用字母n表示光亮对比率，则：

1等星的亮度为2等星的n倍；

2等星的亮度为3等星的n倍；

3等星的亮度为4等星的n倍；

……

如果我们将所有普通星星的亮度与1等星亮度进行对比，则有：

1等星的亮度为3等星的n^2倍，1等星的亮度为4等星的n^3倍；1等星的亮度为5等星的n^4倍；1等星的亮度为6等星的n^5倍……

通过观察我们发现，$n^5 = 100$，则现在我们很容易计算出光亮对比率n（通过对数计算）：

$$n = \sqrt[5]{100} = 2.5$$

因此每个等级的星星亮度是后一等级的星星亮度的2.5倍。

第5节

星星的代数学

如果我们仔细观察最亮的星星，就会发现，这些星星的亮度不尽相同：有些星星的亮度高于平均亮度好几倍，而其他的则更暗（平均亮度大约是我们肉眼可见最暗星星亮度的100倍）。

在这些星星中，我们可以找到比1等星平均亮度更高的星星，那么1等星前面的亮度该用什么数字表示呢？我们就用0。也就是说，这些星星属于零等星范畴。那么，那些亮度是1等星平均亮度的2.5倍的星称为"零等星"。把那些比零等星更亮的星星称为"负等星"。

也有些星星的亮度位于零等星与1等星之间，也就是说这些星星的亮度应该用正分数表示，比如"0.9等星"或"0.6等星"等，这些星星的亮度高于1等星亮度。

由于存在比零等星亮度更高的星星，所以我们在表示这些星星的亮度时需要用到数字零另一侧的数字，也就是负数。因此，在表示星星亮度时我们常常会发现－1等星、－2等星、－1.6等星、－0.9等星这样的表述。

在天文学活动中，星星亮度是通过一种特殊工具——光度计来确定的：我们会将天体亮度同某一已知亮度的固定星星进行对比，或者将它与某一仪器中的人造星星进行对比。

整个天空中最亮的恒星（不包括太阳）是天狼星，它的星等为−1.6。老人星（只有在南方才能看到）的星等为−0.9。北半球最亮的恒星是织女星，其星等为0.1；御夫座α星为0.2；参宿七星为0.3；小犬座α星为0.5；牛郎星（天鹰座α星）为0.9（0.5等星亮度高于0.9等星，以此类推）。下表中列出了天空中最亮的恒星及其星等（括号内为其星座名称）。

恒星	星等	恒星	星等
天狼（大犬座α星）	−1.6	参宿四（猎户座α星）	0.9
老人（南船座α星）	−0.9	牵牛星（天鹰座α星）	0.9
南门二（半人马座α星）	0.1	十字架二（南十字座α星）	1.1
织女（天琴座α星）	0.1	毕宿五（金牛座α星）	1.1
五车二（御夫座α星）	0.2	北河三（双子座β星）	1.2
大角（牧夫座α星）	0.2	角宿一（室女座α星）	1.2
参宿七（猎户座β星）	0.3	心宿二（天蝎座α星）	1.2
南河三（小犬座α星）	0.5	北落师门（南鱼座a星）	1.3
水委一（波江座α星）	0.6	天津四（天鹅座α星）	1.3
马腹一（半人马座β星）	0.9	轩辕十四（狮子座α星）	1.3

从表中我们可以看出，星等恰巧为1的星星是不存在的：表中的星等直接从0.9跳到了1.1、1.2等。可见，1等星只是作为星星亮度标准，并不存在于现实中。

此外，我们不应该把星等作为星星本身固有的物理属性。星等的存在实际上是我们视觉和所有感觉器官作用的结果，是韦伯—菲纳生理心理学定律的结果。在视觉运用方面，这一法则称：当光源能量呈等比变化时，我们感受到的亮度则以算数级变化

（有趣的是，物理学家还会使用星星亮度测量方法来评估声音和噪声的强度）。

在了解了天文学亮度标准后，我们要进行一些计算。例如，我们可以计算出需要多少个3等星相加，其亮度才会等于一颗1等星的亮度？已知1等星亮度是3等星亮度的2.5^2倍，即6.25倍。也就是说，6.25颗3等星才能取代一颗1等星。而如果我们用4等星来取代1等星，则需要2.5^3颗（以此类推，计算方法相同）。我们可以在下表中找到相应的数字。

一颗1等星的亮度相当于几颗其他星等的星星

星等	颗数
2等	2.5
3等	6.3
4等	16
5等	40
6等	100
7等	250
10等	4 000
11等	100 00
16等	1 000 000

从7等星开始，我们已经进入了肉眼不可见的星星世界。星等为16的星星只能通过性能极优的天文望远镜才能够被观察到：如果我们想通过肉眼观察到这些星星，则我们的视觉灵敏度需要提高10 000倍。在这一视觉能力下，我们会发现，这些星星看上去才近似于6等星。

在上表中，我们找不到星等高于1的星星，也找不到相对应的换算结果。在此，我们会对数个高星等的星星进行计算。南河三（小犬座α星）是1等星亮度的$2.5^{0.5}$倍，即1.5倍。而 – 0.9等星亮度是1等星亮度的$2.5^{1.9}$倍，即5.8倍，而–1.6星等星（天狼星）是1等星亮度的$2.5^{2.6}$倍，即10倍。

最后，还有一个有趣的计算：多少颗1等星的亮度可以代替天空中所有肉眼可见的星星呢？

首先，我们假设一个半球的天空中1等星的数量为10。需要说明的是，某一星等的星星数量是上一星等的星星数量的3倍，而亮度则是上一星等星星亮度的$\dfrac{1}{2.5}$。

因此所有1等星及其他同星等星星的亮度总和为：

$$10+\left(10\cdot 3\cdot \frac{1}{2.5}\right)+\left(10\cdot 3^2\cdot \frac{1}{2.5^2}\right)+...+\left(10\cdot 3^5\cdot \frac{1}{2.5^5}\right)$$

由此得：

$$\frac{10\cdot \left(\dfrac{3}{2.5}\right)^5-10}{\dfrac{3}{2.5}-1}=95$$

因此，一个半球所有可视星星的亮度总和等于近100颗1等星的亮度和（或者1颗 – 4等星的亮度）。

如果我们再次计算，将上述计算中"肉眼可见的星星"，改为"所有用现代天文望远镜可以观察到的星星"。根据计算结果得知，所有星星的亮度总和相当于1 100颗1等星的亮度总和（或者一颗 – 6.6等星的亮度）。

眼睛与望远镜

现在我们来比较一下使用望远镜观测和用肉眼观测的区别。

当我们在夜间观测夜空时，人类瞳孔的直径约为7毫米。相比瞳孔，镜筒直径为5厘米的望远镜可以接收到更多的光线，大约为 $\left(\dfrac{50}{7}\right)^2$ 倍，即约为50倍，直径为50厘米的望远镜接收的光线约为瞳孔的5 000倍。由此可知，在观测星星时，望远镜可以将星星亮度提高好多倍！（我们这里说的星星指恒星，而非行星，因为行星轮廓明显，外形较大。如果我们要计算行星图像的亮度还应该考虑望远镜的光学放大倍数。）

知道了这一点，我们就可以计算出，观察某一亮度的星星时需要使用多大镜筒的望远镜。在这种情况下，我们首先要弄清楚某一固定尺寸的望远镜所能看到的最低星等。例如，镜筒直径为64厘米的天文望远镜可以看到15星等及以上星等的星星。那么，哪些尺寸的镜筒能够看到16等星的星星呢？我们可以列出式子：

$$\frac{x^2}{64^2} = 2.5$$

这里，x指所需的镜筒直径，通过计算得：

$$x = 64\sqrt{2.5} \approx 100 \text{（厘米）}$$

也就是说，我们需要一台直径约为1米的天文望远镜才能够观察到16等星。通常情况下，星等提高一个级别，望远镜直径则需要增加$\sqrt{2.5}$倍，即1.6倍我们才能观察到它。

第 7 节

太 阳 与 月 亮 的 星 等

让我们继续天体代数之游。在此种星星亮度计算的标准下，除了固定恒星，其他天体如行星、太阳和月球等也能够在此体系下找到自己的位置。我们接下来要介绍的是太阳与月亮的星等。太阳的星等为 – 26.8，而满月时月亮的星等为 – 12.6。读者可能对这两个数据心存困惑：太阳与月亮的星等差别并不大，前者只是后者的两倍多。

但是，我们不要忘了，星等的本质就是对数（以2.5为底），所以用一个数的对数除以另一个数的对数是没有意义的。因此用一个星等除以另一个星等也是没有意义的。

怎样的对比结果才有意义呢？我们可以通过下列计算说明：

太阳的星等为–26.8，则意味着太阳的亮度是1等星亮度的$2.5^{27.8}$倍，而月球的亮度是1等星亮度的$2.5^{13.6}$倍，也就是说太阳亮度与满月时月球的亮度之比为：

$$\frac{2.5^{27.8}}{2.5^{13.6}} = 2.5^{14.2}$$

通过计算（借助对数表）得到结果为447 000倍。这才是太阳亮度与月球亮度的正确比值：在白天晴朗的天气下，太阳亮度是晴朗夜空中满月亮度的447 000倍。

假设，月球光线散发的热量与其发射光线的数量成正比（这点是十分可信的，接近于真理），则可以推断出，太阳发射的热量是月球给予我们的热量的447 000倍。我们知道，每平方厘米的地面在1分钟内可接收到约2卡的太阳热量，也就是说，月球每分钟在1平方厘米的地面上释放的热量约为$\dfrac{1}{220\,000}$卡。由此可知，有关月球光线会影响地球天气的说法是毫无根据的。

人们普遍认为，满月时，月下的云层会逐渐消散，这也是一个根深蒂固的错误认知。其实，在月球光线下，这些消失的云层在夜间（由于其他原因）又会出现。

现在让我们离开月球，计算一下太阳的亮度是天空中最亮的恒星天狼星亮度的多少倍。我们首先推断出二者的亮度比：

$$\frac{2.5^{27.8}}{2.5^{2.6}} = 2.5^{25.2} \approx 10\,000\,000\,000$$

也就是说太阳的亮度是天狼星亮度的10 000 000 000倍。

下面的计算也十分有趣：满月时，月球的亮度是天空所有星星（即所有肉眼可见的恒星）亮度之和的多少倍？我们此前已经计算出，从1等星到6等星所有星星亮度之和相当于100颗1等星的亮度之和。因此，我们可以将问题换成：月球亮度是100颗1等星的亮度之和的多少倍呢？

根据上述条件，我们可知这一比值等于：

$$\frac{2.5^{13.6}}{100} \approx 3\,000$$

由此，在天朗气清的夜晚，我们接收到的可见星亮度仅为满月亮度的$\dfrac{1}{3\,000}$，而这些可见星亮度仅为晴朗天气下太阳亮度的$\dfrac{1}{3\,000 \times 447\,000}$，即在上述天气条件下，这些可见星亮度与太阳亮度之比为$\dfrac{1}{1\,300\,000\,000}$。

在此，我们补充说明，标准国际通用蜡烛在1米远处的亮度约为−14.2星等，也就是说此距离下的蜡烛亮度是满月亮度的$2.5^{(14.2-12.6)}$倍，即4倍。

此外，十分有趣的是，在与月球距离相等的位置处，我们所看到的航行标灯的亮度相当于$4\frac{1}{2}$等星，也就是说，我们可以用肉眼将其区分开来。

第 **8** 节

恒星与太阳的真实亮度

到目前为止，我们对天体亮度进行的所有评定都是基于其可见亮度，也就是说，我们给出的数字是指，我们所观察到的天体从其所在的实际位置发射到地球上光线的亮度。然而，我们都知道，所有恒星与我们的距离都是不同的，因此，恒星的可见亮度是它们的真实亮度以及它们与我们之间距离的综合体现。更确切地说，恒星的可见亮度并不能体现它们的真实亮度以及与之相关的各种因素。所以，如果假设恒星与我们的距离相等，再去了解不同恒星之间亮度的"对比度"也是十分重要的。

为了解决这一问题，天文学家提出了"绝对星等"的概念。"绝对星等"是指，当天体位于距离地球10秒差距位置时所表现出的亮度等级。秒差距是用于测量天体距离的独特长度单位。1秒差距约等于30 800 000 000 000千米。如果我们已知恒星的距离并且了解到恒星亮度与距离的平方成反比的话，那么我们就会发现，绝对星等并不难计算。

在这里，我们只通过两个简单的计算结果来向读者介绍绝对星等这一概念。尽管太阳的视觉亮度是天狼星的视觉亮度的10 000 000 000倍，但是天狼星和太阳的绝对星等分别为1.3和4.7。这也就意味着，在距离地球30 800 000 000 000千米的位置上，天狼星的星等为1.3，而太阳的星等为4.7，即天狼星的亮度是太阳的亮度的：

$$\frac{2.5^{3.7}}{2.5^{0.3}} = 2.5^{3.4} \approx 25 （倍）$$

由此，我们可以确信，太阳远非天空中最亮的恒星。但我们也不能因此认为，在周围所有星星中，太阳只是个小矮子：它的亮度总还是高于平均亮度的。

据统计，在太阳周围10秒差距范围内，众多恒星的平均绝对星等为9。而太阳的绝对星等为4.7，所以太阳亮度是邻近恒星的平均亮度的：

$$\frac{2.5^{8}}{2.5^{3.7}} = 2.5^{4.3} \approx 50 （倍）$$

因此，尽管天狼星亮度是太阳亮度的25倍，但是太阳的亮度仍是周围恒星的平均亮度的50倍。

第 9 节

已知恒星中最亮的那颗

亮度最高的恒星是剑鱼座S星，其星等为8，且不能被我们的肉眼观测到。由于剑鱼座只出现在南半球天空中，因此我们无法在北温带观测该星座。我们提到的剑鱼座S星是我们相邻的恒星系统——小麦哲伦星云的组成部分，它与我们的距离约是天狼星与地球距离的12 000倍。在如此遥远的距离下，剑鱼座S星的星等仍然为8，可见这一恒星的亮度之高。如果天狼星像剑鱼座S星一样位于宇宙深处的话，则其星等仅为17，也就是说，即使我们利用最为强大的天文望远镜也只能勉强观测到它。

那么，这颗奇妙恒星的亮度到底是多少呢？通过计算我们得出，剑鱼座S星的星等为–8。这意味着，这颗恒星的亮度大约是太阳亮度的100 000倍！如果我们将亮度如此大的星星放在天狼星的位置，则它将是天狼星亮度的9倍，也就是说，相当于月球$\frac{1}{4}$相位时的亮度。在天狼星的位置上还能带给地球如此明亮的光线，这颗星星当之无愧为已知星星中最亮的那颗！

第10节

地球天空中和其他星球天空中行星的星等

现在让我们看看其他行星的天空中，天体亮度的精确评估。首先我们需要弄清当地球上各行星亮度最大时它们的星等，见下表。

在地球天空中观测到的各行星的星等

行星	星等
金星	−4.3
火星	−2.8
木星	−2.5
水星	−1.2
土星	−0.4
天王星	+5.7
海王星	+7.6

通过此表我们可以看出，金星星等是木星星等的约2倍，即金星亮度是木星亮度的$2.5^{1.8} \approx 5.20$倍，金星亮度是天狼星亮度的$2.5^{2.7} = 11.87$倍（天狼星为−1.6等星）。此外，我们还可以看出，除天狼星和老人星之外，即使是最黯淡的土星也比其他固定的恒星要亮。在此，我们必须说明，有时候，我们可以在白天看到某些行星（如金星和木星），而此时的恒星则完全无法用肉眼看见。

下面，我们再看一下各天体分别在火星、金星、木星天空中的星等。见下表。

在火星的天空中各天体的星等

天体名称	星等
太阳	−26
火卫一	−8
火卫二	−3.7
金星	−3.2
木星	−2.8
地球	−2.6
水星	−0.8
土星	−0.6

在金星的天空中各天体的星等

天体名称	星等
太阳	−27.5
地球	−6.6
水星	−2.7
木星	−2.4
月球	−2.4
土星	−0.5

在木星的天空中各天体的星等

天体名称	星等
太阳	−23
木卫四	−7.7
木卫一	−6.4
木卫五	−5.6
木卫二	−3.3
土星	−2.8
木卫三	−2
金星	−0.3

当我们辨别行星在其卫星上的亮度时，首屈一指的是火卫一天空中满相状态下的火星（−22.5），其次是在木卫五天空中观测到的木星（−21），接下来则是土卫一天空中的土星（−20）：这里的土星只比太阳稍暗一点！

最后，从各行星上观测到的其他行星亮度也十分有趣。我们将这些行星按照星等递减的顺序进行如下排列，见下表。

在太阳系各行星上观测到的其他行星的星等

行星	星等	行星	星等
水星天空中的金星	−7.7	金星上的水星	−2.7
金星天空中的地球	−6.6	火星上的地球	−2.6
水星天空中的地球	−5	地球上的木星	−2.5
地球天空中的金星	−4.4	金星上的木星	−2.4
火星天空中的金星	−3.2	水星上的木星	−2.2
火星天空中的木星	−2.8	木星上的土星	−2
地球天空中的火星	−2.8		

从表格中我们可以看出，在太阳系的主要行星中，最亮的是水星天空中观测到的金星、金星天空中观测到的地球以及水星天空中观测到的地球。

第11节

为什么天文望远镜不会把恒星放大？

天文望远镜的镜筒会将月球和其他行星明显放大，但是恒星却丝毫不受影响，恒星的圆盘甚至会在镜筒中变成一个光点，这令那些率先使用天文望远镜的人感到十分吃惊。伽利略便是第一个通过仪器观测恒星的人，他也发现了这一现象。伽利略利用自己发明的望远镜进行早期观测时记录道：

当我们通过天文望远镜进行观测时，镜筒中的行星和恒星存在明显的差别。正如我们肉眼所见的那样，行星是一个个轮廓清晰的小小圆圈，就像月亮一样；而静止的恒星则没有明显的轮廓……镜筒只能增加它们的亮度。在天文望远镜中，5等星和6等星的亮度甚至接近于最亮的恒星——天狼星的亮度。

为了解释天文望远镜对观测恒星的无力感，我们必须回忆有关视觉的生理学和物理学原理。当我们看到有人离开我们时，他的身影在我们的视网膜中会越来越小。当他离我们足够远时，他的头和四肢之间的距离会在视网膜上表现得越来越接近。当人的身影最终不再分散于不同的神经要素（神经末梢），而是集中于一个神经要素上时，我们所看到的背影也会从一个具体的形态逐渐模糊成没有明显轮廓的黑点。对于大多数人而言，当我们观测事物的角度达到1′时，这种情况就会发生。而望远镜的工作原理则恰巧与之相反，它是通过扩大视角，或换句话说，它是通过将所观测事物的细节延展到多个神经要素上以达到相应的观测效果。例如，当我们谈论关于100倍望远镜时，我们是指通过望远镜观测事物的视角比通过肉眼观测的视角提高了100倍。如果我们观测事物视角的扩大幅度低于1′，则该望远镜尚不足以用来观测上述细节。

不难算出，如果想要在放大倍数为1 000的天文望远镜中观测到与月球距离相等的物体细节，则该物体的直径至少为110米。如果我们想要观测到与太阳距离相等的物体的细节，则该物体的直径至少为40千米。如果我们想要观测到最近的恒星的轮廓，则该恒星的直径至少是12 000 000千米。

我们太阳的直径甚至都只是这一数字的$\frac{1}{8.5}$，也就是说，如果将太阳移动到距离我们最近的恒星位置上时，则即使是使用1 000倍的天文望远镜来观测，我们的太阳也只是个小光点。如果想要在高倍望远镜中看到邻近恒星的明显轮廓，则它的体积需要是太阳体积的600倍，如果被观测物体位于天狼星的位置上，则它的体积应该是太阳体积的5 000倍，这样我们才能清晰地看到它的轮廓。实际上，由于大部分恒星与我们的距离远大于我们现在所说的距离，而且从某种程度上说，它们的平均体积也不大于太阳的体积，因此，当我们通过天文望远镜观测到的大部分星星都只是光点。

天文学家金斯曾说："不存在拥有比10千米之外的大头针针头更大视直径的恒星，也没有可以将恒星放大至光盘大小的天文望远镜。相反，当我们用天文望远镜观测太阳系内的天体时，望远镜的放大倍数越大，我们看到的天体图像也越大。"然而，正如我们此前提到过的，天文学家在使用望远镜时还会面临其他难题：随着图像增大，其亮度也会随之减弱（因为光束被分布到了更大的面积上），而亮度的减弱则使得细节的分辨更为困难。因此，在我们观测行星，特别是彗星时，只需要使用适当倍率的天文望远镜。

大家也许会提出这样的疑问：如果天文望远镜不能放大恒星，那么我们为什么还要用它来观测恒星呢？

通过上面的一些章节的叙述，我们已经无须在此耗费更多时间和精力。尽管天文望远镜无法放大恒星的视觉大小，但是能够有效地提高其视觉亮度，因此可见的恒星数量也会成倍增加。

其次，借助于天文望远镜，我们可以将肉眼看上去为一颗恒星的恒星系统分辨出来。尽管天文望远镜无法增加恒星的视直径，但是却可以增加它们之间的视距离。因此，当我们利用天文望远镜进行观测时，那些肉眼看上去为一个整体的恒星在镜筒中可能变成2颗、3颗甚至数目更多，情况更复杂的恒星（见图69）。对于那些遥远的星团，当我们用肉眼进行观测时，由于恒星的重叠，可能只看到一个模糊的光点；而当我们使用天文望远镜进行观测时，我们会发现这些光点甚至会被分解成数千个独立的恒星。

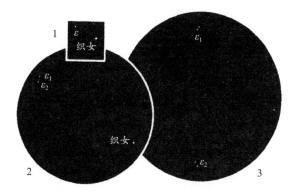

图69　1是用肉眼看到的织女星附近的恒星景象；2是用双筒望远镜看到的景象；3是用天文望远镜看到的景象

最后，天文望远镜对于恒星研究的第三个重要意义在于，我们能够利用天文望远镜精确地分辨出极小的视角：天文学家通过现代超级望远镜得到的图片上，可分辨的视角能达到0.01"。这一视角，相当于人们可以看到30千米之外的硬币或者是100米之外的发丝。

第12节
我们是如何测量恒星直径的？

正如我们前面所说，即使我们拥有最强大的天文望远镜，也无法通过它来测量恒星的直径。不久前，人们对恒星直径的测量都只能依赖于猜测。人们曾猜想所有恒星的平均大小都与太阳相近，但是这一猜测却无法得到证实。因此，想要观测到恒星的直径就必须使用比我们当代最先进的天文望远镜更强大的天文望远镜，否则我们的测量任务就无法完成。

这一情况直到1920年时人们发明了新的研究设备和方法才得到改变，上述发明为天文学家打开了测量恒星真实尺寸的大门。

天文学家将自己所取得的成就归功于最忠实的盟友——物理。要知道，物理学曾不止一次地为天文学提供宝贵的帮助。

这一测量方法基于光的干扰，现在就让我为大家讲解一下这一方法的本质。为了更好地说明其原理，我们需要做一个小实验，该实验并不复杂，其具体操作步骤如下：首先准备一架倍率为30的望远镜，然后将其放置于距离明亮光源10～15米的位置，需保证该光源只能从带有狭窄的垂直细缝（细缝约为几十分之一毫米）的遮挡屏照出。接着，我们用不透明盖板将镜筒盖住。盖板上有两个直径约为3毫米的圆孔，且它们呈中心对称，两圆孔需相距15毫米（见图70）。

图70　测量恒星直径的干涉仪

如果没有盖板，我们在望远镜中看到的细缝将会是一条两侧明显变暗的细带。而当我们带着盖板时，中间明亮的光带则变成了多条垂直的黑色条带。这些黑色光带的出现是通过盖板光孔的两条光束相互作用（干扰）的结果。如果我们将其中一个光孔盖住，这些暗条便会消失。

如果盖板上的两个光孔可以活动，也就是说，如果两个光孔之间的距离可以变化，则我们会发现，随着光孔距离变大，暗条也越来越亮，直到消失不见。如果我们知道此刻光孔之间的距离，那么就能够算出缝隙的角宽，即缝隙宽度的可观察视角。如果我们知道镜筒到缝隙的距离，那么我们就可以计算出缝隙的实际宽度。如果我们用小圆圈代替实验中的缝隙，则我们可以用同样的方法计算出圆圈的宽度（即圆圈的直径），此时只需将得到的角度值乘以1.22即可。

因此，我们可以使用同样的方法来测量恒星的直径。然而在这种情况下，即便是非常小的恒星视直径，我们也必须使用非常大的天文望远镜。

除了通过上文提到的干涉仪，我们还可以通过其他更为"迂回"的方法来测量恒星的真实直径，这一方法基于它们的光谱研究。

天文学家可以通过恒星光谱来获知它们的温度，进而计算出其表面每1平方厘米的辐射量。此外，如果我们已知恒星的距离及其视觉亮度，我们便可以计算出其整个表面的辐射量。然后用后者除以前者，便可以得出恒星表面的大小，即直径。通过这种方法，我们已经发现，御夫座α星直径是太阳的12倍，参宿四直径是太阳的360倍，天狼星直径是太阳的2倍，织女星直径是太阳的2.5倍，而天狼星卫星的直径则是太阳直径的2%。

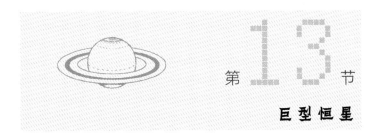

第 **13** 节

巨型恒星

我们计算出的恒星直径结果确实令人惊奇。天文学家们也一直相信宇宙中存在着巨型恒星。我们计算出的第一颗恒星（1920年）是明亮的参宿四，它的名字Betelgeuse源自阿拉伯语，意为"腋下"，其直径甚至比火星公转轨道的直径还要大！另一个巨型恒星是天蝎座的心宿二，它的直径约为地球公转轨道直径的1.5倍（见图71）。人们还计算出了鲸鱼座中的一颗星星的直径，它的直径是太阳直径的

330多倍。

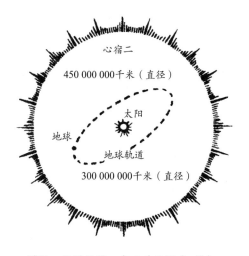

图71 巨型恒星心宿二（天蝎座α星），
可以容纳整个太阳以及地球轨道

现在让我们来研究一下这些巨型恒星的物理结构。据计算，尽管此类恒星的体积惊人，但其所包含的物质却很少，甚至与其大小完全不成比例。它们的质量只比我们的太阳高几倍而已。例如，参宿四的体积是太阳体积的40 000 000倍，但其密度却极小。如果太阳的平均密度接近于水的密度，那么这些恒星"巨人"的组成物质则相当于稀薄的空气。正如有天文学家所说："这些巨星就像是一只只大气球，其密度远远低于空气的密度。"

第14节
出乎意料的计算结果

结合此前提到的内容，我们就会发现一个非常有趣的现象：如果将天空中所有可见的星星叠加到一起，它们会占据多少空间呢？我们已知所有可以被天文望远镜观测到的星星的亮度之和相当于一颗 − 6.6等星的亮度。该等级的恒星亮度是太阳亮度的

$\dfrac{1}{20}$，也就是说，该恒星发射的光线是太阳发射的光线的$\dfrac{1}{100\ 000\ 000}$。如果我们将太阳表面的温度作为恒星的平均温度，则我们假想出的恒星的可见面是太阳的表面大小的$\dfrac{1}{100\ 000\ 000}$。由于圆的直径与表面积的平方根成正比，所以我们可以得出，假想恒星的可视直径是太阳的可视直径的$\dfrac{1}{10\ 000}$，即：

$$30 : 10\ 000 \approx 0.2''$$

惊人的结果出现了！所有可视恒星的表面积仅相当于视直径为0.2"的圆的面积。这只相当于整个天空面积的200亿分之一！

第15节

最重的物质

在众多深藏于浩渺宇宙深处的奇异景观中，那颗与天狼星相邻的不大恒星永远占据一个重要的位置。这颗恒星由一种比水重60 000倍的物质组成。当我们用手拿起一杯汞时，便会惊讶地发现，其质量接近3千克。而如果有人告诉你，某个杯子里放置的东西重达12吨，并且需要铁路运输平台才能将其移动，你又会是什么感觉呢？这听起来似乎很荒谬，然而却是现代天文学的最新发现之一。

这一发现的历史十分漫长，且极具教育意义。很久以前，人们便发现，明亮的天狼星沿着独特的轨道在众多恒星之间运行着。不同于绝大多数的恒星，天狼星并不是沿着直线，而是沿着奇怪的曲线运动（见图72）。1844年，也就是在天文学家通过计算推算出了海王星存在的2年前，著名天文学家贝塞尔在解释这一现象时，认为天狼星周围还存在一颗卫星，且该卫星的引力"干扰"了天狼星的运动。贝塞尔的假设直到1862年才得以证实，那时人们第一次在天文望远镜中观测到了天狼星的卫星。而彼时，贝塞尔已经离世。

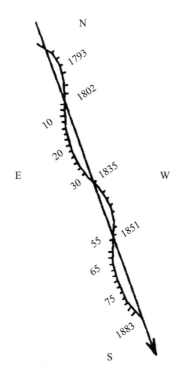

图72　1793—1883年观测到的天狼星在恒星之间的运动路线

天狼星的卫星，也就是天狼星B，其运转周期为49年，且运转轨道约为地球绕日轨道的20多倍（近似于天王星绕太阳运转轨道的长度）（见图73）。天狼星B为8~9等星，其亮度较弱，但质量惊人：约为太阳质量的0.8倍。如果太阳处在天狼星的位置上，则太阳的星等应为1.8；因此，如果天狼星B与太阳的表面积之比与两者之间质量之比一致，即前者表面积略小于后者表面积的话，则就相同温度下的星等而言，它接近2等星，而非8～9等星。天文学家曾将这种低亮度归结于其星表温度较低，因为天狼星B看上去像是冷却过后被硬壳紧紧包围的太阳。

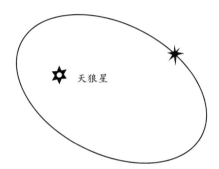

图73　天狼星的卫星绕天狼星运动时的轨迹。天狼星没有在轨道的焦点上，椭圆形轨道因为投影的原因发生弯曲，看起来轨道是倾斜的

然而，天文学家的这种推论最终被证实是错误的。人们在30年前发现，这颗低调的天狼星卫星远非一颗熄灭的恒星，相反，它是一颗表面温度比太阳表面温度高出许多的恒星。这一发现完全改变了事情的走向。天狼星B的低亮度单纯只是因为其表面积较小。据计算，天狼星B发射的光线是太阳光线的$\frac{1}{360}$。也就是说，其表面积至少是太阳表面积的$\frac{1}{360}$，其半径是太阳半径的$\sqrt{\frac{1}{360}}$，即$\frac{1}{19}$。由此，我们可以得出以下结论，即天狼星B的体积应为太阳体积的$\frac{1}{6\,800}$，而与此同时，其质量约为太阳质量的0.8倍。仅此一点，我们便足以说明这颗星星的密度之大。更准确地说，天狼星B的直径仅为40 000千米。由此，我们便可以得到本文一开始给出的惊人数字：该恒星的密度是水密度的60 000倍（见图74）。

图74　天狼星卫星的物质密度大概是水的60 000倍，几立方厘米物质的
质量相当于30个人的质量

　　这不免让我们想起了开普勒的话："物理学家们，请竖起你们的耳朵，你们的领域将会被入侵！"他的话也从某种程度上说明了这个问题。的确，直到今天都没有物理学家能够想象出这种物质的存在。在一般情况下，如此之高的密度确实令人难以置信，因为正常状态下固体内原子之间的空隙已经很小了，以至于我们很难再对它们进行某种压缩。当然，对于那些失去了电子的"残缺"原子而言，则完全是另一种情况。电子的失去能使原子的直径缩小为原来的几千分之一，却几乎不影响原子的质量；孤独的原子核要比正常的原子小上不少，相当于苍蝇之于大厦。受制于恒星内核的强大的压力，这些原子核之间的间隙会比正常原子核之间的间隙小好多，并会形成天狼星B表面那样的密度。天狼星B的密度已经骇人所闻，但还有更甚者。如星等为12的范马南星，其尺寸与地球相当，但组成成分却是密度比水大400 000倍的物质！

　　这还不是宇宙中最大的密度。理论上还存在着密度比这大得多的物质。如果原

子核的直径不超过原子直径的$\frac{1}{10^4}$，那么相对应地，其体积也就不会超过原子体积的

$\frac{1}{10^{12}}$。1立方米的金属所包含的原子核约为$\frac{1}{1\,000}$立方毫米，而金属的质量几乎全部集

中在这极其微小的体积之中。1立方厘米的原子核所包含的质量则约为一千万吨（见

图75）。

那么经过这一番叙述之后，发现比此前提到过的天狼星B密度还大500倍的物质

也就不足为奇了。而我们所说的物质正是仙后座中的一颗13等星，它于1935年年末被

人们发现。它的体积比火星小，是地球体积的$\frac{1}{8}$，但是其质量却比太阳质量的两倍还

多（准确来说是2.8倍）。该物质的平均密度为36 000 000克/立方厘米。也就是说，1立方

厘米的该物质在地球上的质量为36吨！相对应地，该物质的密度是黄金密度的两百万倍[1]。

若是在几年前，科学家们肯定不会相信有比铂的密度大上百万倍的物质存在。

相信在宇宙的深渊之中还有不少类似的奇怪事物存在。

图75 即便是在原子非紧密排列的情况下，1立方厘米原子核的质量也与一艘远洋轮的
质量相等。1立方厘米紧密排列的原子核的质量约为一千万吨

第16节

为什么恒星是恒静的？

古时候人们用"恒静的"这一修饰词来形容恒星之时，就是想将其与漫游的行星区分开来。当然，恒星也是在地球的苍穹之上运动的，但是它们的运动不会影响其与地球之间的相对位置。而行星则在不断地改变自身与恒星之间的相对位置，不断地漫游，所以在古时人们就将行星称为"漫游的星星"（这就是行星一词的字面意思）。

我们知道，"恒星是恒静不动的"这一说法其实是错误的，包括太阳在内的所有恒星，相对于其他恒星都在运动着。恒星的平均运动速度约为30千米/秒，我们的地球也是按照这个速度沿轨道运动的。也就是说，恒星的运动速度并不比行星的运动速度慢。相反，有时我们能看见高速运转的恒星，而行星则不具备如此速度；有些恒星被称为"飞星"，因为它们与太阳之间的相对速度可达250～300千米/秒。

但如果所有可见的恒星都做着无序的高速运动，并且每年的运动距离长达数十亿千米，那么我们能否观察到它们的运动呢？为什么苍穹看起来亘古不变呢？

原因并不复杂：答案就藏在难以想象的恒星距离之中。不知大家有没有从高处观察过远去至地平线的火车？不知大家有没有觉得，彼时的火车就像海龟在爬一样？当运动物体与观察者距离较近时，其速度可能令人震惊，但当两者之间的距离较远时，其速度就会如龟速一般。恒星的运动也是同样的道理，观察者与恒星之间的距离太过遥远，远到我们无法想象，所以，我们根本感觉不到它们在运动。最明亮的恒星与我们之间的平均距离要比其他恒星（例如开普勒星）短，即便这样这一距离也有8×10^{16}千米，它一年所运行的距离为10亿千米，也就是说是其与地球之间距离的$\dfrac{1}{800\ 000}$。我们得从地球上以0.25″的角度来观察这一运动，只有最为精密的天文仪器才能捕捉到如此角度。我们是无法用肉眼观测到这样运动的，即使该运动持续几百年也无法被观测到。我们只有细心且耐心地通过工具测量才能观测到绝大多数恒星的运动轨迹。（见图76~图78）

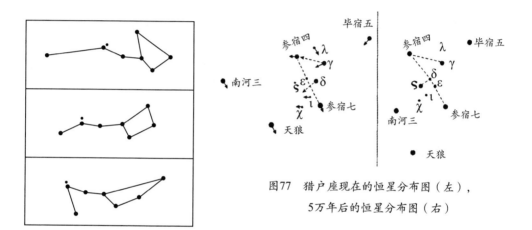

图77　猎户座现在的恒星分布图（左），
5万年后的恒星分布图（右）

图76　星座的形状随着时间的推移而缓慢变化。中间图中
所画的就是大熊座"勺子"的现貌，上图所示的是其10万
年前的样貌，下图是其10万年后的样貌

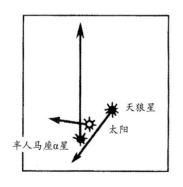

图78　三颗邻近恒星的运动——
太阳、半人马座α星及天狼星

尽管恒星的运动速度十分之快，但是我们依然可以将其称为"恒静的"星星，因为用肉眼观测的话的确看不到它们在运动。由此我们可以得出以下结论，即使恒星有着超快的运动速度，它们之间相遇的可能性也是十分渺茫的（见图79）。

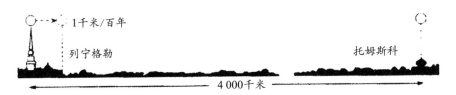

图79　恒星运动的距离。假设有两颗棒球分别位于列宁格勒和托姆斯科，两者均以千米每百年的速度运动着，这就是恒星运动的缩小模型。由此可得，恒星之间相遇的可能性是极小的

第17节

用什么单位表示天体之间的距离

我们用来计量长度的最大单位是千米、海里（1海里约为1 852米）和地理里（约等于4海里）。尽管这些度量单位足以用来测量地球上的距离，然而对于天体之间的距离而言它们实在是微不足道的。利用上述单位测量天体之间的距离，就好像在利用毫米测量铁路长度一样，十分不便。例如，木星与太阳之间的距离如果用千米来表示应为780 000 000千米。

为了能够在数字末尾省略一长串的零，天文学家在计算时会选择使用更大的长度单位。例如，如果我们要在太阳系内进行测量，便可以将地球到太阳的平均距离

（149 500 000千米）作为一个长度单位。这就是所谓的天文单位。在这一情况下，木星到太阳的距离为5.2个天文单位，土星到太阳的距离为9.54个天文单位，水星到太阳的距离为0.387个天文单位等。

但是当我们测量从太阳到其他恒星之间的距离时，我们现在所使用的测量单位又会显得过小。例如，如果我们用天文单位表示，则太阳到与我们最近的恒星（也就是所谓的半人马座α星，这颗猩红恒星的星等为11）之间的距离为260 000个天文单位。

而这还只是距离我们最近的恒星，其他的恒星与我们的距离更远。因此，我们不得不引进更大的计量单位以达到简化的目的，以便于记忆和计算。在天文学中存在着以下这些巨大的距离单位"光年"以及可以成功代替它的"秒差距"。光年是指光在空旷的宇宙空间中一年内行走的路程。如果你还记得太阳光线抵达地球需耗时8分钟，那么你就能够明白这一单位有多大。一年中有多少个8分钟，光年就比地球绕日轨道的半径大多少倍。如果我们将光年用千米表示，则1光年 = 9 460 000 000 000千米，也就是说一光年大概等于95 000亿千米。

另一个可以被用以计量天体距离的长度单位——秒差距的来源则更为复杂，而天文学家却更愿意使用该单位。在解释秒差距之前，我们需要先了解一下"周年视差"。它是指在某一星球上看地球轨道半径时的视角。如果某个恒星的周年视差是1秒，那么它与地球之间的距离就为1秒差距。周年视差与距离成反比。前文提到的半人马座α星的视差为0.76秒；不难算出，这一恒星距太阳 $\dfrac{1}{0.76}$ 秒或1.31秒差距。由此我们很容易得出，1秒差距为206 265个地日距离。综上所述，秒差距与其他单位之间的换算关系为：

$$1秒差距 = 3.26光年 = 30\ 800\ 000\ 000\ 000千米$$

下面我们列举出几颗较明亮的恒星的秒差距和光年距离。

恒星名称	秒差距	光年
半人马座α	1.31	4.3
天狼星	2.67	8.7
南河三	3.39	10.4
牵牛星	4.67	15.2

这都是一些距离我们相对较近的恒星。如果我们用千米来表示上述恒星之间距离的话，则需要将表格第二列中的数字扩大300亿倍，大家就会明白我们这里所说的"近"是什么意思。然而，光年和秒差距还不是研究恒星世界时使用的最大的距离单位。当天文学家在研究这个由数百万颗恒星组成的宇宙系统时，就必须引入更大的单位。这个更大的单位即是"千秒差距"，它由秒差距而来，就像千米之于米一样。顾名思义，千秒差距等于1 000秒差距。使用该单位测量时，银河系直径可以被表示为30千秒差距，而地球到仙女座星云的距离约为305千秒差距。

然而，很快人们发现千秒差距也不足以衡量更大的距离，于是不得不引进"百万秒差距"这一概念。百万秒差距包含一百万个秒差距。

因此，我们可以得到这样的关系：

$$1百万秒差距 = 1 000 000秒差距$$

$$1千秒差距 = 1 000秒差距$$

$$1秒差距 = 206 265 天文单位$$

$$1天文单位 = 149 500 000千米$$

当然，我们很难从字面上想象出百万秒差距到底有多大。如果我们将一千米压缩成一根头发丝的粗细（0.05毫米），那么1百万秒差距接近于15 000万万千米。这相当于地日距离的1万倍！可以看出，即使在这种情况下，1百万秒差距所代表的距离仍旧超出人类的想象力！

我们可以在这里进行一个对比，以帮助读者更好地理解百万秒差距那难以想象的庞大。如果有一根从列宁格勒延展到莫斯科的最细蜘蛛丝，那么该蜘蛛丝的质量大约为10克；如果这根蜘蛛丝从地球延展到月球，那么该蜘蛛丝不会超过8千克；如果延展到太阳，其质量约为3吨。而如果这根蜘蛛丝延伸了1百万秒差距，则它的质量将达600 000 000 000吨！

第18节

离太阳最近的恒星系统

大约在100年前人们就知道，距离我们最近的恒星系统是位于南方的半人马座α星，星等为1。近年来，人们对这一系统的研究不断加深，了解到了很多有趣的细节。人们发现，在半人马座α星附近存在一颗不甚大的11等星，这颗星与半人马座α星共同组成了一个三星系统。尽管第三颗星在夜空中与半人马座相距2°，但它实际上依然属于半人马座。我们的最新发现便可以证实有关第三颗星的运动特征的猜想：这三颗恒星都在同一个方向上运动。半人马座第三成员最为显著的特点在于，它在空间上与我们的距离比另外两颗星与我们的距离更近，在目前已经确定的所有恒星中，它被认为是离我们最近的恒星，因此这颗星又被称为"比邻星"。比邻星与我们的距离比半人马座α星与我们的距离近2 400天文单位。而它们的周年视差如下：

半人马座α星（A星和B星）：0.755

半人马座比邻星：0.762

由于半人马星座内A星和B星之间的距离只有34个天文单位，所以见图80，整个半人马星座系统看上去十分奇怪：A星和B星之间的距离略大于天王星与太阳之间的距离。而比邻星又与它们相距13光年。而且这些恒星的位置也在发生着缓慢的变化：A星和B星围绕它们的共同中心进行公转，周期约为79年，而比邻星公转一周则需要100 000多年。因此，它不会很快地将距地球最近恒星这一位置让给半人马座的其他成员，我们不必为此担心。

我们还了解半人马座成员的哪些物理特征呢？半人马座α星中的A星在亮度、质量和直径方面都比太阳略高（见图81）。而B星则略轻于太阳，其直径比太阳直径长$\frac{1}{5}$，但其亮度却是太阳的$\frac{1}{3}$，相应地，B星表面的温度也略低于太阳表面的温度（B星表面温度为4 400℃，而太阳表面温度为6 000℃）。

图80　距太阳最近的恒星系统：半人马座α星中的A星和B星以及比邻星

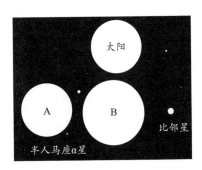

图81　比邻星和太阳大小对比图

比邻星的温度则更低：其表面温度只有3 000℃。比邻星在天空中呈红色。其直径是

太阳直径的 $\frac{1}{14}$，因此，就体积而言，这颗恒星甚至比木星和土星小很多（然而其质量却是这两颗行星质量的数百倍）。如果我们来到半人马座α星中的A星上，就会发现，A星空中B星的亮度相当于我们从天王星上看到的太阳的亮度，而比邻星看上去则只是一颗不起眼的小星星：因为比邻星到A星的距离比冥王星到太阳的距离长60多倍，比土星到太阳的距离长240倍！

除了半人马座的比邻星，我们太阳的另一个邻居是蛇夫座中的一颗小恒星（9.5等星），被称为"飞星"。它之所以被称为"飞星"，是因为其视速度极快。蛇夫座与我们的距离是半人马座与我们距离的1.5倍。然而，就出现在北半球天空中的群星而言，这颗飞星便是离我们最近的邻居。蛇夫座的运动方向斜向太阳系，因此数万年后，它与我们的距离会缩短至 $\frac{1}{2}$。届时，飞星会代替比邻星而成为距离我们最近的恒星。

第19节

宇宙的规模

让我们回到此前创建的太阳系模型上去。在前面的章节中，我们假想出了一个太阳系模型。如果现在我们将其进一步完善，并将恒星世界纳入其中，那么又会发生怎样的情形呢？

我们用一个直径为10厘米的球体表示太阳，而用一个直径为800米的圆形结构代表整个太阳系。如果我们采用同样的比例尺表示银河系的话，那么我们熟知的恒星又要被放在太阳外的什么位置呢？这个计算过程并不困难。例如，半人马座的比邻星是离我们最近的恒星，在这一模型中，它与太阳的距离为2 600千米，而天狼星则距离太阳5 400千米，牵牛星距离8 000千米。甚至，如果我们将这些模型中邻近的恒星放到欧洲大陆也会显得拥挤。在这一模型中，对于更遥远的恒星我们可以使用更大的计量单位，比如1 000千米，也就是所谓的兆米或大公里。这时地球的周长为40兆米，而地月距离则为380兆米。在这一模型中，织女星距我们22兆米，牵牛星为28兆米，御夫座α星为32兆米，天狮座为62兆米，天津四（天鹅座α星）大于320兆米。

现在让我们来解析一下最后这个数字。320兆米 = 320 000千米，也就是说比月球到地球的距离略近。正如我们所看到的，在这个压缩的模型中，地球是大头针针头，而太阳是棒球，大家可以自行想象一下宇宙的广阔！

但是这一模型尚未彻底完成。在这一模型中，银河系最远的恒星位于太阳外30 000兆米的位置，相当于地月距离的100倍。然而，银河系远不是整个宇宙。在银河系之外还存在很多其他的星系，例如，我们用肉眼便可以看到的仙女座和麦哲伦星云。在这一模型中，小麦哲伦星云的直径为4 000兆米，大麦哲伦直径为5 500兆米，它们位于距离银河系70 000兆米外的地方。而仙女座星云在模型中的半径则应为60 000兆米，它离银河系模型的距离约为500 000兆米，而这一数字正是木星与太阳的真实距离！

现代天文学家研究过的最遥远的天体，也就是所谓的河外星云，它们与太阳的距离超过了600 000 000光年。大家可以自己计算这一距离下的河外星云应该被放置在我们模型中的何处。利用这个模型可以帮助我们想象宇宙的范围。

05

万有引力

第 1 节

从何上的炮弹说起

如果我们在地球赤道上放置一台大炮，那么被垂直向上发射出去的炮弹最终会落向何处呢？大约二十年前，人们曾就该问题在某杂志上展开讨论：假设炮弹的初始速度为8 000米/秒，则70分钟后这颗炮弹可以到达6 400千米（地球半径）的高空。该杂志写道：

> 如果大炮在赤道上被垂直发射出去，则当它离开炮筒时，还会具备因地球自转产生的向东的圆周速度（465米/秒）。在这一速度下，炮弹向上运动的同时还会沿赤道平行运动。在炮弹垂直射出时，在发射点上方6 400千米以上的点却在以两倍的速度沿着两倍半径的圆做运动。因此，它会在往东的方向上超过炮弹。当炮弹达到路径最高点时，它并不与大炮的发射口垂直，而是会处于炮筒垂直上空西边一点的位置。当炮弹下落时也会经历同样的过程：炮弹自上而下地垂直飞行了70分钟后，便会滞后于发射点，落在西方4 000千米的位置。如果我们想要让炮弹落回原来的位置，则它的发射角度不应是垂直于赤道的，而是存在一定程度的倾斜。在上述情况下，应倾斜5°。

然而弗拉马利翁却在其创办的《天文学》杂志上就这一问题给出了完全不同的解

决方案：

如果我们向天顶垂直发射一枚炮弹，那么它一定会重新回落到炮筒中，尽管炮弹在上升和降落时也随着地球向东运动。原因很简单，上升的物体速度并不会因地球运动而降低。作用于物体身上的两种力并不冲突：它可以在往上运动1千米的同时又向东运动6千米。在空间范围内，这种运动将沿平行四边形的对角线进行：一条边为1千米，另一条边则为6千米。而在重力的影响下，炮弹下落时将沿着另一条对角线前进（准确来说，由于重力加速度的影响，炮弹将沿曲线运动）并且恰巧重新回到原先垂直的炮筒中。

弗拉马利翁补充道：

然而，想要进行这种实验是非常困难的，因为我们很难找到校准精确的炮筒，并且想要使它在安装时完全垂直也十分不易。梅森和佩蒂曾在17世纪进行过尝试，然而他们甚至没有找到被发射出去的炮弹。

瓦力尼翁曾在他的著作《万有引力新论》（1690年）的扉页上刊印了一张与此有关的图片（见图82）。图中画有两人，分别是一位修道士和一位军人，他们站在垂直的大炮旁边抬头望天，好像在追寻发射出去的炮弹。图片的配字中用法语写着：炮弹会原路返回吗？在这幅图中，修道士正是梅森，而这位军人代表着佩蒂。梅森和佩蒂曾尝试过很多次这种危险的实验。由于实验不够精确，这些发射出去的炮弹并没有回落到他们的头顶，于是他们得出结论：炮弹永远地留在了空中。瓦力尼翁对此感到十分惊讶："炮弹竟然会永远停留在空中？这太奇怪了！"。于是他在斯特拉斯堡重复了这个实验。在这次实验中，炮弹落在了炮筒外数百米的地方。很明显，这是因为炮筒没有完全垂直。

图 82　研究垂直向上抛出的炮弹

正如我们所看到的，上述两种方案得到的结果大相径庭。一个认为，炮弹会落在炮筒西面很远的位置，而另一个则认为，炮弹会重新落回到炮筒中。究竟谁才是正确的呢？

严格说来，这两种结果都是不正确的。但弗拉马利翁的答案更接近于真理。炮弹应该落在炮筒西面，但既不会像方案一中所说的那样远，也不会像方案二所说的那样重新回到炮筒。

遗憾的是，这一问题并不能用简单的基础数学来解决。因此我在这里只将最后的结果展示出来。如果我们用 v 表示物体的初始速度，地球自转的角速度为 w，重力加速度为 g，物体在炮筒西侧的下落点与炮筒之间的距离为 x，则我们可以得到：

赤道上：

$$x = \frac{4}{3} w \frac{v^3}{g^2}$$

在φ度纬线上：

$$x = \frac{4}{3}w\frac{v^3}{g^2}\cos\varphi$$

如果我们用这些公式来解决这一问题，则在第一种情况下，已知：

$$\omega = \frac{2\pi}{86\,164}$$

$$v = 8\,000\ (\text{米/秒})$$

$$g = 9.8\ (\text{米/秒}^2)$$

我们将第一种情况下的这些数值带入公式，可以得到x = 50千米。也就是说炮弹会落在炮筒西侧50千米的位置（而并非第一位作者所认为的4 000千米）。

如果在弗拉马利翁描述的情况下，那么距离又应该是多远呢？假设我们不是在赤道上，而是在距巴黎不远的48°纬线上进行的实验，则发射出的炮弹的初始速度为300米/秒。我们将数据代入第二个公式：

$$\omega = \frac{2\pi}{86\,164}$$

$$v = 300\ (\text{米/秒})$$

$$g = 9.8\ (\text{米/秒}^2)$$

$$\varphi = 48°$$

得x = 1.7米，也就是说炮弹会落在炮筒西侧1.7米的位置（而并非像那位法国天文学家起初认为的那样：炮弹会落回炮筒）。当然我们在计算时并没有考虑到气流可能对炮弹运动产生的影响，而其实这种作用力会明显改变计算结果。

第 2 节

高 空 中 的 物 体 质 量

我们在前一篇文章中曾提到过一种现象，但未曾来得及向读者说明，那就是物体离地球越远，其重力越小。我们这里所说的重力不是别的，正是指万有引力。两个物体之间的相互引力会随着距离的增加而迅速减弱。根据牛顿定律，引力与距离的平方成反比。当然，这里的距离指物体到地心的距离，因为地球将所有物体紧紧地吸引着，好像它们的全部质量都集中到了地球中心似的。因此，在6 400千米的高空，也就是说在距离地球2个半径的位置上时，物体所受的引力是在地球表面时所受的引力的$\frac{1}{4}$。

这一结论在垂直向上的炮弹身上表现为，炮弹上升的实际高度必然大于在重力不变情况下炮弹的上升高度。如果炮弹的初始速度为8 000米/秒，那么我们认为它可以到达6 400千米的高空。但如果我们不将重力随高度而减少这一现象考虑在内，而是简单地用一般公式来计算的话，那么我们得到的上升高度就只有上述数字的一半。现在我们便来进行计算。在物理学和力学课本中存在一个公式，它描述了对于一个垂直向上运动的物体，它的重力加速度g和初始速度v以及上升高度h之间的关系，即

$$h = \frac{v^2}{2g}$$

在上述情况下$v = 8\ 000$米/秒，$g = 9.8$米/秒^2，由此可以得出：

$$h = \frac{8\ 000^2}{2 \times 9.8} = 3\ 265\ 000\ （米）= 3\ 265\ （千米）$$

显而易见，所得结果约为前面所给高度的一半。导致这一结果的原因在于，当我们套用公式时，并没有考虑到重力会随高度升高而减少。然而，如果地球对炮弹的引力是不断减小的，那么在速度保持不变的前提下，这颗炮弹所攀升的高度必然会增加。

但我们也不必急于断定课本中给出的这个计算公式是错误的。实际上，在一定的范围内它是正确的。只有当计算人员不在其适用范围运用它时，得出的结果才不可信。在物体上升高度不大时，重力的减小幅度并不大，因此可以忽略不计。譬如，对于初速度为300米/秒的垂直上升的炮弹来说，它的重力减小得非常有限，因此适用于上面这个公式。

在这里，还有一个有趣的问题：重力减小的情况是否会在现代航空器可到达高度范围内显现呢？物体的质量会不会在上述高度下明显减少？1936年，飞行员弗拉基米尔·康基纳奇曾携带不同质量的物体来到高空。第一次他携0.5吨的重物抵达了11 458米的高空，另一次他携1吨的重物来到了12 100米的高空，还有一次他携2吨的重物到达了11 295米的高空。这时也许有人会问：上升到这样的高度后，他所携带的这些重物的质量是否会发生变化呢？乍看起来，从地面到十几千米的高空，质量似乎不会显著减少，因为物体在地面时距离地心6 400千米，而12千米只不过是把这个距离增加到6 412千米罢了，这么小的变化应当是不会对物体质量产生明显影响的。但实际的计算结果却告诉我们，物体质量在此情况下的变化十分显著。

现在就让我们来计算一下第三次情况下物体质量的变化。假设，康基纳奇将2吨的重物带到了11 295米的高空。当飞机到达这一高度时，它与地心的距离为起飞前的$\dfrac{6\ 411.3}{6\ 400}$倍。在此情况下，重力减少了$\left(\dfrac{6\ 411.3}{6\ 400}\right)^2$倍，即$\left(1+\dfrac{11.3}{6\ 400}\right)^2$倍。

所以，在这一高度下物体的质量应为：

$$2\,000 \div \left(1 + \frac{11.3}{6\,400}\right)^2 \text{（千克）}$$

如果我们计算出了结果（最简便的方法是近似值计算法1），我们就不难发现，当2吨物体上升到11.3千米后，质量将变成1 993千克，也就是减少了7千克。而每个1千克的秤锤在到达这一高度后，其质量就会减少3.5克。

此外，我们还发现，当平流层飞艇抵达22千米的高空后，其质量变化得更为明显，平均每千克质量减少了7克。

我们可以在计算中忽略无穷小量，即令：

$$(1+\alpha)^2 = 1+2\alpha \ \text{且} \ 1 : (1+\alpha) = 1-\alpha$$

则：

$$2\,000 : \left(1 + \frac{11.3}{6\,400}\right)^2 = 2\,000 : \left(1 + \frac{11.3}{3\,200}\right) = 2\,000 - \frac{11.3}{1.6} = 2\,000 - 7$$

飞行员尤马舍夫曾在1936年的载重飞行中将5 000千克的重物带到了8 919米的高空。根据上述算法，可以计算出该重物的质量减少了14千克。

同样是1936年飞行员阿列克谢耶夫曾将1吨的重物带到12 695米的高空，飞行员纽赫季科夫将10吨重物带到7 032米的高空。我想，读者可以自行计算出在这两次飞行任务中，物体质量各自减少了多少。

第 **3** 节

圆 规 下 的 行 星 轨 道

天才开普勒曾从自然界中总结出了关于行星运动的三大定律。在这三大定律中，最难为人们所理解的便是第一条：行星是按照椭圆形的轨道运行的。那么为什么行星运动的轨道是椭圆形的呢？既然太阳对各个方向物体的吸引力是均匀的，并且随着距离的增加这种引力减少的程度也是相同的，那么行星就应当沿着圆形轨道运动，而不是椭圆形轨道运动。其实，我们原本可以使用高等数学知识来解决这个问题，但比较复杂，还有一种简单的方法，可以通过实验，运用初级数学知识就能解决这个问题。

我们只需要准备好一个圆规、一把直尺和一张大纸就可以了。具体操作如下：

行星的运动是受万有引力控制的。图83中右侧的大圆圈代表假想出的太阳，左边的圆圈代表行星。假设太阳和某颗行星之间的距离是1 000 000千米，在图中用5厘米表示这一距离。也就是说，在我们的图中，1厘米代表200 000千米。图中箭头的长短表示太阳对行星的吸引力。

假设行星在一引力下不断向太阳靠近，到达距离太阳900 000 千米的地方，也就是图中4.5厘米的地方，那么根据万有引力定律，此时太阳对行星的引力应增加到原来的 $\left(\dfrac{10}{9}\right)^2$ 倍，也就是1.2倍。

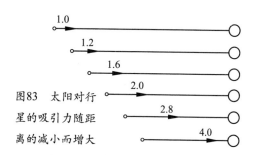

图83　太阳对行星的吸引力随距离的减小而增大

如果将之前的引力作为一个单位，也就是说用距离太阳5厘米时的箭头表示一个单位，那么现在的箭头就应当是 1.2个单位。当距离减少到800 000千米，也就是图中4厘米的长度时，引力增加到原来的 $\left(\dfrac{5}{4}\right)^2$ 倍，即1.6倍。此时，箭头也应当长1.6个单位。如果行星继续接近太阳，在分别到达距离太阳700 000千米、600 000千米和500 000千米的距离时，表示引力的箭头长度依次变成2个单位、2.8个单位和4个单位。

很容易理解，在上述情况下，这些箭头不仅表示引力，同时也表示天体在这些引力的作用下在同一时间内完成的位移（跟力的大小成正比）。因此，在接下来的构图中，我们将把这些图作为行星位移的比例尺。

现在就让我们开始描画行星绕日公转的轨道吧。假设，在某一时刻，某一质量与上述行星质量相同的行星以2个长度单位的速度往WK方向运动，并且到达了K点——距离太阳 800 000千米的位置（见图84）。在这一点上行星受到的引力会使它的运动方向逐渐转向太阳，并且到达离太阳1.6个单位长度的地方。而在相同的时间内，行星还要在WK的方向上前进2个单位。最终，行星将沿着以K1和K2为边的平行四边形的对角线KP运动。对角线的长度为3个单位长度（见图84）。

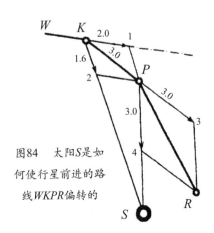

图84 太阳S是如何使行星前进的路线WKPR偏转的

当到达P点时，行星会沿着KP方向以3个单位的速度继续前进。但同时，由于此刻行星与太阳的距离为SP = 5.8个单位长度，因此在太阳的引力的作用下，它要沿着SP方向前进P4 = 3个单位长度。最终，行星实际的运动方向和距离就变成了另一平行四边形的对角线PR。

至此，我们就不再继续往下画了，因为我

们的比例尺太大。显然，比例尺越小，我们能够画出的行星轨迹就会越多，并且轨迹之间的结点也不会那么突出，如此一来我们得到的图形就会跟真正的轨道相似。在图85中我们便选择了一个较小的比例尺，描绘了太阳与某一质量与前述行星相近的星体之间的关系。从图中我们可以明显看出，太阳使这颗星偏离了原来的路线，迫使其沿着曲线P—Ⅰ—Ⅱ—Ⅲ—Ⅳ—Ⅴ—Ⅵ运动。此外，由于图中轨道结点处的棱角并不明显，因此我们可以用一条光滑曲线将各个位置上的行星连接起来。

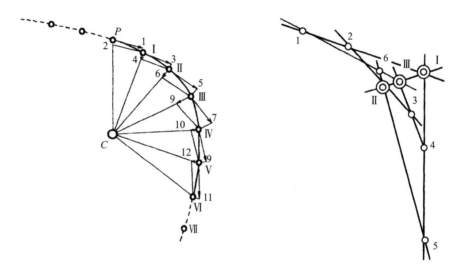

图85　太阳C使行星P偏离原来的路径而沿着曲线运动　　图86　行星绕太阳做圆锥切面运动的几何验证

这会是一条怎样的曲线呢？几何学可以帮助我们回答这个问题。我们可以拿出一张透明的白纸铺在图85上，从这个行星轨道上随意选取6点，然后按照任意顺序为每个点编号，并依次将这6个点连接起来（见图86）。这样我们就得到了一个六边形状的行星轨道，在这一轨道图中有些边是相交的。现在我们把直线1—2延长，使其与直线4—5的延长线相交于Ⅰ点；同样地，直线2—3和直线5—6相交于Ⅱ点，直线3—4和直线1—6相交于Ⅲ点。如果我们正在研究的曲线是一种圆锥曲线，也就是说如果它是椭圆，那么当我们用弦把相邻各点连接起来，就可以得到12个和三角形近似的图形。测出这些三角形的底和高，算出各自的面积，我们会发现，这些三角形的面积都是相同的。换句话说，我们同时验证了开普勒的第二条定律：

太阳系中太阳和运动中的行星的连线（矢径）在相等的时间内扫过的面积相等。

这样一来，在圆规的帮助下，我们轻松地理解了行星运动的第一和第二定律。然而，要明白第三条定律，我们还需要进行一些数字计算。

第4节

行星会撞到太阳吗？

大家是否思考过这样一个问题：如果地球碰到某种障碍后突然停止了公转，那么会发生什么事情呢？

我们首先想到的是，地球作为一个运动的天体，其储存的巨大动能将会转变成热能，使地球燃烧起来。由于地球沿轨道运行的速度比子弹快几十倍，因此不难想象，当它的动能转换成热能时，必然会使我们这个世界瞬间化成一团炙热的气体云。

即便地球突然停止后能逃过这一厄运，它依旧难以逃脱另一次葬身火海的命运：在太阳引力的作用下，它会以越来越高的速度奔向太阳，最后葬身在太阳的灼灼烈焰之中。

在地球向太阳坠落的过程中，其最开始的速度会非常慢。在第一秒钟时间内，地球只会向太阳靠近3毫米。但在此后的每一秒，它的速度增加得会越来越快，最后一刻的速度会达到600千米/秒，地球就会以这样难以想象的速度猛烈撞击炙热的太阳表面。

令我们感兴趣的是，这一坠落的过程会持续多久呢？开普勒第三定律可以帮助我们计算这一结果。开普勒第三定律不仅适用于行星运动，同样也适用于彗星和其他受万有引力作用的一切天体。这条定律把行星公转一周的时间（行星的一年）和行星与太阳的距离联系在一起，定律内容为：

行星轨道半长轴的立方与和其公转周期的平方之比是一个常量。

我们可以把飞向太阳的地球想象成一颗彗星，这颗假想出的彗星会沿着一条极其扁平的椭圆形轨道运动；椭圆形的两个端点，一个在地球轨道附近，另一个则在太阳中心。显然，这颗彗星轨道的半长轴只有地球轨道半长轴的一半。现在让我们来计算一下这颗彗星的运行周期。

根据开普勒第三定律可得：

$$\frac{（地球公转周期）^2}{（彗星公转周期）^2} = \frac{（地球轨道半长轴）^3}{（彗星轨道半长轴）^3}$$

这里，地球公转周期为365天，如果把地球轨道的半长轴算作1，那么根据上述内容，彗星轨道的半长轴则为0.5。由此，上述比例式转换为：

$$\frac{365^2}{（彗星公转周期）^2} = \frac{1}{(0.5)^3}$$

由此可知：

$$（彗星公转周期）^2 = 365^2 \times \frac{1}{8}$$

相应地：

$$彗星公转周期 = 365 \times \frac{1}{\sqrt{8}} = \frac{365}{\sqrt{8}}（天）$$

但我们感兴趣的并不是这颗假想彗星的公转周期，而是该周期的一半，也就是说，该彗星从轨道的这一端飞到另一端（从地球飞到太阳）的时间，这才是我们所关心的地球落到太阳上所需的时间。结算结果为：

$$\frac{365}{\sqrt{8}}:2 = \frac{365}{2\sqrt{8}} = \frac{365}{\sqrt{32}} = \frac{365}{5.6}（天）$$

这就是说，地球落到太阳上需要的时间，是一年的长度除以$\sqrt{32}$（即除以5.6），也就是64天。

这样我们就得出，在地球围绕太阳的运动突然停止后，地球会在两个多月的时间内坠落到太阳上。

不难看出，根据开普勒第三条定律得到的公式不仅适用于地球，也适用于其他任何行星，甚至卫星。换句话说，想要知道行星或者卫星需要多少时间才会降落到它们的中心天体上，只需要用它们的公转周期除以5.6就能够得到。

离太阳最近的水星，其公转周期为88天，因此，当水星停止公转后，它会在15.5天内落到太阳上；海王星上的一年相当于165个地球年，因此它会在29.5年后落在太阳上；冥王星则需要经过44年才会坠落到太阳上。

那么，如果月亮突然停止运动的话，又会在多久之后落到地球上呢？月亮绕地球公转的周期是27.3天,用这个数除以5.6，结果差不多是5天。不只是月亮，凡是和月球一般远近的星体，如果只是受到地球引力的影响，并且不存在初速度的话，都会在5天内落到地球上（为了简化计算，我们没有考虑太阳的影响）。利用这个公式，我们不难算出儒勒·凡尔纳的小说《从地球到月球》中炮弹飞向月球所需要的时间。

赫菲斯托斯的铁砧

现在我们可以利用上述方法解答古希腊神话中一个有趣的问题。

在古希腊神话中，锻造之神赫菲斯托斯曾经让铁砧从天而降，该铁砧足足落了整整9天时间。按照古人的想法，这个时间恰巧说明了天神的居所位于天堂很高的位置；要知道，铁砧从金字塔上掉落下来也不过区区5秒钟而已。

通过上述算法，我们不难算出古代希腊人所谓众神居所与我们之间的距离。如果神话中描述的故事是真的，那么众神的居所与宇宙相比也太渺小了。

我们已经知道，月球落到地球表面所需时间为5天，而神话中铁砧需要9天，由此可见，铁砧所在的位置比地月距离更远。那么究竟有多远呢？用9天乘以$\sqrt{32}$，我们就可以得到铁砧绕地球旋转一周的时间是$9 \times 5.6 \approx 51$（天）。根据开普勒第三定律，得：

$$\frac{（月球绕地球公转的周期）^2}{（铁砧绕地球公转的周期）^2} = \frac{（月地距离）^3}{（铁砧的距离）^3}$$

代入数字可得：

$$\frac{27.3^2}{51^2} = \frac{380\,000^3}{（铁砧的距离）^3}$$

由此不难算出铁砧与地球的距离为：

$$铁砧的距离 = \sqrt[3]{\frac{51^2 \times 380\,000^3}{27.3^2}} = 380\,000\sqrt[3]{\frac{51^2}{27.3^2}}（千米）$$

最后得到的结果是580 000千米。

这便是现代天文学家通过计算得到的古希腊神话中众神的居所与地球的距离，而这个距离只不过是月地距离的1.5倍。也就是说希腊人所认为的宇宙边缘，不过是我们现代天文学中的宇宙起点。

第6节

太 阳 系 的 边 缘

倘若把彗星轨道的远日点作为太阳系的边界，那么通过开普勒第三定律，我们就可以计算出太阳系边界的具体位置。我们前面已经介绍过计算方法，现在可以直接套用已知公式。在本书第3章中，我们曾提到过一颗绕日公转周期为776年的彗星，这是绕日公转周长最长的彗星，它的近日点距离太阳1 800 000千米。

与地球相比，这颗彗星远日点与太阳的距离为（地球到太阳的距离是150 000 000千米）：

$$\frac{776^2}{1^2} = \frac{\left[\frac{1}{2}(x+1\ 800\ 000)\right]^3}{150\ 000\ 000^3}$$

由此得：

$$x+1\ 800\ 000 = 2\times150\ 000\ 000\sqrt[3]{776^2}$$

即：

$$x = 25\ 330\ 000\ 000 千米$$

由此可见，这颗彗星的远日点距离太阳25 330 000 000千米，是地球到太阳的181倍，这也就意味着，它是太阳系中已知的最远行星——冥王星与太阳距离的4.5倍。

第 7 节

儒勒·凡尔纳小说中的错误

凡尔纳曾在小说中提到过一颗他假想出来的，叫作"哈利亚"的彗星，这颗彗星绕太阳公转的周期为2个地球年。此外，小说还提到，该彗星的远日点距离太阳82 000万千米。尽管小说没有指出彗星的近日点和距离，但我们可以根据上面两个数字断定，这颗彗星在太阳系中是不存在的。在此，我们可以用开普勒第三定律加以论证。假设这颗彗星近日点的距离是x百万千米，那么它的轨道长轴就可以用（x+820）百万千米来表示，半径则为[（x+820）÷2]百万千米。由于地球到太阳的距离是150百万千米，所以与地球相比，我们可以得到：

$$\frac{2^2}{1^2} = \frac{(x+820)^3}{2^3 \times 150^3}$$

解得：$x = -343$。

也就是说彗星近日点与太阳之间的距离是负数，这显然是不可能的。换句话说，绕日公转周期为2年的彗星，其与太阳的距离绝不可能像凡尔纳小说中描述得那样远。

第 8 节

我们是如何给地球称重的？

在苏联有很多关于天真之人的搞笑段子，就连天文学家们能够分辨出各个星星并正确叫出它们的名字一事也竟然能使他们感到惊讶。其实，天文学家还有很多惊人的本事，比如，他们能"称出"地球和遥远天体的质量。那么他们是怎样做到的呢？（见图87）

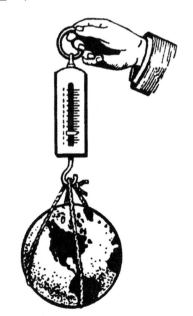

图87 天文学家真的可以"称"出地球的质量吗

首先，我们要明白这里所说的"称重"到底是"称"什么，也就是说，我们所说的"地球的质量"指的是什么。我们说到物体的质量时，往往是指这个物体施加于其支撑物上的压力或者是当其悬在弹簧秤上时对弹簧秤的拉力。然而无论是测量压力还是测量拉力，这样的方法都不适用于地球，因为我们既没有能够支撑地球的物体，也不能将它挂在任何物体上。如此说来，地球变成了没有质量的物体。那么科学家"称"的到底是什么呢？其实，天文学家所测量的"地球的质量"，即地球物质的分量。例如，当我们在商店让店员给我们称1 000克白糖的时候，我们感兴趣的不是这些白糖加在秤上的压力或者拉力，我们感兴趣的是：这份糖可以冲出多少杯甜茶？换句话说，我们感兴趣的只是糖里物质的分量。

但是衡量物质分量的方法只有一种，那就是要找到地球对这一物体的引力。我们已经知道，同等分量物质的质量是相等的，而物质的分量可以从它所受的引力判断出来，因此，质量和引力成正比。

现在让我们回到地球的质量上来。如果我们知道了地球物质的分量，就可以知道它的质量。

现在我们就为大家介绍一种计算地球质量的方法（1871年提出的乔里法）。见图88，我们在一个灵敏的天平两端各悬挂两个空盘，这些被上下悬挂空盘的质量极轻，可以忽略不计。上下两个盘子之间相距20～25米。现在我们在右下方的盘子中放入一个质量为m_1的球体。为了维持平衡，我们需要在左上方盘子中放入一个质量为m_2的球体，但此时$m_1 \neq m_2$。这是因为如果两个物体质量相等，则在不同高度上它们所受到的地球引力是不相等的。如果我们接下来再往右下方盘子的下方放置一个质量为M的大铅球，则天平就会失去平衡。

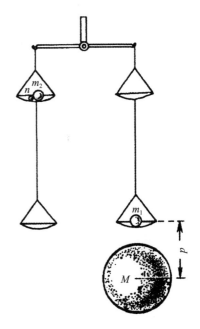

图88　天文学家给地球"称重"示意图

因为根据万有引力定律，球体m_1会受到铅球M的引力F，且F与大小球的质量成正比，与它们之间的距离d的平方成反比。即：

$$F = k\frac{Mm_1}{d^2}$$

在此公式中k为引力常数。

这时，为了使天平重新回到平衡状态，我们需要左上方盘子内放入一个很小的重物，质量为n。此时物体n对秤盘的压力和它自身所受重力相等，也就是说，和地球整体质量F'对它的引力相等，因此：

$$F' = k\frac{nM_e}{R^2}$$

这里，F'是指地球对物体n的引力，M_e为地球的质量，R为地球半径。

由于铅球对左上方盘子中的物体的影响微乎其微，因此我们可以忽略不计。于是此算式可以转化为：

$$F = F' \text{ 或} \frac{Mm_1}{d^2} = \frac{nM_e}{R^2}$$

在该算式中，除地球质量M_e之外，其余的数字都通过测量求得。因此，我们可以算出地球的质量M_e。事实上我们还可以通过其他方法求出地球的质量，其中比较准确的结果约为5.974×10^{27}克，也就是大约6×10^{21}吨，这一数字的误差不会大于0.1%。

天文学家就是通过这种方法计算地球质量的。换句话说，天文学家便是这样给地球"称重"的。此外，还应当说明的是，在日常生活中，当我们用天平给物体称重时（物体质量），我们实际上并未直接测出物体的质量或者地球的引力，只是找到与物体的质量相等的砝码的质量罢了。

第 9 节

地核到底是由什么构成的？

在一些科普书籍或文章中常常会出现某个错误的表述。为了方便起见，那些作者常常会用错误的方法来计算地球的物体特性：他们会先算出每立方厘米地球的平均质量（地球的比重），然后再用几何学方法算出地球的体积，用比重乘以体积来计算出地球的质量。事实上，这种方法是行不通的：因为我们无法直接测量出地球的比重。我们所能探知到的不过是地球较薄的外层，目前人们只研究了地下25千米深处的地壳矿物；这部分体积只占地球体积的$\frac{1}{85}$。而地球体积的绝大部分是由什么物质构成的，我们无从知晓。

实际上，问题的解决方法刚好相反：在确定地球的平均密度之前，我们要先求出它的质量。通过计算我们可以得知地球的平均密度是每立方厘米5.5克——远大于地壳的平均密度。这就说明，地球的核心是由一些高密度物质组成的。

太 阳 和 月 球 的 质 量

奇怪的是，虽然太阳与地球的距离更远，月亮离我们较近，但是我们却更容易求得太阳的质量。（当然，这里的"质量"，是指物质的分量。）

我们可以使用下述方法来计算太阳的质量。实验证明，质量为1克的物体对1厘米外的另一个物体的引力等于$\dfrac{1}{15\,000\,000}$毫克。假设这两个物体质量分别为M和m，当它们之间的距离为D时，根据万有引力定理，它们之间引力f等于：

$$f=\frac{1}{15\,000\,000}\times\frac{Mm}{D^2}$$

如果我们将具体的数据带入上面的式子之中，其中太阳的质量为M，地球的质量为m，D表示太阳和地球之间的距离150 000 000千米,那么它们之间的引力等于：

$$\frac{1}{15\,000\,000}\times\frac{Mm}{15\,000\,000\,000\,000^2}\ \text{毫克}^{[1]}$$

此外，这个引力也是把地球维持在其轨道上的向心力。根据力学公式，它等于$\dfrac{mv^2}{D}$（此处的单位也是毫克），其中m为地球的质量（单位为克），v是地球的公转速度，等于30千米/秒，或者3 000 000厘米/秒，D是地球到太阳的距离。由此可得：

$$\frac{1}{15\,000\,000}\times\frac{Mm}{D^2}=m\times\frac{3\,000\,000^2}{D}$$

解得：

$$M = 2 \times 10^{33}克 = 2 \times 10^{27}吨$$

用这一数字除以地球质量，我们可以得到太阳与地球的质量比：

$$\frac{2 \times 10^{27}}{6 \times 10^{21}} = 330\,000$$

此外，我们还可以运用开普勒第三定律求出太阳质量。根据开普勒第三定律和万有引力定律，我们可以得到一个公式：

$$\frac{M_S + m_1}{M_S + m_2} = \frac{T_1^2}{T_2^2} = \frac{a_1^3}{a_2^3}$$

其中M_S是太阳的质量，T是行星的恒星周期（这里的恒星周期是指站在太阳上看到的行星围绕太阳旋转一周所用的时间），a是行星到太阳的平均距离，m是行星的质量。如果将这一公式运用到地球和月球上，我们可以得到：

$$\frac{M_S + M_e}{M_e + m_m} = \frac{T_e^2}{T_m^2} = \frac{a_e^3}{a_m^3}$$

现在我们把已知的a_e，a_m，T_e，T_m代入上式。为了便于计算，分子中地球的质量可以忽略不计，因为它和太阳的质量比较起来太小了。同样地，分母中月球质量也可以省去，由此可得：

$$\frac{M_S}{M_e} = 330\,000$$

由于地球的质量是已知的，所以我们不难算出太阳的质量，即太阳的质量为地球的 330 000 倍。如此一来，太阳的平均密度也很容易算出：只需要用太阳的体积去除太阳质量就可以了。计算结果显示，太阳的密度约为地球密度的$\frac{1}{4}$。

但是如果我们想测出月球的质量可就没那么简单了。有位天文学家曾说："虽然月球与我们的距离比其他天体都近，但是想称出它的质量却比称出（当时）最远的海王星还难。"由于月亮没有卫星，因此科学家不得不采取更为复杂的方法来计算月球的质量，其中一种就是通过比较月球和太阳引起的潮汐之高低实现的。

潮汐的高度与引起这一现象的天体质量和距离有关。由于太阳的质量和距离已知，月球的距离也是已知的，因此我们可以通过比较潮汐的高度推算出月球的质量。我们后续介绍潮汐时候会进一步讲解这一问题。这里我们先给出最终的结论：月球的质量大约为地球质量的 $\frac{1}{81}$（见图89）。

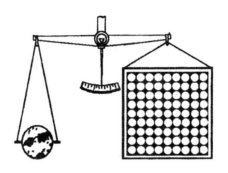

图89　月球质量为地球质量的 $\frac{1}{81}$

由于月球的半径是已知的，所以我们可以计算出它的体积，其体积大约为地球体积的 $\frac{1}{49}$。所以，月球与地球的平均密度之比为：

$$\frac{49}{81} = 0.6$$

由此可以看出，与地球相比，月球的密度要低得多。然而跟太阳相比，则月球的密度要高得多。实际上，月球的平均密度比很多行星的密度都要大。

第 **11** 节

行 星 与 恒 星 的 质 量 与 密 度

任何一颗行星，只要它有卫星，我们就可以用"称"太阳的方法称出它的质量。我们只要知道卫星围绕其行星运行的速度v和它与行星之间的平均距离D，就可以通过向心力（使这个卫星维持在自己轨道上的力）等于行星和卫星之间的相互引力这一关系来进行计算，即：

$$\frac{mv^2}{D} = \frac{kmM}{D^2}$$

由此得：

$$M = \frac{Dv^2}{k}$$

在这个式子中，k为质量1克的物体对1厘米外的另一物体的引力，m为卫星质量，M指行星质量。

如此一来，我们很容易就能够计算出行星的质量M。

当然此处也可以使用开普勒第三定律来计算：

$$\frac{\left(M_s + M_{行星}\right)}{M_{行星} + m_{卫星}} = \frac{T_{行星}^2}{T_{卫星}^2} = \frac{a_{行星}^3}{a_{卫星}^3}$$

如果我们将公式中括弧内的相对微小一项数据忽略不计，就可以得出太阳质量与行星质量的比值$\frac{M_{太阳}}{M_{行星}}$。由于$M_{太阳}$的质量已知，所以很容易就得出行星的质量。

这样的方法对双星系统也同样适用。唯一的不同之处在于，我们在这种情况下求出的结果，不是这个双星组合内各个单独星星的质量，而是它们的质量之和。

但是如果我们想通过这一办法求出行星卫星的质量，或是没有卫星的行星的质量则会困难很多。

例如，如果想求水星和金星的质量，我们只能根据它们彼此间的干扰作用、它们与地球的相互作用或者它们对某些彗星的干扰作用来计算。

然而在一般情况下，小行星的质量非常小，因此它们之间的相互作用也很小。这就使我们在计算小行星的质量时会感觉十分困难。在这种情况下，我们唯一可以确定的是这些小行星的质量之和，然而得出的数值也未必精确。

在已知行星质量与体积的情况下，我们很容易计算出它的平均密度。在下表中我们列举了一些行星的相应数据（假设地球密度为1）。

行星	密度
水星	5.43
金星	0.92
地球	1.00
火星	0.74
木星	0.24
土星	0.13
天王星	0.23
海王星	0.22

由此可见，地球密度在太阳系中居于前列，只经水星小。为什么那些体积较大的行星平均密度反而较小呢？这是因为大行星的外层常常被厚厚的大气所包围，尽管这种大气质量很轻，却能使行星看上去十分庞大。

第 **12** 节

月球和行星上的重力

天文学家能够准确说出某些天体表面的重力，如果大家对天文学知之甚少，就很难不对此感到惊奇。那么，在没有亲自到访月球或者其他行星的情况下，天文学家们是怎样测量出它们表面的重力的呢？实际上，只要我们知道某个天体的质量和半径，就能够轻松计算出这个天体的重力。

我们仍旧以月球为例。我们曾在前文中提到，月球质量是地球质量的 $\frac{1}{81}$。如果地球的质量为现在质量的 $\frac{1}{81}$，则地表的重力也是当前重力的 $\frac{1}{81}$。然而，根据牛顿定律，地球对物体的吸引力集中于地心。而地心与地表之间的距离则是地球半径，同理，月球中心与月球表面的距离为月球的半径。由于月球的半径是地球半径的 $\frac{27}{100}$，所以月球表面的引力相当于地表引力的：

$$\frac{100^2}{27^2 \times 81} \approx \frac{1}{6}$$

换句话说，地球上重 1 000 克的物体，在月球上只重 $\frac{1}{6}$ 千克。但是减少的质量只能在弹簧秤上才能显示出来，在天平上测量读数变化并不大。

还有一个有趣的现象是，如果月球上存在水的话，那么人们在月球上游泳的感觉应该和在地球上游泳的感觉一样。这是因为，尽管在月球上人们的体重会减少到原来

的 $\frac{1}{6}$，但同时人们入水后拨开的水的质量也会减轻到原来的 $\frac{1}{6}$，因此，人们在月球上的入水深度与他们在地球的入水深度相同。不同的是，在月球上，人们可以很轻松地浮出水面：因为体重减轻了，所以人们只需要用到很小的力气就可以使自己的身体浮上来。

在下表中我们列举出了同一物体在不同星星表面的重力大小（地球重力 = 1）。

行星	重力
水星	0.26
金星	0.90
地球	1.00
火星	0.37
木星	2.64
土星	1.13
天王星	0.84
海王星	1.14

从表中可以看出，地球的重力排在木星、海王星和土星之后，居于第四位（见图90）。

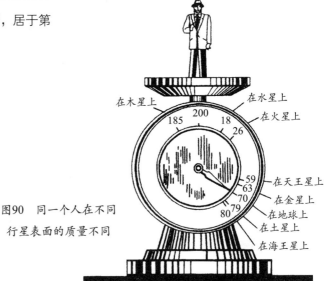

图90　同一个人在不同行星表面的质量不同

第**13**节

重 力 新 纪 录

我们曾在本书第4章中提到过白矮行星天狼星B的一些物理特征，其中之一就是它表面的重力极大。这一现象其实并不难理解，因为这类天体虽然半径很小，但是往往其质量惊人，所以其表面的重力也非常大。除了天狼星B，仙后座也有一颗这样的恒星。现在就让我们来计算一下它的重力。我们已知这颗恒星的质量是太阳的2.8倍，其半径为地球的一半。此外，上文我们已经得知太阳的质量是地球的330 000倍。由此可知，这颗恒星表面的重力是地球表面重力的2.8×330 000×2² = 3 700 000（倍）。

也就是说，如果在地球上1立方厘米水重1克，那么如果在这颗星球上它的质量将变成3.7吨！构成这颗恒星物质的密度是水密度的36 000 000倍。所以1立方厘米的这种物质，在其星球表面的质量约为：

$$3\ 700\ 000 \times 36\ 000\ 000 = 133\ 200\ 000\ 000\ 000（克）$$

无论如何，我们也很难想象，这样手指大小的一点物质其质量竟达一亿多吨！这样的奇事，想必连最大胆的幻想家也不敢相信。

第 14 节

行星内部的重力变化

如果把一个物体放到行星内部很深的地方，譬如放到一个幻想出来的深井底部，那么这个物体的质量会发生什么样的改变呢？

也许很多人认为，这种情况下物体的质量会增加，因为它距离行星的中心更近了。但这个答案并不正确。行星的引力并不是越接近中心越大，与之相反，越靠近行星深处，物体受到的引力越小。下面我们将就此进行简单的分析。

力学定理和相关计算证明，如果我们把一个物体放在一个均匀的空心球内，那么这个物体将完全不受任何引力的作用（见图91）。而如果我们将这个物体放置于均匀实心球内部，它只会受到以这个物体与实心球中心的距离为半径的球（阴影部分）内的物质的影响（见图92）。

图91　将一个物体放在一个均匀的空心球内，这一物体不会受到空心球的任何引力作用

通过上述实验，我们就不难发现一条规律：物体的质量随其与行星中心的距离的变化而改变。如果我们用R表示行星半径，r表示物体到行星中心的距离，见图93，在图中，物体在这一点所受到的引力，一方面应当增加到原来的$\left(\dfrac{R}{r}\right)^2$倍（因为距离缩短了），另一方面又应减少到原来的$\left(\dfrac{r}{R}\right)^3$（因为行星中发挥作用的物质减少了）。也就是说物体受到的引力最终应减少：

$$\left(\frac{R}{r}\right)^2 \div \left(\frac{R}{r}\right)^3 = \frac{r}{R}$$

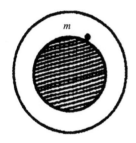

图92　将一个物体放在一个均匀的实心球内，它只会受到阴影部分物质的引力作用

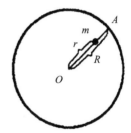

图93　物体的质量随其与行星中心的距离的变化而发生改变

也就是说，物体在行星内部的质量与在行星表面的质量之比等于它与行星中心的距离与地球半径之比。比如，对一个地球大小、半径为6 400千米的行星而言，当物体位于其地表下3 200千米处时其质量会减少到原来的一半；而当它位于5 600千米的深处时，质量会减少到原来的$\dfrac{1}{8}$。

而如果这一物质位于行星中心，则物体将会失去自身的质量，因为：

$$（6\,400-6\,400）\div 6\,400 = 0$$

其实不需要计算我们也可以明白这一点。因为，当物体位于星体中心时，它会受到来自四面八方的引力的作用，而这些引力相互抵消，使物体上不存在任何作用力。

然而，上面的推理只适用于密度均匀的理想行星。我们还需要对它加以修正才能使它可以适用于现实中的各个行星。例如，地球深处的密度比近地面大，所以引力与物体距地心的距离之间的关系才会有所不同。当物体位于地表下不远的位置时，它受到的引力会随着深度增加而增加，而当物体继续往地心移动时，它的引力又会逐渐减小。

第 15 节

月 夜 行 船

【问题】同一艘轮船，是在有月亮的夜晚比较轻呢，还是在无月亮的夜晚比较轻呢？

【回答】对于这个问题，我们不能理所当然地认为，月夜下航行的轮船，或者说在月亮下所有物体都比无月亮的时候更轻（因为它们会受到月球引力的作用）。要知道，月球在吸引轮船的同时也吸引着地球。因此，在月球的作用下，地球上的所有物体都以相同的速度运动，当然它们因月球而产生的加速度也是相同的。所以，从这一点来说，我们根本无法考证轮船的质量是否有所减轻。然而不可否认的是，月夜的轮船确实要比无月的夜晚要轻，这是为什么呢？

下面我们来解释一下其中的缘由。假设图 94 中的 O 是地球中心，A 和 B 是位于地球同一条直径两端的轮船，r指地球半径，D为月球中心L到地心O的距离。M为月球的质量，m是轮船的质量。为方便计算，我们假设A和B与月球位于同一条直线，即月球在A的天顶，在B的天底。由此可得，月球对于A的吸引力为（也就是轮船在月夜所受到的月球引力）等于：

$$\frac{kMm}{(D-r)^2}$$

B点所受到的月球引力为：

$$\frac{kMm}{(D+r)^2}$$

我们将上面的两个式子相减，可以得到：

$$kMm \times \frac{4r}{D^3\left[1-\left(\dfrac{r}{D}\right)^2\right]^2}$$

由于$\left(\dfrac{r}{D}\right)^2 = \left(\dfrac{1}{60}\right)^2$很小，可以忽略不计，因此上式可以变为：

$$kMm = \frac{4r}{D^3}$$

整理得：

$$\frac{kMm}{D^2} \times \frac{4r}{D} = \frac{kMm}{D^2} \times \frac{1}{15}$$

显然，$\dfrac{kMm}{D^2}$就是当轮船与月球中心的距离是D时，月球对轮船的引力。

由于质量为m的轮船在月面上的重力应为$\dfrac{m}{6}$。所以，当轮船距离月球为D时，轮船的质量应为$\dfrac{mr_1^2}{6D^2}$，其中r_1为月球半径。

又因$D = 220$个月球半径，所以：

$$\frac{kMm}{D^2} = \frac{m}{6 \times 220^2} \approx \frac{m}{300\,000}$$

现在我们来计算引力差：

$$\frac{kMm}{D^2} \times \frac{1}{15} \approx \frac{m}{300\,000} \times \frac{1}{15} = \frac{m}{4\,500\,000}$$

由此可知，如果轮船重45 000吨，那么它在月夜和非月夜的质量之差是：

$$\frac{45\,000\,000}{4\,500\,000} = 10（千克）$$

综上所述，月夜里的轮船确实比无月夜晚的轮船要轻，但是它们之间的差别很小。

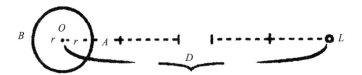

图94　月球作用于地球两端的两艘轮船A和B的引力

第16节

月球和太阳带来的潮汐

我们曾在前面的文章中提到过有关潮汐的问题，现在我们便来研究一下潮汐产生的根本原因。我们不能简单地认为潮汐的产生是太阳或月球对地面上的水存在引力作用的结果。我们已经说过，月球不但对地面上的所有物体存在引力，而且对整个地球也存在引力。然而，地球朝向月球一侧的水与月球中心的距离总是比背向月球的更近一些。在这里，我们可以利用上文提到的方法求出此处的引力差。在正对着月球的一面，每1 000克水所受到的月球引力是每1 000克地心物质所受到的月球引力的$\dfrac{2kMr}{D^3}$倍；而背向月球的一面，每1 000克水所受的月球引力是每1 000克地心物质所受到的月球引力的$\dfrac{1}{\dfrac{2kMr}{D^3}}$倍。

由于引力差的存在，地表两个方向上的水因月球引力而产生的位移也存在差距：潮的产生是由于水向月球移动的距离比地球固体向月球移动的距离大；而汐的产生则是由于地球固体向月球移动的距离比水向月球移动的距离大。

太阳引力也会对地面上的水产生同样的影响。那么，太阳和月亮哪一个对海水的影响更大呢？如果我们比较二者的绝对引力，那么肯定是太阳的作用力较大。毕竟，太阳质量是地球质量的330 000倍，而月球的质量仅为地球的$\dfrac{1}{81}$。也就是说，太阳质量是月球质量的330 000×81（倍）。此外，太阳到地球的距离相当于23 400个地球半径，而月球到地球的距离仅为60个地球半径。所以，地球受到的来自太阳引力和月球的引力之比为：

$$\frac{33\,000 \times 81}{23\,400^2} \div \frac{1}{60^2} \approx 170$$

由此可知，太阳对于地球的引力是月球对于地球引力的170倍。也许有人会因此认为，太阳所引起的日潮高于月亮引起的月潮，但是，事实却刚好相反：月潮比日潮更高。如果我们用W表示太阳的质量，用M_m表示月亮质量，D_s是地球到太阳的距离，D_m是地球到月球的距离，那么，太阳和月球之间的引潮力之比等于：

$$\frac{2kM_s r}{D_s^3} \div \frac{2kM_m r}{D_m^3} = \frac{M_s}{M_m} \times \frac{D_m^3}{D_s^3}$$

已知，太阳的质量是月球的330 000×81（倍），而太阳又比月球远400倍，所以：

$$\frac{M_s}{M_m} \times \frac{D_m^3}{D_s^3} = 330\ 000 \times 81 \times \frac{1}{400^3} = 0.42$$

由此可得，太阳引起的日潮高度是月亮引起的月潮高度的$\frac{2}{5}$。

此前，我们曾经提到，可以通过比较日潮和月潮高度推算月球的质量。现在我们便来详细解说这一方法。

需要说明的是，我们很难同时观测出日潮和月潮的高度，因为太阳和月亮总是同时作用于海水。但是我们可以在两个天体所产生的作用叠加（太阳和月球以及地球在同一直线上的时候）和相互抵消（太阳和地球的连线恰巧与地球和月球的连线垂直）时分别测量潮水的高度。结果显示，在高度上，第二种情况下潮水的高度是第一种的0.42。如果我们用x代表月球的引潮力，y表示太阳的引潮力，那么：

$$\frac{x+y}{x-y} = \frac{100}{42}$$

由此可得：

$$\frac{x}{y} = \frac{71}{29}$$

利用前面提到的公式我们可得：

$$\frac{M_s}{M_m} \times \frac{D_m^3}{D_s^3} = \frac{29}{71}$$

或者

$$\frac{M_\text{s}}{M_\text{m}} \times \frac{1}{64\,000\,000} = \frac{29}{71}$$

我们将太阳的质量$M_\text{s} = 330\,000M_\text{e}$代入公式（其中$M_\text{e}$为地球的质量），得：

$$\frac{M_\text{e}}{M_\text{m}} = 80$$

也就是说，月球的质量是地球的$\frac{1}{80}$。不过，当代天文学家通过更为精确的计算得出，月球质量是地球质量的1.23%。

第 17 节

月球和气候

许多人都对这样一个问题感兴趣：既然月球引力导致了潮汐现象，那么它是否也会对地球大气产生影响呢？答案是肯定的。首先发现这一现象的是俄国科学家罗蒙诺索夫。他把地球因月球引力而产生的大气潮汐命名为"空气波"。很多科学家都曾就这一现象进行过研究，但依旧存在很多错误的观点。人们通常认为，由于地球大气质轻且流动性较强，因此，月球引力很容易导致地球大气出现明显波动。相应地，这种显著的空气波又会改变大气气压，从而对地球上的气候产生决定性的作用。

实际上，这种观点完全是错误的。从理论上来说，地球大气潮汐的高度不会超过海水潮汐的高度。乍一听似乎很奇怪，因为即便是大气层底部的空气，其最大密度也只有水的密度的$\frac{1}{1\,000}$。既然如此，为什么大气潮汐的高度不是海水潮汐的1 000

倍呢？这个问题就像轻重完全不同的物体在真空中降落的速度相同一样让人觉得很奇怪。

现在我们来回忆一下中学时期做过的一个实验。把一个小铅球和一根羽毛同时放在一个真空玻璃管中，铅球并不比羽毛坠落得更快。潮汐现象，归根到底不过是地球和地面上的水在月球或者太阳引力的作用下向宇宙空间坠落而已。如果宇宙是真空状态，那么一切物体，不论轻重，只要它们距离引力中心的远近相同，就会以同样的速度坠落。此外，在万有引力的作用下，它们移动的位置也是相同的。

这样我们就能明白，大气潮汐的高度应当与海水潮汐的高度相同。实际上，如果我们再回头看看计算潮汐高度的公式，就可以看出公式中只有月球和地球的质量、地球半径以及月球跟地球的距离，而没有水的密度和空气的密度，所以，当我们用空气来代替水的时候，结果并不会发生改变。但是海洋潮汐的高度也是很小的，在无边无垠的海面上，海水的潮汐高度理论上不超过0.5米；只有在靠近岸边的地方，潮水因受到地形阻力的影响才可以达到10米以上。

而在广袤无垠的大气里，没有任何东西能够影响月潮汐的理论结果，也不存在任何能够改变它理论高度的障碍物。所以，大气潮汐的高度不会超过0.5米。而这么小的高度对气压的影响基本可以忽略不计。

法国科学家拉普拉斯曾对此问题进行过研究，并认为由潮汐所引起的大气压力的变化不会超过0.6毫米汞柱，而大气潮汐所引起的风速变化也不会大于每秒钟7.5厘米。

显然，在众多影响气候条件的因素中，大气潮汐绝不占主要位置。

根据这一结论我们可以判定，那些根据月球的位置来预测气候的做法事实上是毫无根据的。

孩子一读就懂的
天文地理

趣味矿物学

［苏］亚历山大·叶夫根尼耶维奇·费尔斯曼　著

刘尚　译

北京理工大学出版社
BEIJING INSTITUTE OF TECHNOLOGY PRESS

图书在版编目（CIP）数据

孩子一读就懂的天文地理 . 趣味矿物学 /（苏）亚历山大·叶夫根尼耶维奇·费尔斯曼著；刘尚译 . -- 北京：北京理工大学出版社，2021.10（2025.4 重印）

ISBN 978-7-5763-0019-2

Ⅰ . ①孩… Ⅱ . ①亚… ②刘… Ⅲ . ①矿物学—青少年读物 Ⅳ . ① P1-49 ② K90-49 ③ P57-49

中国版本图书馆 CIP 数据核字（2021）第 133959 号

责任编辑：王玲玲　　　　文案编辑：王玲玲
责任校对：周瑞红　　　　责任印制：施胜娟

出版发行 / 北京理工大学出版社有限责任公司

社　　址 / 北京市丰台区四合庄路 6 号

邮　　编 / 100070

电　　话 /（010）68944451（大众售后服务热线）
　　　　　（010）68912824（大众售后服务热线）

网　　址 / http://www.bitpress.com.cn

版 印 次 / 2025 年 4 月第 1 版第 2 次印刷

印　　刷 / 武汉林瑞升包装科技有限公司

开　　本 / 880 mm×710 mm　1/16

印　　张 / 14

字　　数 / 190 千字

定　　价 / 138.80 元（全 3 册）

前 言

矿物学也可以很有趣吗？在它那儿能找到什么有趣的东西，使年轻人产生思考，并且愿意去更多地了解石头呢？

石头，是大自然中没有生命的一部分，包括小路上的鹅卵石、普通的黏土、人行道上的石灰石、博物馆陈列着的宝石、工厂里的铁矿石，甚至还有食盐。天文学向我们揭示了数以百万计的恒星世界；生物学让我们了解到自然界最神秘、最有趣的现象——生命；物理学展示了那些令人惊奇的实验和"魔术"。那么，在石头里，藏着哪些令人惊讶的秘密呢？

矿物学是一门非常有趣的科学。那些毫无生机的石头其实都有自己的生命历程，而矿物学所研究的，就是这些重要而有趣的问题。这一点恐怕连某些研究生命的科学也比不上。

此外，得益于矿物学和因它而产生的绝妙技术，我们提炼出了金属，开采出了建筑石材和各种盐类——一句话，矿物学是经济和工业的基础。

将来你们就会知道，我的这本书是否达到了目的：把你们带进石头和晶体的世界。

而我非常乐意把你们带进这个世界。我希望你们开始关心山脉、采石场、矿山和矿场；希望你们开始收集矿石标本；希望你们愿意和我一起远远地离开城市，走过蜿蜒的河流，踏上那高高的石头河岸，登上山顶或者海岸边的悬崖峭壁，采集石头、沙粒或者矿石。在那里，我们随处都能学到知识。在死寂的石头、沙粒和矿石那里，我们将学会解读那些构成宇宙的伟大自然规律。

我准备描绘一些断断续续的小画面——就像画家们在完整作图之前，会从大自然中截取一个瞬间，准备几十上百张草稿和蓝图那样。读者必须通过自己的想象，把一切组成一幅完整的自然画卷。

但是我知道，并不是所有人都能做到这一点，我的文字对他们来说或许微不足道。他们需要一个更有说服力的画家，能够指引他们的头脑和思想。这个画家就是大自然本身。读了这本书就出发吧。去游览克里木、乌拉尔、卡累利阿、希比内山、伏尔加河或者第聂伯河，亲身感受一下石头，思考一下它的秘密和它的生命。

我建议按照顺序阅读这本书。因为读者有时需要充分了解前面的章节后才能明白后面的内容。但是也不要一下子都读完，要一点儿一点儿慢慢读。

这本书分为两个部分：第一部分是石头的世界，讲述了石头的性质和它们在复杂的自然现象和生命现象中的表现。第二部分会把读者带进两个不同的领域中，一个是关于神奇的石头，那里有数不清的、令人惊奇的奇迹会引发你的想象与幻想；另一个则是人们的日常生活，讲述人们在经济和工业建设中是怎样使用石头的。其实我自己也不能确定，哪个领域更让人惊奇：在这一边我们能看到石头那些变化莫测的颜色、与动物或植物的相似性，还有排列紧密形成的优美线条；另一边则是石头在工厂巨大的熔炉里燃烧、熔化、挥发，在这一过程中，我们从一块黑乎乎的石头中得到了亮闪闪的银子，在红色的矿石中提炼出了液态的水银，把普通的黄铁矿转化成了含有硫酸的浑浊液体。

很久很久以前的中世纪，在安静的实验室里，炼金术士们尝试在自己的蒸馏瓶中把水银变成黄金，把土块变成魔法石，把铁矿石变成硫黄。如果现在，我们把炼金术士带到实验室和工厂，给他们展示绿色的镭矿石，还有那些从镭矿石中得到的，能够

"永远"发光、"永远"发热的镭盐，再让他看看我们是如何从氧化铝盐中得到那些漂亮的红宝石的，或者向他们展示一种轻便的银色金属——我们造飞机用的铝，还有那些取自黄铁矿的硒。我想，炼金术士们不得不承认，他们的幻想已经成真，甚至人类的才能已经远远超出了他们的想象。

但这并不意味着科学和技术已经无所不能。

人类还远远没有征服大自然：每天从太阳照到地球的光线中有几百万马力的能量被白白浪费；强大的风能还没有被利用；人类还不知道距离自己很近的地底下是什么样子。

人类还远远没有战胜或者控制大自然的力量。想要把大自然的力量转变为对经济和工业有益的东西，还需要使用人的智慧、坚强的意志和渊博的学识。

我希望我的读者们能够承担起这样富有创造性的工作。如果读者在读完这本书后萌生了一个小愿望：想要去了解石头的世界和它的作用，那么这本书的目的就达到了，它引起了读者的兴趣，激发了他们的意志和精力，增强了他们对知识的渴望。

在战争时期，武器的质量和数量在战场上发挥了巨大的作用，为了制造坦克和飞机，我们使用了非常多的元素，这其中包括了一些稀有和极为稀有的元素。它们都是从矿石或者矿物中获取的，这使得人们对矿物学和埋在地下的丰富资源一直有浓厚的兴趣。

从那时起，矿物学不再仅仅是一门有趣的科学，更变成了一门必不可少的重要科学。

费尔斯曼

CONTENTS

目录

01 在大自然和城市中的石头

02 没有生命的自然界是如何构成的

C O N T E N T S
目录

CONTENTS
目录

06 为人类服务的石头

07 给小小"矿物收藏家"们的建议

08 科学词汇和专业名词注释

01

在大自然和
城市中的石头

第1节

我的收藏品

在我六岁的时候，就对矿物产生了浓厚兴趣。每个夏天，我们都会到克里木去，住在辛菲罗波尔大街上。那旁边就是一片山崖，我们经常在那爬上爬下。在这片山崖上藏着水晶。这种石头像水一样晶莹，但又非常坚硬，我要费很大的力气才能用小刀把它们取下来。到现在我还记得，见到这些透明晶体时大家有多高兴。它们像宝石一样，打磨得十分光滑，被我们小心翼翼地包在棉花里，并取名叫"手风琴"。我们在山崖上找到的这些光滑石头是天然形成的，大人们却不相信，他们说这些石头是由人打磨出来的，我们总会得意扬扬地反驳他们。

我们不断进行着"研究"。一次偶然的机会，我们在一栋老房子的阁楼里找到了一套矿石收藏品，那上面满是灰尘。我们非常开心地把它们拿出来，冲洗、擦干，跟我们的宝贝水晶放在一起。我们发现，这些收藏品里有几块普通的石头，一点儿都不光滑，在山上到处都是。在这之前，我们根本不理睬这种石头，对它们一点兴趣都没有，因为这些普通的石头哪能比得上我们的水晶！但这一次，我们发现，这些普通石头竟然都有小编号，在收藏品清单上还写着它们的名字。我们惊讶极了：原来这些普通石头也有自己的名字，它们也可以成为收藏品！于是，我们开始收集这种普通石头，并且很快就发现，这片山崖上有各种各样的石头，有一种石头是白色的，软软的，那是石灰石；还有一种石头又硬又黑。

就这样，我们一点一点收集了一些矿物和不同种类的岩石。没过多久，我们又买了几本关于石头的书来读。收集石头成了我们几个小孩子日常生活的一部分。在那几个月的夏日时光里，我们把所有的空闲时间都用来寻找石头。我们住的附近不仅有山丘和悬崖，还有几个大采石场，铺桥架路用的石块都出自那里。那里有非常多奇特的石头：有些就像皮肤一样柔软，有些是好看的透明晶体，还有一些带着丝绸般五颜六色的花纹。我们从采石场里拖走了好几普特¹的石头。虽然我们还不是很清楚这些石头的名字，但这并不能妨碍我们进行收集。

慢慢地，我的"同志们"都喜欢上了其他的事情，而我就成了这些收藏品的唯一拥有者。年复一年，我的收藏品也逐渐增多。我发现在克里木和敖德萨的海岸已经没有什么石头值得我收集了。于是，我开始请每一个朋友帮我从不同的地方带石头回来。每当看到漂亮的石头摆在他们的搁架或者书桌上的时候，我都兴奋得不得了，好几次冒昧地请求他们把这些石头送给我。

后来我在国外住了几年。在那里我仿佛打开了新世界的大门：在商店里有许多华丽的玻璃柜，那些闪闪发亮的晶体就放里面展出。在每一块石头的小标签上，不仅写着它们的名字和产地，还标着售价。原来这些"宝贝"可以买到！自此我的生活中多了一项新内容：把所有的闲钱用来买石头。我把这些石头精心包装好，放在小箱子里带回俄罗斯。在入境检查时需要打开箱子，我紧张得手都在颤抖，生怕磕碰到这些宝贝。到了家，我就把它们跟我以前的收藏品放在一起。

我的收藏品越来越多了，不但数量多了，而且逐渐变成了真正科学的收藏品。我给每一件藏品做了标签，上面写着矿物的名字和出产地点。我已经对这个"大学"有了一定的认识，最让我自豪的是，我不仅能收集这些石头，我还能说出它们的名字了。

又过了很多年，我从中学毕业了，又从大学毕业了。我有了数以千计的收藏品，

---

1 质量单位，一普特合16.38千克。

它们从我的童年乐趣，变成了一项科学的收藏。小时候收集藏品的兴趣转变成了科学创造的兴趣。

我的家里已经放不下这么多收藏品了：它们中的一部分有科学研究价值，这些石头连同来自克里木的矿物被送到了莫斯科大学；另一部分则在莫斯科第一人民大学进行展览，许许多多的工人和农民通过它们知道了这门关于石头的科学——矿物学。

以上我只是讲了关于收藏石头的小故事。每一块石头都为收藏者带去很多乐趣！当一个人在某一处悬崖的缝隙中，偶然发现了漂亮的岩石晶体时，或者他在岩石碎片中找到了一块从未见过的新矿物时，那会是多么令人激动的时刻啊！

我的整个生活和未来的工作都由我童年的乐趣决定了：我开始关心怎样使国家博物馆保持世界的声誉，而不再烦心我个人的小小收藏了；我坐在宏大的科学院研究所里，用科学的方法鉴别石头，而不再用家庭作坊式的简陋方法分辨石头了；我要克服困难，去到遥远的北极圈、中亚的沙漠、乌拉尔的原始森林和帕米尔山麓考察，而不再满足于爬到街边的悬崖上去了。与此同时，这个关于石头的科学——矿物学，已经成为现代科学中一个重要的分支，它不仅仅讲述了地球上的各种石头和鉴定它们的方法，还讲述了这些石头从何而来，如何形成，如何演变以及它们是怎样为人所用的。

第 2 节

在矿物博物馆里

我们到科学院矿物博物馆去吧。在动物博物馆，我们会被各种野兽和小昆虫吸引；在古生物展厅，我们会震惊于那些已经灭绝的猛兽、细嫩的海百合和贝壳化石。所有这些生物都曾经有过自己的生命历程：迁移、生长、发育、争斗，最终死亡。这是多么有趣啊，你周围的每一个角落都在生长和变化！

可是，很多人一想起石头就觉得枯燥，因为它们看起来从不变化，比如用来架桥的大石头，铺在人行道上的石板，还有从别处运来盖房子用的石头。看看这些平淡无奇的石头吧，怎么看也让人提不起兴趣。它们就是这样单调乏味，死气沉沉。

即便这样，我们还是到矿物博物馆去瞧瞧吧。1935年，这座博物馆从圣彼得堡搬迁到莫斯科的新大楼里，藏品足足装了47节车厢。每年还会有成吨的石头从祖国各地运过来。这些藏品里还包括200多年前彼得大帝命令收集的奇珍。

一开始，彼得大帝只收集稀罕玩意儿——稀有的珍品。这是当时博物馆的通病：只收藏珍稀或有价值的东西。

但是没过多久，天才的米哈伊尔·罗蒙诺索夫（他曾经是博物馆的馆长）建议说，博物馆不仅要收藏珍稀物品，还应该收藏所有代表俄罗斯财富的东西——各种矿石、宝石、有用的土壤和天然的染料。

罗蒙诺索夫请求俄罗斯帝国的每一个城市为他收集各种各样的石头。他提醒大家，在这件事上不需要花多少钱，只需要动员当地的小伙子们，他们可以在河岸、湖泊还有海边找到很多有趣的东西。

不幸的是，随着罗蒙索诺夫的去世，这项辉煌的事业被迫中断了。而现在，我们必须在全国范围内重新恢复这项工作。

在矿物博物馆存在的225年时间里，它积累了巨大的财富。每一块运来的石头都经过鉴定，被记录在大花名册上，并且用小卡片编号。无论是谁，只要他想知道在哪些地方有什么样的矿物，比如说在日托米尔附近，或者克里木山上，又或者是莫斯科的郊外，他只需要查看花名册，就可以在陈列室里找到对应的矿物。

穿过绿树成荫的休闲文化公园，我们就走进了一座富丽堂皇的建筑，这就是苏联科学院矿物博物馆。博物馆的大厅占地1 000平方米，在这里展示着我们伟大祖国丰富的矿产资源。在玻璃橱窗后面有一些黑色的物质，形状不规则。这些东西有的像铁一样，有的似乎带着黄色的小水滴，还有一些就是普通的灰色石头。瞧这里，重达250千克的铁块，旁边的标签上写着"1916年10月18日落在西伯利亚的尼古拉-乌苏里城附近"。另外一些石头的标签上也写着它们落地的时间和地点。这间大厅里的所有石头都是从天上掉下来的，它们叫作陨石。这些石头来自广袤未知的世界，以流星的形式发着光，划破天空，落到我们的地球上，有时还会砸出一个很深的坑。看这个橱窗里的黑色小石块。在1868年冬天，它们像下雨一样落在了罗姆仁思克省，当时有10万块这样的小石头洒落在地面。在另一个橱窗里有一些更奇怪的碎片——铁块。另外，还有很多细小的碎屑、如冰雹大小的黑色石头和像玻璃一样透明的陨石。所有这一切都诞生在离我们的星球很远的地方，它们大老远跑到地球上来，跟地球上的水和空气发生了奇妙的变化。

接下来的一些陈列柜旁有很清楚的说明，里面摆放的是各种颜色和种类的矿物。在这里我们能了解到大自然的色彩和它的多样性：有一种矿物，像金属一样，闪烁着金色或银色的光泽；另外一些像水一样，纯净透明；还有一种矿物，能发出彩虹一样多彩的光芒，就像它内部就有一个光源似的。

明媚的阳光透过窗户照在这些石头上，使这些石头闪闪发光。有的橱柜比较昏暗，便打开了电灯，于是那些黄玉开始发出天蓝色或酒红色的光泽，黄玉的样子有些奇怪，就像是用刀细细切割雕琢过一样。另外，还有像水一样透明的蓝宝石和绿柱石。我们读到了很多从没听过的名字，在这些名字的旁边还写了发现这些矿物的地点。导游带领游客走到一个橱窗前说道：

我们的博物馆很特别。我们不仅想让大家看看不同种类的石头是什么样子的，还想向大家证明，每一种石头都是独一无二的，石头也有自己的生命，甚至有可能，石头的生命比某些生物更有趣。

请看这些各不相同的石块，它们有一个共同的名字——石英，但是你看，不论是亮度、颜色还是形状，它们的差异是多么大？你们可能会认为，这块石英跟隔壁橱柜里摆着的"萤石"更像同一个品种。看看这块石英，再看看那边用电灯照着的金刚石，普通人应该看不出它们的区别吧？现在我就为你们解释一下，为什么会有这么多不同的石英。这些石英不是按照种类摆放的，而是按照它们在自然界中形成的条件来陈列的。石头也是有产生条件的，比如这些石英，是由地底深处1 000摄氏度以上的熔化物质变成的。而这些，曾经是溶解在温泉水里的。还有这些，瞧啊，这些有规则的晶体，它们正坐在贝壳里闪闪发光呢，它们就是在我们的眼皮底下慢慢形成的。每一种石英都有与众不同的面貌，跟其他的并不相似。如果你们能够通过石英的例子明白石头产生需要不同条件，那么，在这个有金属光泽的橱柜里你们还会了解到各种石头和矿物的演变过程，它们会变化，会被破坏，也会死去。

我们接着来到大厅的另一边，这里展示着各种各样矿物的生长过程。它们有的萌发于地底深处的小坑洞里，然后逐渐长成巨大的闪亮晶体，还有一些是在实验室和工厂里人工培育的。这些晶体真是千奇百怪：有的像树枝一样分叉，有的像细长的针线，还有的像毛茸茸的棉花，当然，也有的看起来就像普通的玻璃。

在这些晶体的旁边，还有一些形状不规则的物质，它们看起来就像嚼过的口香糖。这些其实是被分解的黄玉和海蓝宝石，它们被什么东西溶解、破坏、侵蚀掉了，仿佛很快就要消失得无影无踪。

在一个巨大的橱柜里摆放着许多很长的白色"管子"，它们就像卷起的窗帘，像熔化的蜡烛，像矗立的圆柱——这些是来自克里木的钟乳石。

看这一排钟乳石，它们是过去十年里在彼得宫地下室里长出来的。而这一排，是在涅瓦河的基洛夫桥下长出来的——人们亲眼看着它一点儿一点儿长出来。

接下来就是一些精致的小东西了，这儿有一束花，还有一个填满了蛋的鸟巢，它们竟然被一层厚厚的石头包裹着。其实，只需要把它们放在流淌的温泉中，用不了几个月就会变成这个样子。由此我们知道，动物或者植物等有生命的东西在经过很长很长时间之后，也有可能变成石头，也就是化石。所以石头也有自己的生命方式，只不过我们难以理解罢了。

我们接着逛逛博物馆吧。

在博物馆的墙上挂着很多照片、地图，其中有许多山脉、沙漠、矿场的图片。在柜子里还有各种各样的石头矿物。

在这里我们看到的各种石头，不仅仅是人们从大自然中搬出来的样品而已，它们还展示着自身同大自然的关系：它们遇到的其他石头、包裹它们的土壤、改变它们的气候，还有包括人在内的其他动物、植物。所有这一切的关系，正是它们所要展示的。

我们首先了解到的是石头形成的条件。它们有的诞生于炽热的熔岩中。岩浆透过地壳的缝隙，不断从地底深处上升，夹杂着同样炽热的气体和水蒸气。在这个过程中，温度慢慢下降，岩浆渐渐凝固，各种各样的矿物就诞生了。

另外，还有从温泉中诞生的矿物。从地球各个地方流淌出的温泉慢慢冷却之后，就生出了各种重金属矿石和纯净美丽的晶体。所以这类石头不是从火里诞生的，而是在水里。

最后，就是在地球表面诞生的石头：有的诞生在咸水湖里，就是天热的时候湖底的盐分结晶；有的诞生在山洞里，含有矿物质的水一滴一滴落下，形成了大大小小的钟乳石和石柱；还有的诞生在沼泽地，那是植物逐渐腐烂而变成的石头。

在这里展出的每一块石头都不是独立的，它们都是自然环境中相互关联的一部分。

这才是完整的石头的世界。

我们身边的石头其实一直在演变，只不过它们演变的速度太慢了，以至于我们都误认为它们是死寂的、一成不变的东西。

在看过这些石头在大自然中的历史之后，让我们去看看博物馆的最后两个部分，看看石头在人的手里会有什么变化以及人们是如何把石头用在工业上的。

首先，让我们看看石头在玻璃、陶瓷、冶金等工业上的应用。我们看见了人们在工厂和车间中使用石头的几个例子。在人类的现代工业中，石头完全变成了另外的样子。石头在这里死亡消散的速度要比在自然界快得多。不管是哪里的石头，在其他天体上的也好，在工厂或车间里的也好，它们都在生存、变化、成长和死亡。所以，矿物学不是什么枯燥乏味的科学，它寻找和研究的，就是石头的生命规律。

在博物馆大厅的尽头，正对入口的地方，无数盏灯围绕着一幅地图。这幅地图看起来不大，但它其实有34平方米大小，能铺满一个小房间。在地图上闪着很多蓝色的小星星，它们表示苏联境内主要的矿物资源产地。这张图清晰地告诉我们，各种矿石、盐类和其他石头是怎么分布的。这些宝藏的产地连绵不断，形成了一个数千千米长的巨大弧形地带。

第3节

到山里去找石头

我们周围的风景很单调，到处是泥土和沙子，没有几块石头。即使在河岸找到几块石头，它们也没什么特别之处。

我们得到山里去找，那里有山崖和岩石，有在岩床上流淌的河水，还有被山脉和石堆围起来的蓝色湖泊。

我们所有人，不管老的少的，都带着锤子、背包、罐头和水壶，高高兴兴地出发了。我们一群人坐上"摩尔曼斯克号"，也就是现在的"基洛夫号"火车，从圣彼得堡一直到了希比内。希比内是著名的"矿物天堂"，但在不久之前，这里还是一片连鸟都见不到的荒凉地带。

希比内是一片山脉，海拔超过数千米，坐落于遥远的北极圈内。这里有令人生畏的荒凉山谷和几百米高的悬崖峭壁；在这里就算是半夜，也能看到太阳，耀眼的阳光更是能连续几个月照在终年积雪的山峰上；每逢暗淡的秋夜，在这里还能见到更奇妙的景观——北极光像一条紫红色的帘幕一样挂在森林、湖泊和高山的上空。最终，对于矿物学家来说，这里是科学研究的世界，如此广阔的花岗岩世界在很久之前是怎么形成的？这一问题深深地吸引着他们。

在那一片灰蒙蒙的世界里，在那长满地衣和苔藓的悬崖缝隙中，躲藏着各种各样稀奇古怪的矿物：血红色或者樱桃红色的石头、碧绿的霓石、紫色的萤石、像凝固的血块那样深红的柱星叶石和金色的榍石……在这个角落竟然有如此五彩缤纷的场景，以至于我难以详尽描述。

现在，我们已经全副武装，当然不是带着武器，而是必要的科学工具：帐篷、锅、罐头、气压计、锤子、望远镜和凿子等。我们离开希比内车站，慢慢地向深山走去。两侧的山峰在渐渐合拢，山谷变得越发狭窄，但是森林边缘那条杂草丛生的小路依然清晰可见。我们把帐篷扎在一条河的上游，紧挨着森林。我们又闷又热，还被数不尽的蚊虫包围着，只能用防蚊网裹住脑袋，并戴上手套。不知不觉天亮了，荒凉陡峭的山峰上亮起红光，可一看时间，才刚午夜两点钟。天气很快炎热起来，放眼望去，全是高耸的山峰，根本看不出山谷在哪，只有在左边的山口里能看到一点积雪。

我们分成三队，顶着大大的太阳，忍受着周围的蚊子，要爬上海拔几千米的山顶去找石头。

用了整整一天的时间，我们翻过无数峭壁，踏过无数碎石，终于到达了山顶。晚上，刮起了冷风，气温只有4摄氏度。要知道白天的时候，我们在24摄氏度（背阴）的闷热天气里都喘不过气。太阳落山才半个小时。我们走到山顶北侧一看，发现脚下竟然是一道几乎垂直的悬崖，大约450米高！或许这个数字不能让你清楚地感受到悬崖的壮观，这个高度相当于把圣彼得堡最高的20座房子层层叠起来，或者把四个半伊萨大教堂叠起来。在悬崖下面是一个广阔的冰斗，冰斗里有昏暗的湖泊，巨大的白色冰块漂浮在湖面，还有一片更大的冰就像吐舌头一样沿着悬崖一直探到冰斗的位置，就像冰川一样。我们的眼睛根本没法从这样的景色里挪开。忽然，我们在远处看到了五个人影，人影在明亮的天空背景下显得格外清晰，很快我们就听到了他们的声音。

声音和人影很快就靠近我们了。原来我们三个队伍都在差不多的时间到达这里。风太冷了，我们不能在这里多待。我们匆匆画出这一带的地形轮廓，把收集到的几块石头装进袋子里，迅速地绕过陡峭的山坡，通过狭窄积雪的小桥去往南边另一个山顶。但是一块巨大的碎石挡住了我们的去路，我们实在翻不过去了。

可万万没想到，就是这块巨石给我们带来了好运，我们在这块石头附近发现了绿色的磷灰石。这是一种在苏联北部还没出现过的石头！

这是多么宝贵的财富！这是多么奇妙的发现！这种罕见的矿石值得世界上所有的博物馆收藏！

我们开始返回了，要经过一个狭窄的山脊，我们的一个小队就是从这里上来的，现在我们要顺着这条路下去。我们把绳子固定在悬崖上，抓住绳子慢慢往下落，落到一个宽阔的河谷中。在这个过程中，一些美丽的三斜闪石晶体分散了我们的注意力，让我们不再感到紧张。太阳出现了，蚊子又围了过来，可我们距离营地还很远。一直到第三天，上午11点的时候，我们才精疲力竭地靠近我们的帐篷，已经有一个留守人员在等我们了，他脑袋上还套着一个黑色的防蚊网。

最后，我们舒服地靠在篝火旁谈论起这次探险来。我们把整个过程重新回忆了一遍，把收集来的资料整理清楚。这次探险耗费了我们不少力气，可是收获却不大。那个留守人员跟我们说，他白天去附近一个洼地散步，没走多久就发现了一些有意思的矿物。我们得去实地看一看才能确定他的发现是否重要。尽管我们已经很累了，又没怎么睡觉，还是决定在蚊子的包围中去看看他口中那些有意思的东西。一路上，有些人实在累坏了，只能在地上爬着行进，但是一到目的地，所有人立刻惊讶得说不出话，这里是一片矿脉，出产一种很稀有的矿物：层硅铈钛矿。

它让我们想起了古代萨姆人（也就是罗帕尔人）的传说，萨姆人的血凝固后，就变成了"神圣的"雪伊特亚夫拉岸边的红色石头。

没有收集过矿物的人是不会明白矿物学家的野外工作的。这件工作需要全神贯注。能够发现一个新的矿场是一件非常值得祝贺的事，这需要细微的注意力、潜意识里的直觉，有时还需要一点儿浪漫和激情。

我们从山上回来后，坐在一起谈论这一天时是多么兴奋！我们互相展示自己的发现，为自己取得的成果而自豪！这些发现鼓舞了所有人，即使我们已经筋疲力尽，但还是来到了这个洼地，靠着一面灰色的山崖，弯腰捡拾那些五光十色的"宝石"。

任务完成了。我们找到了含有丰富稀有矿物的矿场。我们可以安心地把这些矿石运到车站，以便我们再次进入更深的山里。

我们在矿脉努力工作了三天。我们移开了那块巨大的石头，用大铁锤打碎巨石，还用炸药开凿了一个新的悬崖，这是希比内山脉第一次传来爆炸声。几百块珍贵的矿石第一次被我们的工作人员运出这片荒凉的山谷。

我们的勘探队还遇到了很多稀奇古怪的事情，我就不再啰唆了。此后二十多年里，每年春天我们的队伍都会到希比内山脉中去，每年也会带着上千千克珍贵的矿石回来。

在最初的几年，我们都是在最热的夏天进行工作，那时候各种蚊子和虫子绕着我们飞来飞去，我们不得不把黑色的防蚊网紧紧套在头上。在那个季节里，黑夜跟白天一样亮堂，到处都有融化的雪水挡住我们的路。

到深秋时节我们才会离开希比内，那时候所有的山顶都盖上了一层初雪，金黄色的桦树在深绿色的云杉的衬托下格外显眼。北极地区已经开始了漫长的黑夜，经常出现紫色的北极光照亮整个荒野，那童话般的画面让我们久久难忘。

"我希望能通过这些描述，把人们吸引到北方美丽的山脉中去，那里有北极圈、科拉半岛，还有希比内山脉。我想燃起一支漂泊的火把，点燃年轻人的热情，让他们去努力追求科学知识。

"让我们的年轻一代在残酷的大自然中磨砺自己，把那些我们建立在大山深处的营地变成新的科研中心。其他人一定会跟随我们的脚步，把希比内山脉变成苏联的旅游中心，把它变成一所科学的露天学校！"

这两段话是我很多年前写的，那时候希比内还是一片荒凉，整片的森林、山脉和岩石都藏在人迹罕至的地方。可是现在……真的像童话一般，一座城市出现了，铁路、电报、电话、高压电网、工厂、矿山、中学和技术学校，什么都有了。所有这一切，都是因为山顶上那些绿色的、有着白色边角的磷灰石。

在北极圈深处的一座山上，一片高山湖泊旁边，有一座极地高山植物园，还有科学院矿物研究站的豪华大楼，里面配备有实验室、图书馆和博物馆——这些都是用来纪念30年前，我们的勘探队背着布袋，穿过沼泽和冻原，一步一步征服了希比内山脉。

第 4 节
在马格尼特纳耶矿山

很早之前我就想见识一下由磁石构成的山，想去参观一下我们新的冶金巨头——马格尼托格尔斯克。现在终于有时间了，我一大早就乘着小飞机从斯维尔德洛夫斯克起飞了。

我们沿着乌拉尔山脉向南飞，在云层里忽上忽下，因为飞到某些地方时，我们在天上就能看到山顶上的黑色矿脉。我们很快就飞到了车里雅宾斯克，能清楚地看到城市里漂亮的建筑。然后从亚历山德罗夫山口和尤尔马山右边飞过去，之后所有的东西都被乌云遮住了。

这时飞行员把我叫到驾驶舱的小窗前，指着罗盘——指针在不停地晃动、打转，很不稳定。我知道，这是因为磁针被干扰了。我心想："我们现在大概就在一座磁山上吧。"还没等我想完，飞机突然急速转弯，盘旋下降，紧接着乌云都不见了，在我们的面前、脚下和四周是一幅童话般的画面：我们已经身处马格尼托格尔斯克最高处。周围70平方千米土地上的巨大建筑尽收眼底。西边是像蛇一样蜿蜒流过的乌拉尔河，河水闪闪发亮。到处都是铁轨、火车、电车和汽车。从天上看它们都像玩具一样。

飞机慢慢减速，从工厂西边绕了过去，然后向东一直飞向马格尼特纳耶山。她原来是这个样子的啊。我有点失望：平坦的山丘上没有树林，到处都是铁路线和火车冒出的烟，我想："没有什么让人印象深刻的。"我们已经把马格尼特纳耶山抛在后面，飞机飞得越来越低，已经开始在草原上滑行了。我们终于到达了目的地。

为了节约时间，我们立即就坐上了汽车。我们什么都想看看：首先是矿山；然后是碎矿厂和选矿厂，高炉、铁水还有炉渣；最后是大家伙——平炉和轧钢车间，看看生铁怎么在平炉里变成钢，而钢锭又在轧钢车间里被巨大有力的抓手变成了初级产品。除此之外，我们还要参观一下这里的新发电站，它很快就会成为仅次于第聂伯水力发电站的第二大电站。我们还要看看炼制焦煤的炉子，还有在炼制过程中能产生出各种宝贵气体的炉子。我们还要去砖厂和耐火黏土厂。最后，还要去看看石灰石、白云石、沙子和其他建筑石材的开采面。

当工程师介绍那些辅助车间的时候，我才意识到：除了每年的矿石开采量之外，还必须加上数百吨的副产品，这些东西广泛应用在建筑上。庞大的冶金工厂在生产时不仅需要铁矿石和煤，还需要其他几十种矿物：锰矿石、铬矿石、镁矿石、白云石、石灰石、高岭土、耐火黏土、石英砂和石膏等许许多多特别的东西。这就是年轻的矿物学家和经济工作者的工作目标！

首先是矿山。坐汽车是到不了矿山的，因为有几十条铁路线挡在我们面前。我们只能徒步走上马格尼特纳耶山。她被螺旋形和环形的钢轨层层包围，每天，从整个联合工厂开工的那一刻起，几十辆电力机车往来运送数千吨矿石。这个开采量比"二战"前乌拉尔地区300个矿坑的开采总和还要多！

我们慢慢地沿着台阶爬上主峰——阿奇塔峰，远远地可以看清马格尼特纳耶山顶闪烁着金属的反光，在那里，纯净的磁铁就裸露在地表，可以进行露天开采。

这个磁铁矿早在1742年就被发现了，但过了200年的时间，这些丰富的矿藏才变成苏联大规模建设的原料。在两三年的时间里，南乌拉尔宁静的草原就变成了如今规模庞大的钢铁巨头。

你们很快就走进了磁铁矿的王国。在这里不能戴手表，指针会因为磁化而不能正确地计时。在某些地方，有磁性的石块会把小铁矿石和碎屑吸在一起。还有些被磁化得厉害的矿石，能吊得起铁钉或者你的随身小刀。

这整片磁铁矿显出亮灰色的光泽，还有点耀眼。偶尔还会生出黑色的晶体颗粒或者其他矿物。这里跟厄尔巴岛[1]上多种多样的磁铁矿不同，这里只有一种磁铁矿，非常纯净。

很快你们就看腻了这些磁铁矿，转而寻找它们的氧化物——赤铁矿。微微有点蓝色的赤铁矿出现了，伴随着各种颜色鲜艳的黏土、暗红色的石榴石颗粒，还有绿帘石和绿高岭石，它们可以揭示磁铁矿形成的奥秘。

如果你们观察得更仔细一点儿，还会发现金灿灿的黄铁矿，还有水流过后留下的绿色痕迹，这是铜的痕迹。你们又发现了一种矿物，能够证明这里有磷和硫。

你们慢慢地开始明白，这数百万吨的铁矿是怎么从熔化的岩浆中形成，然后混入古代乌拉尔地区的石灰岩，把这里变成世界上最大的铁矿山的。

现在必须离开了，因为这里已经凿好了几百个孔，并且埋上了炸药。很快炸药炸

---

[1] 意大利中部海域的一座岛屿，岛上矿产资源丰富。

响，到处尘土飞扬，少数几个地方的矿石被炸飞起来，在空中像烟花一样燃烧。

磁铁矿被炸成了一堆闪亮的碎块，挖掘机张着大嘴，一口就吃下4吨矿石，然后把它们稳稳当当地装在运载车上。

这里有四台这种机械化的大铲子，一昼夜可以装载上千吨的矿石，而这总共只需要8个工人。

大自然在这里埋下了如此丰富的宝藏，而人类运用智慧和技术把宝藏开发了出来。这两件事都足够让人惊叹。

我是一个矿物学家，所以当其他同志们要去别处参观时，我选择留在矿石边。

这里有伟大的宝藏，还有坚强、有毅力的劳动人民，每一个都值得我们骄傲。可为什么没有一个矿物学家描述过这里的情况呢？

为什么在扎瓦里斯基院士之后，没有一个矿物学家带着放大镜，安心住在这闪闪发亮的废石堆和矿山上，好好研究这些矿石的性质和构造，为它们做详细的化学分析和矿物分析呢？这到底是为什么呢？

当黄昏时，机场来电话催促我们赶紧登上那架铝合金制的银色飞机，我这才从山上离开，远远看见金黄的草原在秋日晚霞下格外美丽。

第 **5** 节

山 洞 里 的 石 头

有什么能比洞穴更有趣、更诱人呢？狭窄弯曲的洞口，里面黑暗潮湿，人们点着蜡烛进去，要好一会儿才能适应里面的环境。山洞很深，里面还有不少岔路，一会走进一个宽敞的"大厅"，一会是笔直的下坡路，一会出现一个深渊，一会又变成了狭窄的羊肠小道。不管是用绳子、钩子还是绳梯，你都没法探索到地下迷宫的未知尽头。我小时候闯荡克里木山洞的情形仍然历历在目，山洞里的蝙蝠挤在一起，发出沙沙声，还有水滴落在石头上的滴答声。脚下的石块被踢落悬崖时，咕咚咕咚往下掉，不知道掉进多深的地方，过了半天才听到激起水花的声音，那里一定有湖泊、地下河或者瀑布。在山洞里，你必须仔细倾听才能分辨出这些声音。山洞里让人感觉特别奇妙的是那些装饰，甚至能用奢华来形容：到处都是精致的花纹，高大的柱子像新栽下的树一样挺拔。还有些地方从洞顶上垂下来花篮或者帷幕一样的东西。洞穴的墙壁上附着各种形状奇怪的矿石沉积物，白的、红的、黄的，神神秘秘，就像是冻僵的巨人或者巨型穿山甲的骨头。洞穴壁上最常见的是碳酸钙，也就是方解石。这是一种透明或者半透明的矿物，是由洞穴渗透出来的水滴经过长期沉淀形成的。这样的水滴在洞顶和洞壁上慢慢流过，每一滴都会在它经过的地方留下微量的碳酸钙沉淀，长年累月之后就会形成一个个小凸起，然后再长成一根完整的管子。最开始的确是管子，它是空心的，但是水滴还在一点一点地增加它的长度，最终变成几米长的"枝条"。无数的"枝条"在这里组成了一片"森林"。而在"森林"的下方，那些折断掉下的管子则被一层层泉华[1]覆盖，长成了另一些奇形怪状的东西。从洞顶往下生长的，叫钟乳石；从地面往上生长的，叫石笋。钟乳石和石笋慢慢靠近，最终连在一起，就形成了那些石柱、花环或者帷幕。碳酸钙晶体的形式太多了，很难讲清楚，这也是为什么年轻的矿物学家们一进到山洞里会发现到处都是疑惑。我们现在完全能够明白，洞穴中石柱的样子是由地下水来决定的，但是，某一个地方的石灰岩为什么能溶解到水中？

---

1 有趣的是，钟乳石常常从下方开始，围绕着圆柱形管子生长。

而这些水流到另一个地方后，又为什么会把溶解的物质沉淀出来？这个过程我们还弄不明白是如何发生的。有时我们能亲眼看到这些碳酸钙沉淀越来越多，比如彼得宫地下室里那许多雪白的钟乳石，十年的时间就已经长到一米高了。还有在圣彼得堡的基洛夫桥下，每年都能长出很多小巧的钟乳石，当沉重的电车从基洛夫桥上经过时，这些钟乳石都会跟着震动起来。在城市里，这些钟乳石的生长速度非常快，而在自然界，却需要那些小水滴连续几千年、几万年的滴落，才能在山洞里长成一些粗大的碳酸钙柱子。

如果你觉得山洞里只有碳酸钙一种矿物，那可就大错特错了。在中亚，有一个很有名的大重晶石山洞，山洞有60米深，在它的洞壁上就掺杂着方解石和重晶石两种矿物。重晶石在这巨大的洞壁上到处都是，形态还不相同，有的一簇一簇，有的连成一片，还有的直接形成了一大颗巨大晶体，用乙炔灯一照，看起来至少有几十吨重。山洞里有一片区域格外与众不同，世界上再难找到第二家了，我们已经把它划成了保护区。

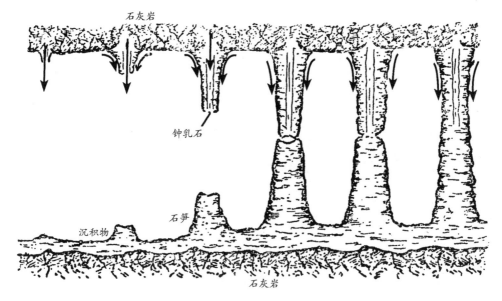

由上往下生长的钟乳石和由下往上生长的石笋，最终形成了石柱

有时盐矿的山洞也非常奇特。在这里，水可以很轻易地冲刷大洞穴和大厅，也能很快地形成管子或帷幕那样的沉积物，就像方解石那样。

但有时候，石盐的结晶速度非常慢，以至于水溶液里会生长出像玻璃那样透明的盐晶体。这些晶体形状规则，是标准的立方体，边长甚至能超过一米，而且晶莹剔透。

在墨西哥的一个山洞里就出现过这样的晶体，但那不是盐晶体，而是石膏。那个晶体的形状像针尖，足有三四米高。山洞里像树林一样长满了密密麻麻的石膏晶体，看上去就像古代巨人所用的玻璃长矛。石膏在山洞里也有其他的形状，像雪白的花朵、毛茸茸的苔藓或柔软透明的皮毛。

山洞里的东西可不局限于此。当你去游览那位于乌拉尔西部，著名的昆古尔山洞的时候，你一定会为那个奇妙的地下城惊叹，雪白的石膏晶体中射出各种奇幻的光芒，无数手掌大小、像六角冰花一样的晶体闪闪发光，我很难形容那个山洞里的景象。跟雪白一片的昆古尔山洞相反，我又想起图林根那些蓝绿色和红色的山洞。在那里，黑色的洞壁上有很多稀有矿物（大多是磷酸盐），被灯光一照，就反射出各种鲜艳的颜色。那里是一个被遗弃快300年的矿坑，现在变成了童话般的钟乳石山洞，吸引着成千上万的游客。

北美洲的山洞一般特别大。有些地方的地下通道能绵延40多千米，最大的洞穴超过100多米高，可以把伊萨大教堂完全放进去。

关于各种各样的山洞和那里面的矿物的故事还可以讲很多。

山洞矿物学这个分支还没有被好好研究过，因此，每一位年轻的矿物学家只要能够仔细地研究山洞的沉积情况，把那些稀奇古怪的形状和形式详细描述出来，就能为科学做出很大的贡献。在这同时，也别忘记保护这些山洞。经常有无知的游客给它们带来不可挽回的伤害——打碎钟乳石或是在上面写字，不仅让山洞失去了美丽的景致，也让它们的科学价值大打折扣。

第 **6** 节

在湖泊、沼泽和海洋下的石头

不要以为石头只有在深山、采石场和矿山里才有,而在湖泊、沼泽和海洋底下就没有。如果我们只把构成悬崖和山脉的坚硬物质称作石头,那这里确实找不到这样的石头。但是,如果我们把在自然界各种条件下形成的非生物部分都称作矿物或者矿物的衍生物,那我们也可以在湖泊、沼泽和海洋下有大量收获。我记得有一次,我坐火车经过莫斯科郊区,忽然看见沼泽地里有一道道蓝色条纹,一些蓝色的土被工人们挖了出来,撒得到处都是,周围一片都变成了蓝色。火车一进站,我就飞一样下了车,沿着铁轨向后找那种奇特矿物。实际上,那个沼泽是一个大草丛,枯萎的植物铺成了一层褐色的毯子,我们称之为泥炭。在泥炭中就有层次分明的蓝色土壤。我带了一些回家,查阅书籍后才知道这些土壤是蓝铁矿,主要成分是磷酸铁,是动植物中的有机物质腐烂后形成的。随着沼泽里的生物不断死亡,大量的泥炭和蓝铁矿就在我们眼前形成,泥炭可以作为宝贵的燃料,而蓝铁矿可以当作颜料或者肥料。每年春天,会有大量水从沼泽流进湖泊或者河流中去,这些黄褐色的水中除了大量有机物,还带着许多铁和其他金属物质。这些物质会像玻璃杯里的沉淀一样,慢慢沉到湖底,形成一层黑乎乎的物质,不但覆盖了水底的石头和岩石,还把植物的残渣和沙粒也裹住了。这些颗粒在湖底慢慢移动,上面附着的黑色物质也就越来越厚,几百年之后,这些小黑点就长成了豌豆大小。这些含铁的沉积物在微生物的帮助下越积越多,于是,原本溶解在水中的微不足道的铁,就变成了货真价实的铁矿石。

在海洋深处，这种铁沉积物就更加神奇了，比如芬兰湾和白海，尤其是在北冰洋。我们的渔船把一种叫挖泥机的特殊工具沉入海底，就能够挖起像手掌那么大的铁沉积物（就是所谓的结核）。它们一般沉积在岩石或者岩石碎片的周围，像圆饼一样铺满海底。所以我们的研究人员才说，北部的海底拥有世界上最奇特的铁矿山。

最近几年，科学家们对海洋底部的兴趣日渐高涨。根据他们的研究，我们发现在海底能够形成非常多样的矿物，这些矿物有的沉积在厚重的淤泥里，有的则存在于比较坚硬的地方。无数的贝壳碎片或者死去动物的骨骼就在这一片漆黑的海底变成了各种奇异的石头。有些石头聚集在因寒流和暖流相遇而导致鱼类大量死亡的地方，有些石头是由白色的贝壳碎片形成的，还有些石头是由死去的放射虫身上细嫩的小针变成的。这种情况在昏暗幽深的海底不断发生，死去的动植物慢慢变成了新的石头，变成了地球上没有生命的生成物。

第7节

在沙漠中找石头

当我们厌烦了城市生活的嘈杂，不妨去到远一点的地方摆脱城市的烦恼，我们决定去荒凉偏僻的沙漠里住几个月。正好观察一下那里的矿物，顺便研究一下沙漠的生成规律及历史。

我们的驼队在经过挺长时间的准备之后，终于从土库曼斯坦一个叫盖奥克节毕的小村庄出发，来到了著名的卡拉库姆沙漠。

我们在路上走了好几个钟头才进到沙漠里。流沙那长长的沙嘴[1]延伸进古老的麦田中，水渠源源不断地用浑水浇灌土地。在这里有一条波斯人修建的地下暗渠，能够收集深层土壤中的水分，并把它们输送到沙漠的边缘。

在沙漠中的漫长日子开始了。我们的队伍以每小时3.5千米的速度缓慢、平静地走着。一头骆驼昂首挺胸地走在最前面，它是我们的"引路人"。我们走的这条路线从伊朗直通花剌子模[2]，在历史上非常著名。我们的向导牵引着马队步行走着，他其实是可以骑上骆驼的，但他不想再给骆驼增加负担了，因为每只骆驼都已经驮了200多千克贵重的货物。

明亮温暖的阳光和冰冷刺骨的夜晚交替出现。在白天，沙子被加热到30 ℃，而到了晚上又只有零下七八摄氏度。刺骨的寒风、恐怖的暴雪、和煦的暖风、炙热的艳阳，在一周的时间里能轮番出现很多次。沙漠里的气候就是这么喜怒无常，我们好不容易才能适应。在赶了30千米的路之后，我们已经疲惫不堪，卸完货物之后我们就瘫在篝火边取暖。到了晚上，我们只能在帐篷里瑟瑟发抖。倒不用担心燃料的问题，我们经过的地方是一片美丽的梭梭树林，到处都可以找到干柴。我们还差点在沙漠里酿成一场"森林大火"。

沙子有时会形成一条长长的土堤，有时会变成一个个小土包，只有偶尔的时候才会变成松散的山脊或山丘。整片的沙嘴和土山横跨在道路之上，我们的骆驼和马要很艰难地通过这些地方。越往北，沙子的颗粒就越大，卡拉库姆沙漠被称为"黑色的沙漠"，但是我们却没见到黑色的沙子能够佐证这一名字，显然，我们的向导是对的，

---

1 指陆地深入水中的尖形的沙滩。此处指流沙侵入麦田形成的沙嘴。

2 中亚古国名，位于土库曼斯坦和乌兹别克斯坦一带。

他把这个名字翻译为"可怕的沙漠"。有时候我们也能碰见平整的秃干地或者盐沼地，差不多有几千米长。秃干地会被红色的黏土覆盖，这种黏土非常坚硬，马蹄踏上去会哒哒作响。盐沼地就像盐泽一样，又软又黏。对于我们来说，最重要的莫过于有水井的秃干地了，我们的整个沙漠生活都围绕着这些地方。

走到第十天时，我们才见到一些新鲜东西：沙海之中，一些尖尖的山峰和崖壁出现在远处的地平线上。我们早就没法准确地判断物体大小了，这些山峰看着非常巨大，似乎是从连绵不断的波浪沙地中生长出来的。用望远镜还能看到在山峰后面还有一条长长的沙带，那就是神秘的翁古兹，也就是我们追寻的地方。

我们又穿过了30千米难以通行的沙漠，太阳已经落山，我们来到了一处被黄沙包围的广阔盐沼地，正中间矗立着一座令人望而生畏、无法接近的奇米尔利岩，风从沙丘脚下吹过，形成了美丽的山梁。在沙子下面的盐沼地上，还能看到土库曼人挖的坑，他们从前就是在这里开采所需要的磨石的。

第二天一早，太阳刚刚升起，我们就迫不及待地朝着奇米尔利岩走去。在这无边无际的沙漠中，石头真是太让人想念了。我们从四周一起向岩顶爬，脚下踩着成堆的碎石。在山坡上铺着无数各种颜色的砂岩块和燧石，仿佛被沙漠刷上了一层漆。一个平坦而柔软的小山顶出现在几乎垂直的山梁上，这个小山顶差不多都是由硫矿石构成的。我们对这些宝藏的喜爱无穷无尽！我们一块又一块地查看这些矿石，越来越确信这不是在做梦，这些硫矿石是真的，这将是土库曼的巨大财富！

在分散的沙土中散落着一个个明黄色的硫矿巢，有一些矿坑一看就有些年头了，这表明人们曾经不止一次来这里开采过硫矿石。硫矿床的表面覆盖着一层由石膏和燧石组成的硬壳，我当场就开始研究起它来，希望能够弄明白这些宝藏的性质和成因。而我的同伴们则开始测量周围的地形并画成地形图。

向四周看去，入眼是一片又一片沙丘，沙丘之间还有广阔平坦的黑色盐沼地，稍远一些是淡红色的秃干地，黄色的流沙围绕一圈，看起来就像一顶镶着花边的皇冠。周围的地形就像法国中部的火山，或者是月球上的环形山一样，有几十座孤立的小尖峰，既有陡峭的山崖，也有一些小"火山锥"。在北边和东边更远的地方还有很多新形成的小山丘，我们已经知道，这些山丘中有一个叫"金格力"的，它盛产皂石，还有一个叫"托普–丘尔巴"，已经差不多跟希赫人的井一样有名了。

这一天真是收获颇丰。土库曼朋友真的非常热情，会帮我们把矿石运到专门存放收藏品的区域，还仔细地堆放整齐。

我们的旅程还要继续，得一直到达卡拉库姆的中心才行。一路上，废弃的高炉和建筑遗迹告诉我们，人们不止一次试图掌握这些硫矿宝藏。一座山丘被闪闪发亮的雪白沙子包围着，山顶有一个巨大的开采面，几乎纯净的硫就在那儿闪烁着明亮的黄光。琥珀色的大块硫晶体就塞在开采面的裂缝里，厚厚的石膏和燧石壳保护着山顶。根据山丘的大小，我们估算这里可能有几十万吨宝贵的矿物。临别之际，我们又一次远远望了一眼外翁古兹高原的砾石带，看了看那些被狂风吹出来的巨大盆地，最后一次和热情好客的希赫人一起围坐篝火边，听他们讲述这个遥远部落的故事。

我们在1925年第一次对卡拉库姆大沙漠的考察就是这样开始的，随后又进行了第二次和第三次考察。现在这里已经有许多硫矿厂顺利投产，还建立了气象站、诊所和学校；驼队已经被定期的班车和飞机所取代。

第 8 节

在耕地和田野中的石头

我们在湖泊和海洋底下发现了有趣的石头，但是矿物学家们在耕地和田野可就不见得能找到石头了，因为这些地方的一切石头对人来说都是障碍。每次，当集体农庄的农夫在耕地时碰到岩石的碎块或圆圆的砾石时，都会把它们堆在田野的一边，有时候也会运回去给自己的房子或者窝棚当基座。其实，这些被犁和耙耕作的土地也是由石头变成的，它们也是非生物界中非常有趣、非常复杂的组成部分。

如果你去过很多地方旅行，并且细心观察过，那你就能发现，各地的土壤是不尽相同的，不同的土壤在外形和颜色上都有很大的差别。河岸边的土壤有时就能非常清晰地呈现出五光十色的画面。

在我小时候，进行过一次非常有趣的旅行，从北向南一直到希腊。我现在还清楚记得那些颜色的变化。乌克兰南部的草原都是黑土，到了敖德萨和克里木，土壤就更像深褐色，再经过南边翠绿色的博斯普鲁斯海峡到达君士坦丁堡，你就会看到栗红的色调。当我们的轮船开到希腊海岸时，那鲜红色的土壤映衬在白色石灰石悬崖上，让我大吃一惊。

曾经有一段时间，土壤的颜色并不被重视，人们以为土壤只是地球表面形成的一种小玩意儿。只有俄罗斯著名的多库恰耶夫教授注意到了土壤，并且开始研究它的结构、成分和起源。你们可以去美丽的科学院土壤博物馆看看，那里收藏的土壤跟它藏在自然界时一样，层次分明地装在大箱子里。如果把这箱子从上到下直直切开，你很容易就能得知土壤的种类是多么繁杂，仅凭肉眼分辨它们是多么困难。土壤是由各种各样小矿物颗粒组成的，这些颗粒非常小，别说用眼睛，就算用放大镜和显微镜都很难观察到。但这些颗粒终究还是矿物，只是它们的命运更加特殊，因为土壤本身就有一段特殊的生命史。

土壤是由各种各样的石头和岩石形成的。太阳、雨水和空气都参与了它们的形成过程：太阳的高温可以破坏石头，雨水中含有源于空气的碳酸和少量硝酸，会进一步破坏石头，另外，还有空气中本身含有的氧气和二氧化碳，这些都可以破坏石头。在寒冷的极地国家，土壤的形成速度就很慢，而在南方炎热的沙漠里，白天时地面的温度能达到80℃，完全可以煮鸡蛋了。那里的岩石毁坏速度非常快。同时，灼热的风带走了最微小的颗粒，只留下了一片沙海。但是在中纬度地区，特别是热带地区，土壤的厚度可不止一两米，而是几十上百米！

不要简单地以为土壤就是岩石的碎屑。土壤要比那种东西复杂得多，因为它不仅受到日夜温度变化、冬夏季节交替的影响，还有无数动物和植物生于土中，死于土中，因此我们不能把土壤和它存在的环境割裂开来。从本质上来说，土壤本身就是有生命的东西，各种各样的生命聚集于此。就拿最小的微生物来说吧，在一克土壤里，里面生活着十亿微生物，随着土壤深度的增加，微生物的数量也急剧下降，一米深处的土壤里就已经几乎没有多少微生物了。耗子、鼹鼠、蚂蚁、小虫子、毒蜘蛛还有蜗牛，都在土壤里面翻腾着，有时候还会吃掉土壤，然后再把它们从自己体内排出去。知道吗？在一公顷的土地上，每年有20～25吨土壤要在蚯蚓的消化道里走一圈。在马达加斯加有一种蠕虫，每年要吃掉十亿立方米的土壤，也就是整整一立方千米！

当然了，土壤中的矿物质也会在这些虫子体内发生剧烈、复杂的变化。

甚至有些地方的普通蚂蚁，可以在一百年的时间里把当地的土壤表面完全翻掘一遍，更不用说那些热带的白蚁了。草木的根茎、秋天的落叶还有枯萎的细枝，所有这一切都存在于土壤中，并且在不断地改变着土壤。

土壤有自己独特的生命形式，非生物界的化学反应跟有机生命交织在一起，以至它们根本不可能完全分开。

我们矿物学家也不想把大自然一份一份框起来，然后再孤立研究它们。在我们看来，大自然是各种力量携手描绘成的一幅复杂画卷，也包括人类的活动和生存。对我们来说，这些没有生命的矿物质只是在地球永恒的变化当中一瞬而逝的小粒子罢了。

第9节

透过宝石橱窗

我必须承认，我特别喜欢在放着宝石的橱窗前驻足。当我看到宝石在灯光下变得五彩缤纷时，我完全忘记了它们是虚荣和奢侈的代名词，根本不会去想这些耀眼的宝石值多少钱，也不会去想它背后有多少喜悦、悲伤，甚至罪恶。我想的更多的是关于它们的遥远过去，它们的历史一页一页地出现在我的脑海，为我解开地球最深刻的秘密。

瞧这条项链，切割完美的"钻石"镶在上面，像纯净的水滴，散发着五彩的光芒，这些瞧着有点冰冷的钻石来自炎热的印度、荒凉的非洲，还有巴西的热带雨林。

我的思绪飘到了非洲南部的矿场，那些巨大的、深不见底的管子，里面填满了黑色的岩石。人们在这里进行着奴隶般的劳动，他们用数以千计的小车沿着钢索把矿石开采出去，再把矿石装车，运到大工厂去。在工厂里，石头们被精挑细选：在洗槽的水池里被冲洗干净，然后被涂着油脂的传送带送走，钻石就在颤抖的传送带上闪闪发光。而周围呢，是非洲南部毒辣的大太阳、疲惫不堪的工人们的黑色身躯，还有钻石公司的华丽建筑。在铺着桌布的大桌子上，一堆堆闪闪发亮的钻石被分成上百个品种，有些是将要被加工打磨的大块纯净晶体，有些钻石呈现黄色、粉色、绿色的光泽。除了按照颜色分类外，也有按照使用用途分类的，将切割玻璃用的钻石和镶边用的小钻石粒进行了区分，还有一些双晶钻石，也被分了出来。

这是一个钻石的国度，每年能出产无数钻石。这些钻石会运到伦敦、巴黎、安特卫普、纽约、阿姆斯特丹和法兰克福，然后分散到全世界。

＊＊＊

橱窗里的一枚戒指上镶着红色的宝石，透过玻璃我看不真切，不敢确定这个在昏暗中闪光的宝石是什么种类。

印度、泰国和缅甸，这几个东方国家是红宝石的故乡。世界上没有哪个地方能像在这里一样如此频繁地见到红宝石：红色的碧玺、血红色的泰国红宝石、鲜红色的缅甸石、深樱桃色的印度石榴石，还有德干高原的红色光玉髓——在这里，所有的红色都糅合在了一起。

印度民间有一段传说：

南方明媚的阳光带来了伟大的阿修罗神的生命精血，在这些精血中诞生了红宝石。

神的敌人——兰卡的国王用飓风袭击了阿修罗神，沉重的血滴落在河水深处，落在美丽的棕榈林里。从那时起，那条河就被称为拉瓦纳干噶河。从那时起，那些血滴就燃烧起来，变成红宝石。一到天黑，这些石头就会燃起奇幻的火焰，河水在这种火焰的照耀下散发着万丈金光。

印度的传说就是用这样优美的意象向我们描述红宝石的历史的。我们不知道这些传说开始流传的确切时间，据猜测，大约是在公元6世纪。

红宝石又让我想起了一次巴黎之行。

在巴黎附近有一个偏僻的小镇，镇上有一条安静的街，街上有一个破旧不堪的小实验室。在一间密闭的小房间里，满是灼热的水蒸气，桌上有几个带着蓝色小孔的圆柱形仪器。一位化学家一边透过这些小孔观察炉子里面的动静，一边调节炉内的火焰和空气，还有白色粉末的吹入量。五六个小时之后，他熄灭炉子，从一根细细的红色棍子上取下一个红色透明的梨状物。就像脆玻璃一样，有的一取下来就碎了，那些完好无损的就直接送到珠宝商那里去。

这就是位于巴黎附近，曾经很有名的亚历山大实验室，是专门用来制造人工红宝石的实验室。

人类用超强智慧从大自然那里得到了一个秘密：这种跟天然红宝石并没有多少差别的人造红宝石充斥市场，被一批一批地运往东方，成了缅甸红宝石的劲敌。

东方的神话传说减少了一个，而人类历史上多了一个科学成果!

***

在橱柜的角落里还有一枚小胸针，一颗绿闪闪的祖母绿被钻石围在中央。在所有绿色的宝石中，毫无疑问，祖母绿是最漂亮、最珍贵的一种。民间诗歌常常赞美它，古老的传说里常常说它有神秘的力量。

下面就是几个关于祖母绿的传说。

这个美丽的传说来自几个世纪前的印度，充分表达了东方人无穷的想象力：

龙王瓦苏基带着达纳瓦王的胆汁冲向天空，把天空一劈两半。他的身影映照在辽阔的海面上，如同一根巨大的银色绶带，他头上如同燃起了火光。迦楼罗迎面走过来，拍击翅膀，就好像要笼罩整个天空和大地。龙王见他飞了赤来立刻把胆汁吐到山脚下。这座山是大地的统治者，在那里，图鲁士树的汁液散发着奇香，空气中也满是莲花的清香。胆汁流到地面上，流到远处，流到了野蛮人的国度，流到了沙漠的边缘，流到了海岸边，凡是它经过的地方，就出现了祖母绿矿。

但是迦楼罗用嘴叼住了一部分流到地面上的胆汁，突然，他感到十分虚弱，打着喷嚏把胆汁重新喷到了山上。于是胆汁就都变成了祖母绿，它的颜色像鹦鹉的雏鸟、像嫩草、像青苔、像孔雀羽毛上的花纹。

在神话中，祖母绿矿就是这样形成的。接着，又介绍了祖母绿的五个优点、七个缺点、八种颜色和十二种价格。而神话里的那座山，据说"闻名于三界，不幸的人永远无法靠近，只有巫师可以在某个时刻找到它"。

另外，库普林、王尔德和其他作家也为我们精彩描述过祖母绿宝石：

这个祖母绿戒指你要经常戴着，我的爱人。因为祖母绿是以色列国王所罗门最爱的宝石。它是那样碧绿、纯洁、赏心悦目而又细致温柔，像春天的绿草。你要是看久了，连心情都会愉悦；如果一早就看到它，那你整天的心情都会轻松愉快。我还要在你的床头挂上祖母绿，我的美人。让它帮你远离噩梦，稳定心情，驱散忧愁。戴着祖母绿的人，蛇蝎都会远离他。

这就是所罗门王对温柔美丽的苏拉米芙所说的话。就这样，东方的神话同迦勒底人和阿拉伯人相信石头能治病的传说交织到了一起。

罗马著名的自然学家普林尼亚曾经这样描述祖母绿：

有很多理由可以证明，在众多宝石之中，祖母绿的优点仅次于钻石和珍珠，居第三位。没有任何颜色比祖母绿更让人看着舒服了。当我们看到青草和树叶时会很开心，那看到祖母绿时更是如此，因为和祖母绿相比起来，其他什么东西都变得不那么绿了……它光芒四射，把周围的空气也染成绿色。不管是在阳光下，还是在昏暗中，抑或是在灯光下，它永远完美无瑕，永远璀璨辉煌。即使它有一定的厚度，仍然那么清澈透明……

即使是在普林尼亚的记述中，也有那么多民间的幻想和诗意的语言！

***

在专门的窗格里摆着一枚胸针，上面有绿色的软玉、蓝色的青金石和我们乌拉尔的碧玉。

青金石的种类很多：有亮蓝色的，比蓝色火焰还要炽热，仿佛能灼伤眼睛；有浅蓝色的，像绿松石那样柔和；还有纯蓝色的，还有的带着漂亮的花纹——那是一种由蓝色和白色斑点糅合在一起形成的变化多端的美丽花纹。

我们知道青金石产自阿富汗，产自那高耸入云、难以接近的帕米尔高原。它们有的伴随着大量的黄铁矿分散在各处，像南方的夜空中闪亮着的小星星；还有的带着斑点或脉络状的白色花纹。我们知道，贝加尔湖畔的萨彦岭支脉也出产青金石，它们的颜色从深绿色到深红色都有。阿拉伯人早就告诉我们，青金石放到火上一烧，颜色就会变成深蓝色。"只有放在火上烧十天还不会改变本色的青金石，才是最珍贵的。"——17世纪亚美尼亚人的手稿上这么记载着。

接下来的窗格里，一块颜色发暗的玉石镶嵌在金框里，看上去那么和谐美好。这使我又想起了来自东方的传说。

全世界最主要的玉石开采中心在中亚——和田地区，一个中国新疆的诗意城市，它的财富主要来自玉石和麝香。

和田历史学家阿贝尔－列缪扎写道：

> 神圣的玉河从昆仑山流淌下来，经过城市后，在山麓分成三条河流：白玉河、绿玉河、黑玉河。每年阴历五六月份，河水泛滥，会从山顶冲下很多玉，河水退去后，这些玉就被收集在了一起。在和田的统治者挑选之前，老百姓是不准到河边来的。

阿贝尔－列缪扎还引述了一个美丽的传说：玉像一个美丽的少女。阴历二月时，昆仑山顶的树和草丛都闪着特殊的光芒，这就意味着，河里面已经有玉石了。

这也是为什么和田曾经被称为"于阗"。中国皇帝曾经经常派遣使节来到这里，大张旗鼓地索要玉石。

在叶尔羌河上游的矿区，每年有超过五万吨玉石被进贡给中国皇帝。直到后来，因为一位皇子睡在由玉石制成的床上后，突然得了重病，皇帝便禁止叶尔羌河上游地区开采玉石了，居民被严令，不得进入荒凉的河谷开采绿色的宝石。河谷被铁链封锁起来，已经启程运往北京的玉石也被扔在路上。从那时起，人们只能在河水里开采玉石了。就像中国作家所记述的那样，人们又开始从叶尔羌河和和田河里面打捞石头：士兵们站在齐腰深的河水里，拦截那些随水流滚动的玉石块，再把石块抛到岸上去。在湍急的水流中，他们靠触摸是否有光滑的表面来判定石头是不是玉石。

玉石在皇帝特使的看护下，沿着一条神圣的道路从和田出发，经过每一个驿站时，都会举行东方特有的仪式，就好像这对全国来说都是一件大事一样。被运到东方的玉石大多都是未经雕琢的原石，只有少量艺术品是在和田当地雕琢完成的。

＊＊＊

橱窗里还有一种宝石引起了我的注意，那是碧玉。碧玉制品有那么丰富的色彩，真令我惊讶。

我们还没找到比碧玉的色彩更丰富的矿物。除了纯蓝色以外，所有的色彩都在碧玉中找到了，它们融合在一起，形成了一些奇特的图案。碧玉最常见的颜色是红色和绿色，另外，还夹杂着黑色、黄色、褐色、橙色、灰紫色和蓝绿色等。丰富的颜色使这些不透明的石头有了重要的装饰作用。有少数半透明的种类，因为有一定深度层次的关系，会呈现出天鹅绒般柔和的颜色。有些碧玉的颜色比较均匀，比如南乌拉尔地区出产的碧玉就是一种像钢一样的灰色。在其他的碧玉上，我们经常惊讶于那纷繁色彩混合而成的奇特图案：有些颜色分布均匀，暗红色的条纹和或深或浅的绿色夹杂在一起，像一条条彩带一样，这叫带状碧玉。还有些颜色分布不规则，波浪状、条纹状、斑点状、斑块状、角砾状，不一而足。更常见的是多种颜色混杂组合在一起，像一条花里胡哨、印着奇特花纹的地毯。

在奥尔斯克城郊，有一处俄罗斯著名的碧玉矿床，我们在那里出产的碧玉上看到了这些充满奇思妙想的图案。瞧这块：一片波涛汹涌的大海上，吹起灰绿色的浪花，火红色太阳穿过乌云即将落山，只需额外想象一只海鸥飞舞在这风云诡谲的天空，就能构成一副完整的海上风暴画面；这一块上有好几种红色杂乱无章地聚在一起，一个黑色的阴影在这片红色中格外显眼，这就像一个人在火焰与浓烟中绝命狂奔；这一块则展现了静谧的秋日景色：光秃秃的树林、洁净的初雪，有些地方点缀着青青草地；这一边则有些树叶，落在了水面上，随着水面的波浪轻轻摆动……类似的画面数不胜数，经验丰富的石匠艺术家在石头上看到这样的图案，只需小心地添一根树枝，或是加一些线条做天空，就可以更直观地把这幅自然景致呈现出来。

1935年秋天，我们准备遍历乌拉尔南部的碧玉产地。我和博物馆的工作人员乘坐两辆汽车，参观了奥尔斯克、库什库尔德和卡尔坎。下面是矿物学家克雷扎诺夫斯基对于这次奇妙的乌拉尔之行的记载：

我们从奥尔斯克出发，绕过一个很大的养马场，登上了波儿科夫尼克山。很快就看见了一些从火成岩中露出来的碧玉带，以及几个比较大的碧玉开采面。我们一个仓库一个仓库看过去，为那些奇妙的图案而惊喜，为我们最终亲眼看见这么优秀的矿床而欣喜若狂。我们猜测着这些颜色形成的原因，实在是想不通，为什么碧玉之前几乎没有被研究过，连它的矿床都没有被描述记载过，更不可能有人分析过它，为它做过显微切片。毫无疑问，碧玉理应被充分研究。因为乌拉尔碧玉不仅是一种有趣的岩石矿物，它还以是第一等的细工用石而闻名于世。现在，我们富饶的祖国刚刚开始建设，它的作用显得更加重要。光是一个莫斯科，城市里的宫殿、博物馆和图书馆里就需要大量的、既有高度艺术性又结实耐用的装饰石头。

在参观的时候，我们迷上了一堆碧玉，当我们弯腰贴近它们想要仔细观察时，听到一声招呼，一个穿着制服的矮个子男人面色不善地向我们走来。我迎面走上去，做好了受训斥的准备，可是当我看清他，才知道，站在面前的是我们的老朋友，一个热衷于寻找石头的行家、矿石爱好者，来自乌拉尔的谢米宁。一见到我们，他脸上那不善的神色渐渐缓和了，开始满脸笑容地欢迎我们这些老熟人，对我们突然造访他的"俄罗斯宝石"矿石开采场表示欢迎。他带我们来到了一个基地，这里存放着大量开采出来的碧玉。这里确实很值得一看。最大的那块碧玉，有好几公担（一公担等于一百千克）重，上面有艳丽惊人的奇妙色彩和图案。还有一些材料专门用来制作出口用的首饰盒、小胸针和其他工艺品。尽管我们非常希望能听从谢米宁的建议，留在"奥尔斯克碧玉"旁边喝喝茶，然后明天再多参观一天，但我们必须回奥尔斯克去。等我们回到城市时，天都已经黑了。

……又过了几天，我们又踏上了金黄的道路。我们的车紧贴着乌拉尔山开着。我们又进入了一个碧玉产地带，目光紧盯着岩石露头[1]，每次看到我们感兴趣的东西，都要停车查看。大约在那乌鲁佐瓦村附近，我们发现了那些带条纹的碧玉。我们今天的第一个任务，就是见见那个红色和灰绿色相间的碧玉——著名的"库什库尔德碧玉"。它真是美得不可思议。在圣彼得堡的国立埃尔米塔日博物馆，就有一个花瓶和壁炉边的柱子是由它制造的。我们把车停在了那乌鲁佐瓦村附近，当地的巴什基尔人都不知道"库什库尔德"这个词儿，老人们不知道，当地的老师——我们在他家喝过茶——也不知道。那片矿床可就是在村口前面被发现的啊！同时，还有一种说法，在100~150年前，那乌鲁佐瓦村又被称为库什库尔德村。显然，这个名字现在已经完全消失，没人知道了。还有一个不太站得住脚的传说中写到，发现这些碧玉产地带的巴什基尔人为了瞒过"异教徒"的眼睛，在那露头处修建了清真寺。可是乌鲁佐瓦村位于山脚，红绿色的碧玉则遍布整个陡峭的山坡，根本不可能瞒过谁。我们还发现了一些古老的开采面和几处奇特的露头：一个很宽的碧玉产地带，里面弯弯曲曲，层次分明。费尔斯曼院士还给它们拍了几张照片。

我们仔细查看过开采面之后，就继续向北走，直到卡尔坎湖边停下。我们在远处就见到了那明镜一样的湖面、湖边白色的磨坊和高高的卡尔坎陶

---

1 指矿脉或矿床露出地面的部分，是矿床存在的标志。

山。曾经一段时间，人们在卡尔坎湖畔进行过许多次开采，这里出产过菱镁矿和铬铁矿。后来开采工作转移到了哈利洛沃，因为那里的菱镁矿和铬铁矿储量更高。但是在老收藏家们之间，卡尔坎湖可谓众所周知。我们非常想见识一下这里的灰色卡尔坎碧玉矿床。

一百多年前，彼得尔高夫和圣彼得堡的玉器厂开始使用这里出产的碧玉制造花瓶。这种材料的质地特别招人喜欢，它能被加工得非常精细。过去的大师们为我们留下了无数精美的石雕作品，其珍贵程度无与伦比。

最近，技术上要求以石材加工业生产制作的化学实验室使用的研钵和皮具加工使用的辊子等器材，我们已经用卡尔坎碧玉代替进口的玛瑙作为原材料了，因为卡尔坎碧玉质地均匀，又有韧性，耐磨性和抗压性也更胜玛瑙一等。

我们在卡尔坎湖边度过了美好而难忘的一晚，满月照亮山间，树林倒映在湖面，温暖而宁静。明天就得回到米阿斯去，我们还要操心这些矿物包装的事儿，操心出发去莫斯科的事儿，还有很多事要做，还有很多人要联系，我们的环游就要结束了。今天就让我们再好好享受一下这令人流连忘返的美丽景致吧。

第二天一早，我们花了很长时间寻找碧玉。最终遇到了一位米舍尔亚克人。这位米舍尔亚克妇女犹豫了很久才坐上了我们的车，帮我们在密林里找到了开采碧玉的坑道。这里的碧玉都非常大，可能是在农奴时期开采出来的。一个个爬满了青苔，堆在老式开采车上。现在没有任何可行的办法能把这些大吨位的碧玉运走，何况我们也不知道它们能用来干什么。

就让它们留在这吧，等用到它们时自然就会来运走了！我们很喜欢这些石头，色彩柔和，质地均匀，花纹若隐若现。我们还发现了这些碧玉和蛇纹石之间的联系，这进一步说明，碧玉只是一个很笼统的说法，我们对它的研究还远远不足。

宝石橱窗里的每一块宝石都有一段自己的传奇故事，就算用整本书的篇幅，都讲述不完。但是，如果有一天你到博物馆去，在这些宝石橱窗前驻足时，请想想以上几页书的内容，你也可以在这些小玩意儿之中找一找远古时代的遗迹，还有我曾经说过的那些自然现象。带着这些已经永远过去的历史，也不要忘记这些宝石的未来。宝石所带来的财富不仅在于那些美丽珍稀的奢侈品，还在于它质地坚硬耐磨、牢不可破和经久耐用。难怪，在上等的钟表里，我们经常能用放大镜看到一行小字：十五红钻。这说明，表里的小轴被架在更小的红宝石支架上，因为红宝石支架能经得起时间的考验，它本身就在不停地测量着时间。

在未来的技术中，各种宝石会成为机器里面最重要的部分，因为宝石坚不可摧，它将在技术应用上获得崭新的地位，足以补偿它曾经带来的悲伤、痛苦、虚荣和罪恶。幸运的是，过去那种情况再也不会回来了。

坚硬的宝石在技术上已经有着巨大的应用。早在第一次世界大战期间，战斗就不仅在战场上进行，同时还在为争夺和使用坚硬的石头而进行着，因为航空、航海和枪炮学所需要的精密仪器都需要用到它们。

第 **10** 节

在宫殿博物馆里

如果要进行一次矿物学的旅行，那不得不去普希金城参观那华丽的宫殿博物馆。这座宫殿是由著名建筑师拉斯特里在1752—1756年设计建造的，但是在1941—1945年的战争期间，普希金城曾被法西斯分子占领，这座有世界文化纪念碑意义的美丽建筑也遭到野蛮地破坏和掠夺。

我将尽可能详细地向你们介绍它的名胜古迹。

这座博物馆是世界上最漂亮的博物馆之一，从前，这里是沙皇为了满足自己的虚荣而建造的，在它的美丽背后，是被压迫的俄罗斯人民的苦难和血泪。

历史学家雅克夫金在1829年很好地描述了宫殿里的树木、石头、青铜和丝绸是如何交相辉映的。在他关于萨尔村历史的摘录里描写了宫殿的内部陈设：

……宫殿中有着不可思议的事情，仿佛整个宇宙的宝藏都聚到了这里。熟练的意大利艺术家用珍稀的大理石雕刻精品、油画和马赛克画装饰着它；东印度和美洲用上好的彩色木料为它铺地板，木料上还闪着珍珠般的银白光泽；普鲁士用自己的琥珀为它装饰墙面、飞檐和壁柱。萨克森、中国和日本为它准备了名贵的瓷器。西藏和其他由喇嘛统治的地方也送来一些稀奇古怪的金属雕像、各种各样的祭祀用品和家用器具等。西伯利亚面积辽阔，有取之不尽的丰富资源。这花园里种满了西伯利亚特有的树木，宫殿里自然也

摆满了珠宝：金子、银子、青金石、各种各样的玛瑙和斑岩、色彩美丽的碧
玉、大理石和许许多多珍贵漂亮的矿石。连来自北冰洋和里海的贡品也出现
在这位全俄罗斯君主的宫殿里。在这个村子的地下，埋藏着丰富的建筑材
料，有不少已经开采出来，用来建设这个宫殿、花园以及大大小小的道路。
先是国库，然后是斯拉维扬卡镇和普多斯奇镇，都在源源不断地运来大量的
石头和石灰……

我们不能把这座博物馆中的每一处都讲到，让我们先讲琥珀屋。

琥珀屋是18世纪初世界上独一无二的由琥珀装饰的房间。

琥珀屋是一个奇迹。见到它你会很吃惊的，不但是因为琥珀材料的贵重、雕刻的
精美和造型的优雅，还因为它忽明忽暗的温暖色调，让整个房间都散发着难以言说的
美。整个房间的墙面都用马赛克铺满，形状和大小各不相同的抛光琥珀显现出几乎一
模一样的棕黄色。墙面分隔出一个个方格，每一个方格都用带着浮雕的琥珀框起来，
方格当中是四幅罗马式的马赛克画，分别寓意着人们的四种心情。这些彩石镶嵌而成
的马赛克画是在伊丽莎白女皇时期放进琥珀框里的。这样独特的艺术品要耗费多少人力
啊！而要把整个房间都装饰成这样梦幻般的样子，更是增添了许多创作上的困难。尽管
琥珀质地脆弱，对于加工技术的要求很高，但它的确非常适合用于形状复杂的装饰。

除此之外，这间屋子的窗框、墙画、浮雕、小半身像、人物雕像、印章和各种纪
念品，都是由琥珀制作的。

现在，让我回想一下宫殿里另一个著名的房间——里昂厅。

里昂厅跟玛瑙屋和琥珀屋一样，是一件绝妙的艺术品。这里原本有很多旧青铜作
坊制作的精美艺术品，它们被回炉重做成了新青铜器。这些新时期的蓝色艺术品，无
疑削弱了著名建筑师卡梅伦的最初意图。

像琥珀屋一样，这个大厅也只用了一种石头——淡蓝色的青金石，颜色最美丽的石头之一。

青金石主要用来装饰墙面的较低处，壁炉、装饰框，还有壁炉和窗框上面的镜子。青铜饰品线条简单，轮廓柔和，特别适合跟各种颜色的木料搭配成为门上的装饰。浅蓝色青金石，有的地方带着白色或灰色的斑点，有的地方稍微发紫色，还有的包裹着云母片、方解石和黄铁矿，而黄铁矿的四周还有些锈迹，仿佛一切都经过设计和思考，以消除色彩转变的突兀感。这种装饰面正好显现出了青金石的美丽。青金石这种颜色不均匀的特点，一度被认为是一种缺陷，因此它没有多少价值。只要看看门框上面板条的样子，就不难看出，当时的装饰工人手里并没有多少青金石，他们不得不仔细地使用每一块青金石碎片。这并不奇怪！让里昂厅的装饰带我们回到1786年，那时，我们的青金石刚刚在贝加尔湖畔的斯柳江沿岸被发现。索伊蒙诺夫将军立即将这件事报告给了叶卡捷琳娜二世，当时她对青金石特别感兴趣，曾经特别命人到中国购买另一种阿富汗石以代替青金石。就在1787—1788年间，那时此处的宫殿要修建皇家浴室，第一辆载有青金石的车来到了彼得堡。石头一到，就立即被抛光，用到了房间的装饰上。同时，叶卡捷琳娜二世拨款3 000卢布[1]，用来开采青金石。所以，光是1787年就有20普特的青金石随着运银商队从伊尔库斯克运过来。这就是最初在俄罗斯发现青金石的过程。我们接着穿过大叶卡捷琳娜宫的大厅去往玛瑙屋。

玛瑙屋是一个单独的陈列馆，由一系列的大厅组成。一间大圆柱厅和两个用碧玉与玛瑙装饰的房间吸引了我们的注意力。第一个房间是长方形的，有完全用碧玉装饰的圆形拱门，第二个房间是椭圆形的，名叫前厅，也就是"玛瑙厅"。大厅的装饰风格是希腊式的，厅柱是由来自比利时的灰玫瑰大理石制成的，在大理石柱脚的壁龛

---

1 俄罗斯卢布是俄罗斯的本位货币单位，辅币是戈比。1卢布=100戈比。

里，摆放着意大利式和俄罗斯式的雕像和花瓶，有些柱脚下的石墩是来自绍克申斑岩，有些是来自基夫基斯的粉色大理石。壁炉、窗框和门框用的是来自意大利的白色大理石，上面用来自埃及的斑岩做装饰。

还有两个房间是完全使用俄罗斯的石头装饰的，所以特别有意思。它们在建筑风格和形式上很相似，但第一个房间主要用了暗色的带状碧玉，还有一些绿色、绿褐色和红褐色条纹不均匀地掺杂其中；而第二个房间用的是被乌拉尔人称作"肉玛瑙"的碧玉。两个房间的门都特别漂亮，是由三种绿色和红褐色的碧玉装饰的，搭配精美协调，不会让人有色彩杂乱的印象。一些叶卡捷琳堡（斯维尔德洛夫斯克）和科雷万的两个琢磨工厂制作的漂亮石器花瓶，被高高地摆放在门檐上，使房间更具美感。

每个大厅都有许多不同的石头。每一个斑岩花瓶，石板面的桌子，大理石或斑岩的壁炉、门、窗，都能引起我们这些矿物学家的回忆，我可以把我的听众们带到叶卡捷琳娜宫殿的奢华大厅里去，花好几个钟头的时间，向他们讲述每一块石头背后的故事以及它们的开采过程，甚至还可以讲讲，在乌拉尔和阿尔泰加工厂里它们是怎样被加工的。

第 11 节

在 大 城 市

我从小就有一个习惯，每提到一个地理名称，就会在心里联想起一种矿物。一提到博罗维奇，我就想到在城市角落里的铅矿晶体；一提到米兰，我就想到了那儿的大理石教堂；一说到巴黎，我就想到了那些有名的石膏板；一提到十月铁路线上那个叫别列宰卡的站台，我就想起那里出产的优质石灰石，也就用来烧制石灰的石头。

在大城市里漫步，对我们来说的确大有启发，因为矿物学家们走的每一步都是一个完整的"大学"，在那里我们可以研究最复杂、最困难的科学问题。

走吧，朋友们，到圣彼得堡和莫斯科的大街上走走，让我们听听石头讲述了些什么。

在我们北边美丽的涅瓦河畔，我们站在辽阔的堤岸上欣赏她蓝色的河水。这些河水也是我们地球上一种纯净的液体矿物。我们脚下踩的是普吉罗夫石板，这是志留纪的石灰岩，一种沉淀在深海中的神秘碳酸钙构成物。桥上的碎石，是辉绿岩的碎片，辉绿岩是一种火山熔岩，曾经在奥涅加湖地区以熔融物的形式喷涌到地面上。这里的建筑物基座是花岗岩，花岗岩也是地下深处的熔岩冷却形成的。那些粉色大理石的窗台，是古代雅图尔海的沉积物经过火山烧灼形成的。但在这些石头中，最让我惊讶的是一种花岗岩，它仿佛是长着长石的大眼睛，在芬兰语中意为"腐烂的石头"。喀山教堂博物馆的石柱、伊萨教堂博物馆的著名门廊都是由它制成的。它还用来建造涅瓦河的堤岸，这就是奥长环斑花岗岩。我仔细地倾听这种花岗岩讲述它的历史，它诉说的东西在我们周围看不到，但是也许现在，就在我们脚下极深的地方缓慢进行着。

大概十五亿年前，我们的北部地区是这个灼热的地球最先凝固成硬壳的部分[1]。

---

[1] 本书最初是费尔斯曼在1926年写成的，他在关于矿物形成的讨论中，依据了当时在矿物学界广泛接受的观点：地球起初是热的，甚至是极为炎热的熔化状态，后来逐渐冷却形成了地壳。这种观点来自坎特-拉普拉斯假说，这个假说认为地球起初是气态和液态的。

后来苏联科学家施密特院士提出了关于地球起源的新理论。认为：地球和其他行星的物质都是由粒子群组成的（气体尘埃群，曾经环绕着太阳）。根据这个理论，地球在起初是冷的。位于地球深处的放射性物质衰变放出能量，导致地球深处开始发热。

在地球起初的冷热问题上，新理论和地质学中早已接受的理论有很大不同。

现在，这个新学说正在由与天文学相关的其他科学，如数学、物理学、化学、力学和地质学等论证。

那时候俄罗斯北部的地面上风沙肆虐，早期的热带暴雨倾泻在灼热的大地上。地底的熔岩再次涌出地面，将地表的碎石和狂风带来的沙子重新熔化，渗入地球的第一批沉积岩中去。

就在这个时期，这种红色的花岗岩——奥长环斑花岗岩就在地底深处开始形成了。黏稠的熔融物逐渐凝结：起初里面悬浮着眼睛似的长石晶体，这些长石晶体聚在一起，慢慢熔合，再形成晶体，直到熔融物全部冷却凝固。炽热的水蒸气和其他气体从这些熔融物中像呼吸一样溢出，注入古老的地盾[1]中，冷却后就形成了一些特殊的石头资源。

因此，在白海和波罗的海岸边，一些岩脉随处可见，这些就是古老的花岗岩热呼吸现象的遗迹。

在瑞典和挪威有巨大的采石场，可以开采出像石英玻璃一样透明的粉红色长石和闪亮的粉红色云母。而这些晶体里面还夹杂着一些不起眼的黑色石头，比较重，而且不透明。在这些黑色石头里藏着许多稀奇古怪的矿物：沉重的铀矿石、为我们所用的镭、黑色的碧玺晶体，还有暗绿色的磷灰石。

我沿着美丽的涅瓦河岸走着。长石的眼睛变成了白色；黑云母在北方寒冷海风的作用下闪着金黄色，变成了"猫金"片；灰色的石英正在剥落，秋天的河水冲刷着铁锈斑——这一切都说明，这些石头十亿年的"短暂"生命就要结束了。

我们可以在莫斯科进行一次很好的矿物学游览。

我们将欣赏那些由"白石"建成的老建筑，这些"白石"是莫斯科产的白色石灰石，是在大约三亿五千万年前沉积在石炭纪海洋深处的。

我们可以花几个小时的时间来研究"莫斯科"旅馆的花岗岩地基有什么性质：这

---

1 指地台中有大面积基底岩石露出的地区。

是有着精美伟晶岩脉的古老花岗岩。汹涌沸腾的熔融物穿过冷却的花岗岩，就可以形成伟晶岩脉。

在捷尔任斯基大街上，房子的暗色调装饰物是由闪着蓝色光亮的拉长石眼制成的。你们去看看红场那些有历史意义的陵墓吧，质地优良的辉长石、或明或暗的拉长石、绍克申产的斑岩和花岗岩，这些石头用艺术搭配在一起，不仅显得陵墓宏伟壮丽，同时还代表着苏联人民对伟大领袖逝世的哀悼。

接着让我们去莫斯科的街道下面，到宽阔的地铁走廊里去，深入研究莫斯科的石头的秘密。

我们在这里看不到流沙或者沙土之类，这些东西所在的地方已经被英雄的地铁建设者们建成了隧道，也看不到那些过去被用来建房子的石炭纪石灰石了。明亮的电灯把大理石、花岗岩和石灰石照得清清楚楚。从北部的卡累利阿边陲到南部的克里米亚海岸，我们祖国所产的全部建筑和装饰石材都可以在这里找到。

地铁首批工程的所有站台，超过六万五千平方米的面积，都被大理石和其他诸如玻璃、火山渣、涂釉砖等镶面石材覆盖着。这还只是个开始。

我们下到列宁图书馆的地下。来自克里米亚的黄色花纹大理石装饰着入口，接着，是莫斯科产的灰色大理石做成的巨型八角柱，这种灰色大理石有着纤维方解石的纹理。房檐下方镶着黑色的玻璃板，产自克里米亚的红色大理石铺在通往站台的台阶上，在那上面，我们还能看到石化的蜗牛和贝壳——这是古代南部海洋的遗迹，数千万年前这片海洋覆盖整个克里米亚和高加索地区。

列车开得飞快，每一站停车时间有限，我们很难把所有大理石都观察清楚。在捷尔任斯基站和基洛夫站，我们惊喜地看到了灰色条纹大理石石板，那是在乌法列伊和乌拉尔开采出来的。迎接我们的红色大门，是由红色大理石装饰的，这种大理石出自乌拉尔中部的塔吉尔；壁板则覆盖着沃伦斯基出产的拉长石，就是那种闪着蓝色小眼睛的石头。紧接着，又是克里米亚和高加索出产的大理石，都带着我们南方石灰石的温暖色调；灰色和白色的大理石又出现了，它们来自寒冷的乌拉尔；紧接着又是莫斯科郊外出产的灰黄色石灰石。

我们的地球在数百万颗星星、恒星和星云之中只是一个微不足道的世界，它从一个红色的星星一点点演变成供我们生活的小地球，这中间相隔了一段极远的时间，而我们，却把这段历史遗忘了。

第12节

在矿物资源保护区

读者朋友可能听说过濒危动物或植物自然保护区。比如说，在高加索有一个欧洲野牛自然保护区，在阿斯卡尼亚−诺娃保护区有仅剩的针茅草原，在沃罗涅日附近有一个橡树林保护区等。那为什么要建立一个岩石保护区呢？原来，它们也需要像野牛和橡树林那样被保护起来。令人遗憾的是，很多时候，保护区规划得太晚了。我还记得，在克里米亚发现的那些奇妙的钟乳石山洞：悬挂着的细细的石柱、美丽的帷幕、闪闪发光的石瀑布。发现后没过多久，山洞里的美景统统不见了。游客毫不留情地把那些钟乳石和石笋折断，带回家当作了"纪念品"。在碰到其他矿物时，这些游客同样如此简单粗暴。

每当我想起，在费尔干著名的大重晶石洞里，那些世界上独一无二的重晶石晶体和泉华被无情地摧毁，以用作经济目的，我就会感到十分悲痛。

正因如此，当保护区建立起来的同时，我们感到非常高兴，那种掠夺地球财富的行为也一定会随之停止。这种财富的恢复速度要比野牛和橡树林慢得多，因此，必须保护好它们，以便我们对其进行研究和学习。

这样的保护区在我们乌拉尔南部就有一个，就设立在米阿斯站附近，著名的伊尔门山区。

哪一个喜欢石头的人没听过伊尔门山区？每一本矿物学教科书里都讲了不少关于它的事，列举那里所产的稀有矿物，或者说说那里的天蓝色天河石是多么美丽。有哪个矿物学家不梦想着参观这个矿物学天堂？这里的矿产资源之丰富、独特、多样，在地球上仅此一家。

18世纪末，哥萨克人冒着被愤怒的巴什基尔人包围或者被哈萨克人攻击的生命危险冲到这里。在守卫切巴尔库里斯克要塞的时候，一个名叫普鲁托夫的哥萨克人找到了一些可以用来做窗户的漂亮宝石和云母。但是，要在这里开采和运输石头实在太困难了，只有少数勇敢的旅行者才能冒着巨大风险来到这里。

后来，大西伯利亚铁路代替了崎岖的山路和土路。就在伊尔门山脚下，在明媚的伊尔门湖畔，一个叫米阿斯的小站建立起来了。这个小站是用一种美丽的灰色石头盖起来的，这种石头看起来像普通的花岗岩，实际上却是一种很稀罕的岩石，为了纪念米阿斯，这种石头就命名为米阿斯石。在车站和车站周边那个小城镇后面，就是一片陡峭的山坡。站在这里向南望，伊尔门山好像是一个独立的山峰。这只是一个假象，这里只是一连串山脉的最南端而已，连绵不断的山脉要向北延伸一百千米，这些山脉不仅外形特殊，连化学性质也很有特点。在山脉西边，是辽阔的米阿斯河谷，那里有几个大农庄、耕地和稀疏的森林。在山脉的东边，近处散落着几个山丘，上面都有树林，还有几个弯弯曲曲的湖泊反射着阳光，远处便是西西伯利亚无边的草原。

沿着这个山坡向上爬，大约三刻钟的功夫就可以到山顶，站在山顶那几个凸起的小岩石上，向四周瞭望，四面八方尽是令人难忘的美景。

但是对我们矿物学家来说，最能引起我们兴趣的还是东边的景色，不是远方那雾气朦胧、无边无际的西伯利亚平原，而是近在咫尺的伊尔门山东坡山脚。那有一片森林覆盖的松软丘陵，还有许多湖泊分布其中。在山坡和森林之间有一片草地，至少我们起初是这么认为的，但其实这是一片沼泽地，一片填满了泥炭的沼泽地，现在已经被成功开采了。在森林里，有一片合法伐木区，伐木区里还有一片光秃秃的地带，这里蕴藏着著名的黄玉和伊尔门山海蓝宝石。

在离米阿斯车站两千米的地方，有一片漂亮的小房子，那里是保护区的管理中心、图书馆和博物馆。进保护区做科学研究或游学的人们第一站就要到这里，这里也是科研工作者研究保护区内各种资源的地方。

再过几年，保护区内不同的地方都会出现这样的小房子，以便于来这个矿物学天堂进行研究的人们能住在矿坑附近，仔细研究过去铭刻在这里，而现在仍没有被解读的自然规律。

现在已经有大约二百个矿坑被整理了出来，清理了炸药爆破留下的碎屑和侧面的岩石。每一条纹理都仔仔细细地用灯光照过，确保美丽的海蓝宝石晶体和黄玉完好无损。每一个矿坑里都有些意想不到的发现，伊尔门山脉资源丰富多样，有数百种不同的矿物种类。

这些矿坑我来过很多次，每一次我都会先去斯特里热夫矿坑，这里出产黄玉、冰晶和其他矿物。我之前去过许多美丽彩宝的矿场，但没有一处比这里更美。从南边阳光明媚的厄尔巴半岛，到瑞典的阴森矿脉，再到阿尔泰、后贝加尔、蒙古、萨彦岭，这些地方，没有一处像伊尔门山脉的天河石矿坑一样，让我由衷地为大自然的美丽和富饶感到心醉神迷。我的眼睛紧盯着这堆蓝绿色的天河石晶石，周围到处是天河石尖锐的碎片，正在阳光下熠熠生辉，那些带有条纹的细小斑晶，与绿叶草颜色迥异。面对这些宝藏，我真是抑制不住自己的喜悦之情，它们让我想起一位矿物学前辈说过的一句带点儿幻想的话：整个伊尔门山就是一块完整的天河石晶体。

这些矿坑不仅美在天河石的蓝绿色彩，更是美在天河石跟一种浅灰色的烟晶结合在一起，这些烟晶向着一个方向生长，形成了一幅整齐美妙的图画。这些图案，有的纹理细小，如同希伯来文字母；有些则像是在蓝绿色背景下，用灰色笔写下的象形文字。这些文字图案五花八门，各有各的特点，让人看了之后，不由自主地要仔细辨认这些天书。18世纪末的旅行家和探险家对它们更是异常喜爱，用它们制成的桌子现在还在国立埃尔米塔日博物馆收藏着。即使是现在的科学家，也在努力寻找这种石头的成因。

站在这个矿坑的废石堆上，我也萌生出了猜测这个谜题的想法。我首先注意到的是那些像小鱼儿一样穿梭在蓝色天河石之间的灰色石英。我想找出这些石英和天河石的生成规则及它们混合的规律。这个规律已经被发现了，大自然的一个小秘密被揭穿了。但是，谁又能知道这些小鱼儿背后还隐藏着多少不为人知的新规律呢！这个规律是这样说的：当巨大的伟晶花岗岩矿脉透过科索伊山的厚花岗岩层溢出来时，这些半熔化的伟晶花岗岩便生出了一块块的天河石晶体。这一过程在大概800 ℃的温度下逐渐开始，之后温度慢慢降低，就形成了巨大的长石晶体。等温度降到575 ℃，花岗岩里形成了烟晶，正是这些烟晶让花岗岩的表面出现了图案。一开始这些图案的形状是十分规则的，但是随着温度进一步降低，烟晶的晶体开始不规则地向各处流动——这就是那些小鱼儿的由来，之后这些鱼越来越大，最终在花岗岩中形成了不规则的烟晶矿脉。

这些含有黄玉和其他矿物的矿脉就是这样形成的。再也没有比顺着天河石矿脉寻找宝石更有效的方法了。没有它，就没有宝石，当地的山民非常珍视天河石，因为长期的经验告诉他们，只要找到天河石，就可以找到黄玉。他们知道，天河石的颜色越浓，矿脉带给他们的希望就越大，带给他们的幸福就越多。

三十多年前，我到伊尔门山的时候，在自己的日记中写道：

> 我对伊尔门山脉的未来有一个带点儿幻想的描绘：在伊尔门山顶上有一个文化疗养地，周围松林环绕，远离山谷的尘埃和纷扰。齿轮升降机连接火车站和山顶。长石和脂光石的伟晶岩脉为切巴尔库尔和米阿斯的大型陶瓷工业提供丰富的原料。在下面，湖边，靠近护林哨所的地方，是个自然中转站——伊尔门山矿坑管理中心、考察中心、博物馆和实验室。在许多矿坑里进行着大勘探，有计划地开采天河石；还有一系列深井，直达科索伊山底部，可以帮我们弄清楚天河石矿脉的内部构造和分布情况。
>
> 这就是伊尔门山脉未来的画卷——为了科学，为了工业的胜利，为了文化和进步，她需要变成这样；但是也不能让她失去野性和亲切的一面，她的美是不可分割的整体：野兽栖息的废矿坑，颠簸的山路，还有在蓝色天河石碎片边烤着篝火喝茶的人们。正是这些生命气息的结合创造了这一切景象。要跟这样的景象说再见的话，对我来说非常不舍，因为这个景象不但有诗意盎然的荒原之美，更是一种伟大的动力，激励我们去工作、去创造、去掌控自然和探索自然的秘密。

伟大的弗拉基米尔·伊里奇创建了世界上第一个矿物资源保护区，现在这个保护区就以他的名字命名。1934年到来了。在南方明媚的春光中，我们坐上车——一辆高尔基工厂生产的越野车（被米阿斯的孩子们称为"轻便汽车"），绕着新建成的乌拉尔南部工业中心看看。经过几小时的车程后，我们就从伊里奇自然保护区驶入克什特姆，这个地方的铜产量占全国的四分之一；再过了两三个小时，我们到了斯拉托乌斯特，这里有全新的俄罗斯初轧机；又过了七个小时，我们到了乌法列伊镍厂门口，这是镍这种贵重金属的主要来源；又过了七八个小时，我们来到了马格尼特，这里每年生产铸铁超过300吨，相当于沙皇时期全国的黑色金属生产总和。

我们从伊里奇保护区出来，经过蓬勃发展的集体农庄和整洁的新国营农场，用了三个小时到达车里雅宾斯克——正在建设的未来之城。在我们面前和周围，是一个巨大的拖拉机厂，这个世界上最伟大的厂房建立在花草之中，每年有数万台强大的拖拉机在这由机床、机械、传送带和炉子组成的复杂系统中诞生。

越来越多的新工厂开始运行：在铁合金工厂，使用火山口一般的温度，也就是太阳表面的温度（大约3 000～4 000 ℃），来得到一种复杂的化合物，这种化合物是冶炼优质钢的必需品。还有一个人造红宝石厂，这里出产的红宝石有几吨重，需要用大起重机从炉子里取出来，交给砂轮厂制作金刚砂粉，全国的金刚砂粉有三分之一是这里供应的。

接下来的一片建筑，属于切格勒斯锌加工厂和规模宏大的巴卡勒斯基工厂。还有一个染料厂，专门用古辛斯基的黑色钛矿石制造白色染料。这些林林总总的金属、合金、拖拉机和其他机器从前需要从国外大量进口，而现在，车里雅宾斯克及其所在州的重工业已经可以为全苏联提供这些产品了。

02

没有生命的自然界是如何构成的

第 1 节

什么是矿物？

在前面的章节里，我们已经见识过了各种环境下的岩石矿物。我们见到了数百种没有生命的自然物质，但还不是特别清楚，在这复杂多样的环境中，什么样的物质可以被称为矿物。我们这门科学中，目前有大概三千多种矿物，但其中有约1 500种比较稀有，很少遇到，只有200～300种矿物是我们周围比较常见的类型。从这方面讲，矿物的世界要比动物和植物简单得多，毕竟动植物界动辄几十万个种类，每年还在不断增加。

我们已经一起见识过了，研究我们的矿物王国有许多困难，同一个种类的石头可能有不一样的外观。这是怎么一回事？原来，一切矿物都是由更小的单位组成的，就像是不同类型的"砖块"。我们找到了大概一百多种"砖块"，它们构成了周围世界的一切。我们著名的化学家门捷列夫首先把这些"砖块"——化学元素，放进一个整齐的表格中，这就是门捷列夫元素周期表。这些化学元素包括氧、氮、氢等气体，也包括了钠、镁、铁、汞、金这些金属，还有诸如硅、氯、溴等其他物质。这些元素通过不同的数量和不同的方式组合在一起，就形成了我们所谓的矿物。比如，氯和钠在一起组成了我们吃的盐，氧和两份硅就组成了硅石或者石英等。

矿物是化学元素的天然化合物，是自然而然形成的，没有人为干预。就像是一座建筑由一定数量和种类的砖块建造而成，但这些砖块不是一股脑胡乱堆在一起，而是根据一定的自然规律构建的。但是我们很清楚，同样的砖块，同样的数量，也可以制造出完全不同的建筑。因此，同一种矿物在自然界中就会有不同的样子，即使它们本质上是同一种化合物。

就这样，各种各样的元素组成了地球上三千多种建筑——矿物（石英、盐、长石等），而这些矿物进一步聚集，就形成了我们熟知的岩石（比如花岗岩、石灰岩、玄武岩和砂岩等）。

研究矿物的科学叫矿物学，研究岩石的科学叫岩石学，而研究这些"砖块"和它在自然界中建造方式的科学，就叫地球化学。

读者可能会觉得这些很无聊。但是我仍然希望读者能继续读下去，牢牢记住，我们对大自然了解得越多，就越能感受到周围世界的乐趣。

这个世界还充满了秘密，科学越是渊博，它的成果越是广泛，周围那些伟大的谜题就越容易被揭开。而每揭开一个自然界的秘密，就意味着在这个秘密里又有一个崭新的、更加玄妙的难题出现了。

第 2 节

地球矿物学和天体矿物学

我们的整个地球由哪些矿物构成的？

首先想到的，应该就是我们周围的岩石或者我们日常生活中使用的矿物。然而科学给我们的答案却完全不同，在地球的深处，完全不是我们周围常见的样子。读完这篇文章你就会明白，从构成上来看，地球和太阳十分相似，而不是由我们周围熟悉的石灰石、黏土、花岗岩和砂岩等构成的。

我们知道，在地球表面，也就是人们生活的地方，有些物质比较多，有些物质比较少。有些物质比较稀有，我们需要费很大劲儿才能从地底深处开采出来，用于工业目的，而有些物质就在手边，要多少有多少。的确，这种区别的原因在于某些物质在自然界中分布得比较分散，没有或者几乎没有大量聚集的地方，而另一些物质刚好相反，聚集形成了大量的矿床。

除此之外，物质在地壳中的含量也不尽相同，有些物质几乎占地壳质量的一半，而有些只占十亿分之一。1889年，美国化学家克拉克试图计算地壳的平均成分。结果显示，92种不同的物质，也就是化学家口中的化学元素[1]，只有很少几种在我们身边大量存在。我们身边的自然环境有一半以上是由两种元素组成的：氧和氢。按体积计算，硅元素只排在第三位，它与氧一起构成了石英。但是硅元素也只占总体的15%，而我们所熟知的那些重要金属，像钙（石灰岩里有）、钠（海水和食盐里有）、铁，加起来也只占1%～2%。

我们的周围是一幅奇妙的画卷，12种元素构成了99%的大自然。它们用各种方式互相组合，就得到了各式各样的矿物和生活必需品！

但是，我们地球的其他部分也是这样的吗？为了回答这个问题，我们必须想象一场从地面到地心的长途旅行，这注定是一场艰苦的行程，超过6 000千米的长途跋涉，与众不同，充满幻想。

我还记得，1936年，我在捷克斯洛伐克顺着欧洲最深的矿井下到了地底深处。我们乘着敞开式电梯，以每秒8～10米的速度向下疾驰，风声嗖嗖，电梯的钢轨吱呀作响，空气也变得潮湿温暖。我们只用几分钟就到了矿井底部，随之出现了耳鸣、

---

1 现在的发现的元素有100多种。

心跳加速的症状。这里的气温有38 ℃，相当于潮湿的热带地区。要知道，我们才刚到地下1 300米深的地方，仅仅是这趟地心之旅的五千分之一。人类挖掘的最深的矿井，是位于非洲的一个金矿，也只能到达地下2.5千米深的地方。一个人的全部活动范围，他的生活、工作和迁移，都只发生在我们这个星球最外圈那薄薄的一层上。

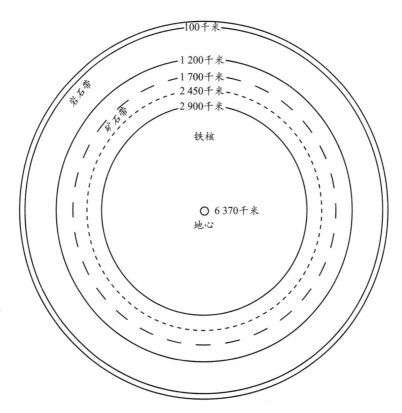

地球及其外壳的剖面图（其中，岩石带占40%、矿石带占30%、铁核占30%）

然而，人类总是试图跳出这小小的范围。他们用尽各种方法，企图发明一双眼睛，能够帮助他们洞察未知的深处，并且弄明白他脚下很近的地方到底有什么。但到目前为止，他们才刚刚弄清整个深度的五千分之一。

当然，人们不是直接用眼睛看，而是借助工具深入地底。最近几年，多亏了金刚石钻井机的应用，我们深入到地下超过4.5千米的地方，并且用套筒把那里的岩石和矿物取了出来，但这样的深度跟地球半径比起来还是微不足道[1]！

大自然也会帮助人们。地球的深层区域有时会在地质作用的影响下突然上升；大洋深处连同那里的沉积矿物变成了高耸的山脉；地下岩浆也会顺着地壳的孔洞和裂隙喷涌而出。对于这一切，科学家们都可以用精湛的地质学方法来研究，他们把形成于地下15～20千米深处的矿物和岩石统统带回自己的办公室，用来研究远超人类观察范围的地下情况。

但我们还是不安于现状，因为到地心去的路程才走了15千米。剩下的6 000多千米相当于从圣彼得堡到后贝加尔的赤塔之间的距离，照此比较，我们刚刚走到圣彼得堡下边的列巴茨村。

地球深处的情况是什么样的呢？那里是由什么物质构成的呢？

我们对此知之甚少，但是，近年来的新发现为我们拓宽了视野。我们现在知道，地球的相对密度是5.52，也就是说，它的平均质量是水的5.5倍，可我们地面上基本的岩石，如石灰石、花岗岩、砂岩这类，它们的质量只是水的2~3倍。我们不得不认为，地下深处的物质要比我们周围的物质更重。此外，我们还知道，在之前提到的15～20千米的深度范围里，地球的成分也出现了变化，某些金属，比如铁和镁，含量变高了。依此推测，随着深度增加，直到地心，这种变化会一直存在。这还不是全部：地球也是一个天体，因此它经常被拿来和太阳、星星和彗星做比较，但奇怪的是，我们对那些遥远天体构成的了解远比对地球构成的了解更多。这些遥远天体上的小颗粒有时会以陨石的形式落到地球上来，我们就从这些来自未知世界的"客人"身

---

1 苏联最深的石油钻井有5 000米深（1951年）。

上，开始了解到了构成整个世界的物质。

针对地震的科学研究近年来给我们带来了很多好消息。地震，就是地球的震荡，震荡波会从地震发生地向各个方向传递。有的震波沿着地球表面传递，有的则顺着各个方向横穿地球。当地震发生时，比如说在日本，更准确地讲，是日本地下某处，每一个安装着精密测量仪器的地震监测站都会收到两个不同的波，一个是从地球表面传过来，另一个则是直接穿过地球传过来。研究表明，那些穿过地球而来的波，会以不同的速度穿过地球，因为它们在不同的深度遇到了不同的物质。在地壳浅层，它们速度快；在地壳深层，它们速度慢。因为深层的物质密度更大。我们完全可以根据震波来研究地球成分是怎样变化的。

我们可以开始更深处的旅程了，那里有巨大的压力，还有超出我们想象的高温。对于这次旅行，我们需要知道的是：我们还没走多远，大概30～100千米深度，也就是刚动身的时候，就会一头扎进炙热的熔岩中；随着深度增加，这些熔岩不再是液体的形态，它们会变得更像灼热而且坚硬的玻璃。

我们的旅行从熟悉的地球表面开始，我们生活的大陆，如浮岛般漂浮在地球表面的深色玄武岩地带上。大陆的主要成分是花岗岩，相对密度大约为2.5，其中包含大量的氧和硅。这只是最浅的一层表皮，在下面是更重的玄武岩带，它含有更多的铁，相对密度可以达到3.5。现在已经到了地下30千米深，周围都是镭的化合物，不停地释放热量，因此这里的物质都是火红的液态。

就这样继续延伸到1 200千米深，这中间经过的地方都是地球的岩石带。在岩石带的最深处，熔岩的下方，我们再次遇到了一种很重的岩石——榴辉岩，这种岩石从外表和构造来看都很像玻璃。火山爆发有时候会为我们带来这种岩石的碎块，在这些碎块里，我们曾经发现了贵重的钻石晶体。

继续向下，在1 200千米和2 900千米之间，是矿石带，这里聚集着大量的铁矿石，包括磁铁矿和黄铁矿。这其中还混杂着铬矿石和钛矿石。这些矿石含铁量高，含氧量少，所以相对密度可以达到5或6。矿石带承受的压力极大，所以即使温度很高，物质依然是固态。

只走过2 000千米之后，我们差不多到了地球的核心，它的相对密度是11，比钢还要大1.5倍。这里的成分90%以上是铁，还混杂着金属镍，少量的硫、磷和碳。

我们地球的组成成分是什么呢？什么物质，或者说什么元素在这些成分中起主要作用呢？我们现在已经知道了，并且可以按重要性从高到低依次写出来：氢、氦、铁、氧、硅、镁、镍、钙、铝、硫、钠、钾、钴、铬、钛、磷、碳。

那么，我们的地球是怎样形成的呢？为什么地球有大约40%的成分是铁，而这些物质又为何如此分布呢？假如更多的铁矿石存在于地面上，我们就再也不用担心缺铁了，再也不用操心未来的经济了，这对我们来说是巨大的好处。

有几十种不同的理论可以解释这个问题，最可信的一种说法是这样的：我们的地球是由无数的小碎片组成的，这些碎片聚在一起，新的压住旧的，它们不断融合、熔化成一团。重的物质沉到深处，留在了中心；轻的物质浮到表面，形成了岩石带。

这种解释看起来是可信的，我们在研究其他天体的构成时，遇到了跟地球上一样的成分。尽管我们对于天体矿物学了解的还非常少。科学家们也只是根据落在地球上的石头来猜测——比如说在月球上——有哪些岩石和矿物；科学家们也知道在一些小天体上，比如彗星，有哪些矿物。但这都是一些支离破碎的知识。

月球、行星、彗星和恒星，是未来矿物学的重要研究领域，而我们现在的任务是研究地球深处的矿物，并把它们跟宇宙中的矿物相比较。

你们瞧，这趟地心之旅把我们的思绪引领到遥远的天外世界去了，而我们这些地壳上的矿物学家，不能只靠想象，也要依靠深入的科学分析，努力用我们的双眼洞察整个宇宙。我们已经开始逐渐了解整个世界了，现在普遍认为，整个宇宙所有的彗星、恒星、行星和星云，在构成上有很大的一致性。它们有同样的物质基础，12~15种主要的化学元素，其中最重要的是金属铁、硅[1]、镁，气体氢、氧、氦。我们的地球是整个宇宙的一部分，那么地球上的规律，也应该是整个宇宙的规律。

第 **3** 节

晶 体 和 它 的 性 质

　　想要知道什么是晶体，单单在矿物学博物馆欣赏美丽的石英和黄玉晶体是不够的，在冬天，用我们深色的衣袖做背景观察雪花也是不够的，观察砂糖里那些像钻石一样亮晶晶的颗粒更是不够的。我们需要亲手培育晶体，研究它们的生命。

　　让我们就这么干吧！去药店买200克明矾（普通白色的）和胆矾，再买两个平底玻璃杯作为结晶器，然后开始制作我们的晶体吧。首先，在玻璃杯中放入明矾，再倒入普通的热水溶解明矾，但是要注意不要把明矾全都溶解了，杯底要剩一点。然后让水慢慢冷却，我们会发现杯底的明矾又变多了一点儿，两小时后，我们再把溶液小心地倒进结晶器里，之后把结晶器放到窗边，用纸仔细封住。那些胆矾也是一样操作，这样我们的第二个结晶器就得到了蓝色的溶液。

　　到第二天早上，我们就能在两个结晶器的底部看到小晶体沉淀，有些很小，有一些就比较大。我们把结晶器里的溶液倒进两个杯子里，再用镊子把最大、最好的小晶

---

1 硅单质属于非金属，所谓的金属硅，是指硅含量98%左右，包含部分铁、铝、钙杂质的化合物。

体挑出来，只需要五六个就够了，把它们用吸水纸擦干净。现在，我们把两个结晶器里剩下的沉淀物清理出去，仔仔细细清洗干净之后，再把那两杯溶液倒回去。最后，把刚才挑出来的小晶体重新放到结晶器里。注意，不要让它们碰在一起。我们还可以用另一种做法：前一天，在装着溶液的结晶器里悬一根细线，第二天，线上就会附着好多小晶体，我们把线提出来，清理掉多余的小晶体，只保留一两个最好的，然后再把线放回去，就像图片中那样。

正在生长晶体的结晶器。其中一个晶体挂在线上

到了第三天早上，揭开纸封，就可以看到这些小晶体稍微长大了一点，我们再把小晶体轻轻翻个面，再等一天。就这样，它们每天都会长大一点儿。当然，有时候我们会发现它们周围又出现了亮晶晶的小晶体沉淀，那我们就把之前的步骤重复一遍，拿出我们的"宠物"，清理结晶器，重新倒入溶液，再小心地把它放回去。这样，我们就能亲眼看着它一天天长大，可以用1 000种方法改变实验，来全面地了解整个晶体世界。

我们首先注意到的就是，同一个结晶器里的所有晶体都是一样的，但明矾的晶体和胆矾的晶体却完全不同。

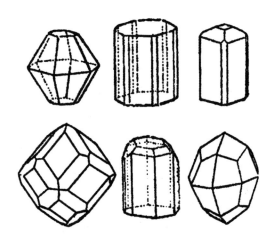

各种矿物的天然晶体：刚玉、绿柱石、符山石、石榴石、黄玉、白榴石

我们可以做一些这样的实验：把纯白色的明矾晶体放入胆矾结晶器中。但这样做不会有什么结果，要么是晶体溶解了，要么是它的表面长满了乱七八糟的蓝色颗粒。或者我们做一些另外的实验：再去药店买点铬矾（紫红色的），按照我们之前的方法，制作另一个铬矾结晶器，把明矾晶体放入铬矾结晶器中，铬矾晶体放入明矾结晶器中，然后我们就看到了一幅奇妙的现象：紫红色的晶体继续生长，只不过表面变成白色的，而白色的晶体的表面是紫红色的。我们甚至可以得到一种带条纹的晶体，方法就是为这两种晶体轮流交换结晶器。

我们还可以这样做：在明矾溶液里添加硼砂并使其开始结晶，我们的明矾晶体会继续生长，但会长成跟之前完全不同的样子。

在这个晶体上，我们除了看到八个闪闪发光的平面之外，还有六个不规则形状。我们可以继续添加其他物质，每一次都会改变这个晶体的外观。

现在我们敲下晶体的一个角，再把这个角放到溶液里。这个角很快就会开始生长，自己修复自己了。

或者，我们把晶体所有的角都敲掉，并且把它磨成一个球，再放到溶液里，它依然会缓慢地逐渐长成一个大晶体。

经验丰富的结晶学家可以把自己的实验做得千变万化，每一次改变都让他确信，有一套非常严格、始终不变的规则在支配着晶体世界。

结晶学家可以用一种叫测角仪的专业精密仪器测量晶体的角度，根据测量结果，结晶学家们很快就确定：每一种晶体的角的度数是恒定的。比如说明矾晶体，不论何时何地对它进行测量，它的角度永远精确等于一个数值：55度44分8秒。

晶体学家会准备一些厚度只有百分之一毫米的晶体薄片，然后让一条光线通过它们，在大多数晶体中，这条光线会变成两条性质完全独特的两条光线。结晶学家们依此发现，晶体具有多种多样的性质和特征：同一个晶体不同部分，硬度也是不同的；只能在一个方向上导电，其他方向都不行。

一个完整的晶体世界已经呈现出来，晶体科学家们开始更深入的探索并逐渐发现这种依照严格规则生成的物质早已遍布整个世界。

科学家们到处寻找美丽的晶体，包括花岗岩堤岸中藏着的那些大块的粉红色长石晶体，他们在研究砂岩或石灰岩薄片的时候也要用显微镜，或者一种更灵敏的X射线仪来观察它们。经过大量研究，他们发现在最普通的黏土里，在烟囱的烟灰里，甚至是在几乎所有的物质里，晶体的生成规律都是存在且有效的。

我们必须研究晶体的生长。你们可以多用几种盐做结晶实验，试试让碎片恢复，培育晶体球，一边像照顾宠物一样培育它们，一边观察晶体的规则。

如何用晶体和原子构成世界

我们看到的世界处于一种特殊的状态。不管我们的眼光多么锐利，也只能看清一定的范围。

在我们眼睛敏感度之外的东西，我们是观察不到的。高山、森林、人、野兽、房子、岩石、晶体，还有我们周围的一切——都是通过我们的眼睛辨别出来的。但是，对于很多事物，我们看不清是如何构成的。就像我们看不清细胞是如何构成生命体，也看不清元素是怎么构成大自然的。

让我们来想象一件不可能做到的事情：我们的眼睛可以把看到的一切都放大百亿倍，而我们自己，就像格列佛[1]一样保持现有的样子。那时，我们周围的一切，高山、海洋、城市、树木、岩石、田野——都消失了，我们走进了一个陌生的新世界。

我不知道，有没有读者去过这样一片云杉林：所有的树木都栽得整整齐齐，一棵一棵排成行，行与行之间还相隔甚远。当你站在圆圈里，如图所示，那你的前后左右都是不停延伸的一行行大树。当你向后退一步（图中十字标记的地方），在新的方向上又会出现一排排新的大树。你面前的整个森林就可以画成一个奇怪的网格。

如果我们的眼睛能把周围的世界放大百亿倍，也会看到这样的事情。这个世界上再也没有什么物体了，所有的一切都会意外地变成整整齐齐、无穷无尽的网格。那些

1　《格列佛游记》的主人公。

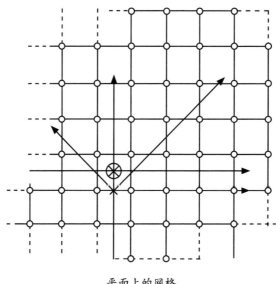

平面上的网格

长长的队列不仅像云杉林一样向周围延伸，还会向上或者向下延伸。只是此时，构成这些格子的不是一棵棵树，而是一颗颗小球，彼此相隔几米或者几十厘米，整整齐齐地飘在空中。

图书馆、教室或者俱乐部的大厅里有时就用这样的方式悬挂电灯。而我们是在一片美丽的森林里，如果在林中某处我们发现了一小块或者一撮食盐粉末，我们就会看到许多均匀、笔直的行列，就像图里画的那样。

如果我们能勇敢地走进一块石灰石，或者一块铁、铜之中，那我们就会被一个更加复杂、美丽的网格所包围。

地球上的每一种物质内部都会有特殊的网格，悬浮的小球构成了这些神秘的世界，在那里，我们除了小球，什么都看不到。

任何物体的尺寸都可以达到上千千米。手指厚的距离就相当于从圣彼得堡到乌拉尔，眼前一根火柴杆的厚度能达到325千米，这可是莫斯科到博洛戈耶的距离。

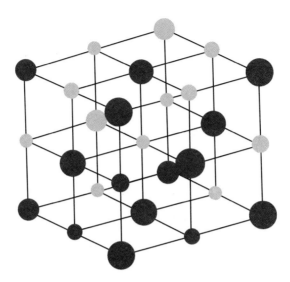

食盐——氯化钠的晶体结构。黑色的圈是氯原子，灰色的圈是钠原子

在这个新世界里，除了看不到边际的网格外，什么都没有，而这些网格，都是由一个个悬在空中的、尺寸微乎其微的小球构成的，这些小球，就是神秘的物质的"点"。

我必须向读者解释一下这个画面：这些由小球构成的网格，按照一种严密的几何学规则来排列。这些网格不是别的，正是我们美丽的晶体。

几乎整个世界都是由晶体构成的，只有少数几个物质里存在比较杂乱无章的"点"。

我们在结晶器里培育的那些晶体以及在山上看到的那些，都是这些小网格的外在表现。现在我们已经成功地研究了构成我们所说的世界的网格构造。但是，我们需要更仔细地观察，我们需要更锐利的目光，让我们的视力再提高1 000倍。

各个小球之间的距离将不再是几米而是几千米，那些网格的景象我们已经看不到了。而这些小球也不再是微小模糊的"点"，而是一个复杂的世界。我们周围有许多小东西，正在依着复杂的路径围绕核心旋转。我们可以像格列佛那样走进这个崭新的特殊世界。

有某个力量会牵引这些小东西，让它们从一个路线跳到另一个路线，在这个过程中，小东西会闪光。整个系统就像是星星围着太阳转一样。我们完全忘记了习惯的世界，城市、房屋、石头、动物和植物。也忘记了那一排排、一列列细长的网格。我们现在进入了原子本身中，被它的电子云环绕着。

那接下来会怎么样呢？

我们是否可以进一步增强我们的视力，离开原子的世界，进到另一个新的领域呢？或许可以，但是，我们还不知道那会是什么样子。

如果我们的视力还能增强几万倍，我们或许就能看清原子的内核以及电子到底是如何构成的。也许它们依然是某种像行星环绕太阳一样运动的体系。

总之，全世界都是由各种物质中微小的原子组成的。整个世界就是一个美丽、和谐的建筑。像小球一样的原子，严格按照几何学定律构成了这座建筑。

统治这个世界的就是晶体和它那恒定不变的规则。有些晶体比较大，是一些完整的、实心的物体，在它们内部有巨量的网格和原子。我们至少需要写35个零，才能准确描述它们的数量。

也有些其他的结构，我们的肉眼看不出有什么规律性；还有一些物质的小颗粒是由几百或者几千个原子构成的，比如说烟囱里的烟灰和金的水溶液。

周围的一切都是由各种各样的原子构成的，它们有的比较复杂，有的就简单许多，我们现在已知的原子有大概100多种。

但是，你看看最轻、最简单的氢原子和最重的金属铀原子，它们的差别是多么大啊！

每立方厘米的物质中隐藏着无数个这些原子，而科学家们仍然能参透并掌握这个大自然的秘密。格列佛的故事只是个古老的童话，而物理学家和结晶学家们成功地把它变成了现实！

03

石头的历史

第 1 节

石头是怎样生长的

我们已经讲了很多关于石头自身的生命史，的确跟生物的生命史有很大不同。一块石头的历史或者生命可以非常悠久：它们不是以千年，而是以百万年、亿年为单位来计量的，因此我们很难观察到石头千年来的变化。那些铺路的鹅卵石和田野里的石头在我们看来永远不变，只是因为我们看不到阳光、雨水、马蹄和其他微小的生物是怎样把它们变成新东西的。

倘若我们能改变时间流逝的速度，像看电影一样迅速地展示地球几百万年的历史，那么我们会在几小时里看到：山脉怎么从海底升起来，然后又怎样变成了平地；矿物是怎么在熔融物中形成，又是怎么快速地消散成黏土粉末；数十亿动物一秒之内就变成了又大又厚的石灰石，而人类用不到一秒的时间就摧毁了整个矿山，把它变成了铁板、钢轨、铜丝和汽车。在镜头飞快的变换中，一切都以闪电般的速度变化着。我们可以亲眼看着石头生长、死亡，再变成其他东西，就像一个有生命的物质的一生，所有一切都被它自己的规则所支配着，而这个规则，就是矿物学的研究对象。

我们先从地下深处探测不到的岩浆带开始，研究地球上矿物的生命。那里的温度稍稍超过1 500 ℃，压力有几万个大气压。

岩浆是一种成分非常复杂的混合物，既包含熔体，也包含液体。它在无法接近的深度中沸腾着，夹杂着水蒸气和一些挥发性气体。同时，其内部也在不断变化，有些单独的化学元素已经连接在一起，准备变成矿物（此时还是液态的）了。随着温度的下降——这一般是因为岩浆进入了比较凉的区域或者所在的位置升高了，岩浆开始凝结并释放这些物质。这些物质中有的化合物会更早变成固态，它们开始结晶，然后漂浮在液体中或者沉在液体底部。越来越多的新固体被慢慢吸引到这些结晶上，这些固体就聚集到了一起，跟液体分离了。

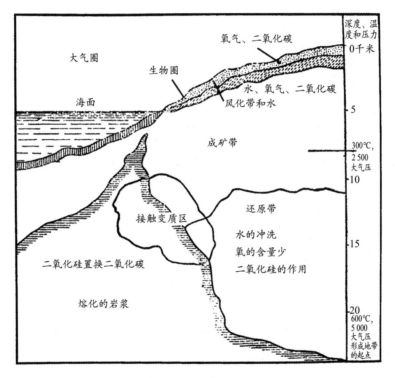

地壳中不同地带的剖面图

岩浆转化成晶体混合物，然后聚在一起形成的矿物，我们称之为结晶岩。浅色的花岗岩和正长岩、又沉又黑的玄武岩，这些都是从熔化的岩浆中凝固而来的。在岩石学上，它们有上百种不同的名字。岩石学试图从结构和化学成分上来研究它们过去在地下未知世界的痕迹。

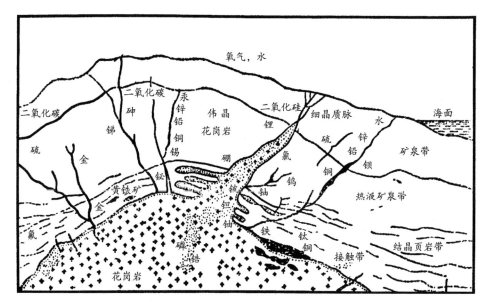

花岗岩块的剖面图。花岗岩的分支以及析出的各种金属和气体

固体岩石的成分跟形成它的熔融物的成分有很大的不同。大量的挥发性物质穿透熔融物，来到它的表面，使得熔融物的表面一直烟雾缭绕，直到它完全凝固成固体。固体形成之后，只有很少一部分气体留在岩石内部，其他的都以气流的形式上升到地面了。

也不是所有的挥发性物质都能到达地面。一大部分依然留在很深的地方，水蒸气在地下凝结，形成了温泉，然后再顺着缝隙和岩脉流向地面，这个过程中，温度慢慢下降，溶解在水中的矿物质也慢慢析出，形成沉淀。一些气体会饱和溶解在水中，以泉水或者间歇泉的形式来到地面，另一部分也会很快找到其他出路，形成固体化合物。

温泉，拿维也纳著名的地质学家休斯的话来说，是"初生水，最早的水"。它把岩浆和地表的生命联系了起来。温泉数量众多，在美国至少有一万处，在捷克斯洛伐克也有上千处，其中有许多温泉还有治疗作用，比如著名的卡洛夫维尔温泉。有些温泉变成了真正的水源，它们从地底深处带来了跟地表完全不同的东西，比如重金属的硫化物，它们开始沿着岩石的缝隙或者干脆在岩石表面形成沉淀。就这样，地底岩浆里的这些挥发性物质就变成了人们想尽办法要去寻找的矿藏。那些从地底一路畅行无阻地涌出地面或者没有变成矿物的水、挥发性物质、水蒸气、溶液等，会一直跑到大气和海洋中去，渐渐地，经历过许多地质时期之后，我们的环境就变成了现在的样子。

我们的空气和海洋慢慢有了现在的成分和性质，这正是地球长期演化的结果。

我们生活在地球表面上。

我们的头顶是大气层，混杂着水蒸气、气体，还有来自地球或者宇宙的尘埃。离开地面三千米的高度，就基本不会受到地球变化的影响了。在那里，银色的云层之外，是一片富含氢气的区域。而在我们的研究范围的最边界，氦气的光谱在北方闪耀着。大气层的下部则飘浮着许多颗粒，比如火山喷发出来的小颗粒、风吹起来的灰尘和沙漠风暴吹上来的沙子，对我们来说这里是一个特殊的化学物质的世界。

在我们面前有池塘、湖泊、沼泽和苔原，这里都堆积着大量逐渐腐朽的有机物质。在底部的淤泥中，也在不停发生变化：铁慢慢收缩变成豆状矿石，硫的有机化合物正在缺氧环境下在进行复杂的分解，慢慢变成黄铁矿结核。微生物不断地收集和产生新的矿物。在海洋中，这类变化过程的规模更加庞大。

现在我们再去看看陆地上。这里是二氧化碳、氧气和水的王国。石英砂不断堆积在一起，二氧化碳跟一些金属（钙和镁）形成化合物。地下的硅化合物被破坏，形成了黏土，风和太阳、水和严寒都会加速这种破坏作用，每年，地表每平方千米的土地上都有50吨物质被破坏。

这种破坏能一直影响到表层土壤下500米的深度。破坏力越往下越弱，直至消失，因而成就了新的岩石世界。

这就是我们地球表面的无生物界。我们身边到处都在进行激烈的化学反应，到处都有旧的物质变成新的物质，沉淀之上又有沉淀，矿物质不断聚集；被破坏和风化的矿物变成另一个新的矿物，一层一层新的物质自由地散落在地表。海洋底部、沼泽地的淤泥、岩石河床还有沙漠里的沙海，这些将来都会消失，被水冲走、被风吹走，或者被新的岩石覆盖，变成地底深处新的矿藏。就这样，这些被破坏的地表物质，渐渐脱离地表的世界，进入陌生的地下深处。而在岩石深处，它们会以全新的形式复活。在那里，它们会遇到岩浆的海洋，然后熔化，再重新析出晶体。

地球表面的沉淀物就这样再次与深处的岩浆相接触，每一种物质的颗粒都会在永恒运动中重复无数次这样的旅程。

石头是活的，它也会变化、衰亡，然后变成新的石头。

第 **2** 节

石 头 和 动 物

现在我们知道了，石头和动物之间有着非常紧密的联系。在地球上，生物活动的范围只是很薄的一层，我们把它称为生物圈。虽然有些科学家在地面以上2千米的空中发现了活的微生物胚胎，风可以把孢子和真菌带到10千米的高空，甚至秃鹰也可以上升到7 000米的高度，但人们通常不会认为生物圈能达到那样的高度。而在坚硬的地壳下，生物的活动深度不超过2千米。只有在海洋里，生命的活动范围才能从海面一直延伸到海底。

不过，单是看在地球表面，生物的分布范围也比通常想象的大得多。俄罗斯著名的生物学家梅奇尼科夫的数据表明，有些生物能够承受的环境变化波动比地球能承受的变化波动还要大得多。

我记得一支考察队有过描述，他们在北乌拉尔地区的冰天雪地中发现了一种繁殖能力极强的细菌，那种细菌繁殖极快，使得极地冰块的表面都出现了一层浮土。在美国著名的黄石公园，温泉岸边接近70℃的高温下，还生长着一些藻类，它们不但活着，还沉淀出了硅华[1]。

生命的生存范围比我们想的要大得多，比如，对于细菌和霉菌及其孢子来说，它们可以生存于零下253℃到零上180℃的范围内。

在生物圈里，我们称为土壤的那片地带，有机生命可以发挥特别充分的作用。在1克土壤里，生活着20亿~50亿细菌！大量的蚯蚓、鼹鼠或者白蚁，在不停地翻动土壤，使空气里的各种气体更容易进去。在中亚，每公顷的土地上生活着2 400万以上的动物，包括昆虫、蚂蚁、苍蝇和蜘蛛等。微生物在土壤中的作用更是大到不可估量。著名的法国化学家贝尔泰洛谈到地球表面的时候，把土壤称为"活的东西"。

有些更复杂的生物，它们从生到死都在参与生成矿物的化学过程。我们很清楚，珊瑚虫是怎么构成整个岛屿的。地质学家已经指出，在我们之前的几个时代，在珊瑚虫的作用下，来自海洋的碳酸钙不断堆积，在沿海地区发生复杂的化学反应，然后形成了连绵几千千米的巨型珊瑚礁。

谁见过我们俄罗斯的石灰岩——大概是苏联最常见的品种，可以很容易地看到，这些石灰岩里含有那么多不同的生物残骸：贝壳、跟足虫、珊瑚虫、苔藓、海百合、海胆和蜗牛，这一切都混在了一起。

---

1 一种二氧化硅沉积物，其形成会受藻类生物影响。

海洋里洋流相遇的地方，时常会让环境发生重大变化，使得鱼类和其他生物无法生存，走向死亡。这些海底墓地聚集着大量的磷酸盐，从各种沉积岩中的磷钙土矿物质来看，这种让鱼类大量死亡的现象不仅现在发生，在远古的地质年代里一直都在发生。

有些生命体在活着的时候就可以吸收地球上的化学元素，然后形成新的稳定化合物，比如说石灰质的外壳、磷酸盐的骨骼或者硅质甲壳。而其他的生命体都是在死亡之后，当有机体开始腐化、分解的时候，才会参与矿物的形成。在这两种情况下，生物都是地质活动中最大的因素，因此，不管是现在还是过去，地面上矿物的特征都将取决于生物界的发展。

能够征服自然力量的人类，这个强大的改造者，也生活在生物圈中。人类通过改造大自然，把一些物质转化成生物圈中从来没有过的东西。人类每年要燃烧超过10亿吨煤，他们为了达到自己的目的，消耗了经过漫长地质年代积累下来的能量。大约有20亿人生活在地球上，他们建造了规模宏大的建筑，连接了整个海洋，使数千平方千米的荒原和沙漠变成茂盛的田野。

对于岩石和矿物的加工，各个工厂都在不断提高产能，人类的文化生活也不断提出新的要求，这一切如今都成了转化石头的强大动力。

人类在其经济活动中不仅利用了地球的资源，还改变了地球的本来面貌：人类每年提炼的铁高达一亿吨，还有数百万吨其他金属。偶尔自然界也会自己形成一些金属，这些都是博物馆里的珍品。

第 3 节

从 天 而 降 的 石 头

1768年，法国人民受到了一种奇怪天象的惊扰。那一年有石头从天而降，落到了法国的三处地方，当地的居民不相信科学的说辞，只认为这是神迹。大约是晚上五点，突然传来可怕的爆炸声。晴朗的天空突然出现一片不祥的云彩，有什么东西呼啸着掉在了林间空地上，有一半砸进了松软的土中。这是一块石头。附近的农民跑过来，想要把它捡起来，可是石头太热了，根本碰不得。他们吓得一哄而散，可是没过多久，他们又回来了。那块掉下来的石头已经凉了，黑色的，看起来很重，就这么躺在原处没有一动不动。

巴黎科学院对这个"神迹"很感兴趣，并派出了一个特别委员会前去调查，在这些人中包括著名的化学家拉瓦锡。但是，一块石头从天上掉到地上这种事听起来是那么不可思议，委员会和它背后的科学院都不认为这块石头来自天上。

就在这时，"神迹"还在发生：石头接二连三从天上掉下来，还有了目击者。捷克科学家赫拉德尼首先站出来反对巴黎科学院的僵化思想，并勇敢地在自己的文章里证明，这些石头真是天上掉下来的。当然，这种事情时常伴随着荒谬的说法，一些无知的人把这些石头当成神圣的护身符：有的人把它捣碎，像药一样喝下去。1918年，落在卡申市附近的一块石头被农民砸碎，研磨成粉，作为重病患者的"治疗"药。

现在我们知道了，赫拉德尼是完全正确的，他说，每年都会有石头从天上落下，有时候是单独一块，有时候是好几块，有时候落下的是灰尘一样的小石头，有时候则是沉重的大块石头。它们甚至可以伤人性命或者引发火灾，它们可能砸破屋顶，可能落入田野，也可能被淹没在沼泽地里。这些石头我们称之为"陨石"。

在北极地区的冰天雪地，按理说是不会有来自城市、街道或者沙漠的尘土的。而那里经常能够见到一些"从天空飘来的"小灰尘，它的成分跟我们地球上的普通矿物有很大不同。有些科学家认为，每年落在地球上的"宇宙灰尘"有几万吨或者几十万吨，能装满很多节车厢。陨石里也有非常大块的。在美国亚利桑那州有一个直径1.5千米的大陨石坑，人们在那找了很久大陨石，到现在也只找到它的一个小碎块，据此推测，这个大陨石可能是一个巨大的铁块，重量有一千万吨，其价值差不多五亿卢布，但这块陨石一直没有被找到。撒哈拉大沙漠的某个地方，还有另一个巨大的陨石坑，阿拉伯人带走了一些石头碎片，但是关于陨石还没有给出明确的说法。我们近年来也进行了一些有趣的研究，是关于1908年6月30日，有东西落在了遥远的石泉通古斯地区荒凉的针叶林里，使整个东西伯利亚地区出现了强烈的气流扰动和土地震动。就连澳大利亚的精密仪器也检测到了这次撞击。

1927年，科学院组建考察队，由勇敢的矿物学家库里克率领，当他们来到这个地方，眼前是完全被烧毁的树林。当地的鄂温克居民说道：那次陨石坠落的情景太可怕了。响声震耳欲聋，强烈的暴风雪刮倒了树林，许多鹿立时毙命，地面不停震动——这一切都发生在阳光明媚的早晨。这块巨大的陨石究竟落在哪里，我们还不知道。但我们坚信，一定有人能解开这个西伯利亚荒林里的秘密。

陨石的内部结构和成分非常吸引人。有一些陨石很像我们普通的石头，虽然其中一些矿物在我们地球上还没出现过。还有一些是由几乎纯净的金属铁构成的，有时会掺杂着一点黄色的透明矿物——橄榄石。

我们地球上没有这样的铁，也没有这样的石头，毫无疑问，它们是从宇宙其他的地方来的。来自哪儿呢？或许是月球表面的熔岩沸腾的时候抛出来的火山弹吧，也有可能是木星和火星之间小行星带里跑出来的碎片，还有可能就是一个意外出现在这儿的彗星残骸。我承认我们还不知道这些天外来客的来历，只有一些大胆的猜测可以告诉大家它们在宇宙深处的故事。

随着时间流逝，我们会积累越来越多的信息，终有一天我们会了解这个秘密。为了早日让这一天到来，我们只能成为一个优秀的自然学家，仔细研究周围的一切现象，并且准确地描述它们，相互比较，找出它们的共同特征和独特之处。100年前法国著名科学家布丰说得完全正确："收集事实，事实才能产生思想。"我们现在的矿物学家也正是这样做的，他们收集陨石，研究它们的成分和构造，把它们跟地球上的石头相比较，然后得出了一系列有趣的结论和推测。

1868年1月30号，在旧姆仁斯克省，数千块不同大小的石头落在地面，这些石头有着黑色的外壳，看起来曾经熔化过，还有些落在刚结冰的河面上，因为太小了，连薄冰层都没砸透。

还有一些陨石会斜着落向地面，1867年在阿尔及利亚就发生了这样的事，由于那块陨石速度太快，力量太强，它在1千米长的地面上砸出了一道深沟。陨石坠落时，通常温度会很高，有时能达到2 000℃以上，但这只是在表面上，石头的内部通常很冷，冷到一碰到，手指都会冻僵。陨石经常会在下落的过程中与空气摩擦而产生剧烈的爆炸，碎屑像雨一样在几千米的范围内纷纷落下；有时也会完全烧尽，只剩灰尘。

所有这些碎片都在博物馆里精心保存着。最好的陨石一般存放在四个博物馆里：我们莫斯科的科学院矿物博物馆、芝加哥的博物馆、伦敦的大英博物馆、维也纳的国家博物馆。

我们知道很多关于这些从天而降的石头的有趣故事，但是没有一个能向我们解释它们的来源。

以下是1937年12月27日苏联《消息报》刊登的一则消息：

"卡因扎斯"陨石运抵达莫斯科

9月13日，一块大陨石落在鞑靼共和国穆斯柳漠沃地区和加里宁地区交界处的卡因扎斯农庄，陨石的碎块落在田野和树林里，其中一个碎块重达54千克，险些将正在田野劳作的女工马弗里德·巴德里耶娃砸死。巴德里耶娃当时距离碎块落地点4~5米，碎块落地产生的强大气浪直接将她击倒，并使她受伤。

另有一个重达101千克的大碎块落在树林，砸断了几棵树，最近，这个以落地点卡因扎斯命名的陨石被运到苏联科学院陨石调查委员会。这块陨石是苏联科学院收集的同类陨石中最大的，在陨石登记册上编号1090。

还有另外四个陨石碎块被一起送到莫斯科，其中一块只有7克重，是当地居民捡到的最小的碎块，当地农庄的所有工人都积极参与了寻找碎片的工作。

今年5月12日，还有一块重约3千克的陨石落入吉尔吉斯共和国。这块被称为"卡普塔尔·阿雷克"的陨石之后也被送往科学院，其发现者阿列克·巴伊·捷康巴耶夫也受到奖励。

* * *

我们可以在11月的夜晚，到街上去欣赏一下星空。这时可以看到许多星星朝各个方向坠落下去。那是宇宙中未知的天体从外围空间掠过地球，在经过大气层边缘时发生的短暂闪烁。有成百上千的流星跟我们擦肩而过，但是在星流发生的日子里没有一颗流星落到地球上。流星和落在地球上的陨石，不管飞行轨迹是多么相似，它们都是不一样的东西。但不论如何，那些从天而降的石头，也是我们在寒冷冬夜仰头看见的那些星星的一部分，是未知世界的一个小碎片。

这世界上没有神迹，"神迹"这样的称呼来自人们的不了解。那就让我们多多了解它们吧。

第**4**节

不 同 季 节 里 的 石 头

在一年的不同时期，石头也会发生变化吗？石头比较像一年生植物呢，还是比较像多年生的针叶林呢？也有可能，石头可以像鸟一样改变羽毛的颜色，或者像蛇一样每年都会蜕皮。当然，可能首先想到的回答就是：不，石头就是死的，不管是春天还是冬天，它都不会变化。但是，恐怕这样的答案稍显鲁莽了，因为有许多矿物会在一年特定的时期里产生变化。

我们知道有一种非常独特的矿物，它只在每年特定的月份里出现，春天会消失在地球上，等来年秋天再次出现。这就是固态的水——雪或者冰。这种说法乍一看或许有点儿奇怪。但是要记住，有时候冰也像石灰岩、砂岩和黏土一样，是一种普通的岩石。在雅库茨克地区，经常可以看到冰和沙子、石头一起层层叠加成整片的山崖。

如果我们生活在终年零下20～30摄氏度的寒冷地区，那么冰对我们来说就是普通的石头，可以构成山脉或者岩石，而它的熔化物，就是我们所说的水。我们会把这里的水当成是罕见的矿物，就像我们看见了熔化的火山硫或者冻结在温度计中的水银那样，既感到高兴，又感到震惊。

像冰雪这样的季节性矿物其实多得很，在极地或者沙漠地带，在春秋两季，我们随处都能看到它们。

春日的莫斯科郊外，春汛过后，黑色的土地上就会长出淡绿色的花朵，这些其实是绿矾，也就是硫酸亚铁，这是黄铁矿被含氧量很高的春水氧化而形成的。这种像五颜六色的花纹一样的物质会覆盖整个山坡，等来年春天一场雨过后，就会被冲干净。

沙漠里的颜色变化则更加惊人。我曾在荒凉的卡拉库姆沙漠遇到一种盐，其以非常奇幻的方式出现。在夜里一场暴雨之后，第二天早上，盐沼地的泥土表面突然被一种雪一样的盐覆盖了，这些盐有的像树枝，有的像针，有的像薄膜，踩上去沙沙作响。但是这样的景象仅仅持续到中午，沙漠刮起了炎热的风，这些盐在几个小时里就被吹散了，到了晚上，盐沼地又恢复了灰暗的颜色。

在中亚的盐湖里还有更大的季节性矿物，特别是在里海的卡拉薄嘉斯湾。冬天，那里会有数百万吨的芒硝被海浪冲上岸，到了夏天，这些芒硝又重新溶解在温暖的海水里。

但是最最神奇是极地地区的石花。一位叫德拉维特的矿物学家曾被沙皇流放到雅库特，他在这儿的盐泉附近一连住了六个月，一直观察一种奇特矿物的形成：在零下25摄氏度的冰冷盐泉中，石壁上会生出大块的六边形结晶，这是一种稀有矿物，名叫"水石岩"。这种矿物在春天时会散落在普通的食盐粉末里，到了冬天就长成六边形晶体。德拉维特这样形容它："在这个有闪亮花纹的结晶图案的表面行走，简直就是在亵渎神明，它就是美丽到这种程度。"

当读到德拉维特关于水石岩的发现和研究的信时，我们都感到很激动。这种晶体必须在零下29摄氏度的盐水中形成，为了测试它的硬度，又需要在零下21摄氏度的气温中用它刻划冰块或者石膏。甚至在德拉维特做化学实验的房间里，温度也只有零下11摄氏度。

下面就是他记录的在雅库特研究这种季节性矿物的情况：

我自然而然地有了这样的想法，要想办法为这种晶体做一个形状模型。起先，我决定把这种晶体的形状印到石膏上，然后再给石膏模子灌铅。但手边没有石膏，我在克孜勒图斯发现的漂亮又透明的石膏还在那儿放着呢，没给我运过来。我只能出去另找石膏，终于，在离我住处四俄里[1]的地方有一个质地挺差的石膏露头，但是我已经像看见糖一样高兴了。我把这些石膏煅烧、粉碎、过筛，等我准备好的时候，天呐，那些晶体早都破碎熔化了。而石膏在太冷的地方会凝固，没法很好地裹住晶体。由于材料的原因，我只得到了一些破烂模型。所有石膏都用完了，我不得不拿我的茶匙来帮忙……我们还剩下一点奶油（我们那时候经常挨饿，面包早就没了），经过同伴允许后，我就用了这些奶油。我的想法是，先用奶油做模子，然后再给奶油模子灌石膏。我成功做好了几个奶油模子，我把这些模子放到寒冷处加速它们凝固，两小时之后，它们都不见了——被老鼠偷吃了。我气得差点哭出来。

我没有其他材料了，或者就是我不知道方法。突然一个想法刺进我的脑海：使用壁炉。

在我们住的这个破房子里，有一个俄式火炉，它总是不停地烧着，因为炉子上的风门没有了。我在距离炉火不同远近的地方放了几个晶体，炉火太热，我得戴着皮手套进行操作。晶体开始熔化了，失去水分之后，有些晶体的形状还没太改变，但是有一些，像开花的白菜一样分出了许多小枝，完全改变了样貌。

这几天里，我都在炉子前改善实验条件，最后总算达到了使晶体不变形的目的。我必须把晶体放在烧着干柴的炉火口烘干，火炉被放在有小孔隙的基座上，可以迅速吸走晶体熔化后产生的水。

这种雅库特的季节性矿物，这些西伯利亚极地美丽的花朵，就是这样被研究出

1 1俄里约等于1.6千米。

来的。

我只是举了几个例子，以说明在一年不同的季节里，石头也会发生明显的变化。但是我想，假如我们能用显微镜和最精确的化学天平来研究矿物，或许我们会发现更多其他的矿物，也会有类似的奇特变化，在冬天和夏天不停变换形态。

第5节

石头的年龄

可以确定石头的年龄吗？"当然不能"——读者肯定会这么回答，因为读者知道确定动物和植物的年龄是多么困难。石头可以存在很长很长时间，它生命起点和终点都存在于远得不可想象的某处时间点。其实这并不完全正确，因为某些石头自己会记录自己的年龄。

有一次去克里木旅行，我研究了萨克盐湖的沉积层。湖底的黑色淤泥有治疗作用，而淤泥的表面覆盖了一层坚硬的石膏壳。为了把淤泥挖到浴缸里，我得想办法把石膏壳去掉，可它却碎成了无数细小的针状晶体和尖锐的小石头。

在这些针状晶体上我发现了黑色的条纹，我在互相比较过之后，很快就发现，这些黑色条纹在石膏壳里都是沿水平方向分布，而且层次分明。答案显而易见：石膏晶体每年都在生长，特别是在夏天，春汛过后，浑浊的泥水从周围山上流到湖里去，使石膏晶体生出了黑色的条纹。每一条线就代表这些石膏长了一岁，就像我们在树干上看到的年轮一样。这些晶体就这样讲述了自己的生命史，它们的年龄不超过20岁，再通过这些黑色条纹的厚度，我们还能看出某一年春天雨水多不多或者夏天热不热。

在乌克兰的著名盐坑里也有这样的年轮，而且规模更大。在这里的地下，有一个个被电灯照亮的巨大房间，在房间的墙上可以看到许多不同颜色的条纹，整整齐齐地交替出现在整个大厅里。我们知道，这是在很多年前消失的彼尔姆海沿岸小湖中，由于盐类沉积而形成的年轮。

更神奇的是，那些在北方被大量发现的带状黏土。它们是一些湖泊和河流的沉积物，而这些湖泊和河流则发源于两万年前覆盖整个北方的冰川。有些河流还向南流了很远，甚至到了俄罗斯南部草原。根据这些黏土颗粒的形状和大小，可以看出明显的分层，颜色比较黑的是冬季层，颜色比较浅的是夏季层。只要计算一下这些分层的数量——可能有好几千——就可以推断出北方的精确年表。这些带状黏土就是地质学家的日历表，描述和记录了整个北方的历史。

矿物学中还有许多更精确的方法可以确定矿物的年代。在大部分岩石和矿物中都含有镭这种稀有元素，它本身就是由其他金属衰变而成的，反过来，它也在慢慢地衰变成其他物质，特别是铅。镭在衰变的过程中会不断释放出氦。这样，镭的衰变时间越长，它转化成的铅和释放的氦就越多。那么，只需要知道岩石中有多少镭和它们每年要转化成多少铅，通过铅的数量，就可以推算出这种衰变已经发生了多久，也就可以知道这个矿物已经生成了多久。

现在，我们基本上已经可以确定，最古老的矿物和岩石大概已经10亿~20亿岁了。芬兰和白海海岸的岩石年龄大概在17亿岁左右。我们顿涅茨克地区的煤矿大概是在三亿年前沉积形成的。我们现在已经可以为石头列一个编年表了[1]：

---

1 表中的数字已经根据1952年7月《自然》杂志上谢尔列巴夫的数据做了修正。

太阳系各行星的形成——5 000 000 000 ~ 10 000 000 000年前

坚硬的地壳形成——2 100 000 000 年前

第一次出现生命——900 000 000 ~ 1 000 000 000 年前

甲壳类动物出现（圣彼得堡周边的蓝色黏土）——500 000 000年前

鳞骨鱼出现（泥盆纪）——300 000 000年前

石炭纪——250 000 000年前

第三纪初和阿尔卑斯山形成——60 000 000 年前

人类出现——大约1 000 000 年前

冰河时代开始——1 000 000 年前

冰河时代末期——20 000 年前

精加工石器时代开始——7 000 年前

铜器时代开始——6 000 年前

铁器时代开始——3 000 年前

现代（公元前）——0年前

　　这个编年表是根据自然界石头的历史编制出来的，接下去就没有了。在地球历史和太阳系历史范畴之外的事情，科学家们还无从知晓。然而，想必读者也看出来了，这些数字还不够准确，它们只是比较接近真理，只是一个路标，试图引领人们去测量过去的时间。人们还要克服很多困难，经历很多错误，才能修正这个表里的数字，才能列出一张精确的地球年代表，并在石头的史书中看到它们的过去。

04

宝石和技术上
应用的石头

第1节

金刚石

宝石里面最耀眼、最著名的就是金刚石了，其他所有宝石都比不上它！它晶莹剔透，能发出彩虹的颜色，而且又比大自然其他的石头坚硬得多——"金刚石"这个词本身就来自希腊语，意为"不可战胜的"。而且，我们不仅能在珠宝店和宝石博物馆看到金刚石，玻璃工人切割玻璃时也需要金刚石；在不同的车间里，金刚石都被用在最精细的零件上。金刚石对于那些被称作"钻机"的机器更是特别重要，钻机可以用来在山崖和岩石上打孔，用于放置爆破炸药。最后，当需要用薄锯来锯钢或者坚硬的石头的时候，也需要用到金刚石粉。现在人们可以在山里挖10~15千米长的隧道，可以用钻机钻到地下4千米的深度，可以制造出一种精密器械，精密到它画出来的细线或者痕迹需要用放大镜才能看到，之所以能做到这一切，都是因为有金刚石的帮助。所以毫不奇怪，现在有超过一半的金刚石都被应用在技术上，哪怕是有裂隙和杂质，最劣等且不透明的金刚石。

金刚石的宝贵之处在于它完美结合了许多特性。它是自然界最硬的石头，只有用同样的金刚石才能刻划、切割或抛光它[1]。

除了熔化的金属和熔化的岩石外，金刚石不会溶解于任何已知的液体。它一般也不会燃烧，只有在800℃以上时，才能在硝石合金的作用下燃烧。最后，金刚石还有

---

[1] 近年来，人们已经超越了自然，在炉子中得到了一种叫碳化硼的物质。在某些情况下，碳化硼的硬度比金刚石的还大，但它非常脆。

一个特殊的性质：散射阳光，也就是说，它能像雨滴一样，在空中闪出彩虹般的光芒。经过切割打磨的金刚石所发出的火彩[1]更为耀眼，让人爱不释手。

最奇特的是，它的成分非常简单，只有碳一种元素。它不同于烟囱里的烟灰，也不像铅笔里的石墨，是碳元素的另一种形式。

今天，金刚石从一种奢侈品变成了一种强大的技术工具。这种物质的任何一颗晶体在人的手中都不会被浪费掉：最好，最纯净的晶体会被打磨成钻石；其他的则可以用在钻机的钻头上，或者做成雕刻针，或者磨成玫瑰形钻石装饰；还有一些会被磨成粉末，用来打磨其他坚硬的宝石或者金刚石自己。即使是一小块金刚石，也要比同等重量的贵金属——铂金或者黄金贵二三百倍，而大块金刚石的价格，用这些稀有元素可没法比。只需要一个例子就足以说明：南非曾经出产一块最大的金刚石，重达600克，在当时估价200万金卢布。

每年开采的金刚石，总价值高达2.5亿金卢布。这个数字相当于每年开采的铜和银的价值的总和。

正因如此，研究人员一直关注着金刚石。而它的成因以及人工制造的方法，就变得很有理论意义和经济价值。

很长时间以来，金刚石只能在河流砂矿里被找到。在印度和巴西，金刚石都出产自河沙，还没人知道到底是哪种岩石生成了金刚石。

在大约100年前的南非，一个玩沙土的小女孩发现了第一块金刚石。从那时起，南非就成了世界金刚石生产中心，现在，这个国家有数百万人依靠开采金刚石生活。

当地质学家开始研究这个国家时，注意到了大量的漏斗形凹地。这些凹地里有大量的氧化镁–硅酸盐石头——角砾云母橄榄岩。这些漏斗不仅穿透了花岗岩，还穿透

---

1 宝石内部反射出的彩色光芒。

了好多层覆盖在花岗岩上的生成物。由此可见，当初熔化的角砾云母橄榄岩在升出地表的时候伴随着多么强烈的爆炸！先是岩石释放的大量气体和水蒸气冲破这些漏斗的底部，然后是熔化的岩浆被巨大的压力挤上来，喷涌而出，岩浆在半路上凝固，接着又被再次冲破，并且把周围岩石的碎片熔化在一起。这些黑色的岩石喷发出来，就像玄武岩一样。在这里面就分布着金刚石，但是含量很少，每1.5吨岩石只有不到0.1克。

对于这些岩石里的金刚石是何时形成的、怎么形成的，科学家们产生了很多争论，也提出了许多猜测。现在已经可以确定，金刚石是在角砾云母橄榄岩的岩浆中结晶出来的，而且需要很大的深度和很强的压力。

如果是这样，那我们是否可以在实验室里模拟大自然所做的一切，尝试人工制造金刚石呢？科学家们费了很大精力，想从煤和石墨中人工提取到金刚石。

50年前，科学家们先后在熔化的银和熔化的岩石中分离出了极为微小的金刚石晶体。但是到目前为止，仍然没有得到比较大的金刚石晶体。

想象一下，假如我们已经完成了这项工作，化学家们可以在特定的炉子中获得大量纯净的金刚石晶体。

那会发生什么呢？

在非洲，整个金刚石工业将会崩溃，紧接着金融崩溃，资本主义制度变得更加混乱。

人们的所有技术都会发生变化：可以用金刚石做成锋利的锯齿和钻头；硬质金刚石做成的整套工具将会极大地改变机器；在山上钻井变得轻而易举；金属可以直接用金刚石做成的工具来切割打磨……

显然，这些都是可以实现的，只不过现在它们还只存在科学家的脑海中。

但是，别忘了，有科学根据的合理幻想往往很快就会变成现实。别忘了，儒勒·凡尔纳小说里的很多奇妙场景现在已经成真了。

第 **2** 节

水 晶

如果你手里有一块水晶和一块玻璃，它们颜色一样，都是透明的。如果把它们打碎，会有同样锋利的边缘和断口形状。但它们也有区别：水晶在你手里很长时间都会是凉的，而玻璃很快会被你捂热。难怪在一些炎热地区，那些富裕的古罗马人会在家里放一个大水晶球，是用来凉手的。这种现象是因为水晶比玻璃导热更快。手上的温度很快就会传遍整个水晶，而玻璃只是在表面传热。不知道古希腊人是否了解这个特性，但是，不管怎样，"水晶"这个名字来源于希腊语中的"冰"，它们两个的确很像。难怪罗马著名的自然学家普林尼亚曾这样描写水晶："水晶必然是由天空中的水分和纯净的雪形成的。"

水晶，是一种透明的、纯净的石英晶体变种。石英很常见，在沙子里，在北方花岗岩中半透明的石头里，在磨刀石的碎片里，在乌拉尔生产的玛瑙石和碧玉饰品里，都能找到这种矿物。

纯净透明的石英晶体可以达到很大的尺寸，经常能见到15～20千克重的样品。在乌拉尔极地出产的透明水晶晶体甚至有一吨重[1]，在马达加斯加也出现过半吨重的，所以，一个水晶晶体就足够被雕刻成各种完整的物体。例如，在莫斯科军械库博物馆里收藏着一套水晶制成的茶炊，而在维也纳的艺术馆里，还有一件装饰和音色都算绝

---

1 这些神奇的晶体已经运到莫斯科的科学院矿物学博物馆里了。

好的水晶长笛。

在瑞士和马达加斯加的大山洞里也可以发现水晶。不久前，一位勇敢的苏联矿物学家闯进了北乌拉尔难以靠近的原始丛林中，并在那里发现了一个藏着透明水晶的"地窖"。

水晶是一种珍贵而又奇怪的石头，它很有用处，最近几年来已经被广泛应用在各种领域。我们已经说过，它的导热性很好，所以被用在需要快速导热的地方。其次，它还有独特的电学性质，可以被用在很多仪器上，尤其是在无线电技术上。在生产各种精密仪器的细小零件时，水晶更是必不可少。这是因为水晶硬度大、熔点高、光洁度好，而且不易被酸腐蚀。水晶还有很多其他的宝贵特性：把它放到电炉里加热到差不多2 000 ℃，它就会像玻璃一样熔化，然后就可以像在玻璃厂里一样，用它来制作杯子、管子和水晶板。水晶制品看上去跟玻璃一样，但实际上并不是：如果把普通玻璃制成的杯子加热后放进冷水，或者把沸水倒进冰凉杯子里，玻璃杯通常会炸裂，但是水晶杯就不会，即使你把它烧得通红，再扔进冷水里，它也不会炸裂。水晶还有一个奇特的性质——它可以被拉成极细的石英丝。没错，普通的玻璃也可以拉成丝，甚至可以做成用来装饰云杉或者化学过滤用的玻璃棉。但是从熔融的水晶里拉出的丝，可以细到肉眼看不出来，500根这样的细丝排在一起才能达到一根火柴棍的厚度，而25万根细丝捆在一起，才和一根火柴棍一样粗。这样的细丝是把熔化的水晶用微型弓射出去得到的。

透明又纯净的水晶很早就作为上乘的材料被用来装饰壁炉和饰品。在乌拉尔的斯维尔德洛夫斯克称附近，一个叫别列佐夫斯基的村子里，生活着许多手艺人，他们可以很快地在普通车床上把石英小石子磨成珠子，并穿成串。50～70个珠子可以串成一条很漂亮的项链，看上就像金刚石做的。

水晶广泛地使用在我们的生活、工业和技术的方方面面，人们也更加迫切地想要用实验室代替大自然，用人工方法制造水晶。既然我们已经可以在炉子里用人工方法制造红宝石和蓝宝石，已经掌握了数百种盐和矿物的制造方法，那难道就不能在实验室里制造一块简单的水晶晶体吗？地壳的六分之一成分都是石英，而这种普通矿物在我们身边有上千种结晶，可化学家和矿物学家尝试了很久都没有成功得到水晶。直到最近，意大利传来一种制造办法，他们在一个非常复杂的环境里，用特制的结晶器成功培育了美丽、透明的水晶晶体。虽然这个晶体还没有超过半厘米长，但我们看起来已经找到了正确的方向，我相信，几十年后，我们的地质学家就不用冒着生命危险爬到阿尔卑斯、乌拉尔或者高加索的山上去寻找水晶了，也不需要在巴西南部干旱的沙漠或者马达加斯加的冲积层开采水晶了。我相信，那时只需要打个电话给国营石英厂就可以订购水晶，在那些装满炽热溶液的大密封桶里，会自己长出透明的水晶晶体来。化学家终有一天会代替矿工！

第 3 节

黄 玉 和 绿 柱 石

　　除此之外，还有许多透明、纯净的宝石，像泪珠一样，有的是闪着各种漂亮颜色的石头，比如黄玉、绿柱石和电气石等。有一种绿色、透明的绿柱石，叫祖母绿，看起来特别漂亮，其价值跟金刚石不相上下。

　　我们或许会问：这些石头是怎么形成的呢？这些宝石的起源大概有这样一段历史：

在缓慢而又绵延不断的造山运动中，熔化的花岗岩岩浆逐渐凝固。就像牛奶一样，放置久了之后，会变澄清，而富含脂肪的部分则会漂浮在表面，花岗岩岩浆在凝固之前也会分出不一样的化学成分层，这种现象在岩石学中叫作分异作用。基本上，富含镁和铁的矿物聚在一起会比较早结晶，这就使得剩下的熔融物中含有比较多的富硅酸物质（石英）。它聚集了许多挥发性化合物和稀有元素，大量的水蒸气也充斥其中。从表面看，花岗岩已经凝固了，但是这些刚形成的薄薄的硬壳很快就会布满裂隙和口子，因为内部的水蒸气会不断冲破薄壳，为底部的熔岩打开向上的通路。在这些表面的裂隙中，残留着富含硅酸的岩浆，里面混合着水蒸气和其他挥发性化合物的蒸气，这部分岩浆在逐渐冷却并结晶之后，就会形成伟晶花岗岩脉。这种岩脉会像树枝一样，从花岗岩的发源地向四周伸开，刺穿花岗岩表面的硬壳，甚至刺穿其他岩石已经生成的硬壳。这种岩脉的结晶大概发正在500～700℃。此时这种物质已经不是严格意义上的熔化物了，也不是纯粹的水溶液，这是一种特殊状态，有大量的水蒸气和气体互相饱和溶解在其中。但是这些岩脉的凝固远没有那么简单，也没有那么快。它要先从周围岩石的石壁开始，慢慢地凝固到岩脉中心，不断缩小岩脉自由流动的空间。在个别情况下，这种凝固过程会产生粗粒物质，其中的石英晶体和长石晶体可能会高达0.75米，而黑色或白色的云母片的尺寸能大到像盘子。其他的一些矿物就要严格按照一定顺序发生变化，经常会出现一些很奇异的结构，比如所谓的文象花岗岩，又叫作希伯来石。但是，美丽的文相花岗岩还没有完全填满矿脉，在岩壁之间经常还会有些空隙，要么是一个小夹缝，要么就是一片大空洞。在这些空隙中，所有元素以及化合物都开始结晶，不论它们是以挥发性蒸气的形式存在于熔融物中，还是少量分散在岩浆中。就这样，这些夹缝和空洞里就长出了美丽的烟晶晶体和长石晶体。

硼酸酐蒸气成了针状电气石的成分之一，使得有的电气石变得像碳一样黑，有的却呈现出美丽的红绿色调。氟的挥发性化合物则形成了淡蓝色的黄玉，像水一样透明。

　　同时出现的还有锂云母和海蓝宝石，锂云母会形成一个比较大的六面体形晶体，里面包含了钾、钠、锂、铷和铯，而海蓝宝石也是绿色或蓝色的，里面含有铍。这些生成物相互交杂在一起，它们全部的美丽和价值都要归功于伟晶花岗岩中四种最重要的元素：氟、硼、铍和锂。这四种珍贵的元素都在宝石的形成过程中发挥着自己的作用。

　　有些矿脉以硼为主，因此这些矿脉的岩石都掺杂着电气石；还有些矿脉则以铍为主，于是酒黄色的绿柱石晶体不仅填满了空隙，甚至贯穿了整个长石岩体。

　　伟晶花岗岩脉里的各种晶体就是这样形成的。

第 4 节

一 颗 石 头 的 历 史

　　有些矿物的历史，我们只能模糊不清地想象一下。但是某一些有历史意义的石头，可以根据文件、记录、故事、书籍和手稿等了解它们的整个生命历程；还有些石头，它们自己就会讲述自己的历史。我想给你们讲个故事，关于一块名叫"沙赫"的石头。它的故事开始于神奇的印度，结束于我们的莫斯科。

　　这块石头被发现于印度中部，时间是大概500年前。那时有数万印度工人在格尔康达河谷工作，他们顶着炎热的太阳，在河水中开采和冲洗金刚石砂。在一堆石英砂中，他们发现了一块极好的石头——一块三厘米长短的金刚石晶体，稍微带点黄色，但是非常纯净，非常美丽。它和其他珍宝一起放在一个镶满宝石的华丽小盒里，被送到了一位叫艾哈迈德纳哈尔的极有权势的王爷那里去。当地的工匠费尽千辛万苦，终于用尖尖的小木棍儿，夹着金刚石粉末，在这块钻石的一个面上刻下了波斯文："布尔汗–尼扎姆–沙赫第二1000年[1]"。同一年（我们估计是1591年），印度北部的大莫卧儿[2]派遣使臣来到中部各省，希望巩固他的权力。不过两年后，使臣带回的贡品少得可怜——只有十五头大象和五件珍宝。于是大莫卧儿决定用武力征服这些不肯上贡的地方。这次军事行动中，大莫卧儿击败了艾哈迈德纳哈尔，抢走了大量的大象和珍宝。我们所说的这块金刚石，就这样落到了大莫卧儿的手里。此时，"主宰世界的人"杰罕沙赫已经继承了大莫卧儿的称号，他可是一位收藏宝石的行家。他亲自打磨这块金刚石，并且在另一面上用相同的字体刻下了"杰罕基尔–沙赫之子，杰罕沙赫1051年"的字样。

但这位君主的儿子——嫉妒心极重的奥林–泽布——决定篡夺他父亲的王位，抢夺父亲的财富。经过长期的纷争，他把自己的父亲关进了监狱，并夺取了属于他父亲的所有宝石，这其中就包括我们的这块宝石。著名的旅行家塔维尔涅1665年来到印度，记录了奥林–泽布的奢华宫殿：

> 我一进到宫殿——印度的杰哈纳巴德官邸——就有两个珠宝保管人带我去见那位统治者。我在皇宫里照例行礼之后，就被带到了大厅尽头的一个小房间，那位统治者就坐在宝座上，他在那里可以看见我们。在这个房间里我

---

1 钻石"沙赫"上刻写的年份为波斯历法年份，下同。

2 穆斯林苏丹的称号。

遇到了珠宝库保管人阿克尔–哈纳，他瞧了瞧我们，就命令四个太监去取珠宝。他们拿出了两个很大的木质托盘，两个托盘都包着金箔，上面盖着两个特制的小毯子，一个是红色天鹅绒的，一个是绿色刺绣的。掀起毯子之后，我们把所有物品清点了三次，并请在场的三位书记员写成了一份清单。

印度人办事习惯深思熟虑且很有耐心，所以，当他们看到有人在那儿急得团团转的时候，就只是默默地看着，然后心里嘲笑这个人的古怪。阿克尔–哈纳放在我手里的第一个东西，就是一个大钻石，这块钻石像一个圆形的玫瑰花，有一个面非常高。在它下边肋骨的位置有一个小凹槽，里面有一个光滑的镜面。这块石头光泽亮丽，重达280克拉。当米尔基莫拉背叛了他的主人——格尔康达统治者的时候，他把这块石头送给了杰罕沙赫（奥林–泽布的父亲），因为那是他正寻求杰罕沙赫的庇护。当时这块石头仍是原石，有900拉基斯重，也就是大概787.25克拉，而且石头上还有几条裂缝。如果这块石头在欧洲，应该会被用另一种方式处理：保留那些好的部分，使得它重量更大，而不是把每个面都磨光……

这块石头就是著名的"奥尔洛夫"，它后来被镶嵌在前俄国沙皇的权杖上。不过现在我们的重点不在它身上。

后来我又看到了一件宝物，上面镶着17块钻石，一半是玫瑰形，另一半是薄片型，这些钻石里最大的也不超过7～8克拉。但有一块例外，它重达16拉基斯。所有钻石都有一流的光泽、美丽的形状，总之，它们是已知的钻石中最美的。接下来是两颗大珍珠，形状像梨，其中一个大约重70克拉基斯，两面稍扁平，色彩绝妙且外形漂亮。还有一个很像花骨朵的珍珠，重50～60

克拉，形状和外形都很漂亮……

塔维尔涅见到了许多不同的珠宝，但是我们最感兴趣的，还是他对镶满宝石的大莫卧儿宝座的描述。宝座上面有108块红色的尖晶猫眼石，每一块的重量都至少100克拉；还有差不多60块祖母绿，每个都有50克拉重；另外，还有数不清的钻石。宝座的华盖上也闪耀着宝石的光辉，并且，在朝着宫殿的那一面（面向觐见者那一面），还悬挂着一颗90克拉重的钻石，被红宝石和绿宝石围绕在中间。当君主坐在宝座上的时候，这些宝石好像护身符一样挡在他身前。这个护身符，就是我们所说的宝石"沙赫"。除了两句刻文之外，它又被拦腰刻了一道沟槽，这道沟槽绕宝石一圈，是为了方便人们用珍贵的丝线或者金线把它悬挂起来。

在勇敢的旅行家塔维尔涅拜访大莫卧儿之后的75年里。这块宝石先是落到在杰哈-纳巴德手中，之后又去了德里，直到1739年，新的灾难降临印度。来自波斯的沙赫纳基尔从西边入侵印度，占领德里，并掳走了大量宝石，其中就包括"沙赫"。从此这块宝石流落到波斯，并在大约100年后被第三次刻上了字："统治者　卡加尔　法特赫-阿里-沙赫　苏丹　1242年"。

1829年1月30日，俄罗斯大使、著名作家、《思想的悲哀》一书的作者格里鲍耶托夫在波斯首都德黑兰惨遭杀害[1]。

这起事件震动了俄罗斯社会。俄罗斯外交界要求对波斯实施适当的惩罚。波斯不得不努力平息俄罗斯人的怒火。波斯王的儿子，霍斯列夫-米尔扎王子带领特别使团前往圣彼得堡赎罪，并给俄罗斯带去了波斯皇室最珍贵的宝物——著名的钻石"沙赫"。

---

1 谋杀格里鲍耶托夫是英国外交官、伊朗狂热的宗教分子和一些达官显贵实行政治挑衅的结果。

在圣彼得堡，这块宝石和其他珍宝一起被收藏在冬宫的钻石储藏室。这块刻写了三段文字的美丽宝石被放在天鹅绒上，由近卫团哨兵守卫着。

1914年，第一次世界大战爆发。这块宝石被放在盒子里，匆忙运到莫斯科。所有装满宝物的盒子和其他上千个装着金银、瓷器、水晶的箱子一起，被藏在军械库大厅的密室里。

1922年4月初，天气还很冷，泉水喷涌发出轰隆响声。我们裹着温暖的毛大衣，走进了冰冷的莫斯科军械库。我们取出了5个箱子。它们之中有一个很沉的铁箱子，包扎得很结实，上面有好多大火漆印。我们检查了这些印记，一切完好。那个锁太差了，一个有经验的钳工不用钥匙就能轻易撬开，难以相信，俄罗斯沙皇的宝物就这么马虎地用卷烟纸包着。我们用冻僵的手把这些闪光的宝石一颗一颗取出来。箱子里没有找到任何清单，也看不出有什么摆放的顺序。

我们的宝石"沙赫"，就用一张普通的纸包着，外面再套着个小袋子，躺在这堆宝石中。

最后，1925年秋天，为外国客人准备的"钻石基金"博览会在一个明亮的大厅里举行，这块宝石是其中的展品之一。虽然都是些陈年旧事，但如今我仍然能够回想起关于这颗宝石的零零碎碎。

《一千零一夜》里印度宝石的故事、奥林–泽布的宫殿、富有的沙赫纳基尔，这一切似乎都在橱窗里那些光彩夺目的宝石前黯然失色。这些宝石已经活过了几个世纪的岁月，亲眼见证了残酷血腥的画面，见证了印度王公的统治和哥伦比亚山神庙的梦幻财富，也见证了沙皇的华丽、繁荣和喜悦……

这颗著名的、有历史意义的钻石"沙赫"，如今被暗红色的天鹅绒包裹着。它的历史就刻画在它自己身上。

05

石头世界里的另类

第1节

巨型晶体

漂亮的小雪花和闪亮的晶体已经告诉我们，物质需要克服多大的困难，才能战胜成长的阻力，成长为漂亮纯净的晶体。在大博物馆里，当一个晶体的个头比人的拳头甚至脑袋还大，我们就已经会感到非常惊奇了。在我们的认知里，很难相信还有更巨型的晶体存在。

我记得在巴黎附近有几个石膏开采场。曾经，石膏均匀地沉淀在小盐湖的底部，再覆盖上一层黏土，然后是新一层石膏……现在，这一层层的石膏已经切割成石板的形状，被开采出来。当我看到一块几百平方米的石膏板，在阳光下像镜子一样反着光，心里的惊讶溢于言表。如果换个方向，从石膏板的另一边看它，它就变得暗淡无光。但是只要我们的视线跟太阳光形成一个特定的角度，它就重新耀眼起来。原因不难解释：这整块石膏板，就是一个巨大的晶体。

不久前我才知道，在150多年前，跟眼前类似的石膏晶体也吸引了雷奇科夫的考察队。当时他们正被派往吉尔吉斯-恺撒汗国。

1771年夏天，著名的俄罗斯旅行家尼古拉·雷奇科夫大尉正带着队伍驻扎在奥伦堡草原。他在自己的旅行日记中写道：

远处一闪一闪的刺眼光亮迫使我们把视线转向自己。我们都弄不清这种耀眼的光亮是怎么回事，但没有人怀疑，那里一定有某种可以发光的宝物。

我们对那个似乎近在咫尺的地方充满了幻想。

我们加快马速，朝它跑去。距离越近，那种光亮就越强。等到了地方，我们就更吃惊了，原来所谓的宝石，只是一些大小不一的碎石膏……

我们的幻想破灭了。这是沙漠上的海市蜃楼：正午的阳光竖直射下，照到这些透明晶体上再反射出来，创造出好似这里有许多宝藏的错觉。

长石也可以产生巨型晶体。从熔融物质中有时能结晶出一个十分巨大的晶体，其体量之大，足够一个采石场开采很长一段时间。

巨型晶体是某些花岗岩岩脉的一个典型特征，比如说伟晶花岗岩岩脉，就是那些在极高温度下，由混合着大量水蒸气和其他气体的熔融物形成的花岗岩。最大的晶体就产生于这种岩脉。

1911年，在乌拉尔有一个惊人的发现。在伟晶花岗岩矿脉里发现了一个大空洞，大到可以轻松开进一辆大车。这个空洞叫作"晶洞"，按照当地乌拉尔人的说法，这个洞里曾经遍布美丽的烟晶石，其长度能达到75厘米，而且还有许多近乎黑色的石英和漂亮的黄色长石，在这些中间还夹杂着奇异的蓝色黄玉。最大的黄玉超过30千克，但不幸的是，它在开采的时候被丁字镐敲成了碎片。当然，不要以为它是一个漂亮透明的宝石。其实它的蓝色有点儿发绿，很不纯净，透明度不高，虽然是天然形成的晶体，但确实没有什么好看的。

绿柱石晶体也可以长成巨型晶体。它那平直的六棱柱有时质量很好，很坚固，在西班牙曾经被用作大门的门柱。在美国曾经发现过五吨重的绿柱石晶体，可惜它不透明，没有宝石那样的价值，只能用来提炼金属铍。纯净的绿柱石或者海蓝宝石，有时是可以长成巨型晶体的。比如，1910年在巴西南部发现了一块海蓝宝石晶体，色泽淡雅，完美透光，长半米，达到100千克。据说它后来被仔细地切成了小块，在近三年的时间里，海蓝宝石市场上到处都是来自这块晶体的小块：全世界几乎所有的海蓝宝石饰品都是由这些小块制成的。

祖母绿的重量有时也能大到不可思议。只要想起我们那块著名的祖母绿就可以了，重达2 226克，而且它碧绿的色彩美丽异常。这块石头还有一段传奇的命运：它是1834年在斯列坚斯克祖母绿矿坑发现的，一开始被工厂厂长卡科文私藏起来。可是卡科文突然遭到了来自彼得堡的突击搜查，这块石头就被搜出来，并被带到了首都。卡科文也被捕入狱，后来在狱中自杀身亡。讽刺的是，在首都，这块石头也没有被收入国库，而是被"遗忘"在佩罗夫斯基伯爵的办公室里，后来成为科丘贝公爵的私人收藏品。1905年，科邱贝的庄园被破坏，这块石头被人在花园里找到，并带到了维也纳。后来俄罗斯政府出资把它买了回来，在经历千辛万苦之后，这块祖母绿被收藏在莫斯科的科学院矿物学博物馆里。

同样在这个博物馆里，跟这块祖母里并排放着的，是一个非常引人注目的巨型变石。这是世界上最大的变石，重5千克，由22块晶体组成，白天是深绿色，到了夜晚就变成明亮的红色。

和这些历史上著名的巨型晶体一样，有些石头也有很大的块头，它们都是五颜六色的彩色石头或者用来装饰的整块岩石。

比如，重达八九吨的深绿色软玉岩块，此刻还躺在东西伯利亚的奥诺特河中，等待着人们去把它切割成小块，以满足工业的需要。

还有个更大的粉红色蔷薇辉石，重47吨，是在乌拉尔中部被发现的。人们费了很大工夫才把它磨光，做成了一个奇妙的石棺（"仅仅"重7吨）。它目前收藏于圣彼得堡的彼得罗巴浦洛夫教堂博物馆。

在下塔吉尔附近的麦德纳卢将斯克发现过一个巨大的孔雀石，重250吨（1836年被发现）。人们只能先把它碎成大约两吨重的小块，再把碎块从地下取出来。冬宫著名的孔雀石大厅就是用这块石头装饰的。

云母的晶体也能长得很大。比如在西伯利亚的索格基昂东矿山，就发现过900千克重的云母晶体。而在马姆斯克矿山管理局下属的矿坑里开采出的白云母晶体——云母的变种，通常只有1～20千克重。

特别大的碧玉单一岩能超过10～12吨。

在埃尔米塔日博物馆有一个巨大的、有名的绿色孔雀石花瓶，雕刻它的孔雀石原石重达40吨。160匹马使出了吃奶的劲儿，才把它从阿尔泰的列弗涅夫采石场拉出来，垫着枕木，从山区土路走到大西伯利亚大道，再顺着卡马河、伏尔加河、涅瓦河这些水路，最终运到彼得堡。

世界上最大的单一岩晶体出现在芬兰著名的红色花岗岩——奥长环斑花岗岩矿中。圣彼得堡的很多漂亮建筑都是用它来装饰的。美丽的涅瓦河堤岸和一些老教堂也用了它做饰面材料。

冬宫广场上的亚历山大纪念柱，是由一块长30米，重3 700吨的单一岩制成的。即使现在，它的长度也有25.6米，是最大的岩石。如果算上柱台和上面的天使，它的总高度可以达到48.77米。大家知道，圣彼得堡的伊萨基辅大教堂博物馆门口有一个石柱，它的高度只有16.5米，而喀山大教堂的石柱，只有大约13米高。

如果我们还能想起最大的天然铂金块的重量（8 395克）和天然金块的重量，我们就可以在这些数字中得知，祖国的自然资源是多么丰富，各种晶体、天然矿和单一岩是多么巨大。

第2节

石头和植物

看看下面的照片，这是石化的植物，还是长在石板上的苔藓？

这些白雪状的物质，看起来简直和披了霜的松枝一模一样，那些纤细的分叉相互缠绕，交错成了一种脆弱的结构。

铁花

这是在捷克斯洛伐克路德山的黑色铁矿石里发现的，名叫"铁花"。这种花的体积有时可以达到几立方米。

这样的结构即使再好看，也跟植物没有一丁点儿关系，它是从铁矿坑的水溶液中形成的。

同样，另一张图片里那像树一样的东西，也跟植物毫不相干。

由于这些东西跟植物非常相似，它们被称作"松林石"，在劈开一些层状岩石时经常能见到这种结构。两层岩石之间会意外地出现一幅用细小枝条组成的图案，黄的、红的、黑的，它们往往同时拥有几种不同的色调，但显然都是由同一个根或者叶脉形成的。

这种十分特殊的矿物生长现象，既可以发生在两层岩石非常狭小的缝隙里，也可以发生在还未完全石化的胶状物质中，反正只需要让含铁溶液滴进去就可以了。有些科学家通过把外来溶液滴进明胶或者含胶物质中，就在实验室里成功培育了这些"植物"，这种方法非常巧妙。如果我们把牛奶滴到半凝固的果酱表面，也会看到差不多的现象。

在印度著名的"苔藓玛瑙"中，那些绿色、褐色、红色的树枝构成了一个完整而又复杂的奇幻森林，还有草丛、灌木丛和树林，就像一片奇怪的海底森林。现在我们已经知道，印度地区的熔融物在冷却时，里面的玛瑙物质曾经是胶状的，这就为松林石的形成提供了条件，因而诞生了这种神奇的玛瑙。

由褐铁矿和氧化锰形成的松林石

这种生成物曾经被认为是过去真实存在过的植物！即使是大科学家，也得出过这样的错误结论。只是最近，这种生成物在实验室里被成功制作出来，它们的成因才有了正确的解释。

当然，这不代表没有真正的植物化石。

在很多情况下，我们遇到的石头都是曾经存在的植物体。这些植物体的物质会逐渐地、缓慢地被矿物溶液所替代。这个替代过程非常缓慢，而且非常精细，我们甚至可以在显微镜下清楚地分辨出曾经属于植物体的微小细胞结构。

我们知道，整片的森林完全石化之后，会变成玛瑙、玉髓或燧石。在外高加索的阿哈尔契赫附近，雪白的火山灰中有大量石化的树桩和树干，当初在巴统修公路的时候，曾经把它们胡乱扔在山坡上。这些由树木变成的大石头有好几吨重，树根、树枝俱全，现在仍然能欣赏到它们。

在基洛夫附近的田野里经常能见到石化的树木。农民在耕地的时候会把它们堆在一起，称呼它们为"鬼橡树"，殊不知，这些100千克一块的漂亮石头，可以用来制作各种精美且价格不菲的小玩意儿：切纸刀、烟灰缸、盒子和花瓶。

石头和植物在各自的生命中非常紧密地交织在一起。在石头的世界里，还有许多未解之谜，在这些谜题中，生物和非生物的界限并不是那么清晰，一切物质都有自己独特的生存方式。

第 3 节

关 于 石 头 的 颜 色

如果你去过一个比较大的矿物学博物馆，或者仔细观察过陈列在埃尔米塔日和军械库博物馆的宝石，你就会不由自主地沉醉于石头靓丽多彩的颜色中。在这个世界上，再也没有比血红色的红宝石、天蓝色的青金石及石青、明黄色的黄玉和绿色的祖母绿及符山石更纯净又闪亮的色彩了。

但更令人惊奇的是，同一种石头还会有不一样的颜色。就比如说绿柱石以及它的所有变种吧，从深绿色到蓝绿色的海蓝宝石、金黄色的绿柱石、樱桃色的红绿柱石和翠绿色的祖母绿，还有完全像水一样纯净无色的石头，它们都属于绿柱石。

更奇怪的是电气石。它那长长晶体的两端有可能是不同的颜色。如果把它纵向剖开，它还会显现出不同的颜色分层：粉红色、绿色、蓝色、褐色和黑色。石头的颜色也可能会由于一些其他的原因而发生变化；有一些矿物，从不同的方向看过去，也会有不同的颜色，这种特点在宝石身上很常见。只要把矿物学家所说的这种有多种颜色的矿物拿在手里，不断旋转角度，它的颜色就会跟着不断改变。有的地方会显出蓝色、绿色和灰褐色，而有的就是深蓝色或者浅粉色等。有时候还会出现更复杂的情况，比如有种黄玉，从这边看是蓝色，换到另一边看又成了酒黄色，其实这块石头的颜色并没有发生变化，它们就是这样分布的而已。还有时候，石头的颜色分布并不规则，比如说，乌拉尔紫水晶，一种美丽的紫色石头，如果把它放在一杯水里，那它的所有颜色都会集中到一个地方，整个石头看起来就成了透明的。

最后，还有一些石头具有很奇特的性质，它们可以在夜晚灯光下改变自己的颜色。那是很罕见的变石，通常产生于超基性岩中。它们在白天是深绿色的，但是在灯火或者火柴光的照耀下会变成深红色，等到了阳光下又会变成带点儿蓝绿色的浅紫色。

对于这种矿物，我们了解得不多，也难怪有不少关于变石的传说流传着。列斯科夫就这样形容过："变石在清晨是绿色的，到了夜晚，它们就会变成红色。"

石头的颜色是如此美妙，以至于古人们对艳丽的宝石给予了很高的评价，把它们称作"大地之花"，并且认为它们对人有特殊的影响力。那时候的人们经常在石头上刻刻画画。有些人把宝石镶在戒指上戴着，有些人用它来装饰自己的房子。人们认为这些色彩亮丽的宝石有护身符的作用，他们把宝石和星星联系在一起，甚至认为石头的颜色可以影响人的命运。

当然，我们对石头的颜色感兴趣，是出于完全不同的原因。我们珍视它那种美丽奇幻的色泽，也珍视它的实用性，可以为各式各样的小饰品以及房屋装饰提供漂亮的原材料。与此同时，我们也在探索一个答案：为什么石头会有颜色？同时，为什么石头的颜色如此变化多端？

这是现代矿物学中最艰深的课题之一。矿物的颜色通常取决于物质中含有的微量杂质，但即使用最精密的分析方法，我们也无法确定这些杂质的具体数量。到现在，我们还不知道是什么导致紫晶显示出紫色，也不知道金色的黄玉为什么会有美丽的烟色。最近，在个别情况下颜色的秘密被揭示了：红宝石的红色和祖母绿的绿色，都来源于金属铬，绿松石的颜色取决于铜，红玛瑙的颜色取决于铁。但还有很多颜色的秘密没有搞清楚。个别情况时，石头的颜色也并非取决于杂质，而是取决于石头本身深奥的构成规律，取决于它内部的原子和分子结构。像青金石的蓝色和"乌拉尔的橄榄石"——翠榴石的那种黄绿色，都与石头的内部结构有关系。

也不要认为石头的颜色总是固定不变的。石头不仅会像鲜花枯萎那样自己褪色，还会因为人工因素改变自己的颜色。在古老的印度神话中就写道，石头只有在它出土的那一刻是最漂亮艳丽的，之后它就会不停地失去色彩，尤其是在阳光下，会变得更加苍白。乌拉尔当地以采石为生的农民非常相信这样的说法：为了保持宝石那自然的色泽，必须把它们埋藏在潮湿的地方整整一年，最好是藏在地窖里。以前人们常常嘲笑这种不切实际的说法，但其实这种说法确有道理，有些宝石的确会见光褪色，祖母绿和黄玉这样的宝石颜色会变浅，酒黄色的硅铍石不到一个月的时间，就会褪成水一样无色透明。

还有一种神奇的矿物，目前只在印度、加拿大和科拉半岛的洛沃泽尔苔原发现过。当你在现场把它砸碎时，你首先会看到漂亮的樱桃红色，但这颜色只能存在短短一瞬，过不了十几二十秒，这块石头就会失去所有的美丽，变成一块灰色的普通石头。

这种矿物为什么会这样，我们还没有弄清楚，但有趣的是，只要把这种矿物放在昏暗的环境中，用不了几个月，它就会重新恢复那些漂亮的颜色几秒钟。这种石头叫贾克曼石，也就是紫方钠石，是为了纪念贾克曼——第一批探索科尔半岛的科学家之一，而命名的。

所有这些事实，当然会引起人们的注意。所以，在很久以前的古代，人们就已经开始给石头染色，或者用特殊方法改变石头的颜色了。

也许，人工染色这项技术最早是在玛瑙或者低透明度的红色光玉髓上试验出来的。玉髓通常是比较脏的褐色，但是在火烤之后就会变成漂亮的红色。2 000多年前的希腊人和罗马人就已经在利用这种特性了。那个时候，人们就把石头放在不同溶液里煮上几个星期，成功地把石头染成了不同的颜色。比如玛瑙，人们会把玛瑙放在锅里同蜂蜜一起煮上几星期，然后用清水冲洗干净，最后再放到硫酸里煮几个小时，这样玛瑙就变成了有着漂亮黑条纹的缟玛瑙。近几年出现的有绿色、红色、蓝色和黄色条纹的玛瑙都是用这种方法制作的。现在这种染色方法使用得很普遍，不经染色的天然石头制品几乎没有了，人们总会用各种方法让它的颜色更深、更明显。

改变烟晶颜色的方法略有不同。乌拉尔的居民们早就学会了一种给烟晶染上黄色的方法：放在面包里烤。把天然晶体裹上面团，放进普通的俄式烤炉里。晶体在各个方向被均匀加热，逐渐改变了自己的颜色。人们也用同样的方法把紫晶变成了暗金色。

如今科学家们掌握了更好的方法来改变石头的颜色：用镭射线或者石英灯的特殊紫外线照射石头。这些光线可以很明显地改变石头的颜色，有时还会让石头的颜色更加艳丽。用这种方法可以把蓝宝石变成黄色、把粉色的黄玉变成橙色或金色、把浅紫色的紫钾辉石变成鲜艳的绿色。相信不久之后，我们不仅能改变宝石的颜色，还能赋予它们新的颜色。

第 4 节

液体石头和气体石头

标题中"液体石头"这个说法似乎看起来不合常理，的确，在我们印象中，石头确实都是坚硬的固体。可除此之外，确实还存在液体石头和气体石头。当然，问题只是出现在用词或者术语上：我们所说的石头，也就是矿物，指的是在地球上没有人为干预的情况下，自然形成的非生命物体或化合物。花岗岩、铁矿石、湖泊里的各种盐类、土壤中的沙子，还有一切无机物，不管它们是液态、固态还是气态，对我们来说都是物质。物理学告诉我们，在本质上把自然界中的物体分成三种状态是有条件的，这个条件就是温度：如果地球表面的温度与现在不同，那么自然界也会发展成完全不同的样子。假设地球表面的平均温度降低20℃，那么水就会变成普通的坚硬岩石——冰，恐怕那时候能保持液态的就只有石油和其他浓盐类溶液了。如果温度足够低，二氧化碳都会变成液体在地面上流动。相反，如果地球温度上升100℃，我们就会生活在浓密的水蒸气里，到那时连固态的硫都没了，我们就可以称呼它为液体矿物。

物质的状态都是相对温度而言的，因此，就让我们来谈谈常温下已知的自然界里那些液体石头和气体石头吧。

主要的液体矿物有水、石油和汞，其中水是最重要的，关于它，有太多奇特的事情，我们会有专门的章节讲述它。众所周知，石油对于工业来说有重要意义，它是用钻探工具钻到地下去，从地底深处开采出来的。

对于天然液态汞，我们了解得就不多了，只知道这是一种流动的银色物质，在不同的矿场里头能见到一星半点。在博物馆里，你可以在白色石灰岩或黑色碳质岩样品中看到几滴闪闪发亮的液体汞金属。

除了汞，还有一种更奇特的金属——镓。它看起来是一个非常坚硬的金属，但是一拿到手上，它就会开始熔化，手上的温度就足够把它变成亮闪闪的液体了。但是自然界里不存在天然的高纯度镓金属。

气态的矿物或许你听说过的就更少了。它们就存在于我们周围的大气中，氧气和氮气都是这样的气体矿物。除此之外，水和岩石中也存在着大量的气体。

在每一块结晶岩碎块中，在每一块我们用来铺路架桥的石头中，都含有大量的气体，这些气体的体积甚至是石头本身体积的7倍大。1立方千米的花岗岩中，包含2 600万立方米的水、500万立方米的氢气，还有1 000万立方米的二氧化碳、氮气、甲烷等其他气体和各种挥发性物质。渗透在地壳中的气体含量也非常庞大，岩浆和所有坚硬的岩石都牢牢保存着这些气体，但是当环境达到某个特定的温度，也就是所谓的爆炸温度时，这些气体就会被猛烈释放，把岩石炸成碎屑。研究人员认为，火山爆发就与这种爆炸有关，因为火山爆发而被喷入大气层的各种气体的含量差不多跟地壳中的气体含量相似。许多火山在人类出现以前就已经熄灭了，可在旧的火山口或者火山口形成的湖泊里，至今仍有二氧化碳在不停地冒出来，这些都是过去强大的火山活动最后的余波。

有时候，那些二氧化碳溶解在水中，就形成了口味独特且有益健康的矿泉水——纳尔赞[1]。一旦气体里大部分都是可燃成分，那它就变成了一种优质燃料。

在美国，这种可燃性气体已经成功被截留下来，目前已经有两万多个这样的喷气口。在我们的下伏尔加边疆区，也有很多这样的喷气口，已经为我们国家提供了不少

---

1 苏联的一种碳酸矿泉水。

优质燃料[1]。

一些稀有气体，像氩、氖、氪，也叫"惰性气体"，经常会以微弱的气流或单个原子的形式进入大气层。随着放射性物质的慢慢分解，质量很小的氦气就会被释放出来，在矿物中积累数百万年，然后自由地进入大气层和宇宙空间。作为临时客人而生成的重质气体——镭射气和钍射气，很快就会走完自己的生命周期，重新成为固体物质中沉重而又不太灵活的原子。

岩浆在人类难以接近的深度沸腾着。它不仅保存着从过去的宇宙遗留下来的能量，还保存了大量的水和挥发性元素。在漫长的地质年代里，这些能量和气体无时无刻不在从地球内部逃逸出来，它们穿透坚硬的地壳，最终奔向大气层和更外围的宇宙空间。

随着这些气体的逃逸，地球就永远失去了这些物质。比较轻的原子在快速运动中足以克服地球引力，脱离大气层，摆脱地球引力的束缚，飞向未知的星际空间。

这就是地球上一些可流动矿物的历史。

第 5 节

硬石头和软石头

所有的石头都一样硬吗？是不是所有的石头都要用锤子砸碎，它们中有没有用剪子就可以剪碎的类型？在人们的印象中，石头似乎都是坚硬的，但实际上并不是这

---

1 这些气体经由管道被输送到莫斯科，供那里的工厂和居民日常使用。

样。这一点很容易就可以证实，就拿石灰石和石英来说吧，后者要远比石灰石坚硬，可以轻易划伤石灰石，甚至直接把它切断。

事实上，石头是有不同硬度的。最软的石头是滑石，用指甲盖就可以轻易划伤它，用它可以制作非常柔软的擦脸粉；最硬的石头是金刚石，它比其他所有的矿物都要硬。传说中，古罗马皇帝十分相信金刚石的硬度，他曾对那些奴隶许诺：谁能把铁砧上的金刚石用大锤砸碎，谁就可以获得自由。但我们只要试一下就可以知道，根本不需要用什么大锤，只需要拿把小锤子砸一下，金刚石就会被砸得粉碎。

即使这样，金刚石仍然是最硬的石头，怪不得它被用来切割玻璃、在金属和石头上刻字、镶在钻头上，帮助人们在山上开隧道。

石头的硬度和脆性是两码事：金刚石硬度高，但是易碎，其他石头可能恰恰相反，很软，但是韧性十足，难以断裂。就像个软木塞，我们可以轻易用刀把它切碎，但是却很难用锤子把它砸碎。

但是有种石头的强度和韧性结合得非常完美，那就是玉。它经常被人认为是一种东方的次等宝石，但是在中国，则被认为是一种神圣的护身符。

在原始社会，人们就已经发现了玉的特性。那时候人们在河边挑选最坚硬的石头，从而注意到了玉。这些寻找玉的人肯定走过很多地方，他们把玉做成斧子、刀子、箭或者其他石器，然后换取金银。深绿色的玉非常漂亮，它是由最细小的阳起石矿物纤维密密交织而形成的。这样的结构让玉不仅保留了相当大的硬度，还得到了非常好的韧性和强度。就这样，用最好的铁锤也很难从玉的山崖或石块上砸下一点儿碎片来。用玉制成的小戒指就算掉到地上，甚至磕在石头上也不会碎。压碎软玉块要比压碎最好的钢还要多耗费15%的力气。

怪不得坚硬的石头能越来越广泛地应用在各种工业的技术领域。

天平的梁要放在由玛瑙做成的支架上，因为玛瑙耐磨性极好；各种仪器里需要快速转动的轴尖和罗盘里指针的底座，都是用玉髓或者红宝石制成的；皮革、纸张都需要用硬石头（碧玉、花岗岩）制成的轧辊来轧制；还有用石头制成的特别锋利的刀子、球磨机里的石板和研磨球……我不能把这些坚硬石头的应用领域都一一列举出来，反正，这些石头正在从珍贵的玩具变成机器里最有价值的部分。

确定石头的软硬是矿物学中最有趣的课题之一，因此，我们建议所有有矿物收藏品的人都可以进行一下这方面的研究，思考一下哪种矿物最硬。

第 6 节

纤 维 状 的 石 头

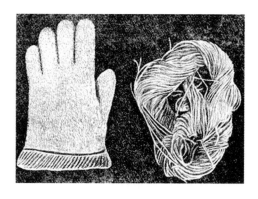

石棉手套和石棉线卷，18世纪的产物。苏联科学院矿物学博物馆收藏

看看图片上。你可能很难相信，这手套和麻绳不是用普通的纱线织成的。织成它们的原料既不是植物，也不是工厂里准备好的人造丝，更不是蚕丝，而是一种特殊的石头。这种石头可以提供一种细长纤维，用于进行任何形式的纺织。除此之外，这种石头纤维还有一种特殊性质：在火中它不会燃烧（千真万确，但它在水里会很快沉底）。它的名字叫石棉，是一种耐火材料。

读者朋友们，不要以为你是唯一被这种性质震惊的人。很久以前这种石头就在山里被人发现了，关于它的奇怪传说和预言广为流传。

古罗马伟大的自然学家普林尼亚就这样说过：

有一种石头可以用来织布，它出产自遍地是蛇的印度沙漠里，那里从来不会下雨，所以它非常适应炎热的环境。人们用它来制成丧衣，包裹着首领的尸体为他举行火葬；人们还用它制作宴会上的餐巾，这种餐巾可以在火上烧热。

差不多1 000多年后，一位到过中亚的旅行家马可·波罗写过一篇关于石棉的文章：

这种物质是在火蛇体内找到的，把它扔进火堆里都不会燃烧。但是我找遍了山上，也没找到这种火蛇。从山里找来的这种石化物质里有许多像羊毛一样的纤维，把这种物质放在太阳下晒干，放到铜器里捣碎，再放进水里洗去所有泥土，然后它就可以用来纺纱织布了。为了让它变白，可以把它放到火上烧，过一个小时后它就会像雪一样白，而本身的质地却不会变化。如果将来它再脏了，可以用同样的方法把它烧干净，不必用水洗。

除了这两个神奇的故事之外，在古代某些地方的人确实已经会使用这种矿物的纤维来制作石棉制品了，特别是不会被烧掉的油灯灯芯。

到了18世纪初，石棉的使用范围已经相当广泛，在比利牛斯和匈牙利甚至出现了由石棉做成的纸和绳子。

1785年，福克赛开始试验生产所谓的耐火石板纸，这在当时引起了许多关注。人们对这一试验寄予厚望，斯德哥尔摩科学院还为福克赛提供资助，瑞典政府也允许他在皇家磨坊里进行试验。试验在斯德哥尔摩一个特别隆重的情况下进行了一次，后来又在柏林重复了一次，过程是这样的：准备一间小屋子，把所谓的耐火石板纸包覆在墙上，屋内装满刨花和点火装置，结果这些耐火石板纸成功保护了房子，阻止了火势迅速蔓延。就这样，石棉在建筑防火方面的作用被充分证明了。

差不多同时，在意大利的皮埃蒙特，一种出色的产品诞生了。埃琳娜·比尔宾蒂几年来一直在研究石棉的编织方法，她终于成功了。她用这种矿物编织出了非常细小的花边。1806年，意大利工业促进会也因她发明的石棉编织方法而授予她荣誉奖章。后来她制作的石棉纸经过验证可以用来写信，于是国务顾问莫斯卡蒂就用这种纸向意大利总督写了新年贺卡。比尔宾蒂的成就主要在于她的产品非常坚固，完全由石棉制成，没用一点儿亚麻线，因此不必再用火把亚麻线烧掉。后来她又用石棉布制作了绦带、钱包、纸、鞋带，甚至还有袖口。

此后100多年的时间里，石棉的生产和加工成了世界上最大的工业。这种纤维状石头的开采量每年超过了30万吨。但这数量仍然不够，石棉的使用量每年都在增加，它已经成了不可替代的材料。石棉材料质地坚固、耐火、导热性差，可以和各种物质混合使用，还可以制成棉絮、纱线和各种纸制品。它可以被用来制作剧院里的大帷幕、防火安全隔板、石棉屋顶、消防服、汽车制动带和石棉滤酒器。石棉已经成为几千个工农业部门最喜爱的矿物材料了。

我在上面已经讲述了人们是如何学会开采和使用石棉的，但实际上，在俄罗斯，石棉的加工方式有一段更特殊的发展过程，石棉为我们所用的时间比外国更早。

1720年，石棉第一次被发现，在叶卡捷琳堡，也就是现在的斯维尔德洛夫斯克附近，在"其他各种稀奇古怪的天然石头纤维古董"中，有一块出自佩什马河岸的暗绿色岩石，石棉就藏在里面。后来又在涅维扬斯克水库附近发现了这种奇妙的矿物，它拿在手里很轻易就会分解成细小的纤维。这一发现立即引起了当地人的注意，并且完全没有依靠意大利石棉业的成功，在涅维扬斯克已经开始用柔软的石棉纺纱织布，并且制作了睡帽、手套、袋子等，也把石棉做成了纸。谢韦尔金院士在19世纪初这样记录了这种有趣的产品：

> 为了这，人们要先敲打成熟的石棉，然后再把粉末冲洗掉，这之后，它就变成了细线状柔软石屑，这就是所谓的石亚麻。石棉在纺线的时候要和细细的亚麻混合在一起，纺完线后以及在织布的过程中，需要使用大量的油。这样，产品在经过烧灼后就会把油和亚麻去掉，从而变得非常柔软，可以清洗和熨烫，以后也可以用烧灼的办法来清除污垢。虽然这种方法在后来被废弃了，但至今在乌拉尔仍有很多西伯利亚人会制作这种东西。

从那时起过了150多年，乌拉尔早已摆脱18世纪时那种独特而又落后的生产方式，在原始森林里，石棉生产已经发展成了苏联最发达的工业之一。现在，那里住着数千名工人，发展出了许多小城镇，城镇里有俱乐部、工人居住区、大型工厂、深矿坑。当然，还有成堆的废石，那是取出石棉之后的废弃物。到处都是蒸汽机车的呜呜声和净化工厂里电气装置的轰鸣声，火车会把一袋袋已经完成分离净化的石棉纤维运送到巴泽诺夫车站。

第7节

片 状 的 石 头

有种矿石被称作云母，用小刀可以把它们轻轻地劈成薄片。而且无论我们劈得多薄，它总是可以被劈得更薄。有一系列的石头都具有这种奇特性质，不单单是我们知道的云母，还有滑石、石膏以及很多其他的。而且这种性质很早就在人们的日常生活和工业中被使用了。最早这种石头被用来代替玻璃。

300年前，玻璃产量还很少，人们也不知道如何制作大型玻璃板。那时候，我们北方的白海海岸就已经在开采云母，安装到窗框上充当玻璃使用。正如我们知道的，科姆斯克大教堂的窗户上装的就是云母而不是玻璃。大约40年前奥伦堡地区内战时，就曾使用石膏片代替玻璃。石膏片的用法就像北极地区的冰块：在冬天，倘若你手上没有玻璃或者合适的透明石膏片，那就把透明的冰片装在窗户上当玻璃用。

有趣的是，我们最好的云母曾经大量出口到西方，西方人当时称呼俄罗斯为"莫斯科"，然后就把这些云母称作"莫斯科石"。

然而从那之后没多久，玻璃制造业发生了变化，人们不再需要用云母代替玻璃了。但很快云母又有了新的用途：它大量使用在电气工业上，因为它可以有效地阻隔电火花。在我们的卡累利阿、科拉半岛、西伯利亚和马姆斯克荒原，有非常丰富的云母资源储藏在花岗岩中，足够电力工业使用。我们要掌握的，只是把它们小心地从花岗岩中弄出来，然后小心地用刀切成薄片，再装箱送到电厂去。

近些年，人类的聪明才智已经超过大自然了。人们已经可以用不同的金属——

镍、金、铂和银——来制作薄片，而且这种薄片可以达到百万分之一厘米厚，难怪这些金属片会是透明的。最近，人们又成功地把极薄的云母片用热胶黏在一起，通过热压机轧制之后，就形成了大片的所谓胶合云母板，这种胶合云母板外观上和普通云母片没有什么差别，可以作为很好的绝缘材料应用在电气工业中，只是不能耐受高温。

第 8 节

能 吃 的 石 头

石头可以吃吗？当然可以，那些食用盐或者岩盐就可以吃，此外，还有硝石、芒硝、苦土等。

有非常多的盐类，我们会把它添加到食物里吃进去，或者添加到药品里吃进去。但是可以吃的石头可不只有这些，我们可以举出很多惊人的事例来说明人类曾经吃过石头，或者为了赚钱而把各种矿物放进食物里。

在资本主义世界中，用各种矿物制作伪劣食品是很常见的事。早在中世纪时，矿物就经常被掺在面粉里制作成面包，主要是为了增加重量。那时候的面粉里经常会掺杂白色的土状矿物或者矿物粉末，比如说重晶石、白垩、石膏、苦土、黏土和沙子等。

重晶石，也就是氧化钡，可以非常容易地研磨成粉，它便宜且沉重，所以经常被掺杂在小麦粉这种按重量出售的商品里。在德国，曾经有一段时间面粉掺假现象非常严重，为了杜绝这种现象，政府一度禁止开采重晶石。

为了牟利，商人们曾经往牛奶和酸奶里添加白垩、石灰和苦土；往牛油里添加明矾、盐、黏土、白垩和石膏。那时候的奶酪里还含有石膏、白垩和重晶石；可可和巧克力里有时还混着铁赭石、重晶石、沙子等杂质；蜂蜜中掺有黏土、白垩、石膏、沙子、滑石、重晶石；糖果点心中加入石膏、重晶石、滑石、黏土；就连糖里面也掺着石膏、白垩和重晶石。

这一堆矿物杂质，即使对身体无害，也不能这样吃进去，因为它们完全没有营养。

世界各国在历史上都出现过人吃土的记载。

不管这事看起来有多奇怪，世界上确实有很多地方的很多人喜欢吃岩石。某些种类的岩石对他们来说还是一种难得的美味，吃下去会带来特殊的快感。

例如，在赤道美洲地区，在哥伦比亚、圭亚那和委内瑞拉，就存在有食土癖的人，他们完全不缺其他食物，就是喜欢吃土。

来自塞内加尔的黑人在故乡时会吃一种绿色的泥土，并认为它非常美味。等他们移居美国后，还试图寻找这种泥土。

来自洪堡湾地区的巴布亚人很喜欢吃某种岩石。

在伊朗，吃土是一种很普通的现象，在那里，即使在正常的丰收时节，市场里除了出售各种各样的食物，还会出售那些可以食用的岩石：马加拉黏土和基维赫黏土。马加拉黏土是白色的，摸起来很油腻，吃进嘴里会黏住舌头，是当地人非常喜欢的食物。

我们在古代意大利也发现了这样的例子，在那里有一道常见的烹饪菜肴，叫作"阿里卡"，这是一种白色的柔软食物，是由小麦和产自那不勒斯地区的一种泥灰岩混合制成的。

在西伯利亚的鄂霍次克地区，当地居民曾经会吃一种添加了黏土的特殊食物。根据18世纪末著名旅行家拉克斯曼的描述，这种食物是由高岭土和鹿奶混合成的。它被当作一种特殊的美食，专门用来招待"著名的旅行家"。

我们在这些事例中可以看出来，石头常常被用来吃，至于它有多少营养，这就是另一个问题了。但毫无疑问，单看松软程度，这些石头里有很多都称得上可口，可以为食物带来不一样的味道。还有一些石头可以作为有用的药物。

第 **9** 节

生 物 体 内 的 石 头

石头是非生物界的一部分。尽管我们知道石头的形成同生物或者死去的生物有关，但我们终究还是要把石头跟生物体以及生物体内的生命活动划分开来。

但是也有一些例外。许多动物和植物内部也存在一些真正的、典型的石头，具有矿物或晶体的全部性质。

通过显微镜，常常可以在植物细胞中观察到这类生成物。我们经常能够在植物细胞中看到精致的晶体、结合物和球体，特别是由草酸钙和碳酸钙形成的那些。在马铃薯的细胞里，我们可以看到蛋白质晶体，在一些藻类细胞中，我们可以看到石膏晶体。我们还可以列出很多在植物细胞中发现矿物质的例子，有时候这些矿物积累的数量还相当大。

矿物质生成物在动物体内更容易生成，而且长得更大，不论是健康的动物还是生病的动物，都一样。在健康的动物体内，我们已经知道有许多微小的晶体结构，比如说在某些动物眼睛的脉络膜中，在坏死的骨细胞里，还有乳腺中的乳石等。在患病的动物体内则会很严重，那些难溶性盐——主要是钙盐，会淤积在动物体的组织、体腔和排泄管等部位，然后形成诸如肝胆结石、膀胱结石等给人们带来许多痛苦的疾病。

当然，沉积在生物体内最奇妙的"石材"，当属软体动物的壳、放射虫的针和骨骼，还有珊瑚虫遗留下来的复杂"墙壁"——珊瑚。有大量的硅石，尤其是碳酸钙，就是通过这样的方式沉积下来的。许多整片的山脉和巨大的岩石都是这些生物生命活动的结果。而在各种有珍珠层的软体动物沉积物中，我们发现了一种真正了不起的东西。

那就是珍珠。不久之前，经过精心观察和实验，人们终于搞清楚了珍珠的形成方式和条件。众所周知，珍珠是在各种海洋和淡水软体动物的贝壳里找到的。一般来说，能够分泌珍珠质的软体动物都有可能沉积出珍珠来。珍珠质和珍珠其实是同一种东西，珍珠是特殊条件下产生的珍珠质。正常条件下，软体动物的外表皮会分泌珍珠质，然后沉积在贝壳的内表面，如果贝壳内出现了一个外来物质，不管时寄生虫还是一粒沙子，珍珠质都会围绕着这个外来物质一层层地不断沉积，最终长成一颗珍珠。

很久之前，人们就知道了外来物质进入壳内就可以形成珍珠，并且也仿照这种方法尝试人造珍珠。在中国，早在13世纪就曾经这样尝试过。到了18世纪，林奈的实验广为人知，他把不同的物质挨个放进贝壳内进行实验。在中国，现在依然是在春节时收集贝壳，然后把诸如骨头、木块、金属的各种小东西放进活着的贝壳中去。几年之后，这些小东西就覆盖了厚厚的珍珠质，可以用来售卖了。

日本学者三本幸治对这种东西不满意，他希望得到一种真正的珍珠，一种从各个方面看都完美的珍珠。他为此付出了很多努力，在经过多次失败之后，终于得偿所愿。1913年，他终于在贝壳中取得了第一颗人工方法培育的珍珠。从那之后，三本幸治的企业就得到了飞速发展。到了1938年，他的珍珠养殖场里已经有大约500个工人了。他收集了大量优质的软体动物，并建立养殖场，让这些软体动物在里面繁殖，并且方便人们对其进行必要的观察。他在两个小海湾建立了大型水下养殖场，这两个小海湾连接着公海，但是不受强风和海浪的影响。他在分布着软体动物的海湾底部放置了很多适合软体动物附着的石块。同时，经常清理那些对软体动物有害的动物，总之，他创造出了一个有利于这些贝壳生存的环境。在养殖场里只收集已经成年的贝壳。许多被称作"阿妈"的日本妇女会潜入水下停留两三分钟，把那些幼小的贝壳收集到篮子里。最后再把这些贝壳放进大铁丝笼里，沉入水中。

这种方式可以保护小贝壳免受天敌的伤害，方便人们对其进行观察，倘若发现所处环境有不利因素，还可以给铁丝笼挪动位置。贝壳长大之后，就可以转移到大一些的铁丝笼里。等贝壳长到三岁，就可以用三本发明的方法来进行处理了：把贝壳里软体动物的表层仔仔细细地剥离出来，但不要伤害到生物组织，这个表层对于珍珠的形成至关重要。之后，在这个表层里放上一个精心打磨过的珍珠质小球，把表层扎成一个"珍珠袋"的样子。最后，再把这个袋子放进另一个已经能够形成珍珠的贝壳里。经过这些处理之后，有一半的软体动物肯定会死掉，而这种操作方法本身也非常复杂，需要小心翼翼地操作和高超的技巧，而究竟能否成功还是个未知数。

这些做过"手术"，可以形成珍珠的贝壳会被放到大铁丝笼里，每个笼子可以装100~140个。这些笼子都要经过登记，每60个笼子挂到一条木筏上，沉入水中；每12个木筏结成一组，这样，每组就包含了大概70 000个贝壳。

这些笼子会被定期从水里提出来进行清洗，每年两次。在整个培育期，还要对水温、水流情况和它们吃的浮游生物进行仔细研究。通过移动木筏、下沉或抬升铁笼等措施，为这些贝壳提供最适宜的条件，从而得到珍珠。贝壳需要这样培育七年，七年之后，才能从贝壳里取出珍珠。

三本的实验教会了人们利用生物来培育石头。这是一个非常有趣的想法，或许，在未来，科学家们还可以更广泛地利用动物来达到自己的目的。比如说，只要培养了某种合适的细菌，我们就能利用它们，在装满了盐溶液的水池里制造天然硫黄；我们可以培养某种微生物，用它们在一些含氮废物中提取硝石；我们还可以在湖底培育硅藻，让湖底沉积出纯净的蛋白石，湖水也会变成铝溶液。我们现在已经开始尝试利用微生物给田野施肥了。

我相信，这些幻想在不远的将来都会实现，小小的细菌世界将来也会听从于科学家们无往不利的智慧。

第 10 节

关于冰花和冰

冬天来了，天气日渐寒冷。早上起床，我都能看到窗户蒙上一层冰花。一些稀奇古怪的枝条、叶子、花朵构成了一些漂亮图案，弯弯曲曲地爬满窗玻璃。街上下着雪，美丽的雪花毛绒绒的，铺满整个大地。我曾经花过挺长时间来欣赏这些落在我袖口上的美丽轮廓，并观察它们那六角形的锋锐边缘。河岸边也覆盖上了一层冰，水沿着桥流下来，被冻成了冰柱挂在那儿……

我为什么要描述冬天的景象呢？这跟我们的矿物学有什么关系？在这个美丽的冬日早晨，我看到了这个自然界中最重要，但却研究的最少的矿物——冰。在我所描述的画面里，冰，也就是固态的水，有各种各样的表现形式。

窗上的花纹和那些雪花，都是这种矿物的美丽晶体。当然，由于晶体生成得太快，所以它们并没有长成各方面都很规则的大晶体，而是生成了我们称之为"晶体间架"的东西。万年冰川和冰河也是由这些晶体组成的。

固态的水是暂时的、周期性的矿物，但是我们也知道，冰在有些地区是稀罕东西，而在另一些地区却可以终年不化。因此，在炎热的南方很难见到这种矿物，在伊朗首都德黑兰，人们专门用黏土建造水池，还要用高墙围上一圈，防止水在阳光下蒸发。在罕见的能上冻的夜里，池水表面会形成一层薄薄的冰，当地人会在白天这些冰融化前把它们仔细地收集起来，放进特殊的地窖里，再用黏土紧紧盖住。

在北方和极地地区，这种矿物有着完全不同的命运。那里的冰是典型的岩石，也就是"石化冰"。在雅库斯克州北部和北冰洋的海岛上，我们可以在黏土层、沙子和冲积层之间发现冰，就像普通的岩石一样。这里的冰还可以代替玻璃。美国著名的极地探险家史蒂芬森就曾经这样描述过加拿大的因纽特人小屋：那些房子的窗户上都安装着来自湖里的美丽冰片。

即使冰在我们的生活中和自然界中那么常见，但人们仍然很少研究它，以至于，我们常常能遇见各种特别的生成物，却根本说不清它们生成的原因。我想在这个章节中讲讲其中的几种。

当我们在北极圈附近的希比内考察期间，被这样一种景象震惊了：在度过一个晴朗而寒冷的夜晚之后，到了早晨，我们看到了许多细细的冰针竖直地立在空地上，在阳光下闪闪发光。在冰针的头上都有大小不一的沙粒或卵石，这些卵石都是被长高的冰从地面上抬起来的。由于顶着这些实心的"盖子"，打眼一看根本发现不了下面的冰针，只有贴近了观察时，才能发现那一片片冰针竟然覆盖了整片地面。这些冰针晶体的高度各不相同，有的一两厘米高，有的能长到十几二十厘米高。在一些挡风的地方，或者大石头下面、低洼处，它们还会长得更高。而这些针只有四分之一毫米或半毫米粗细。

这些冰针很少有单独存在的。通常是几根冰针合在一起，像柱子一样顶着一块卵石。在那些直径为12~15厘米的比较大的石头下面，这些冰针并不是成群结队地凑在一起，而是沿着石头的边缘铺满。有时候，我们还能看到，那些冰针没有足够的力量把石头完全顶起来，只能顶起石头的一边。

这种有趣的冰晶体不仅出现在希比内，而且在北方和温带国家也非常普遍。

在古比雪夫州的布古利马地区和阿穆尔也能看到这种现象。一些研究人员在阿尔卑斯山也发现了它们。在瑞典的许多沼泽里，有时候在草丛中也会长出许多这样的冰针，上面覆盖着卵石和沙子。

它们在日本也很常见，并且有一个广为人知的名字：霜石。

这些又细又小的冰针看似微不足道，但当它们聚在一起时，就能共同完成抬起砂石这种颇为重大的工作。这些冰针把砂石顶在头上，当太阳出来，冰针融化的时候，它会向着太阳的方向轻轻弯腰，然后砂石就会落下去。而此时，砂石落地的地方相比它被抬起来的地方就会有所偏移。就这样一天天重复，这些冰针晶体实际上就在对自身生长的土壤不断分类，土壤中那些比较大的砂石会被一点点地往东移动。

为什么会有这种冰针出现呢？对于这个问题，我们有很多答案，但没有一个能够完美地解释这种奇特又美妙的现象。

冰还有另一种有趣的情况。在契卡洛夫附近的伊列茨城堡——我曾经在一篇关于盐的文章中提到过这个地方——有一个古老的开采场，里面已经灌满了水，变成了一个盐湖。成千上万的病人顶着大太阳，聚集在盐湖中，由于湖水密度很高，人很难沉下去。湖的西边是一片由雪白的结晶盐组成的山崖，形状奇特，盐湖的沉重水浪不断冲刷着山崖，使得那里形成了很多窟窿和凹陷。湖表面的水很烫。据地质学家雅切夫斯基的测量，七月份白天湖水的温度可以达到36℃。但随着深度增加，温度也会快速降低。到5米深时，水温就已经降到零下1~零下2℃；20米深度时，水温已经有零下

5℃，这还是在一年最热的天气里。

这湖水深处有多少有趣的矿物诞生啊。在冬天时，冰还会从下往上生长！但这还不算什么，在伊列茨城堡还有另一种现象引起了我们的注意。在盐湖的东北方是一片石膏山，山上还有以前哥萨克人的"刺马桩"。在南边的陡坡附近有一排房子，那里的居民会把石膏岩做成冰窖使用。只要在靠近石壁的某些地方，随便建点儿什么把石膏岩跟外界隔离开，就可以得到一个天然的低温冰窖，因为在石膏岩的裂隙和空腔里"会吹出强烈的寒风"。我曾在几个冰窖里亲自体验过那寒风，这种现象的确称得上神奇莫测，尤其还是发生在炎炎夏日。显然，这种现象跟盐湖或者是整个盐矿床有关，因为在这座山的北面和西面都没有这种"制冷效果"。

这又是一个谜，但它让我们不由得想起了另一种现象。那就是乌拉尔著名的昆古尔冰洞。

昆古尔冰洞是由以前的地下河流淌冲刷出来的，里面的通路复杂如迷宫，但最奇特的还是位于入口处的那几座大厅。其中一个叫钻石厅的大厅，完全是由冰花晶体装饰成的。这些冰花可不是那种小星星，而是有手掌大小的、整片六角形晶体。这些冰花由精致的细针和薄片组成，就像一件非常细致的手工活儿。它们有的像花环一样挂着，有的则像森林一样覆盖一大片石壁，用电灯或者煤油灯一照，立刻变得光彩夺目。就在这里，冰作为地球上真正的结晶矿物，终于集所有美丽于一身。

在我们地球表面还有很多不同形式的冰。我希望读者们可以在冬天仔细研究一下窗玻璃上冻成的美丽图案，用放大镜好好观察一下雪花，并且可以把夏天小雹粒的形状画下来。如果能去山区游览，不妨在众多岩石和矿物之间好好注意一下冰以及它的命运。

读者们的主动性越大、兴趣越浓厚，就能对大自然的美丽和多样理解得更深刻、更清晰。

第 11 节

水 和 它 的 历 史

对于地球上最重要的矿物，还能找出什么新颖又有趣的东西呢？我们对于水实在太熟悉了，雨水、河流、湖泊、海洋，对我们来说都太平常不过了。我们甚至没有问过自己，这种情况是自古以来一直这样的吗？在我们地球的历史上，是否有一段时期，水的意义远远不如今天这般重要。

不单单是在人们的日常观念里，就算是在科学思想发展史上，最常见的自然现象往往都没有引起我们足够的重视。因此，我们都需要有像著名的物理学家牛顿那样的好奇心，能从落地的苹果那里引发出对地球引力这种最"常见"问题的思索。

100多年前，在法国资产阶级革命最初的几年里，拉瓦锡发展了他对水和热的设想。陈旧惯用的观念被打破了，新的、深刻的"异端"设想解释了水的本质，正是那时候人们才明白，水是由两种挥发性气体组成的。

拉瓦锡曾经有过一个设想，倘若温度降低，那地球上完全会是另一幅景象，河流、小溪，以及地球上其他流动的东西可能都变了。假如地球表面变得如同木星一样冷，水和某些气体就会被冻结成固体，这不就是一个不一样的新世界了吗？在那些由冰形成的悬崖山脉中，我们还能找到流淌的活水吗？拉瓦锡就这样想象了水对地球结构和自然界生命的意义。一成不变的岩石和到处流动的液体之间不再有那么明确的界限，而它们正是大自然的神经。

只有在缺水的无生命环境中，才能准确评价水的意义。就像健康一样，人们只有失去了它，才能知道它的可贵。

但我不想在这里讨论水的意义，这个问题已经有整本整本的书讨论过了，将来还会有更多的书讨论它。在这里我想弄清楚的是，水从哪里来？什么样的规律影响了它的存在？它未来又会是怎样的光景？早在古时候？就有一些模糊的理论提出过关于水的起源和命运的问题，如今这些问题又在科学家们的实验室里被提了出来，当然说法有了一点儿改变。在我们的科学史上，有很多大自然的秘密从古代就在流传，如今，科学家们正致力于揭开这些秘密。然而在科学上跟在生活上一样，有很多思想长期以来都没有变化，很多历史上形成的观点只是因为习惯使然而长期存在着。

地球降水的古老历史，是从沙漠开始的。在那个时候：

　　……海洋还没有覆盖地球，仅仅占据了很小的一块地方。那时候，整个星球的表面几乎是完整的一块，陆地上到处都是火山和温泉，各处的温度也不尽相同。这就是世界上最古老的沙漠。强大的原始暴风雨席卷全球，能搅动整个大气层。倾盆大雨可以把各种支离破碎的东西，从荒芜的悬崖峭壁吹到无边无际、死气沉沉的光秃秃平原上。太阳把大量热能投送到地面，就算在寒冷的山顶，也没法把蒸气凝结成云。海洋还没有诞生，或者刚刚出现在这个年轻的星球上某处极深的盆地里。在地面以下，离地表不算远的深度，有不久前才刚刚被封印起来的滚烫液体——炽热的岩浆。它们沿着大地迅猛流动，不断为将来的破坏过程送来新的岩石材料，或者从地下深处带来新的水蒸气，这些蒸汽将来会形成海洋。

这是1910年莫斯科的巴甫洛夫教授对水出现之前的地球面貌做出的美丽描述。沉重的蒸汽和其他气体构成的大气层包裹着仍然炎热的地球，在超过350℃的高温下，根本不可能形成能覆盖全世界的海洋。随着地球慢慢冷却，大气层的温度也降了下来。水蒸气凝结成水，然后有一部分再被蒸发成蒸汽，于是一股股热流开始在炽热的沙漠里聚集。冷却的水蒸气形成了第一片海。凝固的岩浆蒸发出来的气体和火山口喷出来的蒸汽云，冷却后都流进了这片海里。从那时起，这片年轻的海洋就开始接纳地球上最早出现的、原始的初生水。这些水后来形成了许多矿泉，病人们常常寻找它们用来恢复精力。谁能说清，这些水里有多少是从太古时代就诞生了呢？谁又能断定，原始的地球大气层里曾经包含了所有海洋的水呢？海洋渐渐扩张与成长起来，各种复杂的地质现象改变了它的成分、轮廓和质量。我们面前这一望无际的水，就是地球过去全部历史演变的结果，而科学家们的任务，就是解开它所有的秘密。

早在1715年，科学家哈雷就提出了一个问题：为什么海是咸的？他试图在水的过去的命运中探究答案，这个方向是完全正确的。

原来海洋里的水在地球表面的漫长岁月里，也经历了大量的化学变化。它在地球表面上一遍又一遍地重复着同一项工作：把所有易溶解的物质冲到海里，按照密度给物质分类，把难溶的、稳定的化合物积聚到海洋底部。生物的复杂生命活动会摄取部分化合物而不触碰其他东西，就这样，在整个地质时期里，海洋积聚了大量不同种类的盐。

这个盐类富集的过程现在仍在进行，每年都会有千百万吨可溶性物质被河水冲出来。美国地质学家克拉克估计，每年全世界的河流会为海洋注入27亿3 500万吨可溶性盐。根据这个数字，朱莉试图推算出形成目前的海洋需要用多长时间。每年会有1.1亿吨氯化钠流入海洋，而海洋中氯化钠的总量大概有33万亿吨，两数相除，不难得出海洋的年龄。

从诞生到现在，地球表面的水一直在参与两个循环。水在湖泊海洋的表面以水蒸气的形式上升，里面还夹带着海浪卷起的飞沫和溶解在飞沫里的盐。每年有36万立方千米的水通过这种形式变成了云雾，然后被风吹散到地面，不仅灌溉了土地，还把对植物来说至关重要的盐类散布四方。

这就是水在过去和现在一直都在进行的外部循环，这种循环使有机生物能够存在，影响了气候变化，还增加了土地肥力。

还有一部分水不可避免地回到地下。水回到地下的过程非常复杂，到现在也没有一个详尽的研究能够解释地球吸收水分的运行原理。

有许多不同的理论试图解释这一现象，最早的是古希腊哲学家柏拉图和亚里士多德的猜想，他们认为水是通过神话里的地狱深渊回到地底深处的。最新的观点则是基于分子物理学定律所提出的说法。

地球表面的水在地下深处沿着复杂的道路漫游的同时，也完成了一项重大的化学任务：破坏岩石和矿物、溶解盐分、使沉积物重新结晶。地球表面的所有化学过程都是在水溶液中进行的，方式又千差万别，不但改变了地球的面貌，还改变了地球的成分。在大气层中，水挡住了来自太阳的光线，并且和空气、二氧化碳一起，使地球表面维持了一个相对较高的平均温度（16℃）。它还不断地吸收太阳的能量，聚集在山顶上，形成了强大的破坏力。

地球上有了水才有了生命，生命在地球的过去中经历了复杂的进化过程。所有这一切都要归功于水。

在生物体内，水是最重要的组成部分，一些水母体内的含水量达到了99%，人体的平均含水量也有59%。

这就是我们对于过去的水的全部理解，水的现在和将来，都将与它的过去紧密相连。

06

为人类服务的石头

第 1 节

石头和人类

我们的地球上现在生活着大约20亿人。人类已经从兽性未脱的野人变成了"大自然的征服者",逐渐拥有了征服大自然的力量,并控制它。

人类建造城市、开办工厂、修桥铺路、开凿隧道,进行了大量的工作。因此,那些沙子、砾石、石头,以及各种各样的矿物资源,也就是全部的非生命自然物质,都是经济发展的必需品。

我们知道,旧时代的俄罗斯农民每年都会用简单的木犁等农具翻耕土地,但是用这种方式,每年能翻多少土?

如果计算一下就能知道,每年翻动的土壤大概能堆成一个边长15千米的立方体,也就是差不多3 000立方千米。这是什么概念?我们只要想一下,地球上的所有河流每年会往海洋中输送仅仅两三千立方千米的各种物质,不管是溶解到水里的,还是悬浮在水中的,那么每年人类要从地球开采出多少其他物质呢?让我们试着算一下:

煤——1 300百万吨

铁——100百万吨

盐——30百万吨

石灰岩——25百万吨

各种金属——10百万吨

总计大约每年20亿吨各种物质。

我们可以用更直观的方法来感受这些数字：一辆拉着50节车皮的货运列车，平均可以拉1 000吨货。这样算下来，为了运输每年开采出来的大量矿石、金属、石头、煤和盐，我们大约需要200万辆这样的列车。

如果再计算一下，人类有史以来一共从地下开采出了多少石头，那我们会得到一个更加惊人的数字。所以只需要指出，单单石油一项，在过去50年里的开采数量就够了：它可以填满一个周长40千米、深5米的湖。光是英国一个国家，在历史上就从地下开采使用了超过40立方千米的石头和各种矿物。英国有很多石头建的房子，其中一个房子可能就重达5万吨。塞瓦斯托波尔的一个地下采石场，完成开采之后，改建成了一个极好的干酒窖，里面足足可以存放4万吨红酒和香槟，由此可见那里开采出了多少石灰岩啊！

人类历史上大约消耗了500亿吨煤，开采了20亿吨铁，8 000吨铜、铅和锌，甚至还提取了2万吨黄金，以及10倍于黄金的银。现在我们试着算算这些东西值多少钱吧。如果1吨煤值15卢布，1吨铸铁值50卢布，1吨有色金属值800卢布，1克黄金值4卢布，1千克银值5卢布，那么计算之后，我们得到的数字大约是1万亿卢布。如果想一下，历史上人类总共开采出了价值100亿卢布的金刚石，那几乎就可以确定无误，人类在长期的开采中累计取得了超过1万亿卢布的财富。

那么，人类开采出的石头后来怎么样了呢？

原来，石头虽然坚硬耐用，但它在人类手里也不是永恒不灭的，它也会逐渐消失，然后分散到全世界。甚至用来制造金币和金器的黄金也会在人类手中慢慢磨损掉，所以全世界所有银行的黄金储备量每年都会减少800千克，也就是有差不多50普特[1]的黄金变成了最微小的尘埃消失不见。煤在工厂的炉膛里燃烧着，烧一些就少一些。至于铁，尽管我们用各种方法保护它——刷油漆或者镀锌、镀锡，但它还是会生锈、磨损、氧化，直到从人类生活中消失。盐会被人类吃掉，或者被人们变成化学工业的其他产品。铺路架桥用的石头早晚也会变成最微小的灰尘，一切都会消失，然后人类会不断地重新开采越来越多的石头。

人类从地下开采有益资源的数量每年都在增加。

一些金属的产量，如铝、铬、钼和钨，一个世纪以来增长了近1 000倍；铁、煤、锰、镍和铜的开采和加工量则增加了50～60倍。自然界中越来越多的物质被引入到人类的生活中。昨天还看似不重要、不需要的东西，没准儿今天突然就身价倍增。地壳里最常见的石灰岩和黏土已经开始参与经济的发展，人们越是深入地研究地下的石头和矿物资源，就越能发现它们的宝贵价值。

只有矿物学能帮我们完成这项工作，也只有通过它，人们才能越来越多地得到地下资源，并让这些财富——哪怕是一块看似无用的石头，都能为人类服务。

矿产资源正在逐年枯竭。因为石头不像植物一样能够生长，一旦我们使用了它，它就再也不会重新在我们眼前诞生了。

地质学家和矿物学家的计算表明，按照现在的开采能力，地球上所有的煤只能够开采75年，铁只够开采60年。如果人类继续这样掠夺大自然，那很快就会失去这些自然资源。我们必须保护自然，保护自然资源，要学会充分利用这些金属和盐，要学会让每一块石头都物尽其用，而不是把它们白白浪费在地球表面。

矿物学家和化学家、工艺师和冶金学家，现在就要团结起来，共同应对可能到来的缺铁少煤的局面，要把这种潜在威胁彻底消除。

---

1 沙皇时期俄国的主要计量单位之一，是质量单位，1普特=40俄磅≈16.38千克。

　　我们正从煤和铁的时代跨入一个新的时代——黏土、石灰岩、太阳能和风能的时代。我们的未来在天然轻金属上面，在明媚温暖的阳光上面，在南部沙漠那辽阔无边的沙丘上面，还在北方黏土沉积层上面。

第 2 节

碳 酸 钙 的 历 史

　　地球上——更准确地说是地壳外层上——最常见的物质之一，就是碳酸钙，也就是矿物学上说的方解石。这是一种化合物，构成了石灰岩或者大理石的山脉，它还大量分布在土壤和泥灰岩中，还能溶解于河流海洋中。人类用它来建房子，把它跟其他物质混起来制造水泥，用它来铺设城里的人行道。石灰岩在人类生活中有着极为广泛的应用，这一点可能只有黏土能与之相提并论。这种矿物每年的开采量大概是0.01立方千米，差不多2 500万吨。每年需要大约200万节车皮，或者4万辆列车，来运送这种人类最重要的采矿产品。

　　碳酸钙的历史非常复杂且悠久，许多科学家都致力于研究它，但还远远没有研究清楚。

　　每年都会有数量庞大的碳酸钙以微小粒子或者杂质的形式随着河流进入海洋；据估计，每15 000年，河流带去的碳酸钙数量，就可以达到目前海洋中包含的此种物质的数量。那么，海洋中那些多余的碳酸钙去哪儿了？

　　现在我们已经很清楚了，它们被海洋中的生物吃掉了，并且形成了这些海洋生物的骨骼和甲壳。

微小的珊瑚虫可以建造出庞大的建筑物，这种建筑物平均每年可以增加1厘米，要想建造出巨大的珊瑚礁或者岛屿，可能需要10万年时间。

但是，并不只有珊瑚虫会吸收碳酸钙来构建自己的骨骼，还有一些小动物——比如说用显微镜放大很多倍才能看到的根足虫——也可以做到同样的事。根足虫在数百万平方千米的大洋底部积累了一层厚厚的白色小颗粒：白垩和石灰岩。这些微小的生物，堪称自然界最强大的建设者。莫斯科巨大的建筑、巴黎或维也纳的房子、陡峭的阿尔卑斯山、高耸的克里木山、伏尔加河畔风景如画的日古利，还有那座世界上最高的、尚未被征服的珠穆朗玛峰，这一切的基础都是由这些微小的动物建成的。

海洋动物的骨骼和甲壳会慢慢沉入海底。这些不规则的小碎粒混杂着生物的残骸和生物腐烂后产生的物质，在海底形成了一层淤泥。就在这海洋深处，这些半液体状的物质经历一种特殊的化学和物理过程——也就是我们说的成岩作用——慢慢变成了岩石，石灰岩、泥灰岩和其他石灰质岩石就是这样在海底一层一层生长起来的。

碳酸钙历史的第二页，也就是石灰岩的产生过程，到此就结束了。接着是第三页，海底慢慢向上抬升，海水流走了，在原本是海洋的地方出现了高大的山脉；水下的石灰岩层如今变成了山峰；有些岩层被打破、弯曲上升，而有些在慢慢下沉……大自然的强大力量造就了美丽的南克里木山脉和高加索的里埃维拉山。

在这历史的第三页很快就会加上这些内容：雨水和严寒、泉水和小溪开始了它们的工作，它们溶解了石灰岩，使我们能够看到更加惊人、壮丽的现象。

瞧这条奔流的大河，它贯穿了石灰岩山脉，开凿出了一条峡谷，峡谷两岸的山崖有几百米高。河边的山崖上，有一条弯弯曲曲的小路盘绕其间，让旅行者和商队每走一步都觉得危险万分。

瞧啊，这里是一片被侵蚀的石灰岩旷野，巨大的漏斗似的地形，一直探到地下很深的地方。在阿德利亚斯卡和克里木的喀斯特地貌区域，地球表面的水可以侵蚀到地下几百米深的地方，形成一座复杂难行的迷宫。在这地下深处，水流一点一点慢慢地溶解石灰岩，流进山洞后，再重新沉淀出碳酸钙，为童话般美丽的山洞带来了五颜六色的花纹和富丽堂皇的建筑。

在碳酸钙的这几页历史中，我们会发现它一直在不停地漂泊流浪，在矿物学上的叫法是碳酸钙的"迁移"。水把一个地方的碳酸钙溶解掉，再从另一个地方沉淀出来，洞穴里巨大的钟乳石柱变成了湖中植物周围的碳酸质硬壳，那些细小的管子则变成了柔软细腻的石灰质凝灰岩，包裹在泉水周围的植物和藻类身上。一部分碳酸钙重新溶解到水中，随着河水再次被注入海洋，另一部分则会经历一段复杂的转变过程，最终依然回到海洋中去。就这样，碳酸钙完成了一次螺旋式的循环。人类也参与进了这个循环，不断地从这个循环中截取一块块碳酸钙，用来造房子、修桥、建设城市；但是人的影响相比于那些微小的根足虫来说仍然微不足道，它们用自己的生命建造了一片片山脉，相比之下，纽约最高大的摩天大楼立刻黯然失色，不论是消耗了200万块岩石的胡夫金字塔，还是用白色大理石装饰的米兰大教堂，这些人类能够建造的最大规模的建筑，统统比不上根足虫的伟大造物！

第 **3** 节

大 理 石 和 它 的 开 采

我不想让你们误以为大理石只适合建造公园里和博物馆里的雕像，或者只能用来装潢宫殿。其实大理石是一种非常有用的石头，它的用处可不仅仅在于博物馆里那些非常讨人喜欢的意大利或希腊艺术作品。

你们现在可以在很多出人意料的地方见到大理石：在医院的手术室，所有的桌子和墙面必须保持干净，大理石面板就是必不可少的材料；由于大理石不导电，所以在发电站里，大理石被用来制作巨大的配电盘，上面安装着各种电气装置，另外，那里的墙面也需要用大型大理石板；在医院和疗养院，大理石被用来装修干净整洁的浴室和盥洗室；在皮革厂，上等的皮制品都是用大理石辊子轧制的；在地铁、剧院、俱乐部和一些公共设施里，需要用大理石来建造柱子、栏杆、镶面、台阶、窗台，因为大理石坚固耐脏，不怕水，不畏寒，能够承受成千上万只脚的踩踏；有一些建筑的漂亮外墙是用大理石或大理石碎块混着水泥建造的（比如莫斯科邮政局和莫斯科宾馆）等。它们在经济和工业上的应用如此之广泛，我实在很难都列出来。

大理石是一种坚硬的矿物，但它又足够柔软，可以用铁锯锯开。有些大理石是纯白色的，白得耀眼，有时它还有点儿透明，就像人的细嫩皮肤；有些大理石则色彩斑斓：黄的、粉的、绿的、红的、黑的，均匀而干净，不导电，可以耐受水和空气的侵蚀。这是一种了不起的材料，人们几千年前就对它欣赏万分了。

要是谁能有机会欣赏一下古希腊那些用雪白大理石建造的神庙，或者能沿着曲折的楼梯登上米兰大教堂的屋顶，一路欣赏那些石头雕刻的花纹、柱子和各种装饰，再或者可以沿着大理石台阶下到莫斯科地铁中去，那他一定会为这种奇妙的石头发出惊叹。如果他看到了发电厂里的大理石，没准更会欣喜若狂，因为那儿的大理石有一种独特的美：面积达到好几个平方米的抛光石板，上面井然有序地排列着许多控制设备，管理着几百马力的能量。

在所有开采和向全世界供应大理石的国家中，意大利排第一位。在地中海沿岸著名的卡拉拉，分布着上千个白色大理石开采场。在高高的山顶和荒凉的峡谷间，白色的大理石山崖和阿尔卑斯山的积雪融为一体。几吨重的巨石放在滚木上，靠健壮的牛小心地从悬崖上拉下来。为了不让巨石滚落太快而伤到人和几十头牛，还需要在后面用铁链坠上同样的大理石，沿着山坡轰隆隆地挪动，以达到为滚木减速的目的。

每年有大概60万吨大理石通过这种方式从山上运下来，拉到山谷后再装上火车运走。在接下来的几个月里，它们会被吱吱作响的水磨机切成大理石板。之后，这些石板会通过铁路运到地中海沿岸的港口，被巨型起重机吊起来，放进远洋货轮的船舱。每年这样运走的大理石，总体积相当于一个边长60米的立方体，这大概是两个电线杆之间的距离，其价值超过3 000万卢布。

我们国家的大理石储藏量也不少。在卡累利阿、莫斯科附近、克里米亚、高加索、乌拉尔、阿尔泰和萨彦，我们的地质学家近年来发现了许多这种巨石的矿床，我就不一一列举了。

我们现在已经有了自己的大理石工厂，再也不需要进口卡拉拉的大理石了。我们的地铁、许多新建筑和高耸的莫斯科大学都使用了我们自己生产的五颜六色的大理石。

但大理石也不是永恒的：看看伊萨基辅教堂博物馆的旧饰面或者圣彼得堡那大理石宫的柱子吧，对比一下不同部位的雕刻，你立即就会发现旧大理石块变化得多么明显，棱角被磨平，装饰物的尺寸也变小了。原来是因为空气，特别是城市的空气，里面含有很多对大理石来说有害的物质，所以雨水对大理石的破坏作用就格外迅速且严重。

一个世纪的时间，雨水差不多可以溶解掉1毫米厚的大理石，如果是1 000年，那就是整整1厘米。但这还不算什么，靠近大海的地方，大理石受到的破坏更严重，因为海水的飞沫会被风带到几百千米的远处，这种含盐的飞沫会加速大理石的腐蚀。雪的破坏力比雨的更强，因为它在空气里吸收了更多对大理石有害的酸性成分。冻结在裂缝里的水、植物的根茎和真菌也会加速对大理石的破坏，而夹杂着灰尘和沙粒的风，也在不断磨损、毁坏大理石的柔软表面。我特意向你们列举这种石头的优点和缺点，就是要告诉你们：自然界中没有东西是永恒的。在上千年的地质年代里，一方面，微小的沙粒慢慢凝聚成山；另一方面，坚不可摧的岩石不断被破碎、削平。自然界的规律是一样的，在复杂的地质历史中，人类的活动和所谓永恒的创造，只是一闪而过的微小瞬间。

当你走过圣彼得堡的大理石宫或伊萨基辅教堂博物馆，看到那些产自卡累利阿的灰色大理石时，或者当你走过莫斯科那洋溢着造型艺术的普希金博物馆，看到那产自乌拉尔南部的白色大理石时，都不要忘了这个这条自然届的规律。

第4节
黏土和砖制品

我想讲一下关于砖的漫长故事，是的，我想没有一个读者会想到，原来砖的历史是如此复杂而有趣。

熔化的花岗岩岩浆在地下深处沸腾着。岩浆里充满了水蒸气和其他气体，它们不断寻找着通向地面的道路。这些黏稠的熔融物像面团一样被注入地壳，再像面包一样慢慢地凝结成花岗岩石块和岩脉。在彩色的花岗岩中，我们可以看到粉色或白色的小晶体，周围还有黑色的云母片和半透明的灰色石英物质。这些白色、灰色、黄色或粉色矿物都是长石，它们是黏土的来源。

地球表面的水开始冲刷花岗岩，河水侵蚀得越来越深，风、太阳和雨水把它们侵蚀雕刻成了各种奇怪的形状。花岗岩破碎了，黑色的云母片显出了金色；灰色的石英脱落成颗粒，滚圆之后就变成了石英砂。我们的长石变化更大：水和太阳会把它们彻底破坏，空气中的二氧化碳会夺走一部分长石的化学物质，而水会把剩下的也夺走。长石就这样变成了粉末。残存的长石晶体会聚集成松软的黑色淤泥。炎热的沙漠气候会促进这种破坏，风会吹起那些微粒，把它们像雪一样堆积在风力达不到的地方。沼泽里淌着的含铁的黑水也可以帮助这些淤泥成型，在炎热的热带森林地区，沼泽地的底部都沉积着这种淤泥一样的黏土颗粒。有时候还会有其他强大的力量参与进来，来自北方的巨大冰块会把濒临破碎的石块磨成细小的粉末，这些粉末会随着冰川水流到很远的地方去，最终聚集成好几千千米长的冰川沉积层。

在整个俄罗斯联邦共和国北部都分布着这种黏土，其中有从更遥远的北方被冰川带过来的巨石。有时在黏土周围还会有石英砂堆积着，那也是花岗岩被破坏的结果。

这些黏土，在经过漫长漂泊之后，在人类手里变成了砖。人们把黏土开采出来，清理掉里面的沙粒，和水搅拌，再用模子做成砖的形状，经过晾干之后，再放到火上烧。黏土慢慢失去水分，逐渐改变性质，就变成了一种新的矿物。科学家们把这种经过高温煅烧的黏土制成薄片，放在高倍显微镜下观察，竟然发现这是一种熟悉的矿物，那是在压力很大的地底深处出现过的一种针状矿物。

长石晶体以新的形式复活了。泥瓦工在建房子的时候，不会想到他们手中的砖是曾经的熔融物的残余。他们也不知道，用来黏合砖块的不是简单的石灰浆，而是生活在几亿年前的、早已消失的海洋生物的尸体。

你知道，你的瓷杯瓷盘能告诉你什么吗？瓷器的历史也很有趣，因为用来烧制瓷器的黏土——高岭土，也走过了一段非常复杂的道路：从地底深处灼热的岩浆熔融物开始，经过炙热的水蒸气和有毒气体的洗礼，最终平静地沉积在小湖泊的湖底。你们知道吗？虽然黏土被制成了砖、陶管、瓷盘或是普通的瓦罐，但它的历史还远未到此为止。黏土和其他有类似性质的物质近几年来又为我们带来了完全不同的可能性。这些物质可以被用来提炼"轻银"——一种极为重要的轻金属铝，可以用来制作飞机和汽车的骨架，可以用作发电厂的电线，还可以用来制作漂亮的锅碗瓢盆。75年前，1千克铝价值1 000卢布，那时候这种金属是用来制作奢侈品的。自从人类战胜了大自然，这种金属的价格就变成了1千克1卢布。大瀑布边的大工厂，每年可以生产100万吨这种轻金属。要是在50年前，就算是经验丰富又异想天开的地质学家，也不可能预料到这些普通的黏土中还包含了我们制造飞机的原料。

当读到这几行字时，你可不要忘了，我们国家的黏土资源非常丰富：北方冰川覆盖的地方有整片黏土带，乌克兰地区有雪白的高岭土，顿巴斯地区还有像脂肪一样油腻的耐火黏土。长期以来，我们都对这些财富知之甚少，更不知道怎么利用它们。有一位美国的著名地质学家说过："人均黏土消费量，是一个国家文明程度的指标。"这句话似乎重复了另一句名言："一个国家的文明程度，体现在人均每年消耗的肥皂数量上。"的确，黏土在很长时间里都没有得到俄罗斯科学界和俄罗斯矿业部门的重视，因此几乎没人去研究勘探它。1769年，著名旅行家巴拉克院士在描写俄罗斯乡村和偏僻地区的惨淡生活时，也表达了他的困惑，他发现那里的人们在建设城市时，竟然只会用木材，而不知道如何使用黏土和石材，这无疑会留下巨大的火灾隐患：

> 虽然在卡西莫夫有许多材质优良的石头，但人们从来不去使用它们。因为按照俄罗斯的习惯，整座城市都是用木头建造的。更令外国人奇怪的是，虽然有那么多石头，可就连街道上铺的都是圆木和木板。至于一些教堂和公家房屋，则是用一些质量很差的砖块砌起来的，因为这些砖块在烧制的时候，只是随便用了些黏土，丝毫没考虑黏土的质量。

直到现在我们才开始想到黏土，并用我们自己的产品替代了50万吨黏土、石英和其他物质，这些东西是第一次世界大战之前从国外进口过来的。我们还建立了专门研究黏土的科研机构，开始重视和研究如何有效地利用我们土地上丰富的黏土产品。

在沃尔霍夫河岸、在第聂伯、在乌拉尔，我们已经建起了规模庞大的工厂，开始在铝土矿黏土中提炼金属铝了。

第 **5** 节

铁

我想让读者想象一种场景，假如有一天，地球表面所有的铁突然都消失不见了，而且在任何地方都无法再得到这种金属了，那会是一副怎样的画面？人们立刻就会发现，他的床会消失，所有家具都会散架，所有钉子都不见了，屋顶和天花板都会塌下来。

大街上受到的破坏更大：铁轨没有了，车厢没有了，火车没有了，汽车没有了，连马车和栅栏都没有了，甚至铺路的石头都变成了一堆黏土碎屑，植物也因为失去了这种金属而枯萎、死亡。

整个地球如同经历一场风暴，人类的灭亡将不可避免。

然而人是活不到那个时候的，因为，只要失去了体内及血液中的3克铁，人就已经死了，所以他根本没法活着看到上述场景的发生。人体内的铁含量只占体重的

0.005%，可是失去了它们，就等于失去了生命。

我们是铁器时代的人，我们每年要消耗1亿吨这种金属。在1914—1918年第一次世界大战期间，光是几个月里消耗的各种炮弹的含铁量就超过了一个完整的铁矿场。这场战争期间，单是德国每年就要把1 000万吨金属打到天上去。这是大战前俄罗斯每年炼铁量的两倍半。在凡尔登周围，几个月的轰炸过后，堆积在当地的各种金属就有300万~500万吨。资本主义国家为了铁矿石产地发动战争，也在谈判中为了它喋喋不休。

人们费尽心思，用了几千种方法想要把铁长久留在手中：给它镀上一层薄薄的锌或者锡，把它做成马口铁，给它喷上油漆，给它镀镍、镀铬或者给它刷上氧化剂、油脂、煤油等。然而这一切都是白费力气，它仍然会不停地生锈，被水冲走，重新分散在地球表面。

"铁！更多的铁！"这个贪得无厌的世界不断要求着。将来的人们可能就要面对刚才我们想象的那幅场景：没有更多的铁了。

可别觉得是危言耸听。你想想看，在距离我们2 000年前的古希腊，就已经有对铁荒的恐惧了。古希腊哲学家就曾经发问：当地球上最后一个铁矿耗尽，所有铁都没有的时候，人们该怎么办？

后来的古罗马也想到了这个问题。果戈理曾经一语中的地描述道：

"钢铁般的罗马屹立着、舒展着，它的铁枪密如森林，钢刀寒光闪闪，它注视着一双双嫉妒的眼睛，伸出自己强健的右手……我了解了人生的秘密。安于平静的人是下贱的，只有荣誉，人必须追求荣誉！你将怀着数不尽的喜悦，随着震耳欲聋的铁器撞击声，举着装甲军团的盾牌向前挺进！凶狠且严肃地一点一点征服世界，最终将征服天空。"

然而，在当时这只是哲学家们的恐惧，或者就是他们大胆的幻想。19世纪是铁的时代。关于铁的斗争已经开始了，大型铁矿日渐枯竭，铁的价格开始上涨，这是第一个严厉的警告。

在美国，已故的罗斯福总统第一次敲响警钟，在华盛顿的白宫和钢筋水泥的摩天大楼里，那些煤铁大王、铁路大亨还有从钢铁工业中获利的人们展开了激烈的讨论。

地质学家大会召开了，来自全世界的地质学家们一起计算了铁的储藏量，结果如何呢？

随着开采量的增加，目前剩余的铁只够开采60年！文章开头的那个想象真的要变成现实了，到了2000年，人们真的无铁可用了！

但是读者可以放心，情况没有那么糟：我们每年都会发现新的铁矿石，我们的技术在进步，一定会掌握熔炼劣质矿石的方法。一旦富矿枯竭了，我们就可以去开采其他的贫矿；当铁的价格赶上银子，那每一块花岗岩都可以变成铁矿石。

读者也能看到，我说的这些安慰是有限制的，因为我只谈到了当铁的价格跟银子一样的时候会怎么样，但是缺铁的事实依然存在。

那可怎么办？只有一种方法，就是我们在第一次世界大战期间学到的，这种方法在德国使用得很广泛，甚至还有一个专门的词汇"埃尔萨茨"[1]。如果一个东西没有了，那就找到另一个东西代替它。寻找铁的替代品已经提上日程。我们要爱惜这种金属，不能再随意浪费了，在发展黑色冶金工业的同时，还要学会使用新的、更常见的物质和金属来发展我们的经济与工业。

轻便的铝及其合金就可以替代沉重的铁。我们现在建一座高楼，只需要用钢筋铁丝搭一个骨架，然后再浇筑包覆水泥。我们架桥、建造拱门和立柱已经不再使用木头或者实心的铁柱了，而是使用钢筋混凝土。甚至一些船只也开始使用钢筋混凝土来建

---

1 德语Ersatz音译词，意为替代品。

造了。

铁的时代或多或少已经过去了，我们的孩子将会生活在铝、锂、铍这些轻金属和钙、镁这些自然界最常见的物质之中。

未来是属于其他金属的，而铁，即将完成它的历史使命，带着应得的荣誉退居二线。

但这个未来还有些遥远，矿物学家们仍然要学习如何保护铁，想方设法找到新的铁矿床，但这同时，也要寻找一切能够代替铁的东西！

铁目前依然是冶金、机械制造、交通运输、船舶制造、桥梁建造的基础。别忘了，它暂时还是工业的神经中枢。

下面是斯大林联合企业总建筑师巴尔金院士写的一段话：

多么丰富的金属！数百万吨国产铸铁和钢材被完全使用了。这引起了经济新的技术革命。

这些金属无处不在。它改变了生产方式，并且为人类保留了大量的森林资源。

新修的数万千米的铁路线，连接了全国各个角落。

新的城市被电气化铁路和公路连接起来。由于汽车的大量普及，公路正在以不可估量的速度发展着。

金属不仅能用于制造蒸汽机车、电力机车、车厢、无轨电车、汽车、拖拉机、机器和矿井设备，它还可以用来修建巨大农业灌溉系统。在城市和乡村，钢筋混凝土修成的房屋和生活设施已经非常普遍。金属已经成为用途广泛的生活必需品了。

——1937年

第6节

黄金

很难找到另一种金属，像黄金一样在人类历史上发挥了如此重要的作用。在任何时候，人们都试图占有黄金，甚至不惜用犯罪、暴力或者战争的手段。从原始人在河沙中淘出闪闪发光的金子用于装饰自己，到现代工业使人们有了可以漂浮在水上的巨型挖泥机，人们一直在顽固地占有这一部分天然财富。但是，这一部分金跟散落在自然界各处的金，以及人类对这种金属的欲望相比，实在是微不足道。19世纪中叶之前，人类的黄金开采量仍然很少，只有大概230吨。过去两个世纪里，人类手里所有的黄金总共价值250亿～300亿卢布，大概有17 000吨重。第一次世界大战之前，银行的流通资金只有90亿～100亿卢布，而金币、金锭和黄金储备总共也不超过200亿卢布。这些数字其实不算多，因为光是在1914—1918年的那场大战中，有些国家消耗的财富就远远超这个规模。

寻找金和金矿的速度已经越来越快了，全世界至少有150万人在开采黄金，但每年的开采量仍然不足1 000吨。大自然非常谨慎地保护着这些财富，绝不轻易拱手让人。著名的自然学家布封说得很对，黄金这种东西到处都是。黄金广泛分布于各种自然环境下，1立方米的海水中就有0.01毫克的黄金（海水中的黄金总数超过10 000吨，价值超过100亿卢布）。黄金也可以在任意一块花岗岩中找到，地壳的平均含金量大概是0.000 001%，在1千米深坚硬的地球外壳中，这种金属至少有50亿吨。

人类历史上全部的黄金开采量才占到总含量的三百万分之一，由此可见，人的活动是多么微不足道。大自然不仅没有给出足够数量的黄金，反而还在不断地夺走人们的劳动成果。金具有非常强的分散能力，分散成的微粒可以小到跟光波的长度相比。就这样，大量的黄金分散成小微粒，被河水冲走，或者飘落在炼金实验室的墙壁、地板、家具中。同时，银行在兑换金币的时候也在不停地损失金子，每年大概会损失金币质量的0.01%~0.1%。

黄金还可以制成极薄的金箔，显出半透明的绿色。金箔厚度极小，大约5万张甚至10万张金箔叠在一起的厚度才有1毫米。由于黄金的这些特性以及它强大的分散能力，奥地利著名地质学家修斯在19世纪70年代末就预见到"金荒"迫在眉睫，并且指出，必须谨慎地解决黄金作为世界经济基础的流通问题。修斯的担忧或许为时尚早，黄金的消耗速度还没有达到他的预计，但这种担忧仍有其意义。整个黄金开采史告诉我们，一个枯竭的金矿总会被另一个金矿所取代，开采方法也在不断改进，到目前为止，人们还可以补偿那些被肆无忌惮掠夺的自然财富。16世纪初在中美洲发现的金矿被巴西的金矿所替代（1719年），后来又依次被加利福尼亚（1848年）、南澳大利亚（1853年）、南非（1885年）、阿拉斯加[1]（1895年）所取代，到现在则又有了我们西伯利亚的勒拿、阿尔丹、科雷马地区的金矿。

黄金不只会分散到整个地球上，还会出现完全相反的情况，有时候黄金会聚集成一大块，形成自然金。比如，1869年在澳大利亚，人们发现了一块100千克重的自然金。3年之后，那里又发现了一个更大的，足足有250千克。

俄罗斯产的自然金块头就小得多，最有名的那块是1837年在南乌拉尔发现的，只有36千克左右。有时候，在地球上一小片地方上能聚集大量珍贵的金属，比如在著名的克朗代克，美洲的北极地区，曾经在200平方米的土地上发现了价值100万卢布的黄金。

---

[1] 曾经是俄罗斯领土，1867年沙皇以1 500万卢布的价格卖给美国，后来美国在那里开采了价值5亿卢布的黄金。

那么，我国的黄金产量在世界上占据什么位置呢？1745年，多罗费·马尔可夫在为圣三一修道院的圣像寻找水晶玻璃的时候，第一次在乌拉尔发现了可靠的金矿。从那时起，俄罗斯采矿业逐渐发展壮大起来。新的矿场陆续被发现。专门的矿山管理局也会公布每年和每10年的黄金开采量。

但实际上那些数字是错误的。有很大一部分黄金不包括在沙皇统计的官方数字中，有一部分黄金流入中国，还有一部分黄金被"藏在矿工的胡子和靴子里"，直接落到私人商贩和珠宝商的手里。因此，旧时代俄罗斯的全部黄金开采量不少于4 000吨，应该才是一个令人信服的数字。

莱斯科夫、马明·西比利亚克和其他一些作家都对当时的"淘金热"有过精彩的描述：那时，盲目的命运常常使一群人变成了富翁，又使另一群人倾家荡产。那时候在乌拉尔或西伯利亚的每一处金矿都与神奇的财富、自然金、闪闪发光的金巢联系在一起，那背后又有说不尽的罪恶、狂饮，还有空前的幸福、难忘的痛苦。

沙皇时期，那些狂采烂掘的人只要偶然发现一块金子，就会立刻去狂喝痛饮，整条街上都扔满了伏特加酒瓶。如果是女性，她会直接买三四条丝绸裙子，一层一层套在身上……

没有哪种金属像金子一样，能够激发人们如此大的欲望，让他们甘愿到最艰苦的地方去寻找"金山"。

这是地质学家雅切夫斯基描绘的关于从前西伯利亚勘探队的一些情况：

冬天的荒原上，覆盖着一俄丈甚至两俄丈的积雪，通古斯人、索伊特人和鄂伦春人会带领这些追求幸福的人穿过茂密的森林，走在满是枯枝的小路上，马和鹿在这种小路上都难以立足。到了夏天，他们要忍受成群的蚊虫的折磨，还常常陷在沼泽地里，只能疲惫不堪地向前跋涉。他们走过的地方根本不为人所知，更没有一个白人曾经到过这些地方。

大量的金子就这样被发现了。现在要开始考虑怎么开采它们。人们带着充足的工具和补给，翻过陡峭的山脉，涉过湍急的河流，中间还要经过无数的瀑布和石滩，就是为了趁着西伯利亚短暂的夏季尽可能多地开采那些昂贵的金属。几个人凑在一个矿坑里，齐心协力地开始工作。他们挥动斧头，把一棵棵上百年树龄的落叶松和雪松砍倒；湍急的河水被一条条水沟截流，开始用自己的力量推动水车。那些永久冻土被挖出来，投进清洗设备中，在机器里被不断冲洗成小碎块小颗粒，露出里面藏着的金闪闪的金子。

随着金矿的不断开发，在这人迹罕至的荒原上就出现了由矿工组成的村落，如果这里的金矿规模足够大，质量足够好，那这里很快就会形成一个完善的采矿中心。这个采矿中心很快就会修好直通外界的道路，道路两旁还有足以应对冬天的居所，这就形成了一个特殊的、原始的邮政设施。就这样，原本那个简陋的、完全孤立的采矿中心同居民区连接了起来，这片荒原不再遥不可及，一批又一批勇敢的人们来到这里，越来越多地征服了这片荒原。于是，大大小小的道路从西伯利亚的水陆干道出发，像触手一样延伸到一个个金矿。成千上万的人满载辎重，沿着这些道路走入荒原，同时再把一车车的金子从荒原里运出来，极大地改变了西伯利亚的面貌……

十月革命开启了新的时代，新的主人到来了。新的技术、新的劳动形式，让黄金开采业重新焕发生机。我们开采了更多的金子，效率也比以往提高了不少。

现在，那里已经不再荒凉，到处都铺设了电话线、输电网。淘金工人的住所都装上了无线电，亮起了电灯，自行车也走进了日常生活，就像一辆简易的高速汽车。

苏维埃政权恢复了被第一次世界大战和内战破坏的金矿开采事业，把经验丰富的老工人重新召集起来，并且培养出了一批新工人。

新的方法和新的设备已经应用于勘探工作。

开采最常见的金砂矿需要用到挖泥机。挖泥机是一种依靠蒸汽或电力驱动的大型机器，一般都安装在平底船上。它可以把水里的砂石挖掘出来，并不断冲洗，直到把里面的金子取出来。在我们的金矿上使用的蒸气和电力挖泥机，挖掘深度可以达到25米，铲斗的容量有1~1.5立方米。十月革命以前，挖泥机一到冬天就得停止工作，而现在，一整排的挖泥机全年无休，就算是在最冷的冬天也工作着。另外，我们还建立了规模庞大的选矿厂和炼金厂。

第7节

重银

早在17世纪中叶，哥伦比亚的西班牙人在淘金时就发现了一种深色的、像银一样的重金属。这种金属似乎跟金差不多重，但是不能用淘金的方法分离，人们认为它是一种偶然出现的有害杂质，或者是被蓄意制造的假冒贵金属。因此，18世纪初，西班牙政府命令把这种金属扔回河里，并且有专人监督。

在1819年，这种奇怪的金属在乌拉尔也被发现了，此时它已被命名为"铂"。它的奇特性质不但吸引了化学家们的注意——想把它铸造成3卢布、6卢布、12卢布的硬币——铂已经成了一种贵金属，许多挖泥机都在专门开采它。

轮子、铲斗、辊轴和筛网的嘈杂噪声此起彼伏，沉重的铂砂颗粒被冲洗出来。但别忘了，有时候成吨的这种颗粒才能提取出十分之一克铂。

那个时候的铂主要被应用在牙科上，用来制作永久的销子、牙套、牙齿填充料和假牙。人一死，这些铂就跟着进了坟墓，很长时间里都不会出现在人类生活中了。

现在，有三分之二的铂被用来制作首饰，剩下的三分之一则用在了电气仪表和化学容器上，由于铂性质稳定且耐火性强，在这些领域价值巨大。

跟铂一起被开采出来的，还有一些其他的铂族贵金属：锇、铑、钯、铱和钌。其中钌是1845年在俄罗斯被发现的，因此这种金属就是以俄罗斯命名的[1]。沙皇俄国曾经垄断全世界的铂市场。

沙俄时期的铂产量十分可观，曾经供应世界市场长达十年之久。后来，人们想要从形成铂的母岩中提取这种金属，也就是说，不再从砂子里提取，而是从暗绿色的纯橄榄岩中提取它。这种纯橄榄岩在乌拉尔构成了整座整座的山，但是里面的铂含量只有千万分之几。

在战争和革命期间，乌拉尔的铂产量大幅下降，哥伦比亚和加拿大成了铂市场上的竞争者。

在这个时候，非洲南部发现了新的铂矿，紧接着又发现了第二个、第三个，于是，那些淘金者，以及公司、银行又开始迸发出狂热的激情。一批企业破产了，另一批企业接着出现，数百万英镑的资金被投入到寻找勘探价值数百万英镑的矿藏上。从好望角到北罗得西亚，绵延超过15 000千米的空间里到处都是新发现的矿场。这里的铂不是出产自矿砂里，而是像乌拉尔那样，产自岩石里，只不过这里的岩石的铂含量比乌拉尔的橄榄岩更高。这里的铂在开采成本上比较高，跟我们借助完善的机械设备从砂里开采的铂相比，并没有价格优势。

---

1 钌的名称为Ruthenium，这个名字最初来自俄罗斯化学家对祖国的纪念。

南非的地质学家说，从非洲南端开始，一直到尼罗河上游北部和阿西比尼亚这些早就发现铂的地方，有一个完整的铂矿带。这些铂矿通过某种规模很大的通道溢出到地球表面，然后又通过一些裂隙落到沉积岩里。在这铂矿带下方深处还有一些含有铂、铬、镍的熔融物在沸腾着。

这种含有丰富金属的特殊地带在地球上很常见，有时候可以连绵几千千米。比如，从美国加利福尼亚到巴西，有一片富含银和铅的地带；中国东南部地区有一片地方富含锡、钨、汞和锑；在西伯利亚和蒙古人民共和国，有一条几百千米长的"蒙古−鄂霍次克带"，那里有大量宝石、铋、锡、铅和锌。

在所有这些产矿带中，只有乌拉尔和非洲才有铂——"令人难受的恶棍"，这是当年矿工们在砂中第一次发现这种贵金属时，对它的比喻。

第8节

盐 和 各 种 盐 类

我们的日常生活离不开盐类，我们甚至习惯性地把一种特殊的盐类——食盐，即氯化钠，简单地称之为盐。实际上，除了这种物质，还有很多不同种类的盐，人们也非常熟悉。大部分盐类都有很好的水溶性，经常被当作药物或者烈性化学品使用，当然，有的也被当成毒药用。许多盐类被用于农业，比如说钾盐，还有更多地被用在化学工业当中。

当然，这些盐类并不都是在地球上天然形成，然后再被人开采出来的，其实它们中有一大部分是在化学工厂里加工各种矿物时得到的。所有盐类中最重要、最基本的，就是我们常常简称为盐的东西：金属元素钠和气体元素氯的化合物。

一个人每年需要吸收6~7千克盐。为了供应食物和化学生产，我们每年要开采1 800吨盐，这需要100多万节车皮，或者超过2万辆火车才能运输。没有盐，任何国家的人都活不下去，这也就难怪那些不产盐的地方要千方百计运输盐。在非洲中部的某些国家，盐的价格有时候贵比黄金，1千克盐等于1千克金砂。在中国，有一种非常独特的从泉水中取盐的方法：先用竹筒把泉水引进锅里，再加热锅子，待水蒸干后，锅底就留下了盐。

一个国家的文明程度越高，盐的消耗量也就越大。例如，在第一次世界大战以前的几年里，挪威每年人均消耗6~8千克盐，同一时期的德国和法国，人均每年消耗15~20千克盐，在沙皇俄国，则只有7千克，而在那时候的中国，还不到4千克。

当然，盐的最主要来源是海洋中的盐分。从盐诞生之日起，它就一直在地球上流浪，天上地下，无所不至。在所有海水中，盐的总含量大约有2 000万立方千米，也就是说，可以把一个长、宽各1 000千米，高度20千米的箱子填满。

这个数量的盐可以把苏联的欧洲部分都盖上四五千米厚的盐层。

既然这样，那从海洋中可以形成规模那么大的纯盐矿也就不足为奇了：在西班牙有一整座储量丰富的盐山；在德国境内的盐层可以达到1千米厚；在克拉科夫的地下大盐矿里，竟然还有整整一座城市，里面的街道、大厅、教堂、食堂，都是用盐岩雕刻打磨出来的。

跟这几个地方比起来，顿巴斯著名的布良采夫矿坑和契卡洛夫附近的伊列茨城堡的盐矿储量根本不值一提！

为了让读者理解这些"小盐矿"的规模，我要引用我在1914年参观伊列茨城堡时候的记录：

你走进一个不大的矿井小屋，穿上工作服，打着手电筒，在采矿工长的引领下，开始沿着木头便梯往下走，有些地方的电灯一直亮着。很快，两边的木头墙就会被灰色的实心盐岩结晶墙代替。再走40米，你就会钻进一个旧开采面的宽敞水平坑道里，此时，你周围就是纯净的浅灰色盐岩，在灯光的照耀下闪闪发光。这种盐岩非常坚硬而且结实，坑道里不需要任何木头柱子作支撑。在坑道的地上和拱形的天花板上有水流经过，使得盐岩再结晶形成蓬松的白色物质。又长又细的盐钟乳石，像冰柱一样从天花板上垂下来，在它下面也有同样的石笋正向上生长着……

但是，盐岩的开采工作可不是在这水平坑道里进行的。当你走进一个巨大的洞口，眼前就会呈现出一副壮观的景象：脚下是一个非常巨大的大厅，深70米，宽25米，长240米。这个大厅的高度也就比城市里20层高的大楼略矮一点，同时长度接近0.25千米，这么一想，你就能理解这些数字了。

我们现在身处这个大厅顶棚下，这可能是世界上最宏伟的木顶棚了，其覆盖整个大厅的天花板。因为在70米高度下，即使有一小块盐钟乳石断裂，从上面掉下来，都有可能对采矿工人造成致命伤害。

整座大厅由8个亮度为700烛光[1]的电灯照亮；这种亮度让人很不习惯，过了挺长时间我才能看清下面那些人和矿车——密密麻麻像一群蚂蚁。

人们不仅仅从这些盐岩矿中提取盐。还有数以万计的盐湖遍布地球表面，这些地方也储存着丰富的盐。单单是阿斯特拉罕草原上那个著名的巴斯昆恰克湖，面积就有110平方千米大，里面储藏着10亿吨盐，足够全苏联人民以最高标准使用400年！在澳

---

1 光强度单位。

大利亚和阿根廷也有丰富的碱土和盐湖，总面积达到10 000平方千米。也就是100千米乘100千米那么大，那里的盐储量更丰富。

第9节

镭和镭矿石

　　一栋有好几层的高楼，里面有安静的实验室和办公室。我们沿着楼梯被带到地下室，然后穿过地下走廊，进到一个不大的混凝土房间，这个房间就在院子下面，墙壁很厚。锁开了，在这个没有窗户的房间里，只有一个不大的铁柜孤零零立着。我们把铁柜门打开，熄灭了电灯，不一会，习惯黑暗的眼睛就看到了几道发光的条纹。把我们领进来的那个人手上有个戒指，戒指上的石头也开始发起光来，随着手臂转动，当戒指更靠近铁柜里的发光条纹时，那个石头也发出更耀眼的光来。电灯又亮了，我们从铁柜里拿出了一块那种发光条纹，原来只是一个小玻璃管，里面有一些白色粉末。它只有2克，只是一小撮，但它蕴含的力量实在强大：它可以不断释放出奇特的粒子射线，这些射线的一部分会在不知不觉中转化成一种太阳里的神奇气体——氦气。这一小撮粉末也在不断地释放热量，再过2 000年，它释放的热量就会变成现在的一半。这真是一种神奇的粉末，它释放出来的射线传播速度非常快，有些射线可以达到光速，还有些射线可以达到20 000千米/秒。它还能连续几千年释放热量，1克镭在1小时里放出的热量就足够把25立方厘米的水加热至沸腾。

　　这种粉末就是镭盐，它可以用来治疗癌症。镭有时会把人灼伤，有时又可以让机体组织免于死亡。

在这些玻璃管中的镭盐，只需要千分之几克就足以治好很多人的疾病，但是过去30年里我们只积攒下了不到600克镭盐，对于全世界来说，这还远远不够。没错，全世界只有600克而已，换算成体积，也只有120立方厘米大小！

我们的故事从结尾开始讲起：在变成白色粉末之前，镭已经经历了一段漫长的历史，首先是从地底下开始，然后才到了工厂和工业实验室里。

这种金属的痕迹遍布每一片土壤，哪怕只是极其微小的含量。在任意一块岩石中，它的含量都在0.000 000 001%左右，是金或银的含量的一万分之一。镭在地球表面可能只占一万亿分之一，但是经过科学家们的计算，在地球内部，确切地说是10千米深的地壳中，镭的总量大概有100万吨。这个数量跟金银相比，那是小巫见大巫。但是别忘了，现在1克镭的价格大概有7万卢布，而这个价格还是公认的非常低，远远不能体现其价值。就算这样，100万吨镭的价格已经大得惊人了，我几乎没有足够的空间写下那么长的数字，我想应该至少超过15个零。

地球内部的镭是没法为人所用的，那个数字也只是算出来看看而已。但有时候，大自然也会帮帮我们：大自然会在某个地方积累一些这种金属，当然，数量也是有限度的。到目前为止，每100克岩石含镭量超过零点零几毫克的现象还没出现过呢，科学研究也表明，含镭量超过这个限度的岩石根本不可能存在。镭矿石的含镭量其实也远远达不到这个限度：1车皮的镭矿石，能提炼出1克这种白色粉末就很不错了，更别奢望提炼出四五克。所以人们必须学会怎么从矿石中提炼这种稀有金属。

在比属刚果[1]、非洲中部、北美洲的加拿大极地地区，也就是契卡洛夫和格罗莫夫的飞机飞过的地方，最后还有科罗拉多的荒山——被资本家奴役的工人们就在这些

---

1 即刚果民主共和国，曾经是比利时的殖民地。

地方进行繁重的镭矿石开采工作。

我们已经研究了各个国家的很多镭矿床，还在国内到处旅行了一圈，有一次，我们沿着梯子和巷道爬了半天，实在太累了，就坐下来一起交换对这些镭矿石起源的看法，下面就是我们对遥远过去的一些想象：

第三纪开始了，这是地球历史上的重要时刻，那时候，年轻的阿尔卑斯山系沿着旧路线重新隆起山脊，旧的地块层被强大的力量打碎、翻转，被推到新的沉积层上，地壳也纷纷断裂、破碎。这个漫长而又复杂的山系从大西洋海岸经过西班牙、非洲北部、意大利、巴尔干半岛，接着又经过克里木、高加索，直达帕米尔高原的各个地区，跟喜马拉雅山系的褶皱地形接壤。这些褶皱运动从南而来，造就了突厥斯坦多山的地形，使帕米尔高原的海拔超过3 500千米，然后开始慢慢减弱，最终止于北边的阿赖山脉。

第三纪前半部分结束之后，这些强大的褶皱运动慢慢消失，但直到现在还没有完全结束。至今仍有一条差不多长的线路，正在自东向西地弯曲和割裂地壳。塔什干观测台的精密地震仪至今仍然在向我们证明，这条线上的突厥斯坦地区和阿赖山脉附近发生着强烈的地震。有很多温泉和药泉正沿着这些地壳断裂带冒出来。在古老阿尔卑斯山系逐渐平静下来的漫长过程中，这里仍然在进行着复杂的化学活动，时至今日，在那些人类难以到达的地下深处，剧烈的化学反应仍在进行着。也就是在这些化学反应的过程中，镭盐溶液上升到了地球表面……

就在同一时期，如同在克里木山或者克拉伊纳和达尔马提亚高原那样，在温和潮湿的条件下，不均衡的气候开始使地表发生奇特的变化，最终形成了我们口中的喀斯特地貌。雨水沿着裂隙渗透进石灰岩，并且开始溶解石灰岩壁，机械地在石灰岩内部冲刷出一条曲折而且复杂的通道。

很难说清这个广泛发生在石灰岩山脊里的过程是从什么时候开始的。可能发生在第三纪的海洋渐渐消失，海底的石灰岩隆起形成岛屿的时候，也可能发生在更晚些，当河流形成自己的河床并侵入石灰岩层时。不管是哪种情况，喀斯特地貌的形成过程至今仍然在几乎像沙漠一样干燥的气候下进行着。

如今，地下深处的热水带着那些神秘的物质如铀、钒、铜、钡，一起渗透进了这些喀斯特空洞里。而镭，也跟着它们一起，从深不可测的地下来到这里……

第 10 节

磷灰石和霞石

什么是磷灰石和霞石？不久之前，许多年轻的矿物学家对这两种矿物也是知之甚少，许多矿物标本里也找不到这两样东西。

磷灰石的主要成分是磷酸和钙的化合物。这种矿物的外表有很多样子，并且都是稀奇古怪的。老矿物学家们把它称为"磷灰石"，在希腊语里是"骗子"的意思。有时候它是一种透明晶体，在小细节上比较像绿柱石，甚至像石英；有时候它是一种致密物质，就像普通的石灰岩一样；有时候还是放射状的小球；有时候又是闪着光的颗粒状岩石，就像粗粒大理石那样。

霞石也不太好区分。它的名字来自希腊语中的词汇"nephele"，意思是"乌云""烟雾"，因为这种石头质地浑浊、颜色发灰，被认为是不健康的，而且很难找出它跟普通的石英有什么不同。

30年前有谁听说过这两种石头？但是现在，我们在报纸上经常能看到它们，"磷灰石"这个词儿早就耳熟能详，人们甚至把它看作是北极的金子。

所有的化学工厂都需要磷灰石。还有田野，那些种植粮食、亚麻、甜菜和棉花的一望无垠的田野，更是离不开它。

很快，每一片面包里都会含有几十亿磷原子，它们都来自希比内的磷灰石。还有铝制汤勺，也是由希比内的霞石制造的。

我们又提到了这个地方：希比内。我们苏联的磷灰石和霞石跟希比内都有千丝万缕的联系。

在本书的开头我讲到过，我们圣彼得堡的年轻人是怎么到希比内地区的北极圈工作的，我也讲述过我们是怎么在沼泽、荒原和冻土中第一次发现稀有岩石的，在这些岩石中，就包括绿色的磷灰石。15年过去了，现在一切都变了，希比内已经变成了一个新世界——第一个在北极发展起来的工业世界。

阿帕季特站是基洛夫铁路线上一个新的枢纽站，我们从这里可以坐上豪华的电力火车直达城市，火车沿着翻腾湍急的白河向前走着，在以前的时候，我们要费很大的劲才能渡过这条河。我们很快穿过森林，开到伍德亚夫拉湖，直到吉洛夫斯克市——这里是技术、工业和农业共同创造奇迹的地方。

我们还没来得及往四周瞧上一眼，就换乘了一辆轻便小汽车，沿着一条华丽的大街朝库基斯乌姆乔尔矿山奔去，磷灰石和霞石都是在那里开采的。道路左边，是巨大的乌尔吉托支脉，那整座大山，有四分之三都是由几乎纯净的霞石组成。接着我们又看到了闪闪发光的尤克斯波尔山坡……

在25千米的距离里，我们经过新的矿山小镇、邮局、药店、车库、餐厅，然后就驶上了越来越陡的山坡。一路上许多卡车飞驰而过，也有拉着汽笛的火车在下面缓缓驶去，还有爆破的轰隆声从不知何处传来。

我们一直向上，周围全是磷灰石带，30分钟之后，我们就来到了世界上最壮观的开采面，在这里，闪着绿光的磷灰石和灰色的霞石一起构成了一座高达百米的实心峭壁。

这片壮丽的磷灰石带在希比内冻土区绵延25千米长，就像把冻土区包围了一样。这里的磷灰石矿石埋藏在很深的地方，甚至低于海平面，这种情况在世界上其他地方都没有过。

这些闪亮的矿石被小车拉到两条卷扬机坡道上，然后通过钢索下降到萨姆河（罗帕尔河）河谷，再从那里装上火车。

一部分矿石会直接被运往苏联的各个工厂，更多的则会被装到摩尔曼斯克的货轮上，出口到其他不同的国家。

大多数火车其实并没有走多远，它们会开到基洛夫斯克的一个工厂里。这是世界上最大的选矿厂，每年可以在这些矿石中筛选出很多吨纯净的磷灰石。

这些矿石在大沉淀槽里经过磨碎打浆后，绿色的磷灰石就会泛着泡沫浮在上层，灰色的霞石则会沉积到槽底。这种纯净的磷灰石"精矿"还需要继续干燥。它们会在巨大的电炉中变成纯净的磷和磷酸，之后，这些产物会去往文尼察、敖德萨、莫洛托夫和康斯坦丁诺夫卡的磷酸盐工厂，然后在那里，被制成最上等的田间肥料。

我们需要几百万吨这种磷灰石制成的肥料粉，只要把它撒在我们的田野和草地上，撒在我们的甜菜和棉花垄上，那样的话，甜菜的个头会更大，雪白的棉桃会更大，粮食的谷粒会更大，我们的收获就会更大！磷灰石是肥沃的石头，是生命的石头，是集体农庄的财富源泉，是我们国家未来的石头。

让我们来做一个小算术，这有时候非常有益：每一位苏联公民每天要吃掉多少来自希比内的磷呢？

如果给苏联境内所有粮田进行正确的施肥，每年就需要投入大约800万吨磷肥，这其中大约有8%是磷元素，在这8%中，又有10%左右包含在谷粒中，会被人们吃下去。

让我们算一下。假如真是这样，每位苏联公民每吃1千克面包，就会吞下5克来自希比内的磷灰石（因为还有少量磷是来自苏联的其他磷矿），人每吃一片面包，嘴里就会有50 000 000 000 000 000 000个磷原子，这些磷原子都是从库基斯乌姆乔尔矿山，经过复杂工序和过程，越过千山万水来到人们餐桌上的。

当然，我们还没有从磷矿石中提炼出那么多肥料，因为我们还没有足够的加工厂和磷酸盐工厂，但是我们还是可以做到一个最低的标准，就是把上面那一长串数字中最前面的"50"变成"1"，即使那样，我们每吃一片面包，还是要吃下很多很多来自希比内的磷原子！

没错，每一片面包、亚麻布纤维、棉布衬衫里，都包含磷灰石的成分，甚至连糖都要依赖希比内的磷灰石！

我们不能只把磷灰石扔进田野做肥料，我们还可以把它溶解到池塘里，用来加速鱼的生长；我们还可以把它变成药剂，让疲于工作的人重新焕发活力；我们还可以把它们用作防锈剂，涂在飞机翅膀上；我们将在冶炼青铜和铸铁时用磷灰石提升它们的品质。总而言之，磷灰石可以用在几十种产品上，我们一定会为这种苏联自己开采的石头感到骄傲。

但是，要想找到足够的矿石应用在这些领域，我们必须把它从霞石中分离出来，得到纯净的精矿。

那么，霞石这种磷灰石的伴生物又有什么用处呢？我们的地球化学家和工艺师已经了解了这种石头的性质。原来，霞石也可以用在很多工业领域中，首先就是皮革制造业，它可以用来制造一种不错的鞣料；还有陶瓷业，可以用来代替比较贵的长石；在纺织业中，它可以用来制作防水布。当然，还有最重要的用途：提炼金属铝。

人类正在延续磷灰石和霞石的历史。

以前无人知晓的两种石头成了苏联最主要的矿物资源。地球化学家、工艺师、矿物学家和经济工作者把它们变成了苏联工业和文化的最大财富。

第 11 节

黑煤、白煤、蓝煤和红煤

生活中我们只对黑煤有所了解，家里的炉子、工厂的锅炉、冶炼厂的高炉、火车的炉膛里烧的都是这种东西。

黑煤是一种强大的能源物质，整个工业或者整个经济都要依赖这些"黑色钻石"——有时候我们会这样称呼黑煤，这个称呼真是一点也不夸张。一个国家的财富往往会用煤和铁的储藏量来评价。在煤炭资源丰富的地区，我们建立了工业中心，来自世界各地的矿石和原料汇集于此。

但是，在煤炭使用的道路上有一个很大的"但是"：随着技术的快速发展，越来越多的新需求出现了，为了满足这些需求，人们不得不面对许多新挑战。就像几千年前的古人一样，现代世界的人们也在不停地寻找新能源。

但是古代的人们对如何控制大自然的力量一窍不通。人们完全屈服于自然，把自己变成了奴隶，10个奴隶的力量才相当于1马力。

从那时起，人们已经经过了很长时间的发展：我们建造了相当于30万~40万人力量的机器，创造了强大的输电网，正如著名物理学家乌莫夫所言："沿着几千俄里的金属线，数百万奴隶，连同他们的食物和劳动所需品，一瞬间就搬到另一个地方去。"

现在人类能使用的自然能量相当于30亿人的力量（大约3亿马力），人们还在到处寻找新的能量来源。

那么人们还能从哪儿得到或使用地球的能量呢？

我们可以把一些能量来源列出：

1.生物煤——人、马和其他生物的体力。

2.黑煤——天然的碳，有黑煤、褐煤、煤质页岩等形式。

3.液体煤——石油、沥青。

4.挥发性煤——从地下喷出的可燃气体（烃类）。

5.灰煤——沼泽或湖边的泥炭。

6.绿煤——木柴、稻草。

7.白煤——下落的水力。

8.蓝煤——风能。

9.青煤——海水的潮汐能。

10.红煤——太阳能。

现在，第一种能源已经越来越少地被人们使用了，第三种能源和第四种能源的一部分被专门保留用作化学生产，第六种能源已经被作为林业资源保护起来，第八种、第九种、第十种能源几乎还没有被利用。人们现在只能使用第二种、第五种、第七种能源来发展自己的经济，其中那些分布广泛的泥炭和瀑布落下的水只能起到辅助的作用，这两种能源跟战无不胜的煤炭相比，仍然微不足道。

人类在历史上一共消耗了大约500亿吨煤；每年人们新开采超过10亿吨煤，也就是超过100万辆火车的运载量。每过100年，煤的开采量就要增加至少50倍，于是人们不禁会提出这样的问题：地球上的煤还够开采多少年？地质学家们估计，地球上的煤储量大概有5 000亿吨，也就是说，黑煤最多还够开采75年。显而易见，人类未来的发展不可能单单依靠黑煤一种能源。

因此，我们必须寻找其他能源。白煤是水的力量，来自湍急的河流或者瀑布，这是首先引起我们注意的能源。白煤蕴涵着7亿马力的能量，现在能被人们使用的仅仅只占5%。怪不得人们要建造巨大的水力发电站来拦截河流，把水花四溅的瀑布导入涡轮机，年复一年，越来越多地使用这种水流下落的力量。

但这种能量也是有限的，它可以提供相当于70亿人的力量，当煤和石油耗尽的时候，一定可以成为人类极大的助力。但它的极限是显而易见的，而人类对于能源的需求却是个无底洞。科拉半岛、卡累利阿、高加索、中亚、阿尔泰，这些地方的白煤都在排着队等你们去开发！

现在，人们的注意力转向蓝煤——风能。人们早就学会了利用风来驱动风车，也知道如何用风推动湖泊和海洋里的帆船。但是在这方面，人们的技术还有很大的发挥空间，因为我们还不能完全驯服这些天生飘忽不定的巨大能量。在未来的哈萨克斯坦和西西伯利亚的辽阔草原上，一定会有这些蓝煤的用武之地！

人们也在关注着青煤，也就是辽阔海洋中产生的能量，当潮水带着海浪昼夜不停地冲刷海岸，这都预示着一个新的、尚未被开发的自然能源。我们对波罗的海、白海和黑海的潮汐力量仍然重视不足，对于摩尔曼斯克海边和太平洋周边那些海湾中产生的强大能量仍然没有给出正确的评估!

全世界的能源储藏情况又是怎么样的呢? 25年前, 我们的物理学家乌莫夫在莫斯科的一次精彩演讲中给出了答案:

必须要寻找新的能源。不管是生物能, 还是来自水力、火力、风力的能量, 都是地球在自然发展过程中捕捉和储存起来的太阳能, 但是现在已经明确, 这个星球上的这种能量越来越少了, 有些很快就要消耗殆尽。

只有一种解决办法, 我们必须进入下一个阶段: 不再从地球内部找能源, 而是把目光放到天上——宇宙空间。如果在物理学中找不到令人满意的答案, 那我们的文明就等于被判了死刑。

人类已经让自己的目光比鸟类更敏锐, 可以洞察到遥不可及的空间深处; 人类的思想已经比鹰的速度还快, 可以瞬间飞过海洋; 不论是力量还是速度, 人们都已经远远超过地球上的其他生物。人类还需要什么呢?

人类已经远远跳出了动物界的局限, 试图从植物界学会一种能力: 用自己发明的设备直接捕捉太阳能。

从离地球差不多远的距离上, 阳光垂直照射到1平方米的表面, 会带去相当于2.6马力的能量。这其中一大部分会被大气层吸收, 主要是被水蒸气、二氧化碳、云层和灰尘等吸收掉。在45度纬线以下的地区, 地球表面每平方米大概能接收1马力左右的能量。如果把所有因素都考虑在内, 包括地理位置、日照时间等, 就可以计算出来, 单是撒哈拉沙漠一个地方, 每年接收到的太阳能就相当于现代人类消耗能量总和的1万倍。

人类的未来必须依靠红煤, 也就是收集和利用阳光中的能量。当我们耗尽了深埋地下的自然能源，并且充分利用了风力和水力资源时，就只能让太阳能取代煤、泥炭、石油和水力，把消耗"黑色钻石"的工厂改造成使用太阳能的工厂。到那时，我们又要把目光聚焦于中亚，因为那里的太阳能资源如此丰富，不管春夏秋冬，都是那么阳光灿烂、温暖明媚。太阳，只有太阳，它将来会运转机器，驱动汽车火车，把房间温暖，把锅炉烧热。太阳将帮助我们战胜大自然！

但是……我们现在更进一步看到，将来的主要能源将会是深藏在原子内部的能量。这种能量是煤炭能源的几百万倍，1千克铀可以提供的能量就相当于好几辆火车满载的优质煤！这才是人类的未来！

第 12 节

黑色的黄金

黑色的液体黄金，也就是石油，是地球上最重要的矿物之一。说它是液体，因为它真的会流动，尽管它包含容易挥发的汽油以及其他气体，有时候还会凝固出固体的蜡块或重油块。石油是一种从地下开采出来时，就带着芳香气味的黑色矿物。它需要在专门的工厂里进行复杂的提纯和蒸馏后，才会变成纯净透明的无色液体。这些液体在阳光的照耀下会反射出绿色或者紫色的光芒。说它是黄金，是因为它代表着巨大的自然财富，欧洲和美洲的资本主义国家会为了它而相互较劲，甚至不惜发动血腥的战争，并且强行占领那些出产石油的地区。

目前，我们国家自己生产的汽油、煤油和重油不仅足够支撑本国发展的需要，每年还有400艘轮船，装载超过200万吨这些产品从高加索出口到世界。

石油钻井至少要深入到4千米以下。每一处新发现的石油都会引起人们的关注，在乌拉尔中部或乌拉尔南部的斯捷尔利塔马克发现的石油，为乌拉尔提供了足够的液体燃料。在土库曼斯坦那处绝好的石油喷泉，每天都会猛烈喷出好几千吨石油。

但是，石油是什么？它是从哪来的呢？我承认，回答这些问题并不是简单的事，到目前为止，科学家们对于石油的起源问题还在争论，并没有给出一个统一的答案。此前，特别是在著名化学家门捷列夫的影响下，我们认为石油诞生在特别深的地方：在那里，过热的水蒸气影响了某些含碳化合物，之后形成了石油，然后石油再涌上地面。但是现在的研究发现，石油诞生在更接近地球表面的地方，而且跟植物的残渣，特别是藻类的残渣有密切关系。事实上，在我们的广阔领土上，特别是诺夫哥罗德和加里宁地区的湖泊中，湖底聚集着很多特殊的物质——腐泥，也就是死去的动植物跟淤泥混合形成的黑色泥浆。如果这种泥浆被埋在沙子和黏土下面，然后沉到地底深处，并在那里受热，就会形成一种和石油非常相似的物质。现在中亚南部的太阳也引发了这样的过程。巴尔哈什湖的岸边经常会有随波浪而来的大量黑色物质，非常像橡胶或者某些石油的凝结产物，这就是著名的藻沥青，是由湖岸边腐烂的芦苇形成的。

我们现在甚至知道了形成石油所需的地理条件：大油田都是沿着像高加索山脉这样的地势形成的。一些被山脉包围的洼地，就如同泥泞的沼泽或者褪去海水的小盐沼一样，具有积累沉积物，并使沉积物下方受热的有利条件。这里的石油通常会伴随着盐和石膏矿层，这里产生的水中还含有碘和溴，这些物质就说明海洋植物在石油形成过程中发挥着重要作用。

美国的地质学家曾经提到过在美国产的石油中有一些有趣的性质。他们曾经特别小心地在700～800米深的地方开采石油，在这些石油里竟然还发现了细菌。难以想象的是，这些细菌是从地面深入到地下去的，很有可能这些细菌的祖先正是生存在那些如今已经变成石油的植物上，也许新的研究工作将会证明这些推测。

所以，石油是那些古代生物的残渣在地下深处形成的，我们正在努力地寻找石油，并且把它们从地下抽取出来。

在地球表面上，人们把石油放到炉子里烧掉，用它来给房间照明，或者把它提炼转化成其他更有价值的物质。现在的石油还够人类使用150年，那之后呢？

我们要学会使用劣质的煤来制作人造石油，我们的化学家会把煤、油页岩和泥炭转化成汽油和煤油。既然大自然不愿意把自己的财富交给人类，那我们就得想想办法克服困难。当然，人类终将战胜自然。

第13节

稀土

最近几年，许多奇奇怪怪的稀有物质已经走进了日常的工业应用中。以前谁也没有听说过，甚至连化学家和矿物学家也几乎一无所知的金属，如钛、钽、铯、钼、锆，突然就被发现有了大用处。其中有许多罕见的化学元素正在加紧开采，而这些元素也被用在某些想象不到的领域中。例如，20年前，人们发现了一种新元素——铪。它在哥本哈根的实验室里仅仅制取了几克而已，如今它的用途已经找到了。人们发现，在制作灯丝的合金中加入一点铪，就可以把灯丝的使用寿命延长好几倍。铪一下子就成了一种时髦的金属，1克铪盐的价格高达1 000卢布。

其他的金属也很快得到了应用，锆可以用来给陶瓷器皿上釉，锂可以用来制作干电池，钽可以用来制作灯丝，钛可以用来制作稳定耐用的白色染料，铍可以用来制作轻便的合金。有许多奇特的元素都跟它们一样，有着特殊的命运，我们把这些元素称为稀土元素，这其中包括铈、镧、钕镨[1]和重元素钍。

半个多世纪以前，天才的维也纳化学家阿维尔有一个有趣的发现：他把一小块钍盐和其他稀土放到普通煤气灯的火焰中，这些盐被加热后，煤气灯的亮度明显增强了。他决定把这个发现应用在照明上，因为当时的电力供应仍然不足，整个城市的照明基本是依靠煤气。可这位化学家的想法并没有被大家接受，还被认为是不切实际的，因为这些盐太稀有了，数量那么少，根本不可能实际应用起来。于是阿维尔决定去寻找这种所需要的天然物质，不久，他就在巴西的大西洋沿岸发现了一种储量颇丰的金色砂矿，这种矿物叫独居石，包括钍在内的多种稀土都蕴藏其中。

退潮之后，很容易就能在海岸边捡到这种石头的小颗粒。于是，数千吨这种珍贵的货物开始由远洋货轮运往汉堡。

在维也纳的大工厂里，人们在这些漂洋过海而来的石头中提取出稀土和钍，再把它们制成水溶液，又把细软的纱罩浸泡在水溶液中。这些纱罩晾干后就成了煤气灯的灯罩。这些灯罩在煤气灯被点燃后，会烧成一种很脆弱的罩子，这种罩子就以阿维尔的名字命名。煤气灯发明20年之后，终于得到了改进：不停抖动的黄色火焰变成了稳定、明亮的白色亮光。全世界各个工厂每年生产的灯罩有3亿只，如果不是因为后来电灯迅速普及，这个数字还会更高。在制造这种灯罩的过程中，主要使用到的是钍元素和其他少量的几种稀土类元素，此外，独居石中还有大量的盐，特别是铈，都变成了毫无价值的生产废料，白白堆在工厂的院子里。必须要为这些铈盐找到用武之地。

25年之后，铈盐的用途终于被发现了，虽然发现得晚，但却是一个极为成功的发

---

1 旧时被认为是一种元素。

现：这种稀土元素与铁的合金在跟钢碰撞的时候，常常能产生150～200℃的火花，因此很容易引燃汽油、棉絮或麻屑。根据这个性质，燧石打火机被发明出来，并且很快流行。但这还是没有把那些废料中的稀土都利用起来。最近几年发现，如果把某些稀土元素加入玻璃或水晶中，就会使这些玻璃或水晶显出鲜艳的颜色，比如金色、黄色、红色和紫色。于是人们开始用这种玻璃制成碗碟、杯子、花瓶等。红色的玻璃还有一些特殊价值：透过这种玻璃的光线具有很强的穿透雾气的能力，所以马路上的交通信号灯现在都需要它。就这样，玻璃工业出现了许多新的门类。许多物质的命运都是这样的！

当第一批智利的硝石被货轮运到欧洲的时候，因为找不到买家，不得不全部扔到海里去，而现在，硝酸盐成了宝贵的肥料。含磷的铁矿石在很长一段时间里都被认为是没用的东西，直到托马斯想出了一种冶炼它的方法，通过这种方法提炼出的钢和铁都有很优良的性质，而磷都集中在了炉壁上。

现在，世界各地的实验室里都在研究如何利用矿物，数千次分析和实验的结果，为我们带来了新思想，开辟了新思路，并指引我们取得出人意料的新成就。

第14节

黄铁矿

黄铁矿是地壳里最常见的矿物之一，广泛分布在平原和山地中。它那闪着金黄色光泽的晶体几乎会出现在每一套矿物藏品中。它的学名在希腊文中的原意指的是

"火"，可能是因为它在阳光下可以闪光，也可能是因为它在跟钢碰撞的时候会打出耀眼的火花。

黄铁矿跟石英和方解石一样，可以称得上是无处不在。但特别有趣的一点是，它在各种条件下都可能形成。有时候在普通的腐烂粪肥堆里就会形成黄铁矿立方体。有一回，一个矿物学家在粪肥堆里挖掘时，就发现那儿的老鼠尸体上覆盖着一层金光闪闪的黄铁矿小晶体。

在莫斯科河沿岸那些黑色的侏罗纪时期的黏土中，或者圣彼得堡附近各处河岸上，都有这种金属的小结核在闪着光。在波罗维奇市附近和图拉州，工人们常常能在黑煤堆里找出许多黄铁矿的碎块或者晶体。在高加索的军用格鲁吉亚大路上，常常有孩子们在黑色的页岩块里拣出金闪闪的黄铁矿块。在乌拉尔的矿井里，在那些曾经熔化的岩石矿脉里，黄铁矿会和金子一起闪着金光。到处都有黄铁矿！

在黄铁矿的成分还是一个谜的时候，经常被误认为是黄金或者铜，因此它的发现经常会被隐瞒起来。

黄铁矿在人类历史上有极为重要的意义，因为它的含硫量高达50%，这也是为什么人们常称它为硫黄铁矿。人们在全世界范围内寻找大型黄铁矿矿床，许多地方都已经发现有它的踪迹。在西班牙、挪威、乌拉尔和日本，它的总储藏量已经达到了10亿吨，但我们仍然缺乏黄铁矿，这是为什么呢？

在黄铁矿中提取的硫酸，是制造肥料和炸药的最主要原料之一。如果一个国家没有自己的硫酸，那它将会陷入非常不利的境地，因为硫酸对许多工业部门来说都是必不可少的。

长期以来，硫酸只能通过纯净的天然硫黄来制造。盛产硫黄的地方在意大利南部，著名的西西里岛上，那里有含量非常丰富的硫矿。正因这样，很多国家都要讨好意大利，以求能够保证硫黄的供应，如果这样的乞求不能得到满足，他们就只能派军舰去意大利海岸边航行示威。

这种情况持续了很多年，直到1828年出现了一个小发明：原来制造硫酸也可以用其他原料，比如说黄铁矿。它在自然界中很常见，用来制造硫酸也非常划算。于是人们开始寻找黄铁矿，终于在1856年，一座巨大的黄铁矿矿床在西班牙西部和葡萄牙被发现了。这些黄铁矿储藏量非常丰富，开采和运输也很容易，很快就成了硫黄的强大竞争对手。黄铁矿逐渐在硫酸工业中占据了主导地位，这些年里，葡萄牙也因此受到了世界各国的关注。

硫黄跟黄铁矿之间的争斗开始了。在美国出现了一种更廉价的硫黄开采方法：在美国北部，硫黄一般储藏在地下200～300米深的地方，为了得到它们，人们往地下注入灼热的水蒸气，水蒸气会熔化硫黄，然后这些硫黄就会以液体的形式涌到地球表面。跟旧方法比起来，这种方法既方便又实惠，巨大的竞争直接导致大量的西西里岛工人和农民失业破产。黄铁矿更是受到了严重冲击，失去了原有的地位，变得无人问津。硫黄再次取得胜利。

但这场斗争还未结束：人们开始使用机械化的方法开采地下的黄铁矿，并为此投入了大量资金，于是，西班牙的黄铁矿再次变成了比硫黄更廉价的原料。黄铁矿又重新占据上风，硫酸工厂又要重新调整设备以适应更廉价的原料……为什么非要盯着黄铁矿或硫黄不放呢？明明我们有大量的石膏，而石膏的含硫量也相当高。的确，从石膏中提取硫酸并不是一件难事，也许，随着时间的推移，总有一天石膏将会取代硫黄和黄铁矿。

你们看，硫酸生产作为农业和军事技术的基础，即使是一个小小的技术成果，都会对它产生巨大的影响。这种成果可能会彻底改变之前的一切，某些重要的资源变得无人问津，而有些原本不被需要的、没有什么价值的物质也开始为人类服务。

这就是黄铁矿这种人类历史上最重要的自然资源之一的奇特命运。在自然界中的矿物，没有什么可用不可用的分别，也没有什么需要不需要的分别，因为人类可以凭自己的创造力和动力，让大自然为人们服务，并把大自然的力量转化为一个国家的生产力。技术发展得越广，科学家们就越能深入地了解大自然的奥秘，科学家们的胜利也就越彻底，人的思想和创造力也就能更彻底地战胜大自然的力量。

07

给小小"矿物收藏家"们的建议

第1节

怎样收集矿物

　　想要有条有理地收集矿物并不是一件简单的事，需要耗费很大的精力。只有那些对矿物学很了解，并且能够理智看待同自然关系的人才能更好地收集矿物。如果是收集植物，就算对植物没有那么深的了解，也可以很好地分辨主要的植物，并且能够在同一种植物千差万别的个体中挑出一个最好的做成标本。如果是地质学家或者岩石学家想要收集岩石，只需要在一大堆石块中挑选那个最典型的（有时这也不是件容易事），并把它加工成想要的形状就可以了。

　　矿物的情况就大不相同了，有时候它会是极细微的小颗粒，有时候又是很大的一堆。就算是同一种矿物，这一块跟那一块之间长得就很不一样，有时候差别大到让经验丰富的矿物学家都要头疼。比如说，在石膏层的同一个部位就有可能发现很多石膏变种：有些像糖一样的小微粒，那是雪花石膏，还有些是脉状石膏，还有个别透明的石膏晶体，还有一些就是各种颜色的实心块状石膏——白色的、黄色的、灰色的或粉红色的。你可以在同一个地方找到上百种不同的石膏，它们的外观看起来个个不同。这也是为什么，矿物学家在野外实地工作时总要克服很大的困难，他要想把收集工作做好、做细致，就必须要了解现代矿物学的原理和宗旨。这些基础知识是每一个矿物研究者和收集者都必须了解的。

　　矿物的收集都有各自不同的特征，这取决于收集它们的目的是什么。有时候业余收藏家的藏品并不多，都是一些漂亮的结晶矿物或者晶体，但品质都非常好。有时候一些年轻的矿物学家只收集那些有用的矿物，比如矿石、盐类或者工厂里用得到的原料。为了科学目的收集矿物那就是完全不同的性质了，这时候，矿物学家的任务就是通过尽可能全面、准确的实例来证明地球上某一处矿藏的形成过程。在这种情况下，收集者必须收集那些外观漂亮、质地优良的矿块，为化学研究收集足够的材料，还要找到很多样品，来证明这种矿物不同形态之间的共同点，以及它们互相转化的关系。这样的矿物收集者所面临的，往往是一系列困难又费心费时的任务。把普通的收集、观察矿物跟研究矿物区分开是很困难的，而且也不应该这么做，有意识地收集矿物不可避免地会引发科学研究的萌芽。当然，收集美丽的晶体通常是很吸引人的，而寻找漂亮的石头有时候也会变成一种令人着迷的嗜好，需要很好的注意力、观察力和坚韧不拔的意志。但是，更多的时候，矿物收集工作更复杂，而且也不是那么迷人，因为地球表面的矿物更多的是那些丑陋不堪的烂泥和砂土。喜欢石头的人看到这些一般会视若无睹地从旁边走过去，压根儿不愿意把它们放进自己的收藏里，但真正的矿物学家——地壳的化学家，一定会把注意力转向它们。

为了让矿物学家的工作更富有成效，必须要为他们配备齐全必需的野外作业工具。有时候，岩石的碎片很难敲碎，或者很难从岩石中敲打出某块矿物，这就需要每一位矿物学家都有一把趁手好用的小锤子。除了小锤子，收集岩石还需要一套不同大小规格的凿子。使用合适的凿子有时候能让工作轻松许多，可以节约很多时间，还可以帮我们在岩石或者峭壁中取出那些很有价值的晶体或样品。

还有一种矿物学家的必备工具，那就是放大镜。使用8~10倍的放大镜，可以更好地观察构成岩石的微小矿物，研究晶体的形状，也可以很大程度上使矿物的初步鉴定工作更方便。

其他的装备包括以下这些东西：笔记本和铅笔；普通罗盘（最好是矿山罗盘）；坚固的小刀；卷尺、漆布尺或折叠尺；一摞裁剪好并且写好编号的小标签，尺寸别小

矿山罗盘和矿物放大镜

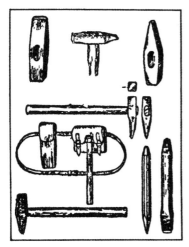

一套收集矿物用的工具

于4厘米×6厘米；大量的包装纸（报纸也可以）；几个小玻璃管，里面要垫点儿柔软的东西，专门用来存放最贵重、最脆弱的晶体、颗粒等；不同尺寸的盒子和一些便宜的棉絮。那些零散的小颗粒、小碎片可以帆布袋装，最重要的是，要把这些帆布袋写好序号，编成一组一组的。这种帆布袋还可以用来装单独的小晶体，但需要事先把晶体用纸包好；从同一个地方取得的小样品或者从同一个矿块上敲下来的小碎屑也可以放在这里面。

为了进行一些重要的研究，还需要一个轻便的照相机、气压计和一套用来画地质图的彩色铅笔。每一个样品都要仔细包装在一个单独的纸包里，这是做好收藏工作的必备条件。不管样品有多小，都不能把它们包到一起，必须要一个一个单独打包。由于包装马虎而导致一些极好的样品材料被损坏的事已经出现过很多次了。我们必须极力要求每一个收集者，要把勘探中发现的每一块样品都用两三张纸仔细地包起来，不是把两三层纸叠起来一下子都包上，而是要一层一层单独包。每一个样品都要有两份标签，但不是直接贴在样品上，而是贴在第一层包装纸上。易碎的松林石不能直接放在棉絮里，最好先包上一层薄薄的卷烟纸，然后再包上棉絮、麻屑或者细刨花。

所有的工具和材料都得装在一个质量好的袋子里，最好是个方便的背包。这样两只手就可以腾出来了，对于到处是岩石峭壁的山区来说，这一点非常重要。有时候矿物样品的分量可不轻，在放置的时候一定要注意均匀地分配重量。

当结束勘探返回之后，还必须小心地把收集到的样品放到箱子里。这是为了方便把它们转送到指定的地方。在装箱的时候，那些用纸仔细包好的样品要一层一层叠好，不能留下空隙。在任何时候都不要想着可以用干草、稻草或者刨花去填满空隙，这些东西很容易会因为抖动而磨碎，使得样品互相碰在一起。箱子的质量不能超过15千克，应当使用坚固的材料制成。要避免使用太大或者太沉的箱子。

当然，每次收集的时候都会有这样的问题：收集什么和收集多少。这个问题很难详细地回答，因为只有依靠长期的经验积累和对大自然的充分了解才能正确地、出色地收集矿物。收集者需要有一定的艺术嗅觉，才能根据矿物在形状和颜色上所表现出的特点，挑选最合适的样品。为了不让样品跟它在大自然的存在环境相脱节，我们需要选择那些尺寸足够大的典型矿块做样品。另外，最好要把收集到的样品加工修整一下，使它成为规则的平行六面体形状（当然，单个的晶体除外），最小尺寸不要小于6厘米×9厘米，如果是形成大量堆积的矿物，那尺寸不能小于9厘米×12厘米。

很多时候，勘探队会带回来一些不规则的小碎片，其实这些东西完全没有价值，只能成为博物馆和收藏品的累赘！但是也不要陷入另一种极端，为了保持统一的形状，从而把那些很漂亮或者很有意思的矿块都修整坏了。

在进行收集的时候还应该记住，当你勘探回来的时候，经常会觉得后悔，认为自己带回来的样品太少了。因此，应把某些稀有矿物的材料一次性收集详尽，总好过回来之后再把那些多余的或者没什么意义的样品扔掉。有些时候勘探的人会把某种东西的样品收集得很少，然后寄希望于下一次再来到同样的地方，这种希望往往最终都会破灭，结果使得他的收集并不全面，变得没什么价值和意义。

在野外勘探时，观察到的一切都要记录在笔记本上。在这些笔记本里，每一个收集到的样品都要有像这样的记录：这种矿物是出现过很多次还是比较少见；这种矿物是包含在哪种石头里的；它是从岩石上取下来的还是从岩屑里发现的，或者说是从河底的淤泥里发现的，抑或是从河边的卵石里找到的。所有这些观察记录也都要写上编号，跟对应样品上的标签保持一致。另外，除了编号，样品标签上还得写上收集时间、发现样品的地点和收集人的名字。

笔记本里这些完整、详细的记录，最能说明收藏者是否有条理和有收藏意识，同时，每件收藏品的价值都跟记录的详细与否密切相关。许许多多收藏品最致命的缺点，就是收集者太过于相信自己的脑子，不幸的是，这一点在业余收藏家身上表现得最多。有多少很有趣的东西就是因为标签问题，最后变得一文不值；又有多少标签上的内容，因为收集者没有当场记录下来，而是在过了几个月后凭着记忆补上，变得漏洞百出，甚至全都是错的。必须牢记，这些收藏品是将来所有人都可以研究的，所以记录一定要做得既详细又准确，以方便将来他人参考研究。

只有正确遵守所有这些条件得来的收藏品，才能称得上是有价值的收藏。收藏者本人可以凭借这些，得知在矿物诞生的地方曾经发生或者正在发生哪些化学变化。记录得越详细，这些收藏对科学和工业的贡献也就越大。在我国，尤其是矿产资源丰富的山区，矿物方面的研究还非常落后，每一件新的、详细的收藏都可以为科学研究提供新的材料。因此，每一个收藏者都可以为苏联的自然矿产资源研究做出贡献。但是，想要做出贡献，光是把矿物收集起来，做好记录，然后再小心带回来还是不够的，我们还要对这些收藏进行系统化的分类，并加以甄别，然后再跟当地之前发现的矿物进行比较。在这方面，很多大型科研机构，比如说苏联科学院矿物学博物馆，非常乐意帮助每一位收藏者，检查所有收藏品，并且为他们指出哪些是最有趣的东西以及在今后的收藏中应该注意些什么。

外出勘探回来之后，一定要及时整理收集到的材料，千万不要拖延，趁着记忆犹在，还能改正不少错误，方便我们妥善地保存这些收藏品。

只有这样处理收藏品，这次外出勘探才不会是白费力气，有时候还能有助于将来的研究，使它具有纯粹的科学性或实践性。

对于收集矿物的建议就是这么多了。我不由得想起了瑞士著名的旅行家和地质学家德·索绪尔的话："只有那些知道得多、思索得多的人，才能更好地旅行。"每一个将要到矿产丰富地区旅行的爱好者，在出发之前，都应该拿着矿物学教科书，去某个大博物馆参观一下，只有在经过严肃、认真地理论学习之后，才能到大自然里实际进行收集工作。曾经到中国旅行的著名探险家李希霍芬曾经对索绪尔的话做过补充："在一个研究者手里所有的工具中，最有用、最重要的就是他的眼睛。即使是最细微的现象，也不能在他眼中溜走，因为这些现象往往是一系列重要发现的基础。"

第 2 节

怎样鉴别矿物

当矿物被收集起来带回家之后，一个新的、极为重要的时刻到了：对它们进行鉴别，也就是确定这些东西是由什么组成的以及它们的名字应该是什么。这可不是件容易的事，因为我们已经知道了3 000多种不同的矿物及它们的变种，这其中只有两三百种比较常见。

想要知道石头的名称，首先就得了解它的化学成分，也就是要弄清楚它包含哪些化学元素。为此，矿物学上在200年前就想出了一种非常巧妙而且方便的方法。这里面用到的最主要的工具就是吹管。把吹管的一端伸进普通蜡烛或煤油灯的火焰里，只要从另一端向里吹气，火焰的温度就可以达到1 500℃。如果用钳子把一块玻璃夹到火焰上，玻璃就会熔化，如果夹的是一块石英，则不会有什么变化，但如果夹的是一块细小的长石，那它就会熔化成一团白色的瓷器一样的物质。不同的石头会在不同的温度下熔化，这样就可以把它们一个个区分出来了。把要鉴别的矿物取出来，捣成碎末，加水和成一团，放到一小块木炭上，然后再送到吹管的炙热火焰下。在这种情况下，有些矿物会熔化出纯净的金属球——铅、铜、银，一些则会在木炭上留下白色、黄色或绿色的薄膜等。还可以把矿物放进细玻璃管里，加热之后，玻璃管壁上会出现水迹、黑色或彩色的薄膜等。

这每一种实验，都如化学家说的，向我们展示了某种化学变化，而我们就是通过这些变化来判定矿物里都有些什么东西的。

但是，单靠吹管还不够，要确定矿物的成分，还要进行化学分析，这就要用到一些小化学试管、玛瑙研钵、装着各种酸的圆底烧瓶和一根细细的铂丝等。

有时要把矿物敲碎，然后放到研钵里磨成粉，之后放到试管里混着各种酸或者水煮沸。在这种情况下，有一些矿物会溶于水，有些则不会；有一些会跟酸发生反应放出气泡，还有一些就算是跟最强的酸放在一起，也不会有任何变化。根据这些"化学反应"，我们就可以对这些矿物的成分得出一些重要的结论。但这些都不足以确定矿物的名称。我们还需要研究石头的物理性质，特别是确定它的密度和硬度。没有特殊的天平，我们很难确定矿物的密度，但这又是个非常重要的性质，各个矿物的密度都不一样，而且相差很大：有些矿物和水一样重，但有一些可能要比水重20倍。确定矿物硬度的方法还是比较简单的，只需要按照硬度表，用一些样品的划痕来确定。每一个矿物学家都应该有一个专门的盒子来放这些样品：滑石、石膏、石灰石（方解石）、磷灰石、长石、石英、黄玉、刚玉和金刚石——这个顺序就是按照硬度递增排列的。

要善于运用这些方法，通过吹管和那些化学反应来研究石头，就能学会怎样鉴别矿物，为此，可以使用专门的参考书（拉祖莫夫斯基、斯莫扬诺夫或其他人的著作），它可以告诉矿物学家怎样一步一步操作，直到最终确定这个石头的名字。当他把自己的矿物跟书中记载的颜色、光泽、形状做比较，如果一切都是一致的，那么就可以确定这次鉴定是准确的了。这时候还应该为这个矿物写一段科学的描述，讲清楚它的成分、它跟发现的其他矿物的关系，以及在复杂的自然环境中，它们是怎样发生变化的。

第 3 节

怎样整理和保存矿物藏品

在经历了几次野外勘探之后，我们收集到了许多不同的石头和矿物，当然，所有的收集都是严格按照前面所讲的规则进行的。之后我们又鉴别了这些矿物，得到了它们真正的名字，这样，所有的样品都有了自己的护照：石头从哪里来，何人何时发现了它，它叫什么，跟哪些石头类似……

整理收藏品的一切工作都准备好了。我们跟来自学校和工厂的同志们一起把这些藏品集中起来，让我们一起来好好整理整理它们吧。

我们的整理工作可以在配备有小博物馆的学校或工厂进行。如果大家都能够自始至终专心地对待这项工作，而不是像往常那样半途而废，我想那些学校和工厂都会帮助这些年轻的业余矿物学家的。有的人当初收集的时候兴致勃勃，甚至在家里对它们研究整理了好半天，结果……过了半年，他把一切都忘了，心思都被滑雪或者植物什么的吸引走了，所有收藏品都只能堆在房间角落里静静吃灰。

那么，整理工作一切准备就绪之后，接下来该怎么做？首先，我们得有一个专门用来装矿物收藏品的柜子，最好是我们的"收藏家"们自己亲手做的。在旁边你可以看到这个柜子的图片，就像个抽屉柜一样，总共有20格抽屉，每个抽屉也不大，大约10厘米深。这样的一个柜子足够装下1 000个石头样品，如果摆放合适，能装下很大规模的收藏品。要是有非常漂亮的石头，那就最好再弄个带橱窗的玻璃柜，可以把一部分好看的石头，特别是那些晶体，放在橱窗里面直观地展示给大家看。这种带抽屉的柜子有时候还不太好置办，可以准备一个有浅格子的搁架作为替代品，用窗帘或者厚纸板把它包起来，以免里面的石头落灰。灰尘是矿物最大的敌人，它可以沾到石头纹理的深处，还很难被清理干净。有些矿物遇水会溶解，所以还不能用水清洗，一洗就坏了。

当我们把储藏柜准备好之后，那就要注意到一个新问题：每一块矿物都应该装在一个单独的小盒子里，盒子的边沿不要高过1厘米或1.5厘米。几个相同的石头或晶体，如果开采自同一个地方，也可以装在一个盒子里。每个盒子上都要贴好标签，标签跟盒子差不多大就可以，在上面要写清楚，这件藏品属于谁，里面的矿物叫什么名字以及它们确切的发现地点。在标签的背面还要写上，是何人在何时发现了这个矿物。

如果矿物会把纸弄脏（比如石墨、白垩这类样品就会这样），可以按照盒子的大小准备一块玻璃，把标签压在下面。

现在我们开始给收藏品编号。这项工作最好像这样进行：准备一个本子，每拿到一个矿物，就依次编号记在本子上，要把每一种矿物的名称、发现地以及矿物标签上的所有内容都记下来，同时，在小标签上也添上对应的编号。然后，整整齐齐地剪一张小方形纸片下来，写好编号，贴在矿物上。在贴的时候要非常小心，别让石头沾上太多胶水，同时，号码要尽量贴在不显眼的部位，以免影响样品或晶体的美观。

装矿物的小盒子应该按照一定的顺序摆放，这就有很多不同的摆法了。

最好的方法就是按照参考书上记录矿物的顺序摆放，随便用哪本矿物学教科书都可以。也可以按照矿物的开采地来摆放：这个抽屉里全是来自乌拉尔的矿石，另一个抽屉里全是来自高加索的……如果你想按照矿物的生产用途摆放，那最简单的方法就是铁矿石放一起、锌矿石放一起、铜矿石放一起……你也可以随时改变收藏品的排列顺序，组成一个"临时展览"，比如说，把所有收藏品里的宝石和彩色石头单独挑出来进行展出，然后再按照，比如说，"都是从熔融物中形成的石头"，或者"都是从家乡附近出产且都在工厂中使用着的石头"等这样的条件进行分类。不管是多小的收藏品，都不是一堆毫无生气的普通石头，而是值得我们一直研究学习的宝物。

如果一个年轻的矿物学家精力足够充沛、兴趣足够浓厚，那他的收藏品数量可以增长得很快，那些收藏柜、小盒子可能很快就不够用了，要是买新的，可是他没钱，就算有钱，买到了也不一定有地方安置。那就需要用更好的样品来淘换掉那些相对比较差的，只把最有趣的收藏品保留下来。这个费时费力的整理工作又要重新开始了，而且这次不仅要比较样品本身，还要比较它们的产地，只挑选最有趣或者最有代表性的收藏。为此，需要经常把自己的收藏品跟大博物馆里的做对比。这些从收藏品中淘换出来的矿物，就可以作为备份，转赠给他人用来扩充收藏，或者用来进行更详细的研究，把它们溶到酸里，或者放到火里熔到一起等。

最后，当我们的收藏品扩充到几百个的规模时，我们又面临新的问题：我们只缺少个别几种石头了，比如说，所有的铁矿石都有了，唯独缺少磁铁矿；各种彩色石头都有了，就是没有孔雀石。当我们需要某些特定的矿石时，要么亲自去野外收集它们，要么托住在矿山、工厂附近的熟人帮忙找，实在不行，就去大博物馆或者专门的教具商店碰碰运气。

你瞧，收藏可不是一件容易的事，只有那些对矿物收藏很了解，并且愿意为此付出很大精力的人才能做好。

第4节

寻找和勘探矿藏

这一节，我必须要以罗蒙诺索夫在150年前[1]说的名言开始：

> 现在，让我们走遍祖国，仔细查看每一块土地，把所有能出产矿石的地方挑出来，然后在这些地方仔细寻找有矿石的可靠标志。我们要寻找像金子、银子等一切金属一样，我们要开采不同寻常的石头，大理石、板岩，甚至还有祖母绿、红宝石、蓝宝石和金刚石。我们的旅程是不会枯燥的，虽然那些宝石称不上遍地都是，但那些社会发展所需要的矿物却是随处可见，它们可以为工业带来源源不断的利润。

---

1 以1926年为准。

他还补充说：

> 矿物和矿石是不会自己长脚跑进院子里的，我们必须用自己的双眼去发现它们，用自己的双手去开采它们。

这些话实际上已经把要对勘探员说的都讲到了。但是，我自己还是想要再多说几句。

之前已经说过了，年轻的矿物学家应该怎样收集矿物，但我们丝毫没提过应该怎样寻找和勘探矿藏。矿物学的主要目的之一就是要寻找和勘探矿产资源。谁要是收集了那么多矿物，却从来没思考过这些东西能用来做什么，从来没思考过这些东西适用于哪些方面，那他肯定不是一个好矿物学家，甚至不是一个好公民。

最近几年，我们苏联的考察队有了很大规模的发展，广大青年们利用假期时间结队去旅行、参观，都为了同一个目的：寻找矿藏。

但是这些矿藏不是那么容易找的，更别说能找到了，必须得是一个十分细心且善于思考的矿物学家，才能在这件事上为大家带来贡献。一个好的找矿员必须首先弄清楚这个地区的地质学和矿物学特点，然后才能说清楚这个地方可能发现什么以及有哪些矿物资源需要格外注意。据我自己的找矿经验，我十分确定，只有那些知道自己在找什么，并且知道自己能找到什么的人，才能真正地找到矿藏。我还记得，小时候去森林里找蘑菇的事：每当我找到第一株白蘑菇，仿佛就能听见四面八方都传来"这里也有，这里也有"的声音。

年轻的矿物学家要想找到矿藏，必须先对一个地方有所了解（哪怕是从书本上），知道自己的注意力和目光要放在什么地方上。

假设我们发现了某个"矿藏"，蓝绿色的水迹告诉我们这里有铜，用小锤子敲下一块石头，立刻就能看到闪着金光的黄铜矿石。

但是这里真的有很多铜矿石吗？这里的矿石可能就这么几块，用来收藏还算够用，也有可能在这几块矿石下面藏着整整一座矿山。

这就需要第二个阶段：勘探。矿物学家、地质学家、地球化学家和钻探工都来到这里，开始勘察这个新发现的矿床。地质学家要绘制一幅完整的地质图，告诉大家在什么地方有什么岩石；矿物学家要研究矿石，弄清楚它跟哪种岩石有关以及它在哪些地方含量更多；地球化学家则要收集各种材料进行分析，得到我们所谓的平均试样，还要弄明白这里的铜是怎么形成的、是从哪来的以及应该到哪里去寻找铜的储藏地。

此时的勘探员们则要开挖沟槽，清理地表的土壤，移除坚硬的石头，划出一道道条纹。要是遇到砂土多的地方，他们就得挖探井，用钻机给石头打孔，然后在钻孔里埋上炸药包，通过导火线直接把岩石炸开。就这样，矿床被一点一点清理出来，原本只露出一点儿的闪光点渐渐延伸成了完整的矿脉，勘探员们就顺着这条矿脉继续向更深的地方勘探，研究整个矿床的构造、宽度以及随着深度改变矿床所发生的变化。

接下来就是要想办法对付淹没矿井和矿坑的水了。我们得架设排水设施，如抽水机、发动机、蒸汽机之类。通往矿床的道路也得开始修建了，砍倒一片森林，用木头造的房子替代当地的土窑洞，铁匠铺、马厩、仓库、车库等设施也会陆续完工。矿床上的钻井架也已经搭建完毕，由金刚石、波别基特硬质合金或者钢丸制成的钻头会在强大的发动机的带动下，深深扎进岩石里。钻头越钻越深，圆柱体形的岩芯就顺着钻头的长管子从地下深处被取出来。

许多小发现让这里一点一点变成了真正的"矿藏"。地球化学家确定了它的成分和成因，地质学家算出了它的规模和储量，经济学家则是综合计算了其他很多方面，于是，经过长期的田野调查和实验室研究，终于得出了结论：

这个铜矿床的规模相当大，矿石储量在50万~80万吨之间，矿石含铜量也令人满意（含铜量1.5%）。而且这个矿床可以用比较廉价的露天方式开采，地理位置也不错，离铁路很近，周边的水资源和林木资源非常丰富。

结论就是这么简单，在蓝绿色水迹下面闪闪发亮的黄铜矿晶体，开启了一个质量上乘的铜矿。

但是你可千万不要以为每次的发现都会有这么好的结果，大多数情况下，最终的结果并不理想：矿石会变得非常少，地下的矿脉很快就会尖灭[1]，直至消失。

不需要为结果不好而难过。这种不理想的结果是不可避免的，而且它还能更好地教会我们如何区分小发现和大矿床，促使我们带着更大的热情到别处去寻找和发掘矿藏。

勘探是件非常困难的事情，但也充满了趣味和好处。就沿着这条路走下去吧，如果你是一个优秀而且又善于思考的矿物学家，那你一定会为国家带来巨大的利益，在经历了一系列挫折和失望之后，你也一定会为我们的工业发展找到新的矿藏。

第 **5** 节

在矿物学家的实验室

最后让我们来看看矿物学这门科学是怎么建立的。

---

1 指物体的体积逐渐缩小直至消失的现象。

在莫斯科的科学院矿物学和地质学研究所大楼里，这个学术机构一直沿着霍尔莫戈雷的天才农民罗蒙诺索夫开辟的道路，用精确的物理方法、化学方法和数学方法研究石头。这里使用的研究方法是最精密的，测量的距离能精细到1毫米的百万分之一，称出的质量能精确到1克的万亿分之一。

首先我们去结晶学研究所。在这里，天然晶体被放在大测角仪上测量，其结果能精确到弧秒，一些天文学的方法使得天文学方面的某些规则也开始用在晶体学上。结晶学家利用带照明灯的放大镜读出晶体的角度，虽然这些晶体只有大头针的针头那么大，但它们却有40~50个闪亮的小晶面。结晶学家再使用X射线研究晶体：先在一个房间里取得数万伏特的电流，再让电流沿着特殊的绝缘导线进到另一个房间，在那里，年轻的矿物学家就像坐在轮船驾驶室里一样，透过窗户观察、控制整个过程。X射线向我们揭示了晶体的内部构造，科学家们根据感光板上留下的斑点和圆圈，经过复杂的数学计算之后，就能掌握这个晶体内部的原子排列顺序。

下面我们去一个人工保持恒温的单独房间。在这个房间里有一些特殊的容器，其中溶液的温度由特殊的水银调节器控制着，可以一直保持恒定。透过玻璃罐可以看到里面正生长着巨大的晶体，这都是在这间恒温室里人工培育的。

现在我们再到地质学研究所的实验室去。在这里的矿物实验室里已经准备好了非常薄的切片，厚度只有百分之一毫米。在特殊的显微镜下，科学家们有时候让阳光穿过切片，有时候让电灯的反射光线穿过切片，并以此来研究那些发生在肉眼难辨的晶格世界里的光学现象。矿物学家工作时必须特别仔细，才能让自己的计算结果足够精确，这些数字经常需要精确到十亿分之一厘米。为了达到这样的精确度，他必须要做好长期奋斗的准备，有时候需要几个月的努力才能得到一个理想的结果。

你可能会问，为什么矿物学家们要想破脑袋、看花眼睛，浪费那么多时间在这十亿分之一厘米上呢？

我经常能听到这种疑问，这里面有多少致命错误和有害思想啊！

近几年来，世界上最伟大的规律都是在这些动辄几百万分之一，甚至几十亿分之一厘米的微小数据上发现的。正是这些实际数字和理论值的偏差，告诉了我们天体运行的速度、原子核的微观结构、物质的构成规律、大型物体对光线的引力作用、小粒子所承受的光压、时间与空间的物理结合方式、生物体内还有些最微小的酶……为了更好地探寻这个世界的秘密和原子内部隐藏的强大力量，我们就要使用最精确的观测仪器和观察方法，不断延长小数点后的精确位数。可以说，谁能掌握最精确的数字，比如小数点后20位或30位，谁就能掌控整个世界的力量。

我想告诉我们年轻的科研人员：不要着急，要力求准确，要重视精确观察和精确测量到的自然现象！现在，我们从这些能确定矿物密度、透光情况、电磁性质以及它的形状、颜色、硬度和结构的房间离开，来到地球化学家的实验室。如果说在矿物学实验室里是要不断地追求更精确的长度，那么在这地球化学实验室里，就是要不断地追求更精确的质量。我们走进了几间昏暗寂静的专门实验室：光谱实验室和X射线检查室。这里有满是管子的大型仪器，时不时会有火花般的光从仪器左边亮起来，有的是电弧发出的光，有的是几万伏特X射线的放电。在这里，我们可以确定矿物中各种含量微乎其微的元素到底有多重：几百万分之一克，这是连最精密的化学天平都无能为力的质量；或者我们可以发现那些藏在矿物晶格里的20种，甚至30种元素或原子。虽然这些元素或原子的含量很少，但我们仍然可以让它们的光谱线在一瞬间闪亮，从而发现它们的踪迹。

从这些昏暗的房间离开，我们来到阳光灿烂的化学实验室。这里是地球化学家和矿物学家的天下，他们在这里研究矿物的过去，并且规划矿物在未来进入工厂后要进行的复杂活动。矿物在这里要被分解掉：有的是放在铂制或者银质的坩埚里，用专门的电炉熔化；有的是跟不同的酸一起放在玻璃或者石英容器里加热溶解；有的是放在大铂制盘子里通电分解；还有的是用特制的舟形皿盛着，插进长石英管里加热到通红。矿物在化学实验室里要经过很长一段时间的研究，每一次称重，地球化学家都会把结果记录下来：硅有这么多，镁有这么多，氟有这么多……一种矿物里面可能混杂着30多种元素，而且很难把它们都分离出来，因此想要把每种元素的含量分析清楚，是一件非常困难的事。地球化学家们往往需要耗费几个星期的时间，才能弄明白一种矿物的秘密。

弄清楚矿物的秘密之后，地球化学家们又有了新的任务：学会怎样在工业中使用这种矿物。他们要指出怎么才能在工厂里把矿物的贵重成分提取出来以及这些矿物可以用在什么地方。当地球化学家在最后一个实验室——试制实验室里，用烧杯、坩埚或者炉子成功人造出所需要的矿物时，他的辛勤劳动才算圆满。

我们结束了对科学研究所的参观，接着去矿物学博物馆里休息一下吧。在那里，几千种地球上的美丽矿物就在架子上安安静静地等待自己的命运，或是被焊接，或是被焚烧，或是被强烈的射线所穿透。

第 6 节

科学伟人

要是谁想好好学习一门科学，不仅要了解它，还要知道它是怎么建立和发展的，以及它是由哪些大科学家推动的。这就是为什么我想在这一节中，为三位俄罗斯地质学家和化学家讲几句话，他们都为矿物学的发展做出过重要贡献。

他们的名字众所周知：罗蒙诺索夫、门捷列夫和卡尔宾斯基。

米哈伊尔·瓦西里耶维奇·罗蒙诺索夫生活和工作的时期距今已经相当遥远，这位天才出生于200多年前，从一个普通的渔民成长为伟大的科学院院士，最终在150多年前辞世。罗蒙诺索夫可以算是俄罗斯第一位化学家、地质学家和矿物学家。他的很多科学思想直到现在才被科学界所接受。他是第一个提出要编制一份我们国家完整的矿产资源清单的人，并且阐明了这项工作能够带来的巨大好处。他还是第一个把化学、物理学和数学的精确数据引入地质学的人，并且指出，科学只有依托精确的数学数据，才能被称为是科学。

跟罗蒙诺索夫非常接近的是德米特里·伊万诺维奇·门捷列夫，上个世纪（19世纪）最伟大的化学家，是第一个厘清了化学元素之间的关联的人。他把元素按照自身重量简单地排列起来，创立了不朽的元素周期表。这一天才的发现是所有现代化学和矿物学的基础，它不仅可以预见实验室中的化学反应过程，还揭示了哪些元素会出现在一起以及怎样寻找和勘探矿藏。

最后是第三位科学巨头——亚历山大·彼得罗维奇·卡尔宾斯基。他1936年去世，生前长期担任苏联科学院院长，是我们这个时代最伟大的地质学家之一。他是第一个研究乌拉尔地区丰富矿产资源的人，为乌拉尔做出了许多卓越工作。但是他为科学做出的最重要的贡献，是对俄罗斯平原地质史的研究。他对我们国家过去的地质情况非常了解，可以知道过去不同时期淹没这片土地的海洋，并且查明了山体堆积、大陆抬升和熔融物自地底深处奔涌而出等灾变的原因。

请大家记住这三个名字：罗蒙诺索夫、门捷列夫和卡尔宾斯基。

罗蒙诺索夫（1711—1765年），伟大的俄罗斯科学家，
俄罗斯第一位化学家、地质学家和矿物学家。

门捷列夫（1834—1907年），伟大的俄罗斯化学家。

卡尔宾斯基院士（1846—1936年）

第 7 节

最后的建议

作为矿物学的初学者，请记住下面六条告诫：

1.在大自然里收集矿物，要就地观察它们。

2.可以收集和观察你周围的工厂、集体农庄和国营农场里使用的矿物。

3.建立一套自己的矿物学收藏。

4.多参观矿物学博物馆。

5.在家里自己动手培育晶体。

6.多读读关于矿物学的书籍。

当你对石头产生了兴趣，想要进一步了解它们时，有一件事千万不能忘了：矿物学同样离不开化学、物理学和地质学的知识，一个优秀的矿物学家必须要对这些学科的基本知识很了解才行。要想成为矿物学家，首先就得要学习化学——这是我最主要的建议。

但是，学习矿物学和研究晶体学不能单单靠书本，不然就不能很好地理解那些内容，更别说记得住了。只有把书本上的知识跟上面讲的前四条告诫结合起来，这样的学习才有意义且充满乐趣。

最主要的是，你自己要有毅力，愿意主动学习。只要你能潜心探索矿物学的秘密，将来一定会成为一个对祖国有用的人。这是我最后的建议。

08

科学词汇和
专业名词注释

奥长环斑花岗岩石——花岗岩的一个特殊变种，很容易被风化成碎片（芬兰语中意为"腐败的石头"）。

白垩——一种沉积岩，由纯白色的碳酸钙颗粒形成，通常是由有机体转化来的。

斑岩——含有单个的大长石晶体或石英晶体的岩石。

北极光——离地600千米左右的大气层上层的稀薄空气发出的光。只能在北极附近的某些地方（如科拉半岛）看到。

碧玉——一种不透明的矿物，是由含各种杂质的石英小颗粒组成的。碧玉的强度和硬度都很大，外观漂亮，色彩多样，在艺术和技术上都有很大价值。

变石——一种含有金属铍的罕见宝石，在阳光下呈绿色，在人工照明下呈红色。

变质岩——岩浆或沉积岩在形成后再次发生变化（变质作用）而产生的岩石。

冰川——大量冰块形成的致密物，即使在夏天也不会融化，会从山上缓慢地滑下来，就像流动的冰河一样。

冰斗——很深的半圆形凹地，是组成冰川的大量冰块自山上向下移动形成的，凹地的出口会逐渐变成冰川口。

冰晶石——氟、铝和钠的化合物，产自格陵兰岛，可以用来提炼铝。

玻璃——一种人造物质。先使石英砂熔化，然后在其中加入纯碱或芒硝，也可以加入石灰。天然的硅酸盐（火山）玻璃被称作黑曜石。

彩色石头——有不同颜色的美丽的矿物或岩石，用来制作小巧的艺术品或装饰品。

测角仪——用来测量晶体角度的仪器。

层硅铈钛矿——一种红褐色矿物，主要成分是钙、钠和一些稀土元素的钛锆硅酸盐。通常为小棱柱体，硬度为4，在吹管下很容易熔化，是同霓石和云母一起在霞石伟晶岩中被发现的。

长石——铝、钙或者某些碱的硅酸盐。大约50%的岩浆岩都是由长石构成的。应用于陶瓷工业。

初生水——地壳深处的火成岩中的水蒸气生成物，是地球表面最先出现的水。也叫深水或岩浆水。

纯橄榄岩石——一种暗色的基性岩，由各种铁和镁的硅酸盐，特别是橄榄石组成。很容易变成蛇纹岩。

磁铁矿——一种非常重要的铁矿石，乌拉尔南部的马格尼特纳耶盛产此类矿石。

大理石——是粗粒的致密石灰岩在巨大的压力下再结晶形成的。

大气层——包裹着地球的空气外壳，分为对流层（地面到8~10千米高度）和平流层（10千米以上高度）。

蛋白石——一种矿物，主要成分是含水的氧化硅。有几种蛋白石可以显出鲜艳的闪变色。

氮——一种化学元素，空气的组成成分之一。氧化后可以形成硝酸，对化学工业和氮肥生产有重要作用。

地蜡——一种石油的转化产物，因为含有天然石蜡，所以有很大的使用价值。

地球化学——研究化学元素在地壳或地下深处分布、结合、分散、集中、迁移的一门科学。

地震仪——记录地震的仪器。

电气石——也叫碧玺，是一种成分复杂的宝石，含有硼酸。有很多不同的颜色（黑色、粉色、蓝色等）。

电子——带负电的微小粒子。原子中的电子像云一样围绕在带正电的原子核周围。

二氧化碳——一种气体，碳和氧的化合物。石灰石、孔雀石和纯碱等物质的组成成分。

矾类（胆矾、绿矾、明矾）——含有大量水分的硫酸铜、硫酸亚铁和硫酸铝钾，风化脱水后会褪色。

钒——一种金属。添加钒之后的钢材拥有特别宝贵的性质，可以用来制作车轴。

方解石（石灰石）——一种矿物，主要成分是碳酸钙，它有一种叫冰洲石的透明晶体，透过这种晶体能看到物体的两个图像。

废石堆——从矿山或采石场开采矿石、盐类和石头后剩下的废料，常常会在矿场周围堆积成山。矿物学家和研究人员可以在这些"废石"中收集到很多宝贵的材料。

风化——地球表面的水和空气通过物理作用和化学所用破坏岩石和矿物的过程。

氟——一种气体化学元素，从熔化的花岗岩中来到地面后，通常可以形成一系列化合物，其中最常见且最重要的就是萤石。

腐泥——中纬度地区（如加里宁地区）的淡水湖底部积累的淤泥，是由死去的植物转化成的，经过蒸馏之后可以得到许多贵重的化学物质。

钙——一种金属元素。

干盐湖——被盐渍覆盖的平坦表面。

坩埚——一种边缘较高的器皿，通常由瓷、陶、石墨或其他耐火耐酸材料制成。用来熔化盐类或金属。

橄榄石——一种矿物，主要成分是氧化硅和镁、铁的化合物。纯净的橄榄石晶体被称为贵橄榄石，被当作宝石使用。

高岭土——一种矿物，黏土的主要成分。主要由矾土（氧化铝）、二氧化硅和水构成。可以用来制作瓷器。词汇本身来自中文，得名于白土矿床所在的山。

铬铁矿——铁和铬的化合物，在制作特种合金时有重要作用。

古生代——地球的古生物时代，这一时期形成了非常丰富的矿产资源。

光玉髓——红色的致密玛瑙（玉髓），在东西伯利亚地区十分常见。

硅酸盐——硅酸和铝或其他金属的化合物。最重要的一些矿物如长石、高岭土和角闪石等都属于硅酸盐。

硅藻土——由细小的石英颗粒或硅藻的氧化硅壳组成。

贵橄榄石——一种深绿色的宝石，是镁和铁的硅酸盐。

海蓝宝石——绿柱石的透明变种，色彩呈现出海洋一样的蓝绿色。

海蓝柱石——一种稀有的紫色硅酸盐。在贝加尔地区很常见。

氡——气体元素，铀或者其他放射性元素发生衰变时会释放氡。

褐煤——煤的一种，含有大量挥发性物质，可用来制作人造液体燃料。

红宝石——美丽的红色宝石，氧化铝的一个变种。

红绿柱石——也叫玫瑰绿柱石，含有金属铯，是一种非常漂亮的宝石。

红土——一种亚热带地区土壤，含有丰富的铁和铝的氧化物（在我国高加索地区的恰克瓦附近有分布）。

琥珀——古代树木的树脂形成的化石。最好的琥珀出产在波罗的海沿岸。

花岗岩——由长石、石英和云母（黑云母或白云母）构成的岩石。是地下深处的岩浆结晶形成的。

滑石——一种非常软的矿物，很难溶解，有耐火性，广泛应用于许多工业领域。

化学元素——物质的组成部分，无法在化学方法下继续分解，如金属元素铁、铜、铝和气体元素氮、氦、氟等。

黄铁矿——铁的硫化物，学名二硫化铁，通常用来制造硫酸，而硫酸是现代化学工业的基础。

黄土——由细小的泥沙或者尘埃构成的岩石。

黄玉——一种透明宝石，呈酒黄色或紫色。

辉长岩——一种岩石，主要成分是长石和彩色的硅酸盐。

辉绿岩——一种脉状的暗色岩石，含有大量的铁和镁。

火山弹——随着火山爆发而喷出的熔化状态的熔岩，在空气中会凝固成炮弹的形状，体积较小的称为火山砾。

镓——一种非常稀有的金属，拿在手中就会熔化。

甲烷——由碳和氢组成的气体，也叫沼气。可以燃烧，可用作燃料。

角砾云母橄榄岩——一种暗淡的、几乎黑色的岩浆岩石，是火山爆发时在大漏斗状的火山口中形成的。南非和美洲的角砾云母橄榄岩中含有金刚石晶体。

结核——某种矿物的堆积物，通常在沉积岩、黏土、泥灰岩和石灰岩中出现。

结晶学——研究晶体物质的科学。

金刚石——碳的结晶变体，从熔融物中生成。

金汞齐——使用汞在金砂、沙子或者碎岩石中提取金粒的方法。汞会溶解金并与其混合形成汞齐，之后加热汞齐，汞挥发后就会留下纯金。

晶簇——某些特定矿物的晶体群。

晶洞——岩浆岩（特别是玄武岩）中的空洞，里面会填满某些矿物（石英、玛瑙、方解石等）。

晶体——按照一定规律形成的化合物。由于其原子按照特定定律排列成有序的行列或网格，使这种物质的形状十分有规则，明显不同于非晶体（如蜡）和偶然形成的岩石碎块（如花岗岩或石英的碎块）。

喀斯特——水流冲刷侵蚀石膏或石灰岩而形成的漏斗地形、洞穴和地下河等。

开采面——矿区里直接进行矿石开采的区域。

克拉——宝石的质量单位，相当于200毫克，也就是说，1克等于5克拉。

孔雀石——一种鲜绿色的美丽矿物，主要成分是含水碳酸铜。常见于铜矿的上部。

矿井——在地下用来开采矿石、通风、排水的垂直开采面，有时候可以达到2千米以上的深度。

矿块——一块矿物的样品，通常连带着含有矿物的岩石。

矿脉——岩石的缝隙，会填满某些矿物，这些矿物一般是从岩浆或者热的、冷的水溶液中结晶出来的。

矿山罗盘——确定岩层倾角和走向角度的仪器。

拉长石——长石的一种，其特点是因含有微小杂质而显出漂亮的蓝色光泽。

拉长石眼——拉长石的晶体，呈现出孔雀羽毛般的蓝色或绿色。

拉长岩——只有拉长石一种矿物组成的岩石。

蓝宝石——刚玉的蓝色变种。

蓝铁矿——一种蓝色矿物，磷酸和铁的化合物。在泥炭沼泽和沼泽沉积物里由有机物质和生物骸骨演化而成。

镭——一种会发光的金属，可以发出三种射线，可以放热，本身也会逐渐变成叫镭射气的气体。

砾石——岩石或矿物的小碎块，被海水或河水打磨得非常光滑。

炼金术士——中世纪时的"科学家"，他们试图研究物质的化学成分，但其主要任务是从其他物质中提取黄金。他们认为有一种"魔法石",可以随意改变金属,并使人们能够在化学容器中人为制造生命体。尽管这些探索都是些受教会支持的幻想,但他们仍然奠定了现代化学的基础。

磷——一种化学元素,在氧气中燃烧可以产生磷酸,而含磷酸的各种化合物都是重要的肥料,同时,磷酸也是制作各种化学制剂的重要原料。

磷钙土——一种矿物,成分是钙的磷酸盐,在沉积岩中以结核状或层状出现,和磷灰石同样用作肥料。

磷灰石——含氟的磷酸钙盐。

菱镁矿——主要成分是碳酸镁,用来制作耐火砖。

硫——一种化学元素,在工业上有非常重要的作用(可以用来制造硫酸、火柴等)。

铝——一种轻金属,可以从各种含铝的矿物中提取。在技术上有着极为广泛的应用。

绿高岭石——一种稀有的铁的硅酸盐,呈苹果绿色,在马格尼特纳耶矿山储量很丰富。

绿松石——一种磷酸铝盐,由于含有铜,所以呈现漂亮的蓝色。在波斯和中亚非常著名,在东方被当作宝石使用。

绿柱石——一种矿物,含有约12%的金属铍氧化物。

马赛克——由各种颜色的石头、玻璃、木头、骨头和其他材料紧密组合在一起形成的艺术图案。

玛瑙——带状的玉髓(参考"玉髓"),颜色很有层次感,广泛应用在技术领域。

芒硝——某些湖泊在冬天沉淀出的硫酸钠,在里海东岸的卡拉博卡兹湾很常见。

玫瑰形钻石——斜面被加工成小三角形的钻石。

镁——一种轻金属，在地壳中分布非常广泛。

锰——一种金属，可以用来制造很高价值的硬质合金，生产于高加索和乌克兰。

钼——一种稀有金属，可以为钢材带来重要的特殊性质。

泥炭——沼泽底部聚集的植物残渣形成的致密物质。泥炭可以用机器切开，干燥后可用作燃料。

黏土——一种非常细小且柔软的岩石，有时手感油腻，由非常小的矿物小粒子组成，主要是高岭土、石英和长石。

凝灰岩——植物周围的碳酸钙沉积物。

硼——一种化学元素，通常存在于花岗岩岩浆里，可以形成许多挥发性化合物，其中的硼酸和硼砂是工业上非常重要的两种化合物。

铍——一种非常轻的金属，常常跟氧和铝化合形成绿柱石。金属状态的铍通常和铜化合形成一种轻质合金，是制造航空发动机的原料。

片麻岩——由于承受高温和高压而形成的片状岩石，成分接近花岗岩，包含石英、长石、云母等，常用作建筑石材。

蔷薇辉石——锰的硅酸盐，呈美丽的樱桃红色，可作为彩色宝石使用。

青金石——一种深蓝色的矿物，是制作项链和小饰品的贵重材料，在阿富汗和贝加尔地区有著名的青金石矿床。

氰化法——一种从岩石中提取金的方法。按照这种方法，金可以溶解在氰化钾水溶液中，在淘金工业上应用广泛。

日照——阳光照射，也指从太阳找到地球的热量。

熔岩——熔化状态的岩石（参考"岩浆"），由火山口喷出到地球表面后凝固。

软玉——一种十分坚硬的绿色矿物。

萨姆人——居住在科拉半岛上的民族。

三斜闪石——含有钛、铁和钠的硅酸盐，呈黑色，带有褐色条纹。常跟角闪石混淆。

蛇纹石——成分是含水的硅酸镁，是非常常见的矿物，可以形成很多种岩石，在乌拉尔被用来制作小工艺品。

生物圈——可供生命生活的地球外壳部分（包括其中的固体、液体和气体）。生物圈的厚度通常为5~6千米。

石膏——含水的硫酸钙，分布非常广泛。石膏在建筑行业和医疗领域用途很广。

石棺——石头或金属做成的棺材。

石灰岩——成分是碳酸钙，由贝壳或骨骼的残渣颗粒聚集形成的矿物。

石榴石——一种复杂的矿物，有多种颜色（红色、绿色、黄色和白色等）。

石棉——一种纤维状的硅酸盐矿物，可以用来制造阻燃的织物和板子。

石墨——碳的一种结晶，柔软的黑色矿物，常用作润滑剂或者制作铅笔芯。

石青——含水碳酸铜，呈现美丽的蓝色，很容易变成孔雀石。

石笋——一种石灰质生成物，从山洞的底部向上生长，形状如大柱子，是饱和溶解了石灰石的水不断滴落时形成的。

石炭纪——一个地质年代，煤层主要在这个时期形成。这个时期在莫斯科盆地形成的岩石极具石炭纪特点。

石英——二氧化硅，是一种非常常见的矿物，经常填补裂缝，形成沙土、砂岩、石英岩、矿脉等。

双晶——在结晶学中，两个单独的晶体严格按照一定的规律共生的晶体叫作双晶。

水晶——石英的透明变种，在无线电技术领域应用较多。在自然界中以漂亮的六面晶体的形式存在。

水泥——石灰石和黏土混合煅烧的产物，加水后会凝固成像石头一样坚硬的物质。

水平坑道——地面下水平走向的采矿用坑道。

松林石——沉积在其他矿物（褐铁矿、氧化锰等）上的矿物，形状像树枝。

燧石——一种不规则的矿物，成分接近含有玉髓和蛋白石杂质的石英。通常以单个结核的形式埋藏在深海沉积物之类的石灰岩中。

梭梭——一种古老植物，生活在沙漠或半沙漠地区，有弯曲的枝干和鳞片状的叶子，在中亚地区常用来做燃料。

苔原——极地地区特有的地貌，地表没有森林，只覆盖着小灌木、苔藓、地衣等植物。

钛——一种稀有金属，常用于冶金工业或制作白色染料。

探井——地面上的竖直小井，用来勘探矿藏或为矿井排水等。

碳——一种化学元素，纯净的碳可以形成金刚石或石墨。

天河石——一种长石，呈浅蓝绿色，在伊尔门山区有非常好的天河石矿床。

天然矿——在自然界中偶然聚集成的大块的某种金属，常见的有金和铂（也有铜和银）。

铁合金——铁跟稀有金属（如铬、钨、钼等）的合金，是在极高的温度下在特殊的炉子中制成的。

秃干地——表面覆盖致密黏土的低洼地，在中亚的沙漠里很常见。

土壤——由于岩石被风化，或者受水、空气或者其他生命活动影响而产生的生成物。

挖泥机——漂浮的工厂，用巨大的挖勺将河底的沙子、黏土和淤泥挖出来，经过一系列工序后，可以把较为沉重的金或铂颗粒分离出来。

万年冰——质地坚硬，经过再结晶之后的雪。

伟晶岩——最后一部分凝固的岩浆的生成物，此时的岩浆包含各种炙热的气体和水蒸气。伟晶岩主要由长石和石英组成，还有少量的云母和稀有矿物，主要用于陶瓷工业。

温泉——从地下深处涌出的热水，往往具有治疗作用。

文象花岗岩——一种伟晶花岗岩里石英或长石的特殊结构。上面的花纹就像古代的文字一样，有的地方会用来制作廉价加工品。

钨——一种稀有金属，添加到钢材中可以使钢材具有十分宝贵的性质（自发硬化）。

硒——一种稀有的化学元素，能在光的影响下改变导电率。

细工——用金属或其他材料制成的精细的艺术品。

硝石——钾或钠的硝酸盐，自然界中的硝石常出现在沙漠里。主要用来制造肥料和炸药。

玄武岩——以熔化状态喷涌到地球表面或者水下的岩石，由许多种矿物组成，富含镁和铁。

岩浆——溶解着各种气体的熔化物质，冷却后可以形成岩石。

岩石——矿物聚集形成的致密物质，根据成因，可以分为岩浆岩（由熔化的岩浆形成的）、沉积岩（主要从水溶液中沉淀而成）和变质岩（受高温、高压变成的）。

岩石学——研究地壳中由各种矿物形成的岩石的科学，主要研究其构造、成分和起源。

岩芯——圆柱形的岩石，是由钻井工具从峭壁或岩石中切割出来的。

页岩——由于巨大压力而形成的层状结构岩石，可以被劈成石板，有时会用来做屋顶。

乙炔——水跟电石相互作用而产生的气体，燃烧时可以产生耀眼的白光并放出大量热。

异性石——含金属锆的稀有矿物，呈红色。在科拉半岛的传说和诗歌作品中，被称作"萨姆人的血"。

萤石——一种矿物，是钙和氟两种元素的化合物。常用于冶金和光学领域。

硬玉——在性质上跟软玉非常接近，有时会有非常漂亮的鲜绿色。

铀——放射性化学元素，可以缓慢衰变成镭和其他物质。作为原子能的能量源，在现代有极为重要的意义。

玉髓——一种可透光的半透明矿物，主要成分是石英。玉髓的带状变种称为玛瑙。

原子——组成一切物质的最小粒子。

云母——是一组矿物的统称，可以被劈成很薄的片，在电气工业用作良好的绝缘材料。

陨石——从宇宙空间落在地球上的固体物质，通常都含有金属铁。

赭石——一种土状矿物，主要成分是含水的氧化铁，是一种优质的黄色染料。

珍珠——贝壳类软体动物体内的碳酸钙沉积物，珍珠的层状结构是其呈现出美丽的暗淡光泽。

珍珠质——某些软体动物贝壳的内层，由薄薄的碳酸钙构成，呈斑驳陆离的颜色。

治疗泥——盐湖或咸沼里的黑色淤泥，有很大的医用价值。

钟乳石——一种石灰质生成物，从山洞顶部向下生长，形状如大柱子，是饱和溶解了石灰石的水从山洞顶部不断蒸发形成的。通常在石灰岩山洞或方解石的空隙中会出现。

重晶石——金属钡的硫酸盐，常用来制造上等的白色染料。

重砂——把较轻的颗粒和大砾石分离出去后剩下的较重的矿物和金属（如金）。

转筒筛——一种可以把轻重矿物分离的简单机器，大小不等，特别是在黄金开采业使用广泛，专门用来把金子从黏土、砾石和沙子中分离出来。

琢磨工厂——专门来切割、打磨和加工各种软硬石头的工厂，特别是加工宝石和工业用石头。

紫水晶——紫色的水晶，价值不高，在乌拉尔和后贝加尔地区较常见。

祖母绿——绿柱石的珍贵品种，是一种宝石，因为含有金属铬而显绿色。

钻石——经过特殊切割后的金刚石。

钻头——钻井工具的尖端，不断旋转以钻进岩石内部。

孩子一读就懂的
天文地理
趣味地理大发现

［英］约瑟夫·雅各布斯　著

王鹤　译

北京理工大学出版社

BEIJING INSTITUTE OF TECHNOLOGY PRESS

图书在版编目（CIP）数据

孩子一读就懂的天文地理 . 趣味地理大发现 /（英）
约瑟夫·雅各布斯著；王鹤译 . -- 北京：北京理工大
学出版社，2021.10（2025.4 重印）

ISBN 978-7-5763-0019-2

Ⅰ . ①孩… Ⅱ . ①约… ②王… Ⅲ . ①新航路发现—
世界—青少年读物 Ⅳ . ① P1-49 ② K90-49 ③ K916-49

中国版本图书馆 CIP 数据核字（2021）第 133980 号

责任编辑：钟　博　　　文案编辑：钟　博
责任校对：周瑞红　　　责任印制：施胜娟

出版发行 / 北京理工大学出版社有限责任公司

社　　址 / 北京市丰台区四合庄路 6 号

邮　　编 / 100070

电　　话 /（010）68944451（大众售后服务热线）
　　　　　（010）68912824（大众售后服务热线）

网　　址 / http://www.bitpress.com.cn

版印次 / 2025 年 4 月第 1 版第 2 次印刷

印　　刷 / 武汉林瑞升包装科技有限公司

开　　本 / 880 mm×710 mm　1/16

印　　张 / 8.5

字　　数 / 100 千字

定　　价 / 138.80 元（全 3 册）

前 言

咬了三口大草莓，我才想出从一个独特的角度，尝试用稍微简单一点儿的文字形式，把世界历史装进几百页的书里。在纪事表里，我以时间为顺序，第一次试着用一种特别的格式记录那些重要的航海与探险故事以及书籍。这些航海与探险故事拓宽了我们对世界的认识，而这些知识藏在那些重要的书籍里。在本书中，我想试着用一种更具有体系的方式把这些内容串联成一幅故事画。特别需要讲的是，我集中讲述了那些主要为了寻找东印度群岛（也叫香料群岛）的伟大航行，这些伟大航行故事发生在1492—1521年。中世纪的人冬天靠咸肉生活，在大斋节吃咸鱼，葡萄牙与西班牙的地理发现能刺激他们麻木的味觉，讲述这些发现也不是不可以，只不过我可能把事情想得太简单了。毫无疑问，欧洲人早期对东方香料的痴迷也是"地理大发现"的重要原因。另外，还有后来的探寻黄金国的故事，仍然刺激着人们往北冲向育空地区（加拿大西北部地区），朝南冲向好望角，以及朝东南方向游往西澳大利亚。

除了系统地处理本书的主体内容，为附录添加更多细节，我还试着通过讲述一系列的地图故事，让大家再次体会人类是如何一步步地更加了解地球的。

另外，我要向皇家地理学会的人员，特别是斯科特·凯尔蒂先生与H. R. 米尔博士致谢，他们允许我随时查阅国家图书馆和地图室的大量资料，以及热心地为我答疑解惑，提供新信息资源。

约瑟夫·雅各布斯

关于"地理大发现的故事"的故事

世界的面纱是如何被揭开的呢？比如说，"蜗居"在地中海周围的那伙人怎样掌握世代相传的知识技术，又是如何最终弄明白地球各部位的容貌的呢？据我们所知，在欧洲人闷声累积知识的五六千年里，地球上的每一个部分都已经有人类居住了。而且，这期间各地域的人们都在扩展着对自己所栖居世界的认识：堪察加人进一步认识了流鬼国[1]的全貌；格陵兰人加深了对格陵兰岛的了解；北美洲印第安部落的人们，不管如何，也认识了他们所流浪生存的北美地域，而这是在我们所说的哥伦布"发现美洲"的很久以前。

这些土著居民不仅了解他们自己的国度，还能在地图上超级精准地标记与描述它。科尔特斯拿着一张地方部落酋长绘制的棉布地图就能在中美洲跋涉1 000英里[2]。一个名叫卡利赫雷的爱斯基摩人[3]单单凭借自己的知识画出了史密斯海峡与约克角之间的海岸，而这与海军地图相差无几。塔西提人图巴亚为探险家库克绘制了太平洋地图，该地图横跨了45个经度（大约3 000英里），按比例勾勒了那个大洋里主要岛屿的形状和位置。类似的，几乎欧洲人的所有地理大发现都得到了当地导游的协助，而

---

1 流鬼国：东北亚地区的古代国家，主要居民为堪察加人，现在俄罗斯境内。

2 英制长度单位。1英里=1.609 344千米。

3 爱斯基摩人：生活在北极圈附近的一个种族，他们自称为因纽特人。

这些导游非常熟悉他们世代生活的国度。

因此，我要给大家讲述的地理大发现的故事，其实是指地中海周围的文明发现世界其他部分的历史。这个故事有两大段——旧地理世界的发现和新地理世界的发现，澳大利亚就属于新地理世界。尽管我们讲的是地理大发现的故事，但其实说的还是部落或族群的故事。到现在，人们已经揭秘了很多地域或大陆的故事，还认识了栖居在这些大陆的人。有人认为，地理大发现的故事要从**库克船长**说起，因为他成为航海家的目的就是单纯地满足自己的好奇心。而在他之前，人们想要认识其他地域，为的是征服或者

> 库克全名为詹姆斯·库克，是一位世界著名的英国探险家和航海家。

贸易——他们想着征服，因为他们想进行贸易。在我们自己（作者的）这个时代，满足自己的好奇心、征服、贸易这三个目的或意图并驾齐驱，其结果就是欧洲人瓜分了非洲——这可能是19世纪后半期最有名的历史故事了。史佩克与伯顿、利文斯通与史丹利，他们喜爱探险，痴迷未知世界，调查研究了非洲的内陆；随后极具特色的贸易公司也参与进来；最终这些贸易公司背后的所属国打着对公司负责的旗号，将贸易公司的土地据为己有，并建立了所谓的"文明世界"。之后的短短40年里，非洲地图上几乎一片空白的内陆地区，全都在探索之后被详尽地填满了。欧洲人怀着征服、贸易的目的或好奇心在这些年里对非洲几乎不间断地进行着各种"研究"，甚至可以说1680年的欧洲人比1850年更了解非洲。

可见，在最初阶段，地理大发现的历史故事主要就是各种各样的征服。你可能会问："谁最早在征服欲望的驱使下去认识新世界的？"要回答这个问题，我们可以去查阅一下广为人知的最早期的地理作品——《创世纪》的第十章。看看罗马帝国征服以色列时，他们是怎么发现更大的世界的；那时，所有的道路都通向罗马，或者从罗马辐射出去，把罗马当成我们寻找答案的出发点不会有任何争议。其实，罗马也只是继承了先前帝国的遗产，宣扬地理大发现，而真正的功劳应该记在之前征服各地的那

些伟大民族身上。而且，尽管罗马人是大量遗产的继承人，但他们没有"继承"记录地理大发现的能力。幸好一个名叫托勒密的希腊人给我们讲述了在他的那个年代人们如何认识这个地球的故事，他还是名校亚历山大大学的教授。因此，先确定问题，然后快速翻阅托勒密记录的有关历史事件，就能非常方便地找到答案。

跟其他很多知识一样，在中世纪大部分地理故事都丢失了，我们不得不用想象与推断去了解那时的地理发现。当时，真正掌握或继承了希腊科学的是阿拉伯人，我们可以从他们那里得到一些地理大发现故事，以及一些商贸旅行者和朝圣者往返亚洲与西方的故事。

在历史与地理史的长河里，美洲的发现开启了一个新篇章。在接下来的400年里，西方人对世界的认识范围急剧扩张，达到了之前的两倍多。他们探索了除非洲、南美洲和极地等部分地域以外的全部陆地，多多少少地发现了各种物质资源。除了一些细节外，地理大发现的历史实际上告一段落了。

除了战争与探险的故事，本书还比较完整地讲述了人类是如何一步步演化成当今的模样的。总的来讲，那些强盛而历史悠久的国家和民族，对人类文明特征的形成产生了更深远的影响。无论是想要探究地理史，还是要了解人类发展史，这本书都是值得一看的。此外，地理世界的发现方式也影响着当代世界的历史，如美洲、非洲与澳大利亚的发现跟20世纪发生的很多问题都有直接的关系。

C O N T E N T S

目录

CONTENTS
目录

01

古人眼中的世界

　　在罗马帝国版图扩张最凶猛的时期，古罗马人是如何了解他们占领或生活的世界的呢？回答这个问题之前，我们最好先了解一下古人的地理知识形成的各个阶段，下一篇我们再讲述他们如何获得这些知识的故事。在人类积累并传承地理知识的过程中，希腊人功不可没。刚开始，他们可能从腓尼基人身上学习了一些知识。这些腓尼基人曾是古代有名的商人和航海家，他们在地中海沿岸生活，穿过直布罗陀海峡探险，与不列颠群岛的人交易在康沃尔发现的锡。据说，在古埃及国王尼科的命令下，他的其中一个腓尼基人海军将领甚至绕航了非洲大陆。因为希罗多德讲述说，在返航的过程中，落日在右手边。腓尼基人把地理知识看作他们进行贸易的独门秘笈，希腊人只是偷师了一点儿。

　　要想了解古希腊人到底掌握了多少地理知识，以及对其他地区的居民有多熟悉，我们不妨先徜徉在《荷马史诗》里。这部史诗让大家像是拿着放大镜一样近距离地查看希腊北部以及小亚细亚的西部海岸，附带介绍了埃及、塞浦路斯与西西里；而对于地中海的东部地区，作者只是模糊地想象了一下。他靠想象描述他不清楚的地方，而他的一些想象对地理知识的发现过程产生了极为重要的影响。他设想的古代世界就像一种平面盾，被一条名为"海洋"的宽大河流所包围。这个盾的中心就在特尔斐，一个被当成栖居地"肚脐"的古希腊城市。而在荷马之后出现了另一位诗人赫西俄德，他的作品描述了居住在遥远北方的"希伯波里安人"，他们栖居在北风的后面，而相对应的南方栖居着"阿比西尼亚人"。所有这些帮助了当时的人们更清楚地认识世界。荷马还提到了居住在非洲的俾格米人。在我们这个时代的施魏因富特博士和史丹利先生再次发现他们之前，他们都生活在神话故事里。

大陆被海洋包围的说法或许是古希腊人从巴比伦人那里听说的。美索不达米亚地区的古代居民发现不管朝着哪个方向旅行总是能到海边儿，要么是里海、黑海、地中海，要么是波斯湾。与之相关的是现今发现的带有楔形文字的最古老的世界地图。地图描述了幼发拉底河穿过美索不达米亚平原的景象，整个景象又被两个同心圆围绕，而同心圆代表着海水，圈外分布着7个不连接的独立小岛，可能代表着世界的7个地域或气候。这是巴比伦人的最初分法，不过后来他们又选择了以东西南北四个方向划分世界地理的新方法。比较确定的是，巴比伦人没有讲述古希腊的地理位置，但他们提出的"世界被海洋包围"的想法打开了希腊人的思维。

荷马与赫西俄德之后，希腊人对于世界的认识进入了"大跃进"时期，他们不断地围绕着地中海东部地区扩张殖民地。现在意大利南部地区的居民仍讲希腊方言，这是希腊在这个国家殖民扩张的踪迹或证据，希腊在当时被称为"大希腊"。马赛也是古希腊的殖民地（公元前600年），古希腊人将此地作为跳板继续沿着里昂海湾扩张。东部地区也是一样，古希腊的城市沿着黑海海岸遍地开花，其中一个名为"拜占庭"的城市如今成为世界历史上的一颗明珠。公元前6世纪前后，古希腊还殖民统治了北非以及爱琴海的诸多岛屿。殖民期间，几乎所有殖民地都与母国保持着交通与联系。

古希腊人能在世界历史上留下浓墨重彩的一笔，是因为他们身上的特征——好奇心；他们的天性就是要去认识未知世界，并记录下来，而希腊遍布很多地区的殖民地给希腊本国带去了大量未知世界的地理知识。为了记录地理知识，第一件非常有必要做的事情就是绘制地图。据传，公元前6世纪，一个来自希腊米利都的哲学家阿那克西曼德发明了地图的绘制方法。如今为了绘制一个国家的地图，还需要一些天文学的知识。因此可以说，古代野蛮人能绘制这种原始地图，但是牵涉描述被海洋割裂开的各个国家的相对位置时，问题就麻烦了。一个雅典人大概知道拜占庭（现称"君士坦丁堡"）在他的东北方位，因为要去那里他就不得不朝着太阳升起的方向航行，并且在他到达拜占庭时气候变得更冷了。用同样的方法，他可能会粗略猜测马赛在他的西北方位。可是，他怎么判断马赛或拜占庭与其他地方的相对位置呢？是不是马赛比拜占庭更靠北一些呢？是不是这个城市比那个城市更远一些呢？因为尽管前往马赛时间更长，但航行是受风力影响的，而且两个城市之间的道路也非直线。有一种比较粗略的方式可以判定一个地方在北方多远的位置：航行者向北航行的时候，仔细地观察星空，就会发现北极星会升得越来越高，变化的高度可以用一个指向北极星的棍儿与水平方向所形成的角度来判断。我们还可以切一块木块或铁片填补封闭角，以代替木棍，得到最早的日晷，也就是指时针，而根据指时针形成的影子可以推断一个地方的纬度。人们将指时针的发明也归功于阿那克西曼德，因为没有这种工具的话，不可能绘制出任何名副其实的地图。但是呢，更确切的说法是，阿那克西曼德更多的是介绍推广指时针而非发明它。事实上，希罗多德认为，这种工具出自巴比伦人之手，他们是公认的最早的天文学家。一个有趣的观点证实了这一点，由于角的测量单位是"度"，度又被分为60秒（在此为角度单位），就跟分钟被划分一样。这一60等分肯定来自巴比伦的时间测量法，因此角度的测量同样源自巴比伦。

阿那克西曼德绘制的这一幅最早的世界地图没有任何复刻版。不过据传言，他的米利都老乡根据这幅地图绘制了另一幅相似的地图。他的这位老乡还编写了第一份正式的地理学文献。尽管这份地理学文献只有部分内容留存至今，但是我们仍能从中看出类似《伯里浦鲁斯游记》或海员指导手册的特点，即讲述从一个地方到另一个地方需要航行多少天，以及朝着什么方向。他把他的研究对象编写进两本书中，分别讲述欧洲与亚洲的地理故事，后一本书还记录了部分如今被称为非洲的地区的故事。从最早的世界地图中，我们可以看出荷马"世界被海洋包围"的说法是该地图的最大特征。另外，他在书里还讲述了地中海、红海、黑海以及著名河流多瑙河、尼罗河、幼发拉底河、底格里斯河与印度河。

下一位希腊地理史上著名的人物是来自哈利卡纳苏的希罗多德，他被世人称为"地理学之父"和"历史学之父"。他游历甚广，足迹涉及埃及、巴比伦、波斯以及黑海的海岸，他还熟知希腊，并在晚年出入意大利南部地区。他向自己城市的老乡比较准确且完整地讲述了上述国家和地区，并且还孜孜不倦地收集邻国的信息。他还详尽记录了塞西亚（俄罗斯南部）、古代波斯帝国总督及皇家大道。他的记述是那个时代最精确的，并且他很少讲述什么神奇的故事，即使讲，也会提醒人们别相信。希罗多德讲述的唯一故事是关于旅行者奇遇的，故事说印度的蚂蚁比狐狸还要大，人们能从蚂蚁巢穴里挖出金粉。

他讲述的故事中有一个非常有趣味，像是预告了史丹利先生的一次旅行。来自纳撒摩涅司的5个年轻人从利比亚南部、苏丹西部出发，向西游历很多天，到了一片树林时，被一群个子很小的男人抓了起来，这些男人带着他们穿过沼泽地，到了一个满是同样个头的黑人的城市，期间还穿过了一条大河。希罗多德举证说这是尼罗河，但是从他讲述的这个旅行故事看，这条河更有可能是尼日尔河，纳撒摩涅司人实际上访问到了廷巴克图！由于希罗多德的讲述，在很长一段时间里，人们都认为尼罗河的上游是东西走向的。

在非常容易记住的公元前444年，希罗多德的历史学功绩算是定格了。色诺芬与亚历山大的两支远征军给希腊人带回了他们在亚洲西部的大量见闻，同时也把希腊的故事传到了遥远的印度。除了这些军事远征军的故事，我们还发现了一些水手的日志本，里面记述了很多希腊地理故事。其中一个故事是关于迦太基远征海军上将汉诺的，他南下至非洲西海岸，直到塞拉利昂，这条航线在之后的1 600年里再也无人重走。这次航行归来，汉诺带回了带毛发的皮，他说这是从他俘虏的男人和女人身上剥下的，实际上这不是人的，而是被当地人称为"大猩猩"的动物。还有一个日志本讲述的是另一个希腊海军将领斯凯拉克斯，他几乎列出了地中海和黑海的所有海港之间的距离数据，以及往返两个海港的航行天数。据此推断，希腊商船大概平均一天能行驶50英里。除了这些，日志本里还讲述了亚历山大的一个海军将领尼阿库斯如何从印度河入海口航行到阿拉伯海湾的故事。之后，希腊水手西帕路斯发现，在合适的时机借助季风，他可以不用再沿着波斯以及俾路支的海岸航行就能直接从阿拉伯到达印度，随后希腊人用他的名字来命名季风。在很长一段时间里，希腊人都得从麦伽斯提尼那里得知关于印度的消息，此人是亚历山大麾下的将军塞琉古派遣至印度旁遮普王国的使节。

在探索并认识东方未知世界的同时，来自古希腊马萨利亚（即马赛）的一个名叫皮西亚斯的人开始向北欧探索游历，此人是亚历山大大帝时期希腊的风云人物，被称为第一个到过不列颠的文明人。据传，他沿着比斯开湾的海岸航行，还在英格兰停留——他估测英格兰岛周长约为4 000英里，他还沿着比利时和荷兰的海岸线航行，直到易北河入海口。不过，皮西亚斯为地理史所铭记的主要原因是他提到过图勒岛，并将其描述为地球上可居住的最北点，再往北，海水开始变得黏稠，跟果酱一样。他没有说自己去过图勒岛，他的这些描述或许讲的是设得兰群岛附近的浮冰。

所有这些新信息或知识被一个名为埃拉托塞尼的人收集整理在一起，提供给希腊人阅读。这个人就是亚历山大图书馆的馆长，也是科学地理学的实践奠基人。他还是第一个非常精确地测量地球周长和居住区域范围的人。在他那个时代，希腊有些具有科学观念的人已经非常肯定地球是球体，尽管他们还认为地球在太空中是固定的，且是宇宙的中心。人们开始猜测地球的大小，亚里士多德将其周长定位为4万英里，但是埃拉托塞尼尝试了一种更精确的测量方法。他对比了太阳在亚历山大城与阿斯旺城的投影——后者位于尼罗河第一瀑布附近，推算说它们在同一子午线上，大约相距500英里。而根据投影长度的不同，他还推算出这个间距代表着五十分之一的地球周长，因此算出地球周长约为2.5万英里——地球的实际周长约为24 899英里。所以说，考虑到埃拉托塞尼选择的粗略测量方法有局限性，他的结论已是一个相当接近实际值的数值了。

　　估算完地球的大小，埃拉托塞尼随后开始测算地球可居住区域的范围。地球北部与南部的陆地他已有了解，他跟所有的古代人都认为，这些地方不是太冷就是太热，不适合居住，他预计这部分区域的范围大概是3 800英里。在预测东西方向可居住区域的范围时，埃拉托塞尼推论说，该范围应是直布罗陀海峡与印度东部之间大约8 000英里，或者粗略地讲该范围占地球表面三分之一的面积，剩余三分之二的面积应该被海洋占据。埃拉托塞尼还预言说："若不是大西洋太过宽广，人类几乎可以从西班牙出发沿着海岸平行航行至印度海岸。"1 600年后，正如我们知道的，哥伦布尝试了这个想法。埃拉托塞尼借助两条基本线来计算地球的数值，而这两条线相当于赤道和本初子午线：第一条拉长的线，从圣文森特角穿过墨西拿海峡和罗德岛，到伊苏斯（伊斯肯德伦湾）；测量第二条南北向起始线时，他借助了穿越"第一瀑布"、亚历山大城、罗德岛和拜占庭的子午线。

　　在埃拉托塞尼死后的两百年间，上演了罗马帝国兴盛扩张的故事，亚历山大大帝及其继任者统治了大量的资源与地域，还有迦太基人，他们扩张到了高卢、不列颠和德国。在公元前20年左右，一个名叫斯特拉波的人把这些历史故事记述在他的作品中。他修改了埃拉托塞尼的一些地理史记述，保留了前者对世界的基本认识。可是，他拒绝承认图勒岛的存在，认为世界更狭窄；同时，他发现了爱尔兰的存在，认为它是可居住地域的最北区，在不列颠北面。

在斯特拉波与托勒密时代之间，出现了一本海员手册，它讲述了邻国的故事，里面还总结了古代人对可居住区域的看法。这是一本印度洋航行手册，非常完整且较为精确地描述了亚丁湾到恒河入海口的海岸，尽管它把锡兰描述得比实际更漂亮、更靠南；它还讲述了亚洲更靠东的地域——中南半岛，以及丝绸的来源地中国。这影响了托勒密的判断，把亚洲向东延长了很多，进而让航海者错误地计算了亚洲的位置，最终促使哥伦布发现了美洲。

下面要讲的是住在亚历山大城的托勒密，在大约公元150年，他整理了从埃拉托塞尼时代到他的时代积累的所有关于古代世界地理的知识。他收集了能找到的所有过去400年间的书面信息，并进行删减修改；他发明了地图编辑与绘制的新方法，以及地理名词"经度"和"纬度"。之前的作家满足于用视距[1]来描述一点到另一点的距离，但是他把所有这些粗略的估算改成了对经度与纬度的度量，并明确了以基准线为起始点。不过所有这些计算都是粗略的，几乎可以说是不准确的。尽管托勒密是古代伟大的天文学家，但他假定1°为500个视距（50英里），这彻底歪曲了他的计算结果。所以，当他看到任何官方文献中说某一个港口到另一个港口是500个视距时，就想当然地认为这是准确的，然后根据具体情况把这两个地方之间的距离换算成经度或纬度。据此，他计算出地球可居住区域的广度为20个经度（相当于180°角）——大致相当于从西班牙到中国实际距离的三分之一。他还得出，西班牙向西航行到中国是60°（接近4 000英里），就是这个错误最终促使哥伦布开启了他的重大航行。

托勒密的计算错误不是那么巨大，只是他选择的测量方法累加了那些错误。假如他选择亚历山大城作为测量经度的本初子午线，向西测算导致的误差将被向东的测算所抵消；但是，他把幸运岛（也称为加那利群岛）作为他的经线起点，向东的每一度

---

1 视距：以地核为圆心，在地球上的两点的高度分别为h和h₁，把（R+h）和（R+h₁）两点连线，和地球弧面相切所得切线的长度，其中R为地球半径。

测量都与实际距离相差五分之一，因为他认定每一度只有50英里。需要说明的是，托勒密对于地理学的影响太深远了，直到18世纪中期，加那利群岛的费鲁岛还被当作零度经线穿越的地方。

托勒密的另一个观点对现代影响也很大，那就是他认为先前的荷马时期"世界被海洋包围"的说法是错误的。托勒密认为更准确的说法或推断是，非洲是被海洋从中间截断的。又根据一些模糊的认识，他觉得非洲向南延伸了不知有多远，而且在最东侧与另一片未知的大陆相连。在他的拉丁文版天文学著作里，托勒密把这片大陆称为"未知的南大陆"。他关于地球宽度的错误说法，误导了哥伦布；他关于"南大陆"的判断，则为库克船长的大发现之旅提供了线路。尽管出现了各种错误——部分原因是他能够拿到的地理素材资料比较模糊粗糙，部分因为当时的科学态度大都不够谨慎——但托勒密的作品仍是启发人类工业文明与知识的伟大文献之一。对于古代世界的人们而言，它就是所有地理知识的基础，直到18世纪他的天文学作品被牛顿推翻。但是，托勒密有天赋成为过去的1 500年中两大人类重要领域——天文学与地理学的最伟大的权威。没有必要用放大镜查看托勒密对世界的描述。从托勒密的地图就能看出，他非常准确地画出了地中海、西北欧洲、阿拉伯以及黑海的大致轮廓线。除了这些地区之外，他只能依靠粗略的描述与业余商人的猜测来绘制世界地图。他的纬度测量方法还是值得肯定的，因为后来很多地理学家参考这种方法。根据他知道的赤道线和最北点，以及每天的平均白昼时长，他用横轴线划分地球，并把每个横向区域称为"气候区"。这是一种非常粗略的判定纬度的方法，但就当时而言也是托勒密不得不依赖的方式。因为测量地球角度即使在现代社会也很难实现，而在托勒密时代只有极少数数学家和天文学家懂得怎么做。至此，关于古代地理知识与大发现的历史故事告一段落。

本篇中，我大致地讲述了古希腊科学探索上的人物与故事，又按顺序讲述了古代世界各地的商人、士兵以及旅行者亲身经历的故事。它们不是来自纯地理学目的的有组织的调查研究，而是出自以征服为目的进行的军事远征。现在，我们必须重新走一遍前人的路，大致讨论多个历史阶段的征服或入侵。"这些征服让古希腊人和罗马帝国认识了古代世界的不同地域"，托勒密总结说。

02

古代世界征服活动的扩张

在本系列的姊妹篇《消失的东方文明故事》中，描述了历史起源时期统治亚洲西部的数个国度的兴起与发展。现代一些极为有趣的发现让人们能了解认识公元前4 000年在小亚细亚[1]生活的人类的生存状况。所有这些早期文明都存在于大河沿岸，这些河流为他们提供了生存需要的肥沃土地。

我们发现，人类先有了自我意识，然后开始记录下他们对世界的认识以及沿着伟大的尼罗河、幼发拉底河、底格里斯河、恒河以及长江河岸的生活。但出于本书的写作目的，我们不打算讨论历史长河里这些非常早的人类活动。

古埃及人多多少少地认识他们周边的国家，亚述人也一样。《创世纪》第十篇总结了一份种族的记录，把人分成了不同的人种，即希伯来人所说的闪、含以及雅弗的后裔——他们各自的后代大致分别迁往亚洲、欧洲和非洲。可是呢，为了弄清楚罗马人怎么获得托勒密整理在其作品中的大量知识的，我们必须集中精力读一读罗马人不断扩张而最终形成罗马帝国的故事。

所有王国的早期历史实际上都是相似的。一个地区由多个部落划分成若干区域，他们共用同一种语言，每个部落由一个酋长或首领统治管理。后来，其中一个部落通过打仗或者其部落的首领善于外交，变得比其他部落强大，最终把所有部落合并成一

---

1 小亚细亚：又称为小亚细亚半岛，位于亚洲西部土耳其境内。

个王国。所以说，英格兰的历史讲述的就是西撒克逊王国如何夺得整个地区的霸主地位的故事；法国的历史讲述的就是法兰西岛的国王们如何把他们的强权扩张到其余地域的故事；以色列的历史主要讲述的就是犹大支派如何吞并其他支派的故事；罗马的历史，正如其名称所暗示的一样，讲述的是一个城市的居民如何发展成整个世界主人的故事。这些帝国的成长靠的是大量相似的入侵扩张，或者可以说是连续的吞并。通过这种统治范围的逐步扩大，人们才逐渐认识了周围的国家。现在我就负责概括地总结整理这些过程，让它们成为地理发现故事的一部分。

从地理学的角度来看，人类知识的传播就好比大牡蛎壳的生长，这样看的话，我们不得不把波斯湾的北部看作壳顶，并从巴比伦王国[1]说起。巴比伦王国（早期被称为"迦勒底"）位于美索不达米亚的南部（或者说两河流域——底格里斯河与幼发拉底河之间），在公元前3000年至公元前2000年间，沿着底格里斯河流域不断发展壮大。可是，在公元前14世纪，他们被来自北方、之前依赖巴比伦的亚述人征服了，又经过很久的变迁，亚述人在整个美索不达米亚和周边的土地上扎根生活。公元前604年，这个大帝国的首都再一次迁到了巴比伦最开始的所在，被称为巴比伦王国。然而，为了更好地区分，也可以把这3个连续的阶段称为迦勒底、亚述以及巴比伦。

与此同时，我们再前往东边看看，也发生了一个类似的故事，但这个故事是从北往南发生的，北面的米底人在波斯的北部发展成了一个强大的帝国。公元前546年，这个帝国落在**居鲁士大帝**的手上。随后，他发动了对吕底亚[2]王国的征服，该王国位于小亚细亚的中西部，之前由赫梯人统治。最后，在公元前538年，居鲁士成功袭击巴比伦王

古代伊朗西南部的一个小首领，后来建立了大帝国，被伊朗人称为"伊朗国父"。

---

1 巴比伦王国：位于美索不达米亚平原，在当今的伊拉克境内。

2 吕底亚：小亚细亚中西部的一个古代国家。

国的首都，夺得了巴比伦王国的皇权。《圣经》里还讲到，他把自己的统治几乎扩张到了印度，而另一边儿到了埃及的边境。甚至有一段时间他的儿子冈比西斯把埃及也纳入了波斯帝国的版图里。所以说，这个"牡蛎壳"帝国的历史几乎写遍了整个西亚地区。

接下来的两个世纪，世界历史上的重头戏是古希腊与波斯帝国之间的激烈对抗——这是整个历史长河中最具影响力的冲突，因为它将决定是欧洲还是亚洲应该征服世界。到目前为止，世界上的征服过程都是由东向西的，如果波斯人入侵成功，不客气地说，西进的战火将继续下去。可是呢，一个帝国统治的地域越大，它的组织控制能力就越弱越小，特别在它由不同的种族和国家组成时。居鲁士大帝死后一百年多一点儿，希腊人发现了古波斯帝国的弱点，于是一支一万希腊雇佣兵组成的远征军由**色诺芬**统管，被小居鲁士雇佣发动政变，与他的哥哥争夺波斯帝国的王位。结果，公元前401年，小居鲁士被杀害，而由色诺芬统管的一万雇佣兵刚好有机会凭借自己的力量抵抗波斯帝国对他们的各种迫害，最后夺路返回希腊。

色诺芬，雅典人，历史学家，苏格拉底的弟子。

与此同时，古希腊国内也在进行统一之路。时不时有人要征服这个分裂的多山国家，并获得整个国家人民的统治权：先是雅典人，他们在战略要地赶走了波斯人；之后是斯巴达人；最后是底比斯人。在北部边境地区，有一波马其顿人加强了他们自己的军事力量后，在国王腓力二世的领导下统治了希腊全境。腓力二世在色诺芬的一万雇佣兵那里学到了与波斯人作战的技巧，他在死前开始集中手下的全部兵力准备攻打波斯。他的儿子亚历山大大帝继承父志，花了12年（公元前334—前323年）征服了波斯帝国、帕提亚帝国、印度（严格地讲，印度河谷）以及埃及。亚历山大死后，他打下的帝国被手下的将军们瓜分了，但除了最东边儿，这个区域还采取希腊的管理方式。一个能讲希腊语的人可以从一个区域到另一个区域畅通无阻，可想而知，希腊学者对于亚得里亚海和印度河之间的这一大片地区的地理知识得有多熟悉！在征途上，亚历山大建造了大量城市，并以他的名字命名这些地方，其中最著名的一个位于尼罗河的入海口，至今仍被称为"亚历山大城"。这个城市还曾是希腊文明的文化交流中心，埃拉托塞尼就是在这儿系统地记录了主要由亚历山大征服的那些宜居之地。

在历史上，亚历山大势如破竹地横跨西亚是很重要的一笔。虽然我们也不能说他对地理知识做出了卓越贡献，因为希罗多德就已大体上了解这里的大部分地域，除了东面的波斯和印度西北部。但亚历山大的征程以及他的将领们肯定更明确地记录了很多人口重镇之间的距离，这样埃拉托塞尼以及他的继任者们才能据此在他们的世界地图上把那些地方更准确地标注出来。从亚历山大以及他的继任者那里，这些地理学者们才对印度西北部有了更精确的认识。即使是后来的斯特拉波，也要从麦伽斯提尼那里获得印度亚历山大城的独家消息，后者是公元前3世纪被派驻到印度的大使。

与此同时，文明世界的西半部分也在发生着同样的故事。意大利半岛上居住的多个部落战火不断。伦巴第肥沃的平原当时还不是意大利的领土，而被称为"山南高卢"，而意大利的南部则主要由希腊殖民定居者占领，被称为"大希腊"。二者之间的意大利领土上居住着三支同盟部落——埃特鲁利亚、萨莫奈、拉丁。公元前510—前280年的230年里，罗马一门心思地想着争夺这三个部落的统治权，最后把意大利中部打造成为一个意大利联盟，由罗马集权控制。同时，希腊的伊庇鲁斯国王皮拉斯试图煽动意大利南部的希腊殖民地对抗罗马日渐增强的势力，可结果意大利从头到脚被罗马吞并。

如若罗马更进一步，西西里将会是下一站，就在此时西西里被另一股西方强权盯上了，那就是迦太基。迦太基是腓尼基人建立的最为重要的殖民城邦（大约在公元前9世纪），它在地中海西部的目标就是沿着海岸线建立商贸站，这也成为腓尼基历史上的丰功伟绩。他们控制了这个海域的所有岛屿，不惜代价地阻止其他国家的人在科西嘉岛、撒丁岛和巴利阿里群岛上定居。在迦太基控制了西西里的西部后，此地便一直由腓尼基殖民者占据。与罗马动用一切手段来巩固它的征服地，包括在中央政府为来自各个区域的意大利人安排职位不同，迦太基只是把它的国外占据地当作开放贸易区。实际上，迦太基眼中的地中海西海岸，有些像东印度公司眼中的印度斯坦海岸：只是为了在陆地上建设工厂而已。为了营造一个安全的商贸环境，东印度公司认为有必要征服邻近的领土，同样迦太基人也扩张他们的入侵范围直至非洲西海岸以及西班牙东南部。这时候，罗马完成了在意大利腹地的扩张。第一次布匿战争时，罗马与迦太基已经扩张形成了一个贝壳对峙的形状，贝壳中间夹着的就是西西里岛的东部。战争结果是，罗马成为西西里的主宰，之后便与汉尼拔开始了第二次布匿战争，最终罗马笑到了最后，统治了西班牙和迦太基。公元前200年，罗马成为西地中海地区的实际掌管者，尽管它又花了一个世纪巩固从迦太基人手里抢夺的西班牙和毛里塔尼亚。在这100年中——公元前2世纪——罗马还把意大利边界推到了阿尔卑斯山南麓。不过山南高卢一般不被认为是意大利的土地，卢比孔河是它们的分界线。同一个世纪，罗马人开始干涉希腊事务，并轻而易举地把它装在了兜里，正式继承了亚历山大帝国的遗产。

恺撒，古代罗马共和国著名的政治家和军事家。

庞培，古代罗马共和国末期著名的军事家和政治家。

在公元前1世纪，罗马的扩张实际上是最精彩的故事，而故事的两个主角是**恺撒**和**庞培**。以他的姑父马略为榜样，恺撒把罗马疆土扩张至阿尔卑斯山之北的高卢、德国西部以及不列颠；不过，我们现在看来，是庞培为罗马帝国在更文明的世界中雄踞一方奠定了基石，因此，他被称赞为"伟人"。可以说，他凭一己之力瓦解了小亚细亚，为罗马疆土扩张至西亚和埃及打通了道路。托勒密时期，罗马帝国的疆域整体上已经基本稳固了。

在此，必须简单讲一个罗马人巩固他们疆土的故事。为了把军团从他们的大疆土的一个地方转运到另一个地方，他们修建了道路，道路通常都是直路。这些道路修建得非常坚固，在1 500年后的今天，在欧洲的很多地方还能发现它们的痕迹。罗马能够完整地存续近500年，这些道路功不可没。文明，或者说社会上人类共同生活的艺术，受罗马法律的影响很大，如历史上那句话"条条大路通罗马"。

托勒密在他的作品里总结说：罗马人在西边儿继承了迦太基帝国，而在东边儿继承了亚历山大帝国，还必须加上恺撒在欧洲西北部的征服。实际上，恺撒的功劳在于，他把罗马和迦太基这两个"贝壳"的影响范围连接在了一起，还添加了高卢、德国以及不列颠。恺撒的另一个极有影响的丰功伟绩也必须讲一下。所有西方人被统一之后，他规定他们必须信奉一个神。这对旅行和地理发现都有影响，因为人类之间最大的障碍从来都是宗教信仰的不同。罗马打破了地方宗教的排外思想，为他们新选了一个大众信仰——帝王皇权，让这个巨大帝国的居民们有了一种彼此交融一体的感觉。

从此以后，无论其领土有无增添，罗马帝国都是西方世界名副其实的中心。正如我们所知，随着帝国的崩塌，进入黑暗时代后，罗马人的知识或文明被破坏或丢失，这部分我们在本书中不再赘述。接下来的篇章讲述的地理发现，算是对托勒密整理的地理知识的补充和修正。

03

黑暗时代的
地理学

我们已经明白，借助缓慢的征服与扩张，古代的西方人认识了东半球的绝大部分地区，以及托勒密如何在他的著作中整理描述这些故事。我们现在得弄清楚这些故事或知识丢失或被曲解了多少。有一段时间，地理学不再有科学的色彩，跟刚开始一样，成了充满幻想的神话故事。中世纪的老师不去非常准确地核实这些地理学知识，而是想当然地去讲解。这种情况不仅出现在地理学中，还出现在其他学科中，罗马帝国覆灭之后，新知识不再增加，一些幻想跟旧知识鱼目混珠，直到15世纪，古代科学和思想才被大众重新正视。跟其他学科相比较，通过地理学我们更容易看出是什么因素阻碍了新知识的获得。

简单地说，造成知识停滞不前的是宗教，更准确地说是神学；当然，这里指的不是"宗教"这个词的本义，或者说基于批判原则的神学，而是指盲目照抄并曲解《圣经》经文的做法。引用一个例子：《以西结书》记载，"这里是耶路撒冷：我把它设在万国的中心……万国都围绕着它"。中世纪的僧侣是那个时期主要的地理学家，他们不是把这个说法当作一种诗歌表达，而是当作决定中世纪地图形式的数学定理。当然，大体说来，这个表达里也有一些正确的地方，因为古人看来，耶路撒冷就在世界中心的附近——至少，东西走向测算是这样；与此同时，中世纪地理学家还接受了荷马史诗里"世界被海洋包围"的说法，尽管当时有一种倾向，认同《圣经》里关于地球四个角的描述。关于世界形状，当时的公认说法是，它是一个中间呈"丁"

字形的圆圈，东方在顶部，耶路撒冷在中间；地中海自然地分割了圆圈的下半部，而爱琴海和红海垂直地向左、右两侧展开，在上方分割了亚洲，在靠下位置把欧洲分在了左侧，把非洲分在了右侧。地中海的大小决定了这三个大陆的大小。这导致的一个重大错误是切掉了整个非洲南部，让人觉得好像绕过非洲大陆就离印度不远一样。正如我们所看到的，这一错误对于地理发现来说非常重要，而且有积极的意义。

这种"世界就是一个T在O里面"的说法造成的另一个结果就是，把亚洲画得超级大。另外，中世纪的僧侣地图绘制者不太了解亚洲，他们就凭空想象以弥补自己的无知，把一些出自《圣经》或经典文献中的传说安插在亚洲。其中一个故事讲的是，有两个名为"歌革和玛各"的彪悍民族，他们有一天将毁灭文明世界。据说，他们生活在西伯利亚，亚历山大大帝把他们挡在了"铁山"之外。当13世纪蒙古人大举入侵时，人们很自然地将他们视为传说中的"歌革和玛各"。

地理大怪兽（出自曼德维尔早期版本的《旅行》，大部分中世纪的地图都点缀着相似的怪物。）

天堂的位置被固定在最东端，换句话说，在中世纪地图的顶部。一些权威人士，比如普林尼和索里努斯，也在他们的地理学著作中收录了很多关于怪物部族的记载，这些怪异人与正常人类截然不同。其中有一种是"伞足人"，他们的脚非常大，天热的时候，他们把脚抬起来遮阳，在脚的阴影里躺着休息。在莎士比亚的作品里有一段关于这些大怪物的模糊描述：

"食人族，以及头长在肩膀下面的人。"

约翰·曼德维尔爵士在关于神奇旅行的讲述中再次提到这些神秘物种，认为其他地域应该也居住着同样的怪物。中世纪的一些人就拿着这类插图或示例填补中世纪地图中亚洲的很多未知区域。

有一个作家怀着对神学的热情，在修正可居住地域的范围方面做了非常多的工作。这是一个信奉基督教的商人，名为科斯马斯，他游历过印度，以"印度的科斯马斯"为名在公元540年前后写了一本书——《基督教诸国风土记》，目的是纠正异教徒对世界格局的错误认识。让他特别恼火的是，地球是球形的概念，以及人们可能是头朝下站立的说法。他画了一幅图，图中一个圆球上站着4个人，双脚相对，他得意洋洋地质问，这4个人怎么可能都站稳呢？他支持太阳不围绕地球转的说法，他假定说，在最北面有一座大山，太阳围着它每24小时转一圈，晚上就是太阳转到了山的另外一侧。他还自以为是地说，太阳并不比地球大，而是比地球小得多。在他看来，世界是一个大小适中的平面，海洋把可居住区域与远古世界分隔开，大地的4个角有4根支柱，支撑着天堂。根据《创世纪》第一章的描述，整个宇宙就像一个巨大的玻璃展览室，顶部是苍穹，上下分开水域。

尽管科斯马斯的观点很好玩，但因为太过极端，甚至都没有引起中世纪僧侣太多的注意。我们发现，很多能反映中世纪僧侣知识（或无知）的世界地图都没有参考他的观点。其中一地图现存于英格兰的赫里福德，为日常读者传递了很多所需的中世纪地理信息。在最东方，即地图的顶部，标注的是人间天堂；中间是耶路撒冷；下面是地中海，延伸到地图下沿儿，当中谨慎地标记着里面的岛屿。地图通篇详细刻画了河流，很少描绘山川。这张地图唯一能看出中世纪人的地理知识有所增加的地方是欧洲的东北部，因为挪威人的入侵，他们对那里有了更多的了解。地图绘制者把"狗头人"的居住地标记在挪威附近，这个所谓的怪物族群可能源自对印度猴子的一些模糊描述。这些又说明，当时人们对于欧洲这个区域的真正知识非常有限。半狮半鹫的怪兽也在狗头人居住地的附近活动。"狗头人最邪恶，因为他们恶行很多，其中一个就是，他们用敌人的皮肤给自己和他们的马做衣服。"这个地域也是"七眠子"的家，他们长生于世，为那些没有宗教信仰的人布道。为了让可居住的世界形成一个圆，这张地图上还补画了不列颠群岛。

很明显，对于那些想要从一个国家旅行到另一个国家的人来说，像赫里福德这种地图没有什么实际用处。实际上，制作这类地图也不是为了帮助人类旅行。这样的地理学也不具有实践科学的意义，它只是满足了大众的好奇心，人们研究它主要也是为了了解这个世界的一些奇特之处。温彻斯特主教威廉在制定牛津新学院规则时，会带领学生们在长长的冬夜"歌唱背诵诗歌，研究不同王国的编年史或者《世界的奇观》"。因此，几乎所有的中世纪地图都充斥着满是"奇观"的图片，这种图片很有必要，因为当时很少有人能阅读文字。这种奇特的风格对地图绘制的影响几乎持续到19世纪初，那时人们还会在地图里的海上点缀航行船只或者喷水海怪的照片。

在中世纪，人们若想要旅行根本不会用这类地图，而会用旅行日志或者道路指南作参考。这些地理资料没有标记旅行者要穿越的国家的边境线，但会指出那些最繁忙的路线上的主要城镇。这种信息来自古时代，因为罗马帝王们时常要求手下的人绘制这种道路指南，今天仍保存着一幅几乎完整的罗马帝国道路图，被称为"波伊廷格地图"，这个地图是以一个德国商人的名字命名的，它第一次吸引了学术界的注意。从这张地图的精简复制版可以看出，地图中除了路线和城镇，没有其他内容。不幸的是，该地图的第一部分，即不列颠部分残缺了，我们只能看到肯特海岸。这些旅行日志在当时特别有用处，因为人们的旅行主要就是为了朝圣，但同时也会在旅行中处理一些贸易事务。东欧的主要信息传递到西欧的方式是朝圣者持续不断地参观巴勒斯坦。在公元500年到公元1 000年的500年里，正是这些朝圣者在接连不断地传播着欧洲地理的重大知识。

这个时期或许可以被称为地理学知识的"黑暗时代"，期间，野蛮的概念，正如《赫里福德地图》一样，取代了古人更准确的测量数据。说来也奇怪，几乎到了哥伦布时代，学者们还推崇这些概念，而不断修正它们。修正的方法就是，借助中世纪第二阶段获得的知识——当时的各种旅行者了解到的关于亚洲、北欧甚至部分美洲地区的信息——对其缝缝补补。

要是说这个时期的地理知识倒退很多，也不完全正确，因为从政治划分的角度看，欧洲地图在这个时期是进行了整体的再次修整。在公元450—1450年的1 000年里，中亚势力一次次地入侵欧洲，几乎完全破坏了当时世界的政治格局。

15世纪，三股游荡的部落民族，分别沿着维斯瓦河、第聂伯河以及伏尔加河入侵罗马帝国。匈奴人在"上帝之鞭"阿提拉王的指挥下从最东边的伏尔加河入侵，造成了罗马帝国内部的恐慌；西哥特人从第聂伯河袭击了东部帝国；汪达尔人从维斯瓦河入侵罗马帝国，夺得在高卢与西班牙的胜利，并在北非建立了汪达尔帝国。这些入侵行动的影响之一就是，刺激了日耳曼部落入侵法国、意大利和西班牙，甚至打到了不列颠。在世界历史上，从这个阶段开始，我们可以追踪英格兰的起源。同样法兰克人对高卢的入侵也开启了法国的历史。到了8世纪，法兰克王国吞并了整个法国地区，还包括德国中部的大部分地区；公元800年的圣诞节当天，查理大帝被教皇在罗马加冕为神圣罗马帝国的皇帝。他自称要复苏古罗马帝国的荣耀，虽然并未实现这一宏伟目标却也将帝王的皇权和教皇的神权重新分开。

法兰克王国的其中一个分支值得注意，因为大部分西欧国家的命运跟它息息相关。勃艮第王国，是法国和德国的缓冲地区，现今已消亡，但以它命名的红酒还在；因为没有自然的边境线，法国和德国曾因为它起了很长时间的争端，或许准确地说，普法战争是它最后的历史阶段。在东欧也存在过一个类似的邦国，那就是波兰王国，它没有明确的边界，成了东欧国家的争抢对象。1795年，它不再是一个独立的国家，成为俄国与欧洲其他国家的缓冲地区。大体来说，日耳曼部落在罗马帝国的疆域里定居后，这个阶段的欧洲历史——也是它的地理历史，可以被概括为"抢占勃艮第和波兰的争斗史"。

在欧洲的西南部出现了一段非常重要的插曲——它算得上是世界历史文明进程发生改变的信号。在公元7世纪和8世纪（约622—750年）之间，阿拉伯半岛的居民不再像最开始那样孤立保守，他们受到伊斯兰教宗教热情的影响，开始沿着地中海南部的海滨，从印度到西班牙传播教义。他们一旦定居后，就开始复兴在地中海北海岸已经消失的古希腊–罗马科学。叙利亚的基督教徒把希腊语当作圣语，因此，当巴格达的苏丹们想要了解一些希腊智慧时，就让讲叙利亚语的基督教徒翻译一些古希腊的科学著作，先翻译成叙利亚语，再翻译成阿拉伯语。通过这种方式，他们获得了托勒密著作里的一些知识，包括天文学方面的知识，他们认为《天文学大成》是最伟大的作品。在地理学方面，托勒密的名字也被先翻译成了叙利亚语，之后又翻译成阿拉伯语。我们稍后看看阿拉伯版的托勒密著作会产生哪些影响。

阿拉伯人熟悉非洲东南部，他们知道桑给巴尔和索法拉，根据托勒密"未知的南方大陆"的说法，他们想当然地认为这些地方扩散到了朝向印度的印度洋。他们好像对尼罗河有些模糊的了解，还知道了锡兰、爪哇岛和苏门答腊岛，他们是最先了解椰子的多种用途的人。阿拉伯商人早在9世纪就访问了中国，通过他们西方人才认识了中国人，阿拉伯人称中国人很漂亮，有一头乌黑亮丽的头发和精致的五官。稍后我们讲述，伊斯兰教徒如何通过遍布甚广的宗教联系从一个地方游历到另一个地方。

或许应该多少讲一些阿拉伯人的地理作品。最重要的作品之一是一本按照字母顺序排版的大部头的《地名词典》，不过作者是雅库特人。最伟大的阿拉伯地理学家伊德利赛在1154年向西西里国王讲述了世界的模样（跟托勒密版本有些相似，但是侧重不同）。他把世界分成了7个水平带，称为"气候区"，划分范围从赤道到不列颠群岛。这些水平带又被分为11个区，因此，在伊德利赛看来，世界就像一个棋盘，被分为77个格子，他在自己的作品中一个个地详述了这些格子，以及每个气候区的规律。因此，你可以在第18和19格中找到法国的一部分，而在第16和17格找到另一部分。对于清晰描述单独的国家而言，这种方法并不适用，但这也不是伊德利赛所要达成的目标。阿拉伯人——或者，实际上，任何古代人或中世纪的作家——想要描述一块陆地时，他们记述栖居在上面的部落人民，而不是城镇的位置；换句话说，他们探究的是民族社会学，这跟地理学完全不同。

然而，阿拉伯人的地理学对欧洲地理学的影响几乎很小或者说没有影响，欧洲的地图仍然凭借人的空想绘制，而不考虑事实的数据，这种情况几乎延续到了哥伦布时代。

同时，另一项运动在公元八九世纪持续进行，它有助于弄清楚欧洲该有的模样，大大增加了北欧人的常识。自腓尼基人消失后，在挪威再次出现了一个强大的海军势力，它几乎影响了整个欧洲海岸线数个世纪之久。这就是维京人——海上漫游者，维京人把自己的长船泊在挪威的峡湾里，出海后沿着欧洲海岸线进行强力的袭击。他们在一些海岸建立了稳定的统治，从某种意义上说这间接强化了欧洲海岸线，有效抵御了其他外敌的入侵。这些北欧人建立的王国与冰岛、英格兰、爱尔兰、挪威、西西里以及君士坦丁堡（在此，他们打造了瓦兰吉卫队，或者说皇家近卫军）、俄罗斯，甚至圣地耶路撒冷都存在过那么一段相互访问与知识交流的繁荣时期。

有确切证据表明，维京人还远航到了格陵兰，又从格陵兰到了拉布拉多和纽芬兰。1001年，一个名为伯恩的冰岛人，航行到格陵兰拜访他的父亲，结果被海风吹向

了西南方向，到了一个名为"文兰"的国家。那里居住着矮人，大概位于北纬50°
的区域，因为那儿一天最短的白昼时间是8个小时，后来挪威人在此定居。格陵兰的
大主教为了布道，在1121年访问了他们。几乎可以肯定的是，这个文兰就在北美大陆
上，因此，挪威人是最先发现美洲的一批欧洲人。后来在1380年，两个威尼斯人访问
了冰岛，根据他们的说法，当地人认为有一个名为"艾斯托提"的岛上有长住居民，
这个岛在格陵兰南边，距离法罗群岛以西1 000英里的地方。据说，这个岛上的岛民
是文明人，尽管没用过指南针，但也擅长航海，还是不错的海员。他们的南边居住着
野蛮的食人族，而他们的西南方向居住着另一个文明人的族群，这些人建造了大城市
和寺庙，而且会向神明祭献。这些好像讲的是墨西哥人的故事。

　　不管是古代人还是中世纪的人，海上探险的大难题是必须一直紧贴着海岸航行探
索。确实，人们白天可以靠太阳指示方向，晚上靠北极星导航，可是一旦天空阴下
来，就会完全丧失方位感。因此，磁针指向南北的发现为远离陆地的远航提供了必要
的前提条件。这是古代中国人发现的，并早在11世纪就应用在了他们的帆船上。阿拉
伯人远航锡兰和爪洼时，从中国人那里学习了这一技能，通过他们，巴塞罗那的水手
们第一次把指南针的使用引入欧洲。第一次提及指南针的文献是狮心王理查德的奶兄
弟亚历山大·内卡姆的论著《自然历史》。另外一个参考是普罗旺斯的游吟诗人盖
约特在1190年作的一首讽刺诗。诗中讲到，不用观察北极星，水手就能够驾驶船驶向
它，具体方法是将磁铁磨成针，然后放进麦秆，在把麦秆放进一个盆里漂浮在水面，
水手沿着针指向的方向航行即可。可是，好像当时的人都还不太相信这种方法，但丁
的导师布鲁内托·拉蒂尼在1258年访问罗杰·培根时，说修士向他展示了磁铁及其特
性，但不确定它有多大用处。"没有哪个厉害的水手敢使用它，除非他觉得自己是一
个魔术师。"事实上，刚开始那种形式的操作方法使用效果的确很差，后来有人对其
进行了改进，把针放在枢轴上保持平衡，然后固定在一个卡片上，跟现在用的一样，

这样它就成了水手的必备品。是一个名为"弗拉维奥·里奥哈"的阿马尔菲人在14世纪初改进的指南针。

指南针被广泛使用后，熟练的水手可以在航行过程中观察其上的标示，确定不同陆地的相对位置。在那以前，人们都不得不依靠地理学家（主要是古希腊和阿拉伯的）根据商人和士兵航行日志里模糊的描述修正一些陆地的相对位置；但现今，在指南针的帮助下，测定一个相对位置不再是什么难事儿，即使路线曲折，在纸上标记出来也不太难。因此，虽然有学识的僧侣对混合了神话和预言的世界地图很满意，但是地中海的水手们在一步步地绘制海图。这种海图被称为沿海图，它提供了海港之间最优的路线信息，巴伦·诺登舍尔德最新的研究显示了这种沿海图是如何从波多兰型海图演变而来的。波多兰型海图出现在1266—1291年，现在已失传。有些有学识的人不屑于参考水手的实践知识去绘制地图。1339年，马略卡人安杰利科·杜尔塞特根据沿海图的原则绘制了一幅详细的世界地图，带有海岸线——至少有地中海的海岸线——它的精确度非常高。后来，1375年，同一个岛上的犹太人克斯开，把马可·波罗带回来的关于中国的最新地理知识加了进去，绘制了更完善的地图。他的地图就是著名的加泰罗尼亚地图，它水平地把地球分为了8个横带。

这种沿海图重新重视了数据事实和精准的海岸线，地图也就再次被赋予了丰富的地理知识。在水手们出海探索更多未知事物的时候，他们能够更大胆地去冒险，更安全地返航。正如我们所知，他们协助航海家亨利王子开始了终结中世纪的一系列地理探索大发现。凭借这些发现，或许我们可以理直气壮地为中世纪地理史画上一个句号，尽管它标榜自己非常有体系。

现在我们必须回过头总结一下旅行者、朝圣者和商人，以及旅行文学作品所记录的其他地理知识。

04

中世纪的探险旅行

在5世纪野蛮人突入罗马帝国到发现新世界的15世纪之间的1 000年间，推动人类加深对世界认识的主要历史事件包括：8世纪和9世纪维京人的海上探险航行、13世纪和14世纪蒙古帝国的崛起。

13世纪初，蒙古族的首领成吉思汗征服了亚洲的中部和东部。在他的儿子窝阔台的统领下，这些蒙古部落从中国向西进发，征服了亚美尼亚，他们的一个将军拔都报复了南俄罗斯和波兰，并在1241年攻占了布达佩斯。但是窝阔台突然暴毙，部队被召回国。整个欧洲被恐惧笼罩，作为基督教的首领，教皇决定派遣大使去拜见新的大汗**忽必烈**，搞清楚他的真实意图。1245年，教皇派遣里昂城的修士约翰·普兰诺·加宾尼前往拔都将军位于伏尔加的营地，拔都又把他送往忽必烈汗位于蒙古帝国首都哈拉和

忽必烈，大蒙古国的末代可汗，也是元朝的开国皇帝。

林的王宫。如今只能在贝加尔湖向南几百英里的鄂尔浑河河岸上依稀见到这个王宫的蛛丝马迹。

他们第一次听说亚洲东部的契丹还没有被蒙古人征服。一个名叫威廉·瑞斯博克的佛兰芒修士知道得更清楚，他也作为大使从圣路易斯出访了哈拉和林王宫，并在1255年返回欧洲，跟罗杰·培根聊了他的见闻。他说："那些契丹人个子不高，说话鼻音很重，另外，他们的眼睛普遍比较小……契丹的钱是用棉花纸做成的，跟手掌大小差不多，上面印有一些线，像蒙古可汗的印章。他们用类似画家作画的那种笔写

字，一个字包含几个字母。"他还认为这些契丹人跟古代的赛里斯人有关系，认为丝绸就是来自契丹人生活的国家，可是他没有证实这两件事儿。据推测，"中国"这个名字是通过海上航行传到西方的，之前被误称为"马来"，而"赛里斯"和"契丹"这两个词是通过陆地传到欧洲的，这就让人产生了困惑或混淆。

还有一些方济各会士也追随他们的脚步游历访问了东方，其中一个名叫"约翰·蒙德维尔"的人以大主教的身份在1358年定居在"汉八里"（大都，即北京）；弗留利附近的奥多里克修士，于1316—1330年游历了印度和中国，为西方带回了他的航行日志，不过日志里大多都是谎言，约翰·蒙德维尔把这些谎言打包收录在自己的作品里。

这些漫游过东方的修士带回西方的信息或故事慢慢变得无足轻重，最终销声匿迹。然而接下来登场的是威尼斯人马可·波罗，他在东方生活了18年，把大量关于东亚的知识或故事传回了欧洲。他开辟了地理大发现的新纪元，其重要性仅次于哥伦布的航行。

1260年，马可·波罗的父亲和叔叔——尼古拉·波罗和马费奥·波罗，从君士坦丁堡出发前往克里米亚进行贸易活动，又顺道去了布哈拉，再后来还造访了忽必烈大汗的王宫。忽必烈热情地招待了他们，很希望他们把西方文明介绍到蒙古帝国，委托他们给教皇传口信，要求安排100名西方智者向蒙古人传授基督教并教授他们西方艺术。这两兄弟在1269年返回了家乡威尼斯，但却发现没有教皇能满足大汗的请求，因为克雷芒四世在前一年逝世了，他的继任者还没有被选举出来。他们等待了几年后，格里高利十世被选举为教皇，但是他只是随便应付了大汗的要求，仅安排两个道明会修士陪同波罗兄弟前往蒙古。这次波罗兄弟带上了年轻的马可·波罗，一个17岁的小伙子，尼古拉·波罗的儿子。他们在1271年11月出发，可是很快就跟道明会修士失去了联系——这两个修士失去了耐心而返回了。

　　波罗兄弟先是去了波斯湾的入海口——霍尔木兹海峡，然后北上穿过呼罗珊、巴尔赫，渡过阿姆河，取道帕米尔高原。之后他们又穿越戈壁大沙漠，最终在1275年5月见到了居住在开平城府的忽必烈。尽管他们没有兑现忽必烈的请求，但是大汗还是友好地接待了他们，并特别雇用了马可·波罗。近期的中国历史里发现一个记录，其中描述说，1277年，一个名叫"波罗"的人被任命为枢密院的二等长官。波罗家族因为大汗的赏赐获得了大量的财富，但是他们发现大汗非常不愿意让他们返回欧洲。马可·波罗担任了多个重要职位，在扬州做了3年的地方长官，他感觉自己要老死在忽必烈政府的岗位上。

　　最后，有一个好机会降临在了他们头上，使他们得以返回欧洲。统治波斯的蒙古汗王想要跟忽必烈大汗家族的一个公主结婚，可是大汗不想让公主遭受从中国到波斯的陆路奔波，最后选择用航海的方式沿着亚洲海岸线送她。蒙古人不善于航海，因此波罗家族被派遣护送年轻的公主进行这次艰难的航行。1292年，他们从福建省的一个海港——刺桐（泉州）启程，沿着亚洲南海岸航行了两年多以后，成功地把公主护送到目的地。但是最后公主与她原来丈夫的儿子结了婚，因为在公主到达波斯之前她原来的丈夫就去世了。波罗家族把公主安顿好之后就离开了，他们穿越波斯航向自己的家乡，并在1295年回到了老家。到达老家时，他们身穿的是粗织的蒙古衣服，他们的亲戚甚至不敢相信这是他们失散多年的亲人。波罗家族邀请了他们的这些亲戚参加宴席，在宴席上他们穿上了最华美的衣服，每上一道菜都换一套新衣，并把之前脱下的衣服赠送给服务生。在宴席尾声时，他们又换上了返乡时穿的那套破旧的衣服，手拿锋利的刀子，开始划开衣服的线缝，从里面取出了非常多的红宝石、蓝宝石、红榴石、钻石和翡翠，这大多都是他们努力打拼的财产。最后的这一幕展示很自然地改变了亲戚对他们的看法，他们随之急切地想知道波罗家族是怎么累积了这些财富的。

　　介绍大汗的财富时，作为这次聚会的发言人，马可·波罗不得不用"百万"为单位来形容大汗的财富，以及他统管人民的体量。这就是这几个旅行者的故事片段，自此，马可·波罗被他的朋友们称为"马可·百万先生"。

大家对他的故事反响并不热烈，这让马可·波罗讲述自己神奇之旅的积极性大打折扣。他到达威尼斯老家时，热那亚跟威尼斯之间爆发了一场战争，马可·波罗在战乱中做了俘虏并被押入热那亚的监狱。在狱中，他认识了来自比萨的鲁斯蒂谦，此人知识渊博，在托马斯·马洛里爵士之前，他就以散文的形式改写了很多关于圆桌骑士的浪漫故事。他写的这些作品没有采用意大利语（据说是为了文学保存），而是采用了能登欧洲大雅之堂的法语。在狱中，他也用法语记录下了这位伟大旅行家马可·波罗的口述，因此其故事得以流传至今。马可·波罗在1299年被释放后，返回了威尼斯，于1334年1月过世。

马可·波罗对行程的详尽描述，在地理大发现的历史上举足轻重，在此之前没有谁的成就能与他相提并论。或许，亨利·裕尔爵士对他的评述恰到好处，裕尔爵士翻译的《马可·波罗游记》是很重要的一个版本：

> 他是第一个横穿整个亚洲的旅行者，他命名并描述了他亲眼见到的一个又一个王国：沙漠之国波斯、高原与荒野峡谷之国阿富汗、草原之国蒙古——这是威胁整个基督教的蒙古铁骑的家园。作为第一个旅行者，他揭示了中国的举国财富和辽阔幅员、大江大河、大城市、强盛工业、密集人口，难以想象的大舰队游弋在它的海域和内陆水域；他还讲述了中国周边的国家，以及它们的古怪风情与信仰；缅甸的金佛塔以及能发出丁零响的王冠；老挝、泰国、越南、日本，在这些最东边的国度可见到的粉红色珍珠和屋顶被装饰为金色的宫殿；爪哇岛盛产珍珠；苏门答腊国王众多，物品价格奇高，还有食人族；尼科巴群岛和安达曼住着不穿衣服的野蛮人；斯里兰卡是

宝石之岛，还有神山，以及亚当墓；印度则有粗俗的苦行僧、钻石、海床上的珍珠、强烈的日光。在中世纪，他最先明确地描述了在阿比西尼亚隐居的基督教徒，以及半基督教的索科特拉岛。他相当模糊地提到过桑给巴尔的黑人和象牙，以及与南极深海接壤、辽阔遥远的马达加斯加。

05

路途与贸易

我们已带领大家了解了古代世界、中世纪，以及15与16世纪大发现之前的地理学发展史，并粗略地讲述了当时人们在那个漫长时期学习认识了关于地球的哪些知识，以及他们如何学习与认识它。可是，我们还需要进一步探讨人们如何凭借自身的知识以各种方式到达那些探险之地，以及为什么探寻它们。在对历史上的征服活动的讨论中，我们在一定程度上已回答了第二个问题，但当时人们不仅仅是为了征服而不断开辟新路线、发现新地域的。我们仍需要聊一聊促成这些行为的根本原因——物质利益。征服者发动战争，意图征服与占领，当他们夺得战事的胜利后，就要想方设法地建立新路线，以连接这些入侵地，进而稳固他们的统治，以攫取物质利益。总之，我们仍然需要深入探讨古代与中世纪的世界路途，以及人们建设它们的主要目的——国际贸易。

在我们的认知中，路可能是两个城镇之间最方便的交通路线。从逻辑上讲，先有城镇，后有它们之间的路。而在探究任何道路之前，都有必要先调查人们将他们的住所扎堆建在某些确切区域的原因。最初，人类聚集生活主要是为了团结在一起进行防御。那些城镇因地势而建，如雅典或耶路撒冷，易守难攻。之后，宗教开始影响修建城镇的位置选择，城镇大多虔诚地建在了寺庙或道院周围。但很快，选择居住点的人们认为居住地要交通便利。于是城镇开始依傍在河畔，特别是在河流的浅滩上，如威斯敏斯特，或者在防护稳固的港湾中，如那不勒斯，又或者在一个地区的中心，如纽伦堡或维也纳，这些地方形成了最便利的物质交换点。若两个城镇都建立在河畔或海边，船渡是最佳的交通方式。然而，一旦这类城镇建立起来，就非常有必要为它们建设一条陆路，而陆路的建设又主要由陆地的地形来决定。遇到群山阻碍时，不得不建设一条长长的绕山道，例如，绕道群山连绵的比利牛斯山脉；若遇到河流干扰，就需要寻找浅滩河段，而在连接上述城镇道路的最便利路段上，人们有可能新建城镇。在任何两个城镇之间，若发现那种初具雏形的道路，人们会保守地先留住它，即使后来发现更好的路线。

早期，水上交通对城镇发展有长期影响。那些在海湾拐角处的城镇，如阿尔汉格尔、里加、威尼斯、热那亚、那不勒斯、突尼斯、巴士拉、加尔各答，很自然地变成了海湾贸易的中心。而在河流上，适合贸易的地点是那些潮汐结束的地方，如伦敦，或者河流的湾流处，还有支流的交汇处，如科布伦茨或喀土穆。半岛的两端也常形成重要城镇，如汉堡和吕贝克、威尼斯和热那亚；有时为了海军需要，人们会在半岛近海一端设立站点，如瑟堡、塞瓦斯托波尔或直布罗陀。这时，在半岛上修建贯穿全境的路就轻而易举了。

任何城镇的原住居民都会将新来访者当作他们的敌人，可是过一段时间后，他们就会发现跟这些邻居交换一些过剩的物品也很便利，贸易就以这种方式开始传播。贸易市场设立在中立地区，为了共同的利益，双方的仇恨被暂丢一旁。通常，两个国家会在边境线上选一处区域进行物品交换，最终在该区域诞生一个新兴城镇。由于商贸交流兴起，人们不再热衷于定居在峡谷或者河岸边的那种交通不便的高地要塞。

据说，各国家之间最早的通信和交流始于海上腓尼基人之间的通信。他们在整个地中海沿岸的适当地点建立工厂和贸易中立区，而希腊人很快就在爱琴海和黑海地域效仿了这种方式。但我们从《圣经》中了解到，商队路线在埃及、叙利亚和美索不达米亚之间建立起来，后来这些商队路线扩展延伸到亚洲更远的地方。而在欧洲，罗马人是真正伟大的筑路者。罗马在古代世界中的重要地位归功于便利的中心区位，罗马首先是意大利的中心，然后成为整个地中海的中心。罗马自带一个城镇应具备的所有必要优势：它位于河流的拐角处，但可从海上进入；它的丘陵地形易守难攻，汉尼拔的惨败证明了这个结论；同时它在拉丁平原的中心位置，成为所有拉丁贸易商的天然度假胜地。罗马人很快发现有必要增强与意大利其他地区的联系，来充分利用自己中心地位的优势，于是他们开始修建那些世界出名的道路。由于结构坚固，这些建筑大部分都留存下来。"建筑"这个词用得很恰当，因为罗马的道路实际上是在深沟里建造的一堵宽墙，且高过地面。再大的交通压力也很难破坏这种坚固的下部结构，直到今天，在整个欧洲还能找到近两千年前修建的罗马道路的痕迹。随着罗马帝国的扩展，这些道路成为保护其疆域的主要手段之一。他们把军团安置在这些道路的交汇处，这样能够迅速向任何方向发起进攻，让其他地区对这个国家产生胆怯和敬畏之心。人们沿这些道路自然地建立了车站，直到今天，欧洲的许多主要公路都是沿着古罗马道路修建的。现代文明在很大程度上是这种道路网络的产物，而且我们确实能发现那些没建过这种道路的国家与西欧存在着巨大的文化差异——例如俄罗斯和匈牙利。在欧洲西部，这些密集的路网就是最佳的交通方式，只有在这些道路附近的城镇和人民才能最大化地获取各种知识和消息。人们还找到了一幅素描图，它描绘了古代罗马的主要道路，在那些修整的道路中，我们能窥见托勒密所总结的地理知识体系的基本脉络。

对未来地理知识的发展而言，更重要的是亚洲商队的伟大贸易路线，我们必须把注意力转向这条路线。位于亚洲大陆中心区域的帕米尔高原是世界上海拔最高的地区之一，当地居民恰当地称其为"世界脊梁"。在这片高原的东部，四大山脉大致横向平行分布，它们是南面的喜马拉雅山脉、北部的昆仑山脉、天山山脉和阿尔泰山脉。喜马拉雅山脉和昆仑山脉之间，是海拔更高的青藏高原。昆仑山脉和天山山脉之间，是荒凉的蒙古戈壁草原。天山山脉和阿尔泰山脉之间，是广阔的哈萨克草原。很明显，在亚洲东部和西部之间只有两条可以通行的路线：一条经过喀什和布哈拉，位于昆仑山脉和天山山脉之间；另一条从阿尔泰山以南，沿着巴尔卡什湖、咸海和里海以北，到达俄罗斯南部。前者通向巴士拉或霍尔木兹，然后经海路或陆路，绕过阿拉伯半岛到达亚历山大港；后者的路线较长，途经君士坦丁堡到达欧洲。南亚和欧洲之间的通信主要是印度沿岸的海上运输，利用从锡兰到亚丁的季风，然后通过红海。因此，亚历山大、巴士拉和霍尔木兹自然就成为东部贸易的主要中心，与中国的交流就沿着上述两条路线进行，这两条路线在历史上一直存在。正是通过这些路线，波兰人和其他中世纪的旅行者们到达了中国这个遥远的国家。但是，从马可·波罗的旅行中我们又了解到，海上航行也可以到达中国。在实际上，在中世纪晚期，蒙古帝国解体时，途经中亚的交通并不安全，与东方的通信主要经由亚历山大港。

为了我们的研究目的，很有必要了解下中世纪的欧洲对来自东方的奢侈品的依赖程度。欧洲织机生产出的东西比不上中国的丝绸、印度的印花布。装饰国王和贵族冠冕的主要宝石——祖母绿、黄玉、红宝石、钻石都来自东方，主要是印度。整个中世纪医学领域都有求于阿拉伯人，欧洲人从阿拉伯或印度寻购大部分药物。甚至罗马天主教坛上烧的香火，也不得不从黎凡特寻找原料。至于许多更精致的手工艺品，艺术家们也要从东方商人那里寻求最好的原材料，比如用虫胶做清漆，或用乳香做颜料（柬埔寨的藤黄、青金石中提炼的群青）。在中世纪，通常有必要借助东方的麝香或愈伤草来抵消西方不良卫生习惯所产生的气味。更重要的是，那些几乎是健康所必需的调味品，如用于腌制冬季食物以及咸鱼的调料。欧洲人十分依赖亚洲诸群岛的香料。哈克鲁伊特的伟大著作《英国航海和航行》第二卷中列出了一个由阿勒颇商人威廉·巴雷特于1584年写下的关于东方贸易主要来源的清单，我们在此节选了一些颇有趣味的内容：

来自马鲁科、塔伦纳特、安波那，经由爪哇岛的丁香

来自班达亚齐的肉豆蔻

来自班达亚齐、爪哇岛和马六甲的肉豆蔻种衣（肉豆蔻干皮）

来自马拉巴尔的普通胡椒

来自锡兰的肉桂

来自辛迪和拉合尔的甘松香

来自坎贝亚（孟加拉湾）内的苏拉特的生姜

来自马拉巴尔的珊瑚

来自辛迪和坎贝亚的硇砂

来自中国附近婆罗洲的樟脑

来自阿拉伯菲利克斯的没药

来自坎贝亚和拉合尔的硼砂

来自中国和君士坦丁堡的岩石明矾

来自波斯的愈伤草

来自科钦、中国和马六甲的木质素沉香

来自勃固和芭拉瓜特的虫胶

来自阿勒曼尼亚的琼脂

来自阿拉伯菲利克斯的求求罗香

来自巴士拉的罗望子

来自巴士拉和波斯的藏红花

来自索科特拉的乳香胶

来自马拉巴尔的马钱子

来自索科特拉的龙涎香

来自中国塔里木的麝香

来自辛迪和坎贝亚的靛蓝

来自中国的上等丝绸

来自阿尔马尼亚的蓖麻油

来自勃固和坎贝亚的鸦片

来自阿拉伯菲利克斯和亚历山大港的椰枣

来自麦加的番泻叶

来自雅法的阿拉伯胶

来自塞浦路斯和坎迪达的劳丹脂

来自波斯的青金石

来自土耳其的金色涂料

来自波斯和中国等地的大黄

来自波斯和中国的红宝石

这些只是巴雷特清单上的一部分而已，但足以表明，在中世纪，大量的家庭奢侈品，甚至生活必需品，都来自亚洲。阿拉伯人几乎垄断了这一贸易，而欧洲除了金币和银币之外几乎没有任何东西可以交换，因此贵金属不断从西方流向东方，苏丹和哈里发们不断富裕起来，如传说中的所罗门王一样积累了巨大财富。亚历山大港几乎是所有贸易的中心，大多数欧洲国家认为有必要在该市建立工厂，以维护其商人的利益，一个来自图德拉的犹太人到亚历山大港寻找东方的奢侈品，他对亚历山大港的描述如下：

"这座港口商业气息浓厚，为各国提供了极好的市场。各个基督教王国的人们都前往亚历山大港，他们分别来自瓦伦西亚、托斯卡纳、伦巴第、普利亚、阿马尔菲、西西里、拉古维亚、加泰罗尼亚、西班牙、鲁西永、日耳曼、萨克森、丹麦、英格兰、佛兰德、海诺、诺曼底、法兰西、普瓦图、安茹、勃艮第、梅迪纳、普罗旺斯、热那亚、比萨、加斯科尼、阿拉贡和纳瓦拉。你还会遇到来自安达卢西亚、阿尔加维、非洲和阿拉伯的伊斯兰教徒，以及来自印度、萨维拉、阿比西尼亚、努比亚、也门、美索不达米亚和叙利亚的人们，还有希腊人和土耳其人。他们从印度的基督教商人那里进口各种各样的香料。这座城市充满了喧嚣，每个国家都有自己的旅馆或客栈。"

在这些国家中，意大利到亚历山大港航程最短，而与东方的贸易在13世纪末就几乎落入意大利人手中。起初，阿马尔菲和比萨是主要的港口，正如我们所看到的那样，在阿马尔菲，水手的指南针被调教得更精准。但很快，位于意大利周围两片海域的两个海上城镇由于其自然位置的优势而走到历史舞台前面，它们就是热那亚和威尼斯。这两个城市为了争夺贸易的垄断地位，进行了长久的斗争，航海的话从威尼斯出发航程更为直接，但一段时间后热那亚又在北方开辟了到君士坦丁堡以及中国的陆路的贸易线路。东方的香料、珠宝、香水和其他东西从威尼斯经由奥格斯堡和纽伦堡向北被运送到安特卫普、布鲁日和汉斯镇，在这些地方进行交换获得当地人从渔业和纺织品中得到的黄金。英格兰人则把羊毛运到意大利，换来东方的调味品和香水。威尼斯的财富和重要性几乎完全归功于它垄断着利润丰厚的东西方贸易。到15世纪，威尼斯已将统治权扩展到了达尔马提亚、莫雷亚的部分地区以及克里特岛，在1489年，它终于获得了塞浦路斯的所有权，并因此拥有了从阿勒颇或亚历山大港到亚得里亚海北部的所有据点。但是，它似乎已经达到了繁荣巅峰之时，一个强大的竞争对手迎面而来，在几乎整个15世纪的东西方贸易中，他们一直在缓慢地准备着一个新的竞争赛道。

06

从西面前往印度—葡萄牙人的路线—亨利王子与达·伽马

直到15世纪，伊比利亚半岛的居民才逐渐扭转对伊斯兰征服者反抗斗争的局势，而伊斯兰教徒的征服活动从公元711年就开始了。摩尔人最后一次在西班牙历史上发声是在1492年——从历史和地理史上，这都是划时代的一年。半岛西侧的葡萄牙同样摆脱了摩尔人的统治，却又遭到近邻卡斯蒂利亚王国的侵扰。卡斯蒂利亚国王胡安企图征服葡萄牙，葡萄牙王子若昂击败了他。1385年，若昂成为葡萄牙国王，并在阿尔茹巴罗塔战役中取得胜利，使葡萄牙摆脱了邻国的威胁。后来，若昂与约翰·冈特的女儿菲利帕结婚，他们的第三个儿子叫亨利。就是这位亨利王子彻底改变了人们对于地球的刻板印象。亨利是个极有勇气的人，他在夺取直布罗陀海峡对面的城市休达时大出风头，第一个把葡萄牙的旗帜插在了摩尔人的海岸上。与摩尔人的接触让亨利第一次产生了在印度发展工厂和要塞的想法，然而出于种种原因，他从1418年左右才开始采取行动。他将所有精力投入寻找其他能够到达印度的路线上。为此，他在欧洲大陆最西部的萨格雷斯海角建立了自己的基地。

亨利在基地建立了天文台和一个用于对航海家进行理论训练和航海实践的学校。他召集了天文学家、制图师和技艺熟练的海员，同时还专门建造了更结实、更大的船只用于探险。他完善了星盘（现代六分仪的粗略前身），由此可以精准地确定纬度。他给所有的船都装上了罗盘，这样水手们就不会迷失方向了。他从马略卡岛（14世纪实用地图制作的中心）找到一个在导航艺术以及地图和仪器制作方面技艺娴熟的专家——斯特尔·雅克梅。在他和其他人的帮助下，亨利开始研究绕非洲海岸航行到印度的可能性。

我们已经看到，出于真正科学谨慎的态度，托勒密没有给西方人探索区域之外的非洲南部做出定义。但埃拉托塞尼和之后的许多罗马地理学家，都不满足于托勒密的这种不可知论。他们大胆设想，非洲海岸从人们所熟悉的红海以南的非洲之角起，呈半圆形，一直延伸到西北海岸，也就是我们现在所说的摩洛哥附近。如果这是真的，那沿着这条海岸线的海洋航线甚至比通过地中海和红海的航线还要短，而且也不需要在苏伊士地峡下船。那些因为这样的设想而猜小了非洲真实大小的作家们设想非洲南部有另一个大陆，但是这个大陆处于热带地区，且完全不适合居住。

在亨利的时代，非洲的西北海岸远至博哈多尔角都为人所知。博

葡萄牙人的探险进程（出自E.J.佩恩的《欧洲殖民地》，1877年）

哈多尔角又被称为"死亡之角"，之所以这么称呼它，是因为人们认为它是无法超越的。因此，亨利必须弄清楚的问题是，过了博哈多尔角之后，非洲海岸是否急转向东

延伸，以及古代人关于这个热带地区无法居住的说法是否确切。为了回答这些问题，他年复一年地派出远征队沿非洲西北海岸前进，每一次远征都比前一次更深入。在一开始，他就得到了回报，因为葡萄牙人在1420年发现了马德拉群岛。发现者是亨利的一位侍从，名叫若昂·贡萨尔韦兹·扎尔科。有一段时间，亨利对占领马德拉群岛和邻近的波尔图桑塔岛感到非常满足，但是波尔图桑塔岛被放养的兔子毁了。

马德拉群岛上种植了源自勃艮第的葡萄，直到今天，葡萄依然是马德拉群岛的主要产业。1435年，人们绕过了博哈尔多角，1441年，布兰科角被发现。两年后，努诺·特里斯蒂昂到达并经过了佛得角，这第一次证明了非洲的海岸线有向东延伸的趋势。此时，亨利的手下已经和沿岸的土著居民相当熟悉，土著人中至少有一千人被带回葡萄牙，分发给了贵族作为侍从。1455年，一位名叫阿尔维斯·卡达莫斯托的威尼斯人为了进行贸易，进行了一次更朝南的航行，亨利为其提供了资本，前者承诺以贸易额一半的利润作为回报。阿尔维斯到达了冈比亚河口，不过当地人对他们充满敌意。在这里，欧洲航海家们第一次没看见北极星，而是看到了灿烂的南十字星星座。亨利一生中最后一个发现是佛得角群岛，是由他的一位船长迪奥·戈麦斯在他去世的那一年（1460年）发现的。这些接连不断的发现被亨利的制图师一一记录在海图上。亨利去世之前，葡萄牙国王派威尼斯僧侣弗拉·毛罗将到当时为止所有发现的细节记录在一张世界地图上，其副本保存至今。

亨利对非洲沿岸进行耐心调查所引发的热潮在他去世后依然持续了很长时间。1471年，费尔南多·德普发现了一个岛，现在这个岛还以他的名字命名。同年，佩德罗·德·埃斯科瓦尔越过了赤道。无论在哪里登陆，葡萄牙探险家都会留下自己的痕迹，一开始是竖立十字架，后来是在树上面刻下亨利的座右铭：天赋无量！最后他们采用了立石柱的方法，再在石柱上固定一个十字架，上面刻着葡萄牙国王的纹章和名字。这些石柱被称为"标准"。1484年，若昂二世国王的骑士迭戈·卡姆在一条大河的河口立起了这样一根石柱，并给这条河取名为"石柱河"。当地人称其为扎伊尔河，也就是现在的刚果河。迭戈·卡姆在纽伦堡人马丁·比海姆的陪同下参与了这次探险。马丁·比海姆的地球仪在地理史上被认为是旧时代观点的最后记录。

同时，人们从访问过葡萄牙宫廷的当地国王的一位特使那里得知消息，在遥远的东方，发现了一个伟大的基督教王国。这让人想起了祭司王约翰的中世纪传说，因此，葡萄牙人决定双管齐下，分别通过海路和陆路寻找该王国，拜访其君主。

若昂二世国王派出了两艘船，由巴塞洛缪·迪亚士指挥从海路出发。第二年，又派出两名会阿拉伯语的人——佩德罗·迪·科维拉姆和阿方索·德·贝巴从陆路出发。科维拉姆到达亚丁，随即乘船前往卡利卡特，成为第一个在印度洋航行的葡萄牙人。后来，他回到索法拉，获取了有关月亮岛的消息，也就是现在的马达加斯加岛。他带着这些消息到了开罗，在那里找到了国王的两个犹太大使——贝加的亚伯拉罕和拉梅约的约瑟夫。他请两人转告国王，沿几内亚海岸航行的船只肯定会到达非洲的尽头，当转入东面的大洋时，就能打探到索法拉和月亮岛的路。之后，科维拉姆返回红海，来到了阿比西尼亚。在那里，他结了婚并定居下来，还不时向葡萄牙传递信息，欧洲人因此对阿比西尼亚有了最初的一些概念。

寻找祭司王约翰的陆路之行非常成功，同时，海上航行也带来了好消息。迪亚士绕过了现在被称为好望角的海角，并将其命名为"风暴角"。若昂二世肯定了迪亚士的伟大功绩，认为他的发现为亨利王子70年前开始的探险画上了完美的句号，于是决定给它起了一个更加吉祥的名字，"好望角"从此广为人知。

出于某种不为人知的原因，之后的十余年间葡萄牙人没有再试图派遣另一支探险队来实现亨利的最终计划。正如我们看到的那样，若昂二世拒绝了哥伦布希望得到资助的请求，之后哥伦布离开了葡萄牙。最终，在西班牙国王的资助下，哥伦布于1492年成功地横跨大西洋发现了西印度群岛。这次航行的成功也直接叫停了试图绕过非洲到达东方的种种计划。事实证明，这条航线比亨利想象的要长得多。哥伦布发现新大陆的三年后，若昂二世去世，他的继任者曼努埃尔直到其统治的第三年才开始考虑是否采纳哥伦布所用的从葡萄牙到达印度的方法。

此时，哥伦布已经完成了他的第二次航行，人们逐渐认识到，用他的方法到达印度所遇到的困难比想象的要多。1496年，也就是哥伦布第二次航行归来后的第二年，曼努埃尔国王决定再次采用老方法。他委托宫廷大臣达·伽马用三艘船只载着约60名男子向东前往印度。此时，哥伦布在未知海域的大胆探险已经激励了其他人的冒险精神。达·伽马没有沿着非洲西海岸航行，而是直接前往佛得角群岛，从那里出海，然后一直航行到好望角以北的小海湾——圣赫勒拿湾。

当时，夏季刮起了东南风，这为达·伽马试图绕过好望角带来了困扰。达·伽马历尽艰辛，才进入新的大洋，然后继续沿非洲东部海岸慢慢行进，在一些合适的地方，他派遣一些水手上岸去询问科维拉姆和祭司王约翰的传说。然而港口上居住着固执的摩尔人，一旦这些摩尔人发现访客是基督徒，便会立即试图消灭他们，并拒绝为他们提供向导以阻止其进一步前往印度。这种情况发生在莫桑比克、基洛亚和蒙巴萨。直到到达马林迪，达·伽马才获得粮食和一名向导，这名向导是胡茶辣的印度人马雷莫·卡纳，他对前往卡利卡特的航程非常熟悉。在他的指导下，达·伽马的舰队在23天之内就到达了卡利卡特。那里在海上称雄的扎莫林对基督徒来访者同样反感。卡利卡特地区信奉伊斯兰教的商人们立刻意识到葡萄牙人的来访暗示着危险竞争，会打破他们对东方贸易的垄断，所以把达·伽马和他的伙伴们都定义为纯粹的海盗。然而，达·伽马想方设法化解了贸易对手的阴谋诡计，并诱使扎莫林与葡萄牙国王结盟。带着这样的结果，达·伽马开始返航。在参观了非洲东海岸唯一对他友好的马林迪地区之后，达·伽马于1499年9月回到里斯本，结束了为时两年多的航程。曼努埃尔国王非常欢迎他，并任命其为"印度洋上的海军上将"。

　　那些贸易垄断地位受到威胁的人（威尼斯人和埃及的苏丹）意识到了达·伽马航行的重要性。威尼斯编年史中记载："当这则消息传到威尼斯时，整个城市都感到非常震惊，并且久久没能缓过劲来，智者将其视为有史以来最糟糕的消息。"事实也确实如此，它预示了威尼斯帝国的衰落。埃及的苏丹同样受到了震动，因为他最大的财富来源就是对所有入境商品征收的百分之五的进口关税，以及百分之十的出口关税。威尼斯和埃及之间曾有过各种形式的争议，但这种共同的危机使它们站到了统一战线上。苏丹向威尼斯建议采取共同行动以阻断新的贸易往来，但埃及没有海军，也没有适合造船的木材。威尼斯人想方设法将木材运送到开罗，再由骆驼将其运送到苏伊士，在那里他们准备了一支小型舰队，用以攻击再次访问印度洋的葡萄牙人。

　　此时，葡萄牙人继达·伽马航行之后又进行了另一次尝试——这次尝试在葡萄牙人看来更重要。1500年，曼努埃尔国王派出了至少13艘战舰，由佩德罗·阿尔瓦雷斯·卡布拉尔指挥，载着方济会的修士和1 200名士兵来度化和震慑印度洋的穆斯林。卡布拉尔决心要比达·伽马向西走得更远，当他到达南纬17°时，发现了一块土地，他以葡萄牙的名义占领了这块土地，并把它命名为圣克鲁斯。他这次竖立的十字架至今仍完好地保存在现在的巴西，因为卡拉布尔就是在那里登陆的。其实，哥伦布一个叫品松的同伴在卡布拉尔之前已经到达过巴西海岸，不过人们都认为，即使没有哥伦布，葡萄牙人迟早也会发现新大陆。但正如历史学家所应做的，我们在这儿必须指出，人们在陈述这一点时忽略了一个事实，就是如果没有哥伦布，水手们仍然继续按照旧路线沿海岸航行，这样一来他们就永远无法离开旧世界。尽管卡布拉尔带回了很多货物，但这趟旅程并不算成功，因为他失去了几艘船和许多手下。1502年，达·伽马再次率领一支庞大的舰队远航至印度，征服了卡利卡特的扎莫林，并发现了大量宝藏。在附带的一些航程中，葡萄牙的航海家们发现了圣赫勒拿岛、阿森松岛、塞舌尔群岛、索科特拉岛、特里斯坦·达库尼亚群岛、马尔代夫和马达加斯加岛。

同期，曼努埃尔国王采用了威尼斯的殖民方法，即向每个殖民地派遣一名总督，任期两年，在此期间，总督的职责是鼓励贸易和征收贡品。曼努埃尔国王以同样的方式任命了一个总督负责他的东部贸易。1505年，总督阿尔梅达在锡兰定居，以便使葡萄牙垄断当地的肉桂贸易。

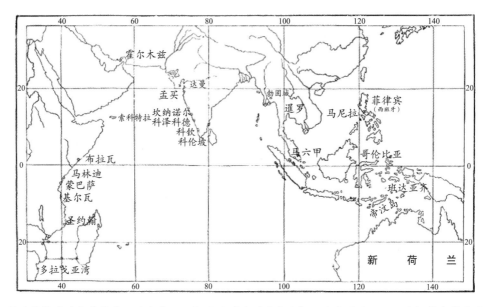

属于葡萄牙的印度洋港口（出自E. J. 佩恩的《欧洲殖民地》。此地图显示，16世纪所有常见的印度洋港口都被葡萄牙人控制了。）

最伟大的葡萄牙总督非阿方索·德·阿尔布克尔克莫属，他占领了印度大陆上的重要据点果阿，还有东部贸易的中心之一霍尔木兹港。更重要的是，他带领葡萄牙人占领马六甲后，于1511年发现了东印度群岛，即香料群岛。1521年，葡萄牙人已完全占领了香料群岛，自此香料的贸易完全掌握在他们手中。这个结果在欧洲市场香料价格上涨中得以体现。在15世纪末，胡椒的价格大约是每磅17先令；从1521年开始，其平均价格上涨到每磅25先令。这些胡椒让食物变得更美味，也让垄断者们赚得盆满钵满。尤其在1521年，土耳其苏丹塞利姆一世占领了埃及以后，途经亚历山大港的旧贸易路线受到阻碍，这样一来垄断权也就彻底落入葡萄牙人手中。从香料群岛到中国，再到日本，葡萄牙人一度掌握了整个东方贸易，而欧洲大部分的奢侈品都依赖于此。

用一种通俗的表达方式来说，葡萄牙人在争夺香料群岛的比赛中仅仅是领先了半步。就在葡萄牙人得到香料群岛的那一年，**麦哲伦**在环游世界的途中到达了距离他们只有几百英里远的菲律宾，而他的"维多利亚号"实际上在那一年也经过了香料群岛。

> 麦哲伦，葡萄牙探险家、航海家，为西班牙政府效力，完成环球航行的第一人。

事实上，1521年对于地理大发现来说是至关重要的一年，因为西班牙人和葡萄牙人（这两个国家分别试图从东线和西线到达东印度群岛）在同一年实现了他们的目标，如愿到达了香料群岛。同年，恰逢埃及关闭商业贸易，这就使贸易转移到了葡萄牙人手中。此外在这一年，大力支持各项航海计划的曼努埃尔国王去世了。

发现新大陆后，人们纷纷呼吁教皇确定西班牙和葡萄牙在这些发现中的贡献，而这些贡献显然基于哥伦布的航行。1493年5月4日，教皇亚历山大六世迫于压力将西面的所有发现都授予了西班牙，而东部的所有发现都属于葡萄牙。分界线是一条假想的线，经过亚速尔群岛和佛得角群岛以西100英里，在当时地理知识不充分的情况下，人们认为这两处地方是在同一条子午线上。第二年，葡萄牙国王申请修订分界线，因为他们发现原先的那条线将新发现的南美大陆全分在了西班牙一边。随后，这条分界线向西移动了270里格[1]，也就是移至佛得角以西1 110英里处。巧合的是，卡布拉尔在六年内发现了巴西，而巴西正好处在分界线的东边。这是否完全是巧合呢？或许是卡布拉尔为了给葡萄牙争取更多土地而采取这种不同寻常的西进路线？然而，发现香料群岛时，新的争端又出现了，是否让分界线在地球的另一端继续延伸，从而将香料群

---

1 1里格约为3英里。

岛划分进西班牙或葡萄牙的"势力范围"人们为此争论不休。由于那段时期的地图不准确，香料群岛又恰好位于分界线附近，所以当葡萄牙和西班牙专员在巴达霍斯会面以明晰香料群岛归属问题时有相当大的争议。两国政府不能就此达成决议，直到1529年，根据一个家庭契约，西班牙国王查理五世以35万金币的价格，把他对香料群岛的一切权利割让给了他的妹夫葡萄牙国王，而他自己则保留了菲律宾，从那以后菲律宾就一直是西班牙的殖民地。

通过这种方式，因为各种各样的贸易目的，印度洋在整个16世纪都可以说是葡萄牙的一个"内湖"。在之前的地图上我们可以发现，葡萄牙人在整个沿海遍布着贸易站。但他们的垄断地位只维持了50年，因为在1580年，菲利普二世统一了西班牙和葡萄牙。等到1640年葡萄牙恢复独立时，另一些劲敌已经崛起，并开始与葡萄牙和西班牙争夺同东方贸易的权利。

07

从东面前往印度—西班牙人的路线—哥伦布与麦哲伦

葡萄牙人孜孜不倦地用了将近一个世纪的时间才实现了亨利绕过非洲向东到达印度的想法，而一个热那亚水手异想天开地提出了一个大胆的想法：他打算向西航行到达印度。正如我们所知，古人已经认识到了地球是圆的，埃拉托塞尼就指出过向西航行有到达印度的可行性。希腊人和爱尔兰人的某些古老传说也曾提及大西洋的西边有一些神秘的岛屿。伟大的哲学家柏拉图想象过一个名叫亚特兰蒂斯的国家，它在大西洋的深处，那里有着大自然的所有恩赐。由于印刷术的发明和学术的复兴，这些古代观点再次引起了学者们的注意。1453年，土耳其人占领了君士坦丁堡，那里的希腊人大量出逃。当时广为流传的希腊古典著作就是由从君士坦丁堡逃亡的希腊人用拉丁文翻译的。1462年，托勒密的《地理学》在罗马出版，1478年相关的地图集也被印制出来。但是，即使没有地图，人们也能发现托勒密对已知世界的长度所做的计算是错误的，他似乎将葡萄牙和印度的距离缩短了2 500英里。等到马可·波罗的旅行使人们对中亚以及拥有广阔疆域的中国和遥远的日本有了更广泛的了解后，大家发现被缩短的距离还应加上1 500英里。由于古希腊地理学家低估了地球的周长，人们因此认为，既然从葡萄牙到日本的距离比原来设想的多出4 000英里，那么从亚速尔群岛向西到达东方的距离也会比想象中近得多，所以一个疯狂的想法呼之欲出：似乎横越3 000英里的海洋就可以从另一个方向到达印度。

这正是克里斯托弗·哥伦布的见解，他于1446年出生于热那亚，他出身卑微，父亲是一名织布工。尽管如此，哥伦布还是设法学到了丰富的知识，他能够研究学者的著作，以及用拉丁文翻译的古代著作。年轻时，哥伦布就致力于了解航海技术。在他那个时代，葡萄牙是地理知识的中心，在和他的兄弟巴托洛梅奥进行多次南北航行后，哥伦布最终定居在里斯本——他的兄弟是一名地图制作者，而他自己是一名海员。这是大约1473年的事了。不久之后，哥伦布同菲利帕·莫尼兹结婚，菲利帕的父亲佩雷斯特雷罗是一个效力于葡萄牙国王的意大利人，曾在马德拉群岛担任过一段时间的总督。

恰巧就在这时，葡萄牙出现了一个传言，一位名叫托斯卡内利的意大利哲学家，提出了向西航行到中国的可能。葡萄牙国王通过一位名叫马丁内斯的僧侣，向托斯卡内利提出想要了解他的观点。1474年6月25日，后者写信回复了国王，详细阐述了自己的观点。哥伦布也听到了这些说法，并单独联系托斯卡内利。托斯卡内利像一个精明的商人一样进行了回复，他将写给马丁内斯的信复制了一份寄给哥伦布。相比于书信内容，更重要的是，托斯卡内利给出了一张地图，地图上标记了西班牙向西到达中国的大概距离。托斯卡内利结合马可·波罗提供的信息和由托勒密提出的世界上宜居区域范围的不准确观点，把从亚速尔群岛到中国的距离定为52°，即3 120英里。哥伦布拿到托斯卡内利的地图时如获至宝，因为在他即将开始的远航中无论掌舵还是距离估计方面都非常需要它。

当然，不管哥伦布过去是否有过向西航行到达印度的想法，他都满怀热情地采纳了托斯卡内利的观点，并终身致力于将其付诸实践。

哥伦布收集了所有关于传说中大西洋岛屿亚特兰蒂斯的信息，据说曾有爱尔兰人找到过那里，岛上的人都过着逍遥自在的生活；还有神秘的安提拉岛的传闻，据说岛上有七座辉煌无比的城市。哥伦布还关注各种流言，譬如在加那利群岛岸边有着许多神秘尸体，这些尸体与欧洲已知的任何人种都不相似；以及这些岛的海岸上有巨大的藤条，显然是人为雕刻而成的。有趣的是，这些证据在逻辑上其实与向西就可以到达东方是相悖的，因为它们表明在世界上还存在未知的种族。但是，对于像哥伦布这样对航海事业充满热忱的人来说，任何东西都是有助于证实他那固执的想法的，而且，他总是可以给出回应说，这些神秘迹象来自未知的日本诸岛。马可·波罗也曾形容说这些岛屿距离中国的海岸有一定的距离。

哥伦布首先接触了葡萄牙国王，这很自然，因为他生活在里斯本，而葡萄牙也有海上勘探的传统政策。半个世纪以来，葡萄牙人一直在寻求另一种到达印度的方法，但他们不愿意接受一个陌生人的奇怪建议，而且这建议与他们长期以来坚持奉行的沿非洲海岸线行进的策略大相径庭。哥伦布召开了一个听证会，但反响不太好，他只好把目光转向别处。也有说法认为，葡萄牙国王和他的顾问们一开始是有些赞同哥伦布的想法的，他们还秘密地将这些想法付诸实施——派另外的人向西航行，但他们派出的人由于看不见陆地而失去了信心，原路返回并极力批驳哥伦布的观点。不知道哥伦布本人是否清楚自己宏伟的计划遭到抛弃的缘由。总之，在1487年，他开始接受西班牙宫廷的帮助，从那时起，在接下来的五年里，哥伦布一直致力于劝说西班牙君主费迪南德和伊莎贝拉，同意让他尝试到达印度的新奇计划。然而在那时，西班牙的所有精力和资金都用在了驱逐摩尔人的行动上，哥伦布陷入了绝望。就在他即将放弃在西班牙获得赞助之际，一位名叫路易斯·德·桑塔格尔的伟大金融家召回了哥伦布，提出要为这次航行出谋划策。

1492年4月19日，哥伦布签署了一系列条款，西班牙国王承诺给予他海军上将及所有待发现土地的总督头衔，作为义务，哥伦布要上缴探险所得十分之一的贡品。同年8月3日，星期五，哥伦布带领三艘船启航，这三艘船分别被命名为："圣玛丽亚号"（旗舰）、"品塔号"和"尼娜号"。他们从帕洛斯港出发，首先前往加那利群岛，9月6日正式启航，从那儿向正西行驶。

9月13日，哥伦布观察到指南针指向正北，这一现象引起了人们对指南针可变性的重视。到了9月21日，疑虑重重的水手们开始叛变，试图使舰队返航。但哥伦布成功劝服了他们，使大家同意继续向前行。四天后，有水手大声疾呼"陆地！陆地！"这重新激发了他们的士气。10月1日，他们看到了大量的鸟类。那时哥伦布坚信他们离开加那利群岛约710里格了。如果日本处在托斯卡内利地图上所标示的位置，那么他们应该就在它的附近。那个时代，一艘船平均每小时可以航行4英里，每天大约航行100英里，所以哥伦布认为他们大约需要33天就能跨越大洋，到达距离亚速尔群岛3 100英里的日本。10月初，各种迹象表明陆地上的鸟和树离他们越来越近了，这给予了大家更多勇气。10月11日，日落时分，船舶底部的人们听到悦耳的鸟鸣声；10点钟，哥伦布坐在船尾，看见了一束光，这是35天以来第一次看到陆地的迹象。哥伦布确信，他正在接近神秘的日本。第二天早上，他们登陆了一个被当地人称作瓜纳汉的岛屿。哥伦布将其命名为圣萨尔瓦多，就是今天的华特林岛。哥伦布看到当地人戴着黄金耳饰，于是打听金子的来源。当地人回答说，黄金是从西方来的，这再次证实了他的猜想。他们继续向西行驶，到达古巴，然后到达海地（圣多明各）。在这里，"圣玛丽亚号"沉没于汪洋大海。哥伦布决定带着好消息返回，并把他的一些手下留在了海地的一个堡垒中。哥伦布用了更短的时间乘坐"尼娜号"返回亚速尔群岛，但之后的途中遭遇了猛烈的暴风雨，直到1493年3月15日，他才到达帕洛斯港。当时他已经离开了七个半月，大家都以为他和他的船失踪了。

西班牙人热情地接待了哥伦布，在庄严地进入巴塞罗那之后，他把带回来的金银财宝赠送给了费迪南德和伊莎贝拉。一支由7艘船只组成的更大的舰队很快被组建起来，这艘舰队于1493年9月25日从加的斯起航。这次哥伦布选择了一条更向南的路线，到达了现在被称为西印度群岛的岛群。路过海地时，他发现堡垒被摧毁了，而且没有发现他之前留下的人的踪迹。在随后的航行中哥伦布与他的下属发生了激励争吵，这导致哥伦布被耻辱地捆绑着返回了西班牙。不过这与我们要探讨的主题无关。我们只需要知道，在1498年哥伦布又进行了第三次航行，他到达了特立尼达岛，看到了南美洲的海岸，他认为那里是传说的"人间天堂"。因为在中世纪地图中"人间天堂"就位于旧世界最东端。直到1502年的第四次航行中，哥伦布才真正接触到大陆，他沿着巴拿马附近的中美洲海岸行进。

经历了种种失望之后，哥伦布于1506年5月20日在巴利亚多利德去世，直到他去世的那天，他依然相信他所发现的正是他要寻找的东西——一条通往印度的西行道路。然而他的墓志铭却记载着与之截然不同的事情：

哥伦布的西班牙名字是克里斯托瓦尔·科隆。	A Castilla yá Leon Nuevo mondo dió Colon.	致卡斯蒂利亚和利昂 科隆发现了一个新大陆

直到今天，人们还沿袭着哥伦布的错误，将他发现的那些岛屿称为"西印度群岛"。换言之，这些群岛是哥伦布从西边航线过来所发现的"印度"。和真正印度相比，它们的位置向东偏了还真不是一点半点。

哥伦布没有发现到达印度的新路线，他也不能声称向西航行完全是他自己的想法，我们知道他是从托斯卡内利那里得到的启发。但显然哥伦布的成就更加卓越。他是第一个敢于穿越未知大洋而不沿着海岸行进的人，也是因为他，才有了早期航海最重大的发现。无论达·伽马还是卡布拉尔所采用的都是亨利王子最初构想的沿海岸缓慢探索的方法，按照这一方法，葡萄牙花费近一个世纪的时间才到达好望角，而哥伦布第一次冒险之后的30年里，人类就完成了环球旅行。

哥伦布的后继者们首先需要弄明白的是哥伦布发现的到底是哪里。1498年，哥伦布第三次航行后，达·伽马成功到达印度，这使人们觉得有必要找到一些从"西印度群岛"通往印度本土的线路。紧接着，一位名叫霍杰达的西班牙绅士自费组织了一次探险，船上有一名叫亚美利哥·韦斯普奇的意大利向导，他再次试图在特立尼拉达岛附近找到一条通往印度的航线。当然，他们没有成功，而是沿海岸航行在南美洲的北海岸登陆，由于这个地方与威尼斯有很大的相似之处，他们称之为"小威尼斯"（委内瑞拉）。次年，卡布拉尔在追随达·伽马的过程中偶然发现了巴西，根据当时的分界线，巴西成了葡萄牙的"势力范围"。

其实，在卡布拉尔到达巴西的三个月前，哥伦布第一次航行中的一个同伴，文森塔·亚内斯·品松已经到过巴西海岸，他们从南纬8°处登陆，然后离开继续向北航行，希望找到一条通向印度的航线。不久，他们发现了亚马孙河的河口，但是失去了两艘船。随后，他们返航，于1500年9月回到帕洛斯。

这一发现引起了人们极大的兴趣，卡布拉尔归国后不久，1501年，葡萄牙国王派遣韦斯普奇率领一支舰队去探索卡布拉尔发现的新大陆，并宣布它为葡萄牙的领土。他的任务是去确定在分界线葡萄牙一侧有多少土地。韦斯普奇在圣罗克角登陆巴西，然后对其进行了彻底的探索，一直去到拉普拉塔河。由于拉普拉塔河已经过于靠西，无法将其归于葡萄牙的范围内，韦斯普奇和他的同伴们就转向东南方向，到达了合恩角以东1 200英里处的圣乔治亚岛，极度的寒冷和随处可见的浮冰使他们不得不返回，他们在到达当时所能到达的最南边之后返回里斯本。

韦斯普奇的这次航行使人们对哥伦布的发现有了新的认识。哥伦布以为自己发现了一条通往印度的路，而且还踏上了比印度更靠东的亚洲土地，但韦斯普奇和他同伴们的发现却让人们意识到，哥伦布发现的并非他们要寻找的香料群岛，而是一块完全陌生的土地。韦斯普奇在描述他的发现时，大胆

亚美利哥·韦斯普奇

地认为种种迹象表明这是一块新大陆。一位名叫马丁·瓦尔德塞缪勒的德国教授，在1506年写了一篇介绍宇宙结构的文章，其中包括一篇关于韦斯普奇发现的记述。他觉得这个新大陆应该以亚美利哥·韦斯普奇的名字命名。就这样，在亚洲、非洲、欧洲之后，世界地图上出现了美洲（亚美利加）。很长一段时间以来，我们现在所知的南美洲大陆都被统称为新大陆，人们认为它与亚洲东海岸相连。用"亚美利加"这个名字来定义这片新大陆也并非全无道理，因为正是亚美利哥·韦斯普奇的这次航行，证实了由西边航线发现的这些土地属于一块新大陆；当进一步确定这片新大陆不与亚洲相连，而是与另一块和它一样大的大陆相连时，这两块新大陆被区分为北美洲和南美洲。

不管怎么说，从韦斯普奇的发现中可以清楚地看出，向西通往香料群岛的路线必须穿过或绕过他发现的这个新大陆，而一位名叫费尔南德·麦哲伦的葡萄牙贵族命中注定般地发现了这条路线。麦哲伦曾在印度服役，做过总督阿尔梅达和阿尔布克尔克的部下，并于1511年参加了夺取马六甲的战役。阿尔布克尔克派遣麦哲伦率领三艘船从这个港口出发，前往著名的香料群岛。他们访问了安波那和班达亚齐，了解到那里香料丰富且价格便宜，从而意识到这些岛屿的重要性。但阿尔布克尔克并未下达进一步探索的命令，找到香料群岛后不久他们就返回了。只有麦哲伦最了不起的一个朋友弗朗西斯科·塞拉奥留了下来，他定居在特尔纳特，并时常给麦哲伦写信传递关于香料群岛的情况。在此期间，麦哲伦回到了葡萄牙，并被雇佣去摩洛哥探险。然而，他并没有受到葡萄牙国王的优待。于是麦哲伦决定为西班牙国王查理五世效力，同时他向新雇主提出一个条件：派他执行的任务不能涉及葡萄牙的势力范围，也不能损害葡萄牙的利益。

1517年，麦哲伦开始了他著名的航行。他向国王表示，他确信存在一条可以穿过美洲新大陆，通向印度洋的海峡，另外，香料群岛不在分界线东边，而是在属于西班牙的西侧。有证据表明，西班牙商船在秘密交易巴西木材时就已经发现了后来以麦哲伦的名字命名的海峡。斯克纳于1515年和1520年绘制的地图上也可以看到这个海峡——比麦哲伦的发现还要早。葡萄牙人充分意识到，他们稳固的香料贸易垄断地位已受到威胁，所以尽其所能地劝阻查理五世不要派探险队，并威胁如果允许探险队开始行动，他们会认为这是一种不友好的行为。尽管如此，查理五世仍然坚持这个计划，并在1519年9月20日，星期二，命令麦哲伦的舰队出发。舰队由五艘船组成——"特立尼达号""圣加哥号""康塞普西翁号""维多利亚号"和"圣安东尼奥号"，搭载有西班牙人、葡萄牙人、巴斯克人、热那亚人、西西里人、法国人、佛拉芒人、德国人、希腊人、那不勒斯人、科菲奥特斯人、马来人和一个英国人（布里斯托尔的安德鲁船长）混搭组成的队伍，从塞维利亚出发，开始了有史以来最重要的一次发现之旅。西班牙人和葡萄牙人之间有着很大的嫌隙，双方之间的不满几乎从一开始就爆发。在对拉普拉塔河口进行了仔细的勘察，以确定这是否真的是通往新世界的通道之后，1520年4月2日，在圣朱利安港爆发了叛乱。这时正值冬季，水手们已经意识到南半球的季节是颠倒的。麦哲伦在处理叛乱方面表现出了极大的果断和技巧，叛乱的主要领导人要么被处决，要么被放逐。10月18日，麦哲伦宣布继续航行。在此之前，他们考察了当地人的习惯和习俗，这些人身躯高大，穿着粗糙的覆盖物，麦哲伦称他们为"巴塔哥尼亚人"。三天之内，他们就来到了至今仍然以麦哲伦的名字命名的那道海峡入口处。这时，其中的一艘船——"圣加哥号"已经失踪了，只剩下四艘船继续航行。这四艘船是"特立尼达号""维多利亚号""康塞普西翁号"以及"圣安东尼奥号"。

海峡中有许多曲折的岔路，当到达其中一个岔路时，麦哲伦派出"圣安东尼奥号"前去打探，而他继续率领其他三艘船前行。"圣安东尼奥号"的向导曾是一名反叛者，他说服船员们抓住这个机会返回，这样，当麦哲伦到达指定的集结点时，连

"圣安乐尼奥号"的影子都没等到，实际上那艘船已经直接返回葡萄牙了。麦哲伦决定继续他的探索，即使需要吃帆船皮条维生也无法阻止他航行的决心。他用了38天的时间穿过海峡，在那之后的4个月里，舰队一直航行在一片海面十分平静的大洋中，他们称其为"太平洋"。他们沿着西北方向航行，在整个航程中，只偶遇了几个无人居住的小岛，而我们现在知道在这片区域有着数不尽的有人居住的岛屿。1520年3月6日，他们发现了莱德隆群岛，并获得了急需的食物。这时，坏血病严重爆发，船上唯一的英国人死在了莱德隆群岛。离开那里之后他们终于到达了菲律宾，菲律宾的国王非常欢迎他们。作为回报，麦哲伦参与了当地的纷争。1521年4月27日在麦克坦岛一场敌众我寡的战斗中，麦哲伦被杀死了。随后，他的三艘船继续驶向香料群岛，但"康塞普西翁号"已不适合继续航行，他们在海滩上将其烧毁。到达婆罗洲时，胡安·塞巴斯蒂安·德尔卡诺被任命为"维多利亚号"的船长。

斐迪南·麦哲伦

1521年11月6日，他们到达了目的地。在一个叫提多的岛上下了船。他们以非常有利的条件与当地人进行交易，香料和肉豆蔻装满了他们的货舱，但当他们试图返航时，发现"特立尼达号"不太适合立即航行，于是决定乘坐"维多利亚号"立刻出发，以便能乘上东部季风。他们绕过好望角，于1522年9月8日到达了塞维利亚的莫莱，这也意味着再过十二天就是他们离开西班牙后满三年的日子。同舰队出发的270人中，只有18人乘"维多利亚号"返航。

与此同时，被留在香料群岛上的"特立尼达号"船员试图驾船驶回巴拿马，他们最远到达了约北纬43°、西经175°处。但由于粮食供应不足，不得不回到香料群岛，在那里，他们被一支葡萄牙舰队当作海盗抓了起来。这支舰队就是葡萄牙专门派来防止西班牙人损害他们的香料贸易垄断地位的。"特立尼达号"的船员被扣押囚禁，历经千难万险，最终只有4人回到西班牙。另外还有13名乘"维多利亚号"的船员在佛得角群岛登陆，也幸存下来。这样一来，在270人中应该只有35人真正实现了首次环球旅行。

从地理大发现的角度来看，这次航行的重要性无可比拟。它完全确定了世界上存在着一个独立于亚洲之外的新大陆。特别是"特立尼达号"的返航（这一点很少被注意到）表明，在这条航线以北和亚洲以东有一片广阔的海洋，而之前的航行则显示出这条航线以南的海域庞大。"维多利亚号"完成环球航行之后，宇宙学家们清楚地认识到，世界比古人想象的要大得多；也可以说，亚洲比中世纪作家们想象的要小得多。麦哲伦在探险时所表现出的顽强毅力，使他取得了比哥伦布更大的成就。不妨将二者进行对比：哥伦布根据托斯卡内利的地图，用一个月的航行找到了他所认为的"印度"；而麦哲伦则领导了真正的环球航行——在他之后，除了北极圈和澳大利亚之外，人们对世界上所有的海岸线都有了大致的了解。

西班牙国王对这次航行的结果感到欣慰。德尔卡诺获得了查理五世授予的盾形勋章和一笔养老金。盾形勋章上的内容极具深意：两根肉桂枝、三颗肉豆蔻和十二瓣丁香、红色的纹饰、一座城堡、一个上面写着"你是第一个环绕我的人"的地球仪、手持香料枝条的马来国王。城堡，当然是指卡斯蒂利亚王朝，其余的纹饰则表明了本次航海以及访问香料群岛的重要性。不过，在"维多利亚号"离开后，葡萄牙人立即恢复了他们在香料群岛的垄断地位。七年后，查理五世放弃了麦哲伦航行到香料群岛带给他的一切权利。

多年之后，西班牙人仍对香料群岛充满渴望，而资助西班牙国王的福格尔家族也曾试图长期占有秘鲁，他们直言不讳地表明希望将其当作一个跳板，进而重新取得香料群岛的所有权。毫无疑问，读者会联想到很多历史上的类似情况。

因此，在不断发现和划分新世界的过程中，有三个阶段需要加以区分：

（一）哥伦布穿越大西洋，自认为到达了日本。

（二）韦斯普奇沿着南美洲海岸航行，认为哥伦布所发现的并非香料群岛，而是一块新的大陆。

（三）麦哲伦穿越数千英里的大洋，实现环球航行，证明了上述的猜想。

另外，还有第四个阶段，人们逐渐发现，美洲西北部没有与亚洲相连，这一观点的形成耗时较长，并最终由白令和库克的航行所验证。

08

从北面前往印
度—英国、法国、
荷兰、俄国航线

新大陆的发现对欧洲各国都有举足轻重的影响。两千多年来世界的主要中心都围绕在地中海沿岸。其中，威尼斯以其优越的中心地理位置和与东方的广泛贸易往来，在中世纪后叶成为世界中心。在哥伦布、麦哲伦之后，人们发现大西洋沿岸的欧洲国家距离新大陆更近，并且离香料群岛也更近，人们可以走水路到达香料群岛，从而避免了走陆路所需要支付的昂贵运费。这次的发现使原本通过德国的贸易路线立刻被人们抛弃了，直到本世纪（19世纪），德国才从无法在新航线中分一杯羹的打击中缓过劲来。但对英国、法国和一些低地国家而言，这种新的前景预示着它们将在世界贸易和事务中占有一席之地，在地中海还是商业中心的时候，这是不可能实现的。如果可以通过海上到达印度，那么它们就和葡萄牙、西班牙一样幸运了。所以新路线一经发现，北方国家就开始试图对这些路线加以利用。尽管教皇明确规定分界线两侧分别为西班牙和葡萄牙的势力范围，但没有谁在乎它，法国国王嘲笑教皇多事，信奉新教的英国和荷兰也没展现出对此分界线的敬意。在哥伦布第一次航行返回的三年内，亨利七世派遣住在布里斯托尔的威尼斯人约翰·卡伯特和他的三个儿子，企图通过西北航道前往印度。1497年，他们似乎重新发现了纽芬兰，然后在接下来的一年里，由于没有在那里找到通道，他们就沿着北美海岸一直航行到佛罗里达。

1534年，雅克·卡地亚在圣劳伦斯河上进行了探索。随后塞缪尔·德·尚普兰跟进，探索了圣劳伦斯附近的一些大湖，并在加拿大建立了法国的统治权，然后将那里改名为阿卡迪亚。

与此同时，英国人仍试图通过北部航道到达印度，但这一次他们选择向着东方出发。塞巴斯蒂安·卡伯特被爱德华六世任命为首席向导，于1553年在休·威洛比爵士的指挥下进行了一次探险之旅。结果，这些船中只有载着理查德·钱瑟勒的那艘在航行中幸存下来，到达了阿尔汉格尔斯克，然后由陆路到达莫斯科，在那里他们受到了俄国沙皇伊凡雷帝的接见。然而，钱瑟勒却在返回时被淹死了，此后再也没有人尝试走东北方的海路去中国。

这样看来，西北航道似乎比东北航道更有希望。1576年，马丁·弗罗比舍在得到伊丽莎白女王挥手致意的殊荣后，开始了一次探险之旅。他到达格陵兰岛，又到达拉布拉多，随后在航行中发现了一个海峡，并将这个海峡冠以他的名字。这个项目随后由汉弗莱·吉尔伯特爵士接手，伊丽莎白女王授予汉弗莱和他的兄弟阿德里安可以经由西北、东北或北上的路线航行前往中国和香料群岛的特权。同时，汉弗莱还获得了一项特权：可以管理任何他发现的尚未被基督徒王公统治的土地。所以，汉弗莱先后在纽芬兰、圣约翰建立了定居点，但在返航途中，靠近亚速群岛时，汉弗莱乘坐的"护卫舰"（一艘乘坐10人的小船）消失了，在它消失之前人们听到船上有人喊道："要有勇气，小伙子们，我们在海上和陆地上都一样接近天堂！"当时是1583年。

两年后，伦敦的商人们组织了另一支探险队。约翰·戴维斯领导这次和随后的两次航行，他们发现了几条更偏西的航道，这使人们有理由相信可以找到一条西北航道。1587年约翰·戴维斯进行了第三次航行，找到了后来以他的名字命名的海峡。自那以后的20年间，没人再进行更深入的探索。1607年，亨利·哈德逊率领的十名船员和一个男孩组被派遣出海，他先到达了斯匹茨卑尔根岛，然后到达了北纬80°，次年到达当时位于北纬75.22°的北磁极。据说，船员中有两个人看到了美人鱼——很可能是坐在皮划艇中的爱斯基摩女人。在1609年的第三次航行中，亨利·哈德逊发现了以他的名字命名的海峡和海湾，但不久他就因为一些争端而被船员们放逐了，人们也就没再听说过关于他的任何事情。听说，在去世前哈德逊还为荷兰人效力过一段时间，并带他们到过以他的名字命名的河流，如今纽约就坐落在名为哈德逊的河上。1615年，威廉姆·巴芬又在北方的航行中找到了许多美洲北部的岛屿，以及一块以他的名字命名的陆地。至此英国人在北方的发现之旅告一段落。

几乎同时，荷兰人也开始向北部进行探索。因为他们反抗了当时西班牙与葡萄牙的共同君主菲利普二世的专制统治。所以，起初他们试图采取一条与以往不同路线，以避开菲利普二世的势力。在1594—1597年的三次航行中，威廉·巴伦茨在荷兰议会的支持下尝试了东北航道。他发现了切里岛，还到达了斯匹茨卑尔根，但未找到有价值的航线。从此荷兰人不再执着于自己开辟新的航路，而是将注意力转移到抢夺葡萄牙的路线上。

荷兰人能够做到这一点，很像历史上一些奇怪的复仇者的例子。由于阿拉贡的斐迪南精心策划了一系列通婚，葡萄牙王室及其所有财产于1580年由菲利普二世带入了西班牙，所以当荷兰北部各省宣布不再效忠西班牙的时候，葡萄牙也就成了他们的敌人。因此，荷兰人不仅随意攻击西班牙的船只和殖民地，也随意地攻击以前属于葡萄牙的殖民地和船只。1596年，科尼利厄斯·霍特曼就绕过好望角并访问了苏门答腊和万丹，用了不到50年的时间，荷兰就取代葡萄牙占领了其东部的众多领地。1614年，荷兰人占领了马六甲，并且控制了香料群岛；到1658年，荷兰人已完全拥有锡兰。1619年，荷兰人在爪哇岛建立了巴达维亚，并将其作为东印度领地的中心，至今仍有旧迹可寻。

最初，英国人试图效仿荷兰人在东印度所实施的政策。1600年，伊丽莎白女王创立了英国东印度公司，在1619年东印度公司就迫使荷兰允许他们获得香料群岛三分之一的利润。为了达到这个目的，几个英国种植园主定居在安波那。但不到四年，贸易竞争日渐激烈，荷兰人甚至杀掉了一些英国商人，余下的人也被赶出了香料群岛。于是，东印度公司开始将注意力转移到印度本土，在那里他们很快就占领了马德拉斯和孟买，而把印度洋上的岛屿都留给了荷兰人。我们将在以后看到这对地理历史的影响，由于荷兰人拥有东印度群岛，故而发现澳大利亚的实际上是他们。荷兰在东印度的政策影响深远，一直延续到今天。1651年，荷兰人在好望角建立了一个殖民地，直到拿破仑占领荷兰时，这个殖民地才落入英国手中。

与此同时，英国人也没有放弃寻找东北航道的努力，即使无法到达香料群岛，也或许能找到一条海路，以取代通往中国的陆路通道。当时，这条陆路一直被热那亚人垄断。1558年，英国绅士安东尼·詹金森作为大使被派往莫斯科，并从莫斯科远行至布哈拉。但是他的旅程并不那么顺利，英国不得不暂时满足于像以前一样从威尼斯的阿尔戈人那里得到印度和中国的货物。

但最后，英国还是想方设法尝试与东方建立直接联系。1583年黎凡特商人成立的公司，就前往阿勒颇、巴格达、奥尔木兹和果阿试图与这些地方建立直接联系。由于葡萄牙人从中作梗，他们在后两个地方的行动未能取得成功。不过这一事件压低了从东方运到英国的货物的价格。1587年，威尼斯人的最后一艘载重1 100吨的大船在怀特岛附近失事。自此之后，英国人开始自行与东方人进行贸易，威尼斯人和葡萄牙人的贸易垄断生涯从此宣告结束。

钱塞勒和詹金森的莫斯科皇宫之行影响更为深远。俄国人自己也开始考虑利用他们靠近远东航线的天然地理优势。詹金森访问后不久，沙皇伊凡雷帝开始向东扩展自己的统治范围，他先派遣一些部队同俄国商人斯特罗贡诺夫一同到奥比寻找黑貂。军队中有一支6 000人的哥萨克军团，由一个名叫瓦西里·叶尔马克的人指挥，他发现蒙古人易于掌控，于是想在那里建立自己的王国。1579年，他成功地战胜了托博尔斯克附近的蒙古人，占领了他们的主要城镇西伯利亚；但是，他发现自己的地位很难巩固，于是决定重新效忠沙皇。从那时起，俄国人就一直稳步地向亚洲北部的一片荒凉而陌生的土地推进。这片土地就以叶尔马克征服的那个小镇而命名了，不过现在那个小镇已经消失，几乎没有留下任何历史的痕迹。1639年，俄国人在库皮洛夫的率领下抵达了太平洋地区。1643年，一支军队从雅库茨克出发，沿着勒拿河到达黑龙江流域，这也是历史上俄国人与中国人的首次接触，俄国人因此找到了一种到达中国的新方法。

1648年，一支由哥萨克人迪希涅夫率领的舰队从科利马河启航，乘着北冰洋洋流，沿西伯利亚北岸到达白令海峡。然而，直到近50年后的1696年，俄国人才到达堪察加半岛。

尽管这些朝着北方和东方的连续大胆的推进已经有了一些成果，但西伯利亚是否与哥伦布和韦斯普奇发现的新大陆在北部连为一体，仍然不确定。为了查明事实的真相，1728年彼得大帝派遣了一支由在俄国服役的丹麦人维图斯·白令率领的探险队。白令到达堪察加半岛，并在沙皇的授意下造了两艘船向北航行，沿着大陆行进。当他到达北纬67°线时，发现在北部或东部没有任何陆地，所以他认为自己已经到达了大陆的尽头。实际上，当时他们距离北美洲西海岸不到30英里，因为白令只是为了完成沙皇安排的任务，所以错过了取得更大发现成就的机会。就这样，白令发现了这个海峡，此后该海峡一直以他的名字命名——当时他还不知道这是一个海峡。1741年，白令再次踏上探索之旅，想要确定亚洲最东部到新大陆的距离，不到两周，他就看到了那座被他命名为圣埃利亚斯山的各条山脉。这次航行中，白令死于一个以他的名字命名的岛上，但他也终于搞清楚了旧大陆和新大陆之间的关系。

然而，与我们在前面所讨论的相比，白令的这些航行属于新大陆发现的后阶段。他的探索主要是出于科学目的，并解决了科学问题。而西班牙、葡萄牙、英国和荷兰的所有探险活动则只有一个目的，即到达香料群岛和中国。葡萄牙人以最先以沿非洲海岸航行的缓慢方式开始探索。西班牙人通过采用哥伦布的大胆想法，在西方路线进行尝试；在麦哲伦更为大胆的构想下，他们同样成功地实现了目标。然后，英国人和法国人寻求西北方向通往香料群岛的通道；与此同时，英国人和荷兰人也尝试向东北方向行驶。在这两个方向上，北方的寒冷是成功探索路上的阻碍。直到20世纪，人们才在麦克卢尔和诺登斯基尔德的带领下，完成这两条航道的探索，不过他们的航行动机与最初英国、法国和荷兰进入北极圈的动机已大不相同。

欧洲国家企图争夺威尼斯人手中的东方贸易垄断权，最终为世界带来了新大陆存在的好消息，而新大陆正介于欧洲西海岸和亚洲东海岸之间。对于欧洲各国怎样了解并占领新大陆，我们将在后面的章节讲述。

09

美洲的瓜分

迄今为止，我们只介绍了西班牙和葡萄牙对新大陆沿岸的发现，其实早在16世纪他们就开始涉足内陆地区，并进行探索。1513年，西班牙人瓦斯科·努涅斯就登上了与巴拿马地峡相连的山脉的最高峰，在这里欧洲人第一次看到了后来被麦哲伦命名为"太平洋"的大洋。努涅斯听说，这块土地无穷尽地向南延伸，那里有黄金储量丰富的国家。他的一个同伴弗朗西斯科·皮萨罗听说过"黄金国"埃尔多拉多，仿佛命中注定，他也要去完成这趟考察。古巴总督迭戈·贝拉斯克斯也听到了一些风声，知道了在达里恩北部的某个国家储有大量黄金。因此，他于1519年派遣了中尉埃尔南多·科尔特斯率领10艘船、650人和18匹马对这个地方进行探索。西班牙人在名为维拉克鲁斯的港口登陆，士兵们的出现，尤其是马匹的出现令当地墨西哥人十分震惊。科尔特斯紧接着探访了由蒙特祖玛统治的一个幅员辽阔的半文明国度，蒙特祖玛是阿兹特克人的最后一位国王。阿兹特克人早在7世纪就迁居到墨西哥高原上，给当地带来了许多文明，例如金属的使用以及道路的建造。在12世纪他们取代托尔特克人，开始统治墨西哥。

据悉，蒙特祖玛麾下至少有20万人，但他还是向西班牙人赠送昂贵的黄金、白银和珍宝以示好。但这些礼物却激起了科尔特斯的贪婪，他决定以怨报德以抢得更多的财物。西班牙人烧毁船舰，进入了该国的内陆，征服了与墨西哥人交战的特拉斯卡兰部落。之后，他们又在特拉斯卡兰人的协助下攻打墨西哥人，并活捉了墨西哥国王，这位国王被迫作出巨大让步。到1521年，经过多次斗争，科尔特斯完全拥有了包含其所有资源在内的墨西哥帝国。他急忙把这些东西呈献给查理五世，随后，查理五世任命他为墨西哥舰队司令兼总督。新大陆的整个历史有一个特点，那些轻而易举发现拥有无尽财富土地的幸运儿从没想过自己要在那里建立一个帝国。这证明了民族感情对再不羁的人都有着十分深远的影响，最终欧洲人和欧洲思想进入美洲，这块新大陆也就成了欧洲的附庸。

科尔特斯一站稳脚跟就立即组织探险队开启了他的探索之路，而他自己在经过了超过1 000英里的非凡旅途之后到达了洪都拉斯，在整个旅程中他只有一张棉布地图作为指引，塔巴斯科的酋长在地图上标注了该区域的所有城镇、河流和山脉，一直到尼加拉瓜。科尔特斯还派遣了一支由阿尔瓦罗·德·萨维德拉率领的小舰队，去支援塞巴斯蒂安·德·卡诺带领的西班牙探险队，这支探险队被派往香料群岛。1527年科尔特斯抵达提多，当地的西班牙人和葡萄牙人听说他们来自新西班牙时，都感到十分惊讶。1536年，被剥夺了大部分权力的科尔特斯，沿着墨西哥西北海岸又进行了一次海上探险，到达了他认为是一个大岛屿的地方。他认为这是传说中远东的一个岛屿，在人间天堂附近，根据当时的一个浪漫故事，科尔特斯将该地命名为"加利福尼亚"。得益于这些伟大的发现，在科尔特斯于1540年去世之前，几乎整个中美洲都为人所知。同样的，更早一些，即1512年，庞塞·德莱昂也认为他在佛罗里达发现了一个大岛——他是到那里去寻找印第安人传说中的巴尤卡岛的，居说那里有永葆青春的源泉。科尔特斯第一次向墨西哥进发时，德莱昂已经沿着佛罗里达的海岸线航行了一圈，并把它和墨西哥海岸的其余部分连接起来，一直航行到维拉克鲁斯。

科尔特斯的发现产生了很重要的影响。他证明了人少也能征服无与伦比的帝国，获得巨大财富。弗朗西斯科·皮萨罗因科尔特斯成功发现他在追随努涅斯探险时所听说的黄金国而备受鼓舞。他和同伴迭戈·德·阿尔马格罗沿着南美洲的西北海岸进行了几次探险，其间他们听说秘鲁高原上有一个印加帝国。已经获得的足够的金银，激起了他们对这个国家财富的强烈渴望，于是立刻回去将情况向西班牙国王进行了报告。查理五世准许皮萨罗去征服秘鲁，并任命他为秘鲁总督和将军，条件是他要将获得的五分之一的财富上交。1531年2月，皮萨罗率领一行180人出发，其中36人是骑兵。他采取科尔特斯的策略，直接向首都库斯科推进，在那里他们成功地俘虏了当时的印加国王阿塔瓦尔帕。印加国王企图用赎金换取自由，赎金以金条的形式交付，多到能够填满囚禁他的长22英尺[1]、宽16英尺的房间，堆积到他的手能够到的最高点。印加国王兑现了诺言，皮萨罗的同伴也因此拥有了价值三百万英镑的战利品。

然而，皮萨罗没有释放印加国王，而是随意找了个借口判处他死刑。皮萨罗遣散了他的追随者，他相信他们带走的财富会吸引更多的人来到埃尔多拉多。1534年，皮萨罗在靠近海岸的利马安顿下来。与此同时，阿尔马格罗被派往南方，管理智利。1539年，皮萨罗的兄弟冈萨雷斯带领另一支探险队穿越安第斯山脉，到达亚马孙河的源头。冈萨雷斯的同伴弗朗西斯科·德·奥雷拉纳沿着亚马孙河，一直向下航行。经过1 000英里的航行，奥雷拉纳于1541年8月到达了河口。这条河一度以奥雷拉纳的名字命名，后来根据他关于那里存在着一个女战士部落的记录，该河又被重新命名为亚马孙河。奥雷拉纳还放出消息，北方存在着另一个埃尔多拉多，并声称那里寺庙的屋顶上都铺满了黄金。这个消息直接诱导了沃尔特·雷利爵士远征圭亚那的那次灾难性探险。奥雷拉纳的这次航行将西班牙和葡萄牙在美洲新大陆的"势力范围"联系起来。到1540年，在哥伦布第一次航行后的半个世纪内，西班牙的冒险家们已经知道了中美洲和南美洲的主要轮廓和一些内陆情况。由于教皇的大力支持，葡萄牙占领了巴西，但新大陆其余的大部分地区则是属于西班牙的。葡萄牙人明智地将一部分多余的

---

1 英制长度单位。1英尺=0.304 8米。

人口送往巴西，在那里他们大量定居并建立了种植园。另一方面，西班牙人只把大规模占领的势力范围看作一个仅供他们光顾的市场。西班牙在墨西哥和秘鲁发现了丰富的金、银和汞矿藏，特别是著名的波托西矿，这些矿藏的开采使西班牙赚得盆满钵满，这些贵金属通过西班牙被引进欧洲，抬高了整个旧世界的金属价格。回程的西班牙大帆船又将欧洲商品送往新西班牙销售，新西班牙只能通过西班牙作为中介进行贸易，而西班牙中间商竟将商品价格提高到原来的三倍。西班牙这一短视的政策自然而然地鼓励了走私，并吸引了所有国家的船都奔着走私贸易而来。

我们已经了解到法国人和英国人都曾到北美东北海岸进行过探险，但在16世纪，鲜有人在这样荒凉的海岸上定居，因为那里没有像热带美洲那样丰富的资源。无论是1534年卡地亚的探险，还是更早的卡伯特的探险，他们都没有占据这片土地的企图。布列尼塔的渔民到达过纽芬兰附近的渔场，各种探险家也试图找到可以让他们从西北方向通过的突破口，但到17世纪以前，大陆较北的部分一直无人居住。1565年，英国人在佛罗里达建立了第一个城镇——圣奥古斯丁，但三年后被法国探险队摧毁。1584年，沃尔特·罗利爵士试图在弗吉尼亚附近建立一个殖民地，但努力三年还是失败了，直到詹姆斯一世统治时期，英国人才有组织地试图在北美海岸建立起当时所称的种植园。

1606年，英国成立了两个特许公司，一个是位于北部的普利茅斯公司，另一个是位于南部的伦敦公司，它们瓜分了从新斯科舍到佛罗里达的整个海岸。整片大陆在17世纪渐渐被分为较小的州，其中主要包括北部的清教徒聚集的新英格兰，南部的高派教会和天主教信徒所在的弗吉尼亚和马里兰。在这两个公司之间，哈德逊河和特拉华河两岸，还有另外两个欧洲国家也开辟了殖民地——1609年荷兰人沿着哈德逊河成立了新尼德兰，1636年瑞典人沿着德拉瓦河成立了新瑞典。然而，1655年，新瑞典在存在短短几年之后就被荷兰吞并。新尼德兰的首都——新阿姆斯特丹——建立在曼哈顿岛上，现在的华尔街就位于其旧址的南部。哈德逊河是大西洋和五大湖之间重要的商业要道，新尼德兰像楔子一样插在两块英属殖民地之间，阻隔了它们的发展。查理二世意识到这个问题，于是在1656年，尽管当时英国和荷兰处于和平状态，他还是派遣了一支探险队要求当地居民归顺英国。新阿姆斯特丹后来被改名为纽约（新约克），这个名字是从英国国王詹姆斯二世的兄弟约克公爵而来的。同时期，新瑞典也落入英国人手中，作为一个私有种植园被卖给了泽西人乔治·卡特雷特爵士和贵格会教徒威廉·潘。通过这种蛮横霸道的抢掠行为，整个海岸线一直到佛罗里达都被掌握在英国人手中。

1607年，伦敦公司和普利茅斯公司都开始建立种植园。同年，法国人也在新斯科舍的皇家港附近，建立了他们位于北美洲的第一个有效的殖民地阿卡迪。第二年，塞缪尔·德·尚普兰在魁北克建立了定居点，并成立了法属加拿大。接着他考察了五大湖区域，又在圣劳伦斯河岸建立了一些定居点，法国长期以来的活动都是围绕着这些定居点进行的。法国和英国的殖民地之间，有五个好战的易洛魁印第安人部落，他们与生活在湖区的阿尔冈昆人长期为敌，尚普兰选择与阿尔冈昆人结盟，从而使易洛魁印第安人与法国形成敌对关系，这对18世纪英、法两国在北美的最终较量产生了重要影响。法国人继续对内陆进行探索。1673年，马奎特发现了密西西比河（即"磅礴的河"），并沿着它行进到阿肯色地区。更多的密西西比河流域的探索工作由罗伯特·德·拉萨勒承担。拉萨勒发现了俄亥俄河和伊利诺伊河，在1680—1682年的三次探险中，他成功地到达了密西西比河的河口，并在之后穿越了巨大的、以路易十四命名的路易斯安那州。

从那时起，法国便把整个北美腹地据为己有，而英国人则被限制在阿勒格尼山脉以东相对狭窄的地带内。1716年，新奥尔良在密西西比河口建立，并以雷根王子的名字命名。法国人的活动范围从魁北克扩展到新奥尔良，一路留下了许多殖民活动的痕迹。18世纪初，北美的情况与19世纪末非洲黄金海岸的情况极为相似。法国人一直试图侵占英国的势力范围，这正值两国商定界线之时，乔治·华盛顿正是在试图界定两国势力范围的过程中上了他在外交和战略方面的第一课。法国和英属美国殖民地之间几乎一直处于战争状态，双方争夺的目标就是现在的匹兹堡地区，这里因为可以俯瞰俄亥俄河谷而被认为是通往西部的门户。杜奎斯在这里盖了座以自己的名字命名的堡垒。1758年，这个堡垒被法国夺走。不过，次年英国将军沃尔夫就占领魁北克，推翻了整个法国在北美的势力。在这场长期的战斗中，英国人在易洛魁印第安人与法国人的游击战中获得了渔翁之利。

根据1763年的《巴黎条约》，整个法属美洲被割让给英国，英国又用之前在战争中占领的菲律宾从西班牙那里换取了佛罗里达的所有权。作为补偿，密西西比西部都成了西班牙的势力范围，与他们在墨西哥的领地连为一体。当然，拿破仑的兄弟约瑟夫登上西班牙王位时，这些东西就归法国所有了，但是拿破仑在1803年把它们卖给了美国，这样美国向西扩张不再有障碍。

一个特许公司曾在1670年成立，这个以鲁珀特王子为首的特许公司，在哈德逊湾与印第安人进行毛皮贸易，所以这个地区一度被叫作鲁珀斯兰。哈德逊湾公司逐渐将其对美国北部地区的了解扩展到落基山脉，但直到1740年人们才确定了这条山脉的全长。1769—1771年，一个名叫赫恩的英国皮草商人顺着科珀曼河找到了到北冰洋的出海口。1793年，麦肯锡爵士重新发现这条后来以他自己的名字命名的河，然后他穿越北美大陆，从大西洋来到太平洋。在北美西北部的探险之所以进行得这么晚是由于一个地理传言的影响。这个传言始于1592年西班牙航海家胡安·德富卡的一次探险。胡安·德富卡沿着海岸一直走到温哥华岛，进入南面的海湾，而没能看到北面的陆地，于是他带着报告返回。回去之后他说南方都是汪洋大海。大多数地理学家都认为他是到达了哈德逊湾或附近地区。正是这个报告，使人们觉得能够在纬度低得足以不结冰的地方找到西北航道，从而忽略了对北美大陆内部的探索。

　　美国一占领密西西比河以西的土地，就开始了大规模的探索。1804—1807年，刘易斯和克拉克对密苏里州的整个盆地进行了探索，而派克则调查了密西西比河源头和红河源头之间的地区。我们已经知道，白令曾到达阿拉斯加，并在那里确立了俄国的统治权。为了避免俄国从阿拉斯加侵犯加利福尼亚海岸，门罗总统在1823年提出不允许欧洲人在美洲进行进一步的殖民活动。同年，俄国同意将其主权范围限制在北纬54.40° 以北。1848年，也就是在萨克拉门托河谷发现黄金之前，美国就在与墨西哥的战争中取得了加利福尼亚州和其他相邻的州。加利福尼亚和阿拉斯加之间的俄勒冈地区暂由英国和美国共同拥有——美国人刘易斯和克拉克曾探索过哥伦比亚河，而英国人温哥华更早些时候就到过那里，并发现了现在就是以他的名字命名的岛屿，因此这两个国家似乎都可以说是自己发现了这个地区。曾有一段时间，美国各州的居民倾向于宣称到俄国边界54.40° 为止的所有土地都属于美国，并提出了"要么遵守54.40° 线，要么开战"的口号，但在1846年，整个俄勒冈地区被沿着北纬49线一分为二。至此，我们可以说对美洲的瓜分已经完成了。现在只剩下冰封的北海岸了，在那里，人们又谱写了许多壮丽的诗篇。

　　美洲的地理发现史在很大程度上是一部征服史。人们或者出于贸易的需要，或者为了寻找合适的定居点、矿藏、作物耕种区和运输通道，而逐渐熟悉了沿海地区和内陆地区。关于海岸的地理知识，人们很早就获得了。但因为地形的关系，使得无法乘船深入内陆进行贸易，所以直到19世纪，大陆上还存在一些没有探索过的地方。

　　目前为止，人们对亚马孙河流域以南的地区也知之甚少。相比之下，人们能够对密西西比河和落基山脉之间的广大地区有了一些了解，主要是因为美国的逐渐扩张。这一系列的扩张伴随着蒸汽机的使用和通信手段的改进。如果不是这些技术的出现，对于欧洲人来说，落基山脉以东的这一地区可能还像苏丹或索马里一样神秘，即使在今天也是如此。随着美国的扩张，以及加拿大的小规模扩张，使得一些伟大的地理探险家的名字与我们头脑中关于北美洲的知识联系在一起。但不要忘了，开拓这片土地的真正先驱者是那些默默无闻的定居者。

10

澳大利亚与南太平洋—塔斯曼与库克

看一看澳大利亚西海岸的地图，你会被海岸上记载下的大量荷兰名字所震撼。这里不仅有德克哈托格岛和狮子角，还有霍格岛、迪门湾、霍特曼·阿布洛霍斯群岛、德威特兰岛和诺易兹群岛。最北边是卡彭塔利亚湾，最南边是从前叫作范迪曼之地的岛屿。大概到19世纪中叶，现在称为澳大利亚的土地当时还以"新荷兰"而闻名。如果荷兰人进入澳大利亚大陆时可以走向更肥沃的东部海岸，澳大利亚可能到今天都还叫作新荷兰。但当你了解到世界上再没有比澳大利亚西海岸更荒凉的海岸线的时候，也就会明白荷兰人为什么在探索的过程中没有想要占它。

尽管荷兰人是最先探索澳大利亚海岸的，但他们并不是第一个找到它的。早在1542年，一支由路易斯·洛佩斯·德维拉洛博斯率领的西班牙探险队在太平洋地区，继续麦哲伦未完成的发现之旅时，就发现了波利尼西亚的几个岛屿，还企图占领菲律宾，但他的舰队被勒令返回新西班牙。其中一艘船曾沿着一个岛的海岸航行，这个岛就是当今的新几内亚，当时人们觉得这个岛是托勒密想象中存在于印度洋南部的巨大未知南部陆地的一部分，可能还与火地岛相连。

人们的好奇心被激发起来。1606年，佩德罗·德基罗斯率领三艘船前往南太平洋。他发现了新赫布里底群岛，认为它是南部大陆的一部分，因此把它命名为"澳大利亚的斯皮里图"，随后他匆忙返航以获取这片新领地的总督职位。德基罗斯的另一艘战舰与他分头行动，指挥官路易斯·韦兹·德·托雷斯向着西南方向航行到了更远的地方，由此得知那并不是一块大陆，而是一群岛屿。他又继续探索，来到新几内亚，然后沿着南海岸航行，看到了南方还有陆地，接着穿过了那个以他的名字命名的海峡。由此得出，托雷斯可能是第一个看到澳大利亚大陆的欧洲人。就在同一年，一艘名为"杜伊夫根"的荷兰帆船沿着新几内亚南部和西部海岸航行了近千英里，直到到达科尔维尔角（"再次转弯"的意思），这里就是澳大利亚的西北海岸。17世纪的前30年里，荷兰人在澳大利亚西海岸耐心探索，就像葡萄牙人在非洲西海岸的做法一样，发现并命名了众多岛屿、海湾和海岬。1616年，德克·哈托格发现了一块陆地，并以他的船名命名为"恩德拉格特"，又将船停泊过的一个海湾以他自己的名字命名。1619年，简·埃德尔斯在西海岸留下了自己的名字。3年后，一艘名为"鲁文号"的船抵达大陆最西端，它的名字至今与之相关。5年后的1627年，"德鲁伊特号"沿着海岸线绕过了澳大利亚南部海岸；同年，一位名叫卡彭特的荷兰指挥官发现了一块凹地，并以自己的名字将其命名，即今日的卡奔塔利亚湾。

1642年，有了更重要的发现，在阿贝尔·塔斯曼的带领下，一支从巴达维亚出发的探险队调查了南部土地的真实范围。在"鲁文号"和"德鲁伊特号"航行之后，人们看到新大陆的南部海岸更趋于向东延伸，而不是像托勒密的观点那样向西延伸。塔斯曼的任务是调查澳大利亚是否与南美洲南方的大陆相连。塔斯曼先是从毛里求斯起航，然后向东南方向航行，一直到鲁文峡再继续往前，最后到了南纬43.30°、东经163.50°的位置。塔斯曼以巴达维亚总督的名字将这里命名为"范迪门之地"，人们猜想这里与"德鲁伊特号"发现的那块土地相连。塔斯曼继续向东航行，再次到开阔的海域，这似乎预示着新发现的陆地与南极附近的未知大陆不相连。

不久后，塔斯曼又发现了一块陆地。为了纪念荷兰议会，塔斯曼把它叫作"斯塔顿兰德"。毫无疑问，这片陆地是新西兰的一部分。塔斯曼仍向东行进，然后逐渐转北，他在太平洋又发现了几个岛屿，然后经过新几内亚并最终返回巴达维亚。塔斯曼的发现对以往的知识有了更深一步的补充，即在一定程度上缩小了南方未知大陆的范围，他的发现被刻在了阿姆斯特丹新体育场的石刻世界地图上，其中澳大利亚的西部被荷兰议会命名为"新荷兰"。当威廉三世成为英格兰和荷兰的共同执政者时，威廉·丹皮尔被派往新荷兰做进一步的调查。他重新走了一遍荷兰人从德克哈托格湾到新几内亚的路，期间他注意到了袋鼠，并成为第一个发现它们独特生活习性的欧洲人。尽管他离开新几内亚海岸时，是在新不列颠岛和新爱尔兰岛之间穿过的，但他并没有去探索它们，所以也没有为地理学作出更多贡献。

荷兰人的探索将亚洲东南部的这块新大陆变成了人类文明的共同财产。在库克划时代航海的多年前，人们常常提到一个案例：1699年，莱缪尔·格列弗船长（斯威夫特著名浪漫小说中的人物）从范迪门斯岛向西北航行，来到了"小人国"。这样看来，小人国就在澳大利亚海湾附近。斯威夫特将各种已知的信息和奇妙的想象糅合到一起，这正好与他那个时代人们对澳大利亚地理知识的掌握状况相符。

西班牙人和荷兰人的这些发现是对香料群岛大搜索的直接结果和必然结果，这条线索贯穿了我们的整个主题。在最初阶段，几乎所有地理探索的最终目标都是如何到达香料群岛。但到18世纪初，寻找新大陆的新动机开始发挥作用。那时，世界上几乎所有的海岸线都已大致为人所知。葡萄牙人曾在非洲航行，西班牙人到了南美洲，英国人在北美东部大部分地区沿海登陆，而中美洲也被西班牙人探索过了。太平洋上的许多岛屿虽然没有被准确地测量过，但都被谈及，只有美国的西北海岸和亚洲的东北海岸留有一些空白。这样遗留下来最大的地理问题就是托勒密所设想的那个巨大的南方大陆是否存在，如果存在，它的面积有多大。这些问题很快就有了答案——它们都是由一个名叫詹姆斯·库克的英国人解决的。库克与亨利王子、麦哲伦和塔斯曼一起，为人类勾勒出了可居住区域范围的界限。

库克的航行是出于自身兴趣，不是为了贸易或征服，而纯粹是为了满足对科学的好奇心；而且，完全可以说，这些航行是从他对一门与地理学完全不相关的科学的兴趣开始的。英国天文学家哈雷遗留下了一个天文学问题，他预测在1769年将会出现金星凌日，并指出这对于确定太阳与地球之间的距离有着至关重要的意义。这种现象只有在南半球才能观测到，为了观测到这种现象，库克开启了他的第一次探索航行。

库克的第一次出航具备双重有利条件，首先就是18世纪早期航海仪器的改进。以前人们都是用交叉标尺——一种非常粗糙的日晷来测量太阳的高度，后来哈德利发明了六分仪，使测量更加便利，也更加准确。但对地理科学来说，更重要的是精确计时法的出现。确定一个地方的纬度并不是那么困难，正如希腊地理史所描述的，由一年不同季节中一天的长度就可以确定，但是确定经度更困难一些，早期只能通过猜测和推算来完成。

但当有了具有相当高精度的钟表时，人们就能根据不同地点的时间差来计算经度。英国政府认识到这一点的重要性，提出如果有人可以发明一种计时器，让每年的误差不超过一个规定值，就可以得到10 000英镑的巨额奖励。最终约翰·哈里森赢得了这个奖励，从那时起，一位对天文学一窍不通的船长也能在几分钟内弄清他所在的经度。哈德利的六分仪和哈里森的精密计时器是库克完成工作必不可少的助手，故而可以说，无论从目标还是辅助工具来看，库克船长的航行完全是"英式"的。

库克是一位实干的水手，在跟随沃尔夫探索圣劳伦斯河时表现出极高的聪明才智，后来被任命为纽芬兰的海事测量员。根据哈雷的预测，英国皇家学会决定派遣一支探险队去观察金星凌日，他们不敢把这次探险任务委托给像哈雷一样的科学家，因为这样的人不能得到水手们的信任。海军部的首席水文学家达利姆普虽然是个海事通，但他为人守旧且有些苛刻、执拗。所以库克成了最终人选。这个选择被证实十分正确。库克选择了载重360吨的近海运煤船"奋进号"，因为这艘船很宽，可以携带更多的装备和补给，并能在海岸附近行驶。就在他们出发之前，沃利斯船长刚好从环球航行中返回，他发现了塔希提岛并推荐这里可以作为金星凌日的合适观测点。

1769年6月3日，库克准时到达了那里，实现了探险的主要目的——成功地完成一次金星凌日观测。随后他又继续前进，很快就到了一个他认为与塔斯曼的斯塔顿兰德相似的地方，但沿着这片陆地航行时，库克发现，这片土地根本不属于那个南方大陆，而是由两个岛屿组成，于是他就在这两个岛屿之间穿过，并以他的名字为分隔这两个岛的海峡命名。1770年3月31日，库克离开新西兰，4月20日，他在西面找到了另一块陆地，这块陆地是水手们之前所不知道的。他走进一个小湾，在探险队博物学家约瑟夫·班克斯先生的帮助下，对附近的环境进行了探索。他发现了许多从未见过的植物，所以这个海湾被称为植物学湾。

库克继续向北海岸航行，差点因为撞上东海岸的巨大暗礁而失去他的船，但是他一直设法航行并且走到了陆地的尽头，证明了该陆地并不是新几内亚。换句话说，库克到达了托雷斯海峡南端。他把这条长长的海岸线叫作新南威尔士，因为他认为这个海岸与斯旺西的海岸有一些相似之处。在第一次航行中，库克证实新荷兰和斯塔顿地区都不属于南极大陆，南极大陆仍是地图上未被解开的一个谜。在于1772年开始的第二次航行中，库克最终被派去解决这个问题。随后，他立刻出发去了好望角，从那里出发，绕着南极作"之"字形的航行，尝试从各种方向向南前进，直到碰到冰层没法继续向前时才停下。无论他朝哪个方向前进，都没有找到任何有关所谓的南极大陆的踪迹，因此他确信南极大陆不存在。在这次航行的其余时间里，库克重新发现了西班牙、荷兰和英国航海家之前到过但从未精确测量过的各个群岛。后来，库克从新西兰出发，横穿太平洋到达合恩角，但没有发现任何广阔的陆地。经过三年的仔细探寻，这件事终于尘埃落定。值得一提的是，在那段漫长的时间里，随库克航行的118个人中牺牲了4个人，只有一个因病死亡。

在海洋地理学界，还有一个有待解决的大问题，即西北航道是否存在。英国航海家从东面穿过哈德逊湾，对西北航道进行了多次探索。1776年，乔治三世让库克尝试用一种新的方法来解决这个问题。库克奉命在美洲西北海岸寻找一个通往哈德逊湾的通道。胡安·德富卡大湾的传言让地理学家们对这个海岸的认识存在一些误解。库克不仅解决了这个问题，而且穿过白令海峡，并对海峡两岸进行了探索，确定亚美两大洲之间的距离大约为36英里。在返航途中，他在奥维岛（夏威夷）登陆，1777年，在那里遇害。他的船返回了英国，没有再进行探索活动。

库克的航行引起了法国人的效仿，尽管当时法国正与英国交战，但法国人为了自己永恒的声誉命令舰队在任何地方都要尊重库克的船只。1783年，弗朗索瓦·德·拉彼鲁兹率领一支探险队完成了库克的工作。拉彼鲁兹探索了亚洲东北海岸，考察了库页岛，并穿过了位于库页岛和日本之间的海峡，他以自己的名字命名了这个海峡。拉彼鲁兹在堪察加半岛找到了后来担任探险队俄语翻译的莱塞普斯先生，并把他的日记和调查记录寄回了法国。莱塞普斯对堪察加半岛进行了仔细的探查，并成功地从陆路到达巴黎，成为第一个完全跨越旧大陆，从太平洋到大西洋的欧洲人。拉彼鲁兹追随库克的足迹又考察了新南威尔士海岸。令他惊讶的是，1787年，他进入了海岸中部一个优良港口时，发现那里有几艘英国船只在忙着建立第一个澳大利亚殖民地。他把调查报告转交给英国人后，就再一次开始探索新荷兰的海岸，但后来他的探险队就没了音讯。直到1826年，人们才发现这些船只在斐济群岛附近的瓦尼科罗岛上失事了。

库克对澳大利亚东海岸的探索完成后，英国人就开始经营那里。在菲利浦船长的带领下，一些囚犯被送到了植物学湾，从那时起，英国探险家逐渐开始对海岸线和澳大利亚大陆内部有了更加清晰的认识。库克第二次航行时，曾派一艘船对范迪门地区（塔斯马尼亚岛）进行了一次粗略考察，得出结论：它与澳大利亚大陆相连。但在1797年，海军外科医生巴斯和其他6名船员乘坐一艘小型捕鲸船从杰克逊港沿海岸向南航行，发现了大陆最南端和范迪门之间有一片开阔的海域，这就是现在的巴斯海峡。1799年，巴斯的同伴弗林德斯，沿南海岸从鲁文角向东航行，在这次航行中，在恩康特湾遇到了一艘从伦肯特岛来的法国船只。再往前走，弗林德斯发现了菲利普港。在1817—1822年，菲利普·帕克·金船长进行了四次航行，对河口进行了调查，澳大利亚的海岸线至此基本确定下来。

内陆的情况有待调查。在东海岸，蓝山山脉遍布巨大的沟壑，调查人员一次又一次地走进死胡同，调查工作变得十分困难。1813年，菲利普·温特沃斯设法穿过了这些沟壑，在西部发现了肥沃的高原。第二年，埃文斯发现了拉克兰河和麦格理河，并深入巴瑟斯特平原。1828—1829年，斯图尔特船长通过追踪达令河和墨累河的流向，对内地有了更多的了解。1848年，德国探险家莱克哈特在向北探索内陆的过程中不幸丧生。1860年，两位探险家伯克和威尔斯设法沿东海岸从南向北穿越。1858—1862年的5年间，斯图尔特船长完成了一项更为艰难的壮举，他从南到北穿过大陆的中心，为不久后架设的电报线找路线。这时，整个澳大利亚东部海岸都出现了聚居点，只有西部沙漠有待开发。1868—1874年，约翰·福雷斯特穿越了西澳大利亚，其长度与中央电报线相当。1872—1876年，欧内斯特·吉尔斯在北部也完成了同样的壮举。1897年，丹尼尔·卡内基从南部的库尔加迪金矿前往北部的金伯利，将前面两条路线连接起来。这些探索加强了我们对澳大利亚内陆的了解，事实证明这是相当有价值的。

11

非洲的勘探与分区：帕克—利文斯通—史丹利

　　我们已讲述了葡萄牙人在15世纪缓慢地沿非洲海岸航行以寻求通往印度的故事。15世纪末，航海家们对非洲东部和西部沿海地区进行了粗略但有效的描述。他们探索了海岸，还在那里定居。葡萄牙人在几内亚沿岸的阿米纳、刚果附近的罗安达和非洲西海岸的本格拉建立车站来运送黄金和象牙，尤其是奴隶。这些奴隶是欧洲人从非洲掠夺的最主要"商品"。在东海岸，葡萄牙人定居在莫桑比克的港口索法拉。在桑给巴尔，他们拥有不少于三个港口，达·伽马首次拜访这些港口，之后弥尔顿在他的《失乐园》第十一卷中用响亮的诗句庆祝了这次华丽的地理远足：

　　"蒙巴萨、奎隆和马林迪"

　　除了在沿海定居外，葡萄牙人还会不时地对内陆进行探索。不管怎么说，16世纪和17世纪的某些地图显示出人们对尼罗河路线已经十分了解，地图上准确地标出了尼罗河流经的三个大湖：维多利亚湖、阿尔伯特湖以及坦噶尼喀湖。月亮山脉的身影也能在地图上被轻易找到，而此时距史丹利先生重新发现了它们还有很长的一段时间。很难确定这些葡萄牙地图上收录的词条是源自实际的探索报告还是对这些湖泊和山脉口口相传的故事。因为在这些地图中，我们还能看到早期知识体系的痕迹，这是从阿拉伯的地理学家那里学来的，显然源自托勒密，而不是实际的考察。两位伟大的法国制图师——德利勒和唐维尔，就决定不在他们的地图上插入任何未经证实的标记，这些湖泊和山脉也就没有被收录在他们的地图中。因此，17世纪的地图常常比19世纪初的地图显示出更多关于非洲内陆的知识，尤其涉及尼罗河源头一带时。

欧洲人对非洲内陆的探索始于寻找尼罗河的源头，结束于确定另外三条大河（尼日尔河、赞比西河和刚果河）的流域。值得注意的是，所有四条河流的路线都是由拥有英国国籍的人确定的。布鲁斯和格兰特的名字总是与尼罗河联系在一起，正如蒙戈·帕克与尼日尔河、利文斯通博士和史丹利先生与刚果河。除了刚果河以外，英国一度控制了其公民介绍给文明世界的所有河流。

我们知道，希罗多德描述了一种古老的说法，认为尼罗河向西分流成了尼日尔河。而在更早以前有一种说法是，尼罗河的一部分向东延伸，并以某种方式与底格里斯河和幼发拉底河的源头相通——至少《圣经》中对天堂的描述就是这样暗示的。长期以来，关于尼罗河的实际流向存在巨大争议，而发现尼罗河的源头是人们几个世纪都未能完成的任务。1768年，地位显赫的苏格兰绅士詹姆斯·布鲁斯着手解决这个谜团——这是他年轻时就下定的决心，并以其特有的执着开启了这次探索。作为驻阿尔及尔的领事，他对阿拉伯语和非洲习俗有一定的了解。他沿着尼罗河逆流而上到达法逊特，然后越过沙漠到达红海，穿过红海到达吉达，随后又乘船前往马索瓦，最终在阿比西尼亚寻找尼罗河的源头。他还参观了阿克苏姆的废墟。

在一些加拉人指引下，布鲁斯沿着尼罗河逆流而上，来到了三个泉眼处。他宣称这三个泉眼就是尼罗河的真正源头，并把它们与古地图上三个神秘湖泊联系起来。从那里，他沿着尼罗河顺流而下，于1773年到达开罗。当然，他所发现的只是青尼罗河的源头而已，且这个源头早就被一个名叫帕耶兹的葡萄牙旅行家造访过。但是，人们还是十分推崇他所经历的那些有趣冒险故事，以及他讲述这些故事的与众不同的方式，这也许是因为他的旅行完全是出于对冒险和探索的热爱。1768年库克和布鲁斯的两次非凡旅行，都纯粹地以地理发现为目的，这使那一年成为地理发现史上不平凡的一年，也开创了所谓科学探索的时代。10年后，一个名为"非洲协会"的组织成立，旨在探索非洲未知的地区，这是世界上第一个地理学会。1795年，非洲协会将蒙戈·帕克派往西海岸。蒙戈·帕克从冈比亚出发，经过多次冒险之后到达了尼日尔河沿岸，他试图沿着河的中段往前走，但一直没能到达廷巴克图，其间他被摩尔人抓获过。1805年，蒙戈·帕克进行第二次尝试，他希望能顺流而下，证明尼日尔河与刚果河是同一条河流，但他被迫返回，抱着没能确定尼日尔河剩余路线的遗憾死在了布萨。

蒙戈·帕克第一次旅行返回的时候，带回了许多奇怪的谣言，人们因此而注意到了神秘城市廷巴克图的存在。1811年，一位名叫亚当斯的英国海员在摩尔海岸遭到打劫，并被摩尔人作为奴隶带到廷巴克图。最终，他被英国驻莫加多领事馆赎回，他的描述重新激起了人们对西非探险的兴趣。有人试图从塞内冈比亚[1]和刚果两个方向考察尼日尔河流域，但都失败了。于是人们采用了一种新的方法，这种方法可能吸取了亚当斯试图通过穿越撒哈拉沙漠的商队路线到达尼日尔的经验。1822年，德纳姆少校和克拉珀顿中尉离开了费赞[2]的首都穆尔祖克，前往乍得湖，并由此前往博尔努。后来，克拉珀顿再次从贝宁访问了尼日尔。这两位旅行者为我们了解西非开拓了大约2 000英里的路程。1826—1827年，两名欧洲人终于找到了廷巴克图：一位是莱恩少校，后来他在那里遭到谋杀；另一位是法国年轻人勒内·卡耶。这个故事同样引起了人们极大的兴趣，丁尼生以一首关于"神秘的非洲首都"的获奖诗开始了他的诗歌

---

1 塞内冈比亚：指塞内加尔和冈比亚地区。

2 费赞：指利比亚西南部。

生涯。

直到1850年，巴斯才再次承担了德纳姆和克拉珀顿的工作。他用5年的时间探索了乍得湖以西的整个区域，拜访了廷巴克图，并将克拉珀顿和勒内·卡耶的路线连接起来。在此之后，他又用5年时间（1869—1874）在达尔富尔和瓦达伊一带考察了乍得湖东岸。近年来，出于政治利益人们组织了许多探险活动，特别是法国人，他们一直尝试将阿尔及利亚和突尼斯的属地与黄金海岸和塞内加尔的属地联系起来。

非洲探险的下一个阶段与一个人的名字紧密相连，这个人几乎与最近的所有重大发现有关。大卫·利文斯通凭借与当地人打交道的技巧、冷静的执着和无畏的勇气，成功地开拓了完全未知的中非地区。1849年，他从好望角出发，一路北上到达赞比西河，然后到达迪洛洛湖，经过5年的游历，到达非洲西海岸的罗安达。然后，他又折回赞比西河，沿着它到达东岸的河口，第一次从西向东穿越非洲。在于1858年开始的第二次航行中，利文斯通开始沿着赞比西河最重要的支流——希雷河航行，并于1859年9月到达尼亚萨湖岸边。

同时，两位探险家——伯顿上尉（后来的理查德爵士）和史佩克上尉从桑给巴尔出发，发现了一个传闻已久的湖泊，并于次年成功到达坦噶尼喀湖。返回时，史佩克与伯顿分开出发，走了一条更向北的路线。从那里他看到了另一个大湖，后被命名为"维多利亚湖"。1860年，史佩克与另一位同伴格兰特上尉一起回到维多利亚湖，并开始考察它的走向。在湖的北部，他们发现了一条向北延伸的大河，一直延伸到冈多科罗。他们在这里找到了贝克先生（也就是后来的塞缪尔·贝克爵士）。贝克曾沿着白尼罗河逆流而上调查尼罗河的源头，他们探讨后断定尼罗河的源头是在维多利亚湖。贝克继续他的搜寻，并成功地证明了尼罗河的另一个源头是西边一个小一些的湖。他给这个湖取名为"阿尔伯特湖"。就这样，这三个英国人联合起来，解决了人们长期寻求的尼罗河源头的问题。

　　英国人的发现很快就引出了埃及总督伊斯梅尔·帕夏的重大政治行动，他声称整个尼罗河流域都是他的领土，并在沿岸建立驻地。当然，这带给人们全面的关于尼罗河流域的地理学知识信息。并且，在贝克和戈登上校的领导下，尼罗河的源头到河口曾一度完全被西方国家控制。

　　与此同时，利文斯通为了彻底探索坦噶尼喀湖一带，于1865年开始了他的最后一次旅行。他发现了姆韦鲁湖和班韦乌卢湖，以及尼扬古河（也被称为卢阿拉巴河）。利文斯通先前的探索发现引起了人们的极大兴趣，可是人们在之后一段时间内再也没有听到有关他的消息。1869年，史丹利被《纽约先驱报》的老板们派去寻找利文斯通，他之前曾担任该报的战地记者。1871年，他从桑给巴尔出发，在年底之前，在这片黑暗大陆（非洲）的中心遇见了一个白人，并向他提出了历史性的问题："我想你是利文斯通博士吧？"两年后，利文斯通去世，成为地理学和传教事业的殉道者。史丹利接下了他的工作，于1876年再次被派遣去继续利文斯通的工作，并最终成功地从桑给巴尔到达刚果河口，穿越了非洲大陆。他记录了整个过程，证明了卢阿拉巴河和姆韦鲁河只是这条强大河流的不同名称或者支流而已。史丹利的非凡旅程让人们更了解非洲，并确定了非洲第四条大河的路线。

　　但是史丹利穿越黑暗大陆的旅程注定是非洲问题全新发展的起点。史丹利踏上旅途的时候，利奥波德国王在布鲁塞尔召开了一次会议，成立了一个代表欧洲所有国家的国际委员会，名义上是为了探索非洲，但事实证明，是为了欧洲列强更方便分割非洲。在大会召开后的15年内，非洲大陆被瓜分完毕，主导者是五个大国，即英国、法国、德国、葡萄牙和比利时。就像美洲一样，地理发现很快就变成了政治瓜分。

　　这一进程始于建立一个国家，这个国家涵盖了整个新发现的刚果地区，它名义上是独立的，但实际上却是比利时的殖民地，利奥波德国王为此提供了资金。1879年，史丹利被派遣到刚果河下游建立驻地，但令他惊讶的是，效力于法军的葡萄牙人德布拉扎早就预料到了他的到来。后者奉命执行一项秘密任务，即赶在比利时人到来之前占领重要的河口。同时，葡萄牙也提出了对刚果的主权要求。显而易见，除非达成某些明确的协议，否则对这些领土的争夺必将引起国际纠纷。1880年，德国开始进入非洲并建立殖民地。俾斯麦亲自代表德国提出了领土主张，称非洲西南部和喀麦隆归他们所有，后来又要占据桑给巴尔，这与英国在这些地区的利益冲突。在俾斯麦的任期内，国际会议于1884—1885年在柏林召开，以确定划分非洲的主张规则。葡萄牙对非洲海岸的古老历史主张（即葡萄牙在其西部和东部都建立了据点）被"只有有效占领才能提出主权要求"的原则所取代。这一原则改变了整个非洲历史。换句话说，人们遵循最古老而现实的规则："强者多得，能者为胜。"

柏林会议结束后——甚至在会议召开期间——就达成了一些协议，明确确定了英国和德国对非洲西南部的主权要求，这为划分它们的势力范围，以及如何以同样方式瓜分东非作好了铺垫。一家名为"英属东非协会"的特许公司将管理维多利亚湖以北，刚果以东的土地。它的辖区向北一直延伸到埃及各省，这个部分我们很快将提及。在南非，一家类似的特许公司由塞西尔·罗兹先生负责，它控制了从开普殖民地一直到德属东非和刚果之间的土地。

1890—1891年，多方达成了划界协议。由于塞尔帕·平托少校的入侵，经历相当多的摩擦之后，葡属安哥拉在西海岸的边界确定了下来，其东部与刚果自由邦和英属中非接壤。与此同时，葡属东非与西部的英属中非以及北部的德属东非的疆界也明确下来。此时，意大利想分一杯羹，声称非洲东部之角和阿比西尼亚（埃塞俄比亚）属于它的份额，但由于阿比西尼亚人激烈反抗，意大利很快就不得不放弃。1890年，德国和英国之间达成协议确定了喀麦隆、多哥兰同相邻的英国殖民地间的分界线。1890年8月，德国和英国曾试图联手限制法国在尼日尔和乍得湖一带的过分扩张。在这里，英国的利益由另一家特许公司——皇家尼日尔公司代表。遗憾的是，这一区域的边界划分不是很明确，不是像其他区域那样由河流或子午线划分，而是根据土著酋长统治的领土划分。这导致了相当大的摩擦，纷争甚至持续到今天。英国和法国在瓜分非洲时产生了很多纠纷，争夺地点主要集中在非洲大陆的西部和中部。

政治因素让东北地区划定边界的问题变得复杂起来，最终导致了史丹利另一次伟大探险的实施。由于格兰特、史佩克和贝克在地理上的发现，埃及在伊斯梅尔·帕夏的领导下扩展到赤道地区。但这却使埃及债台高筑，濒临国家破产，伊斯梅尔·帕夏被废黜，埃及由法国和英国代表欧洲债券持有人共同管理。埃及官员和军官被法国和英国官员取代，这引起了埃及人的不满，在阿拉比·帕夏的领导下爆发了起义。英国进行武装干涉，虽然法国拒绝合作，埃及还是被英军占领了。苏丹和赤道各省宣布独立。起义军杀死了英国将领戈登，戈登的一名中尉，一个名叫施尼茨勒的德国人，被困在了阿尔伯特湖附近，此人更广为人知的伊斯兰名字为"艾敏·帕夏"。史丹利于1887年受命尝试营救他。史丹利穿过刚果自由州，成功地穿过了一大片森林地带，那里居住着身材矮小的野人。他成功找到了艾敏·帕夏，经过多次劝说后，艾敏·帕夏同史丹利一起前往桑给巴尔——不过后来他又以德国特工的身份回到阿尔伯特湖一带，并死在了那里。史丹利的这次旅行并非没有政治意义，他在出发前就做好了计划，以帮助英国东非公司恢复在这片区域的影响力。

所有这些政治划界自然都伴随着探索，部分是科学探索，但主要还是政治探索。塞尔帕·平托少校两次穿越非洲，试图将葡萄牙人在两个海岸的定居点连接起来。同样，魏斯曼中尉也于1881—1887年以刚果自由邦的利益为由两次穿越非洲，但他最终成为德国的官员。卢加德上尉考察三大湖之间的地区，为英国占有那里奠定了基础。英国成功夺取南非，随后又取得了博茨瓦纳、马绍那兰和马塔贝莱兰，在塞西尔·罗兹先生的领导下，铁路和电报线迅速向北方推进。在约翰·斯通先生的努力下，英国属地在1891年被推进到了尼亚萨兰。那个时候，英国同德国和葡萄牙签订的各种条约已明确确定了这三个国家在南非的不同属地的分界线。1880年，在地图上非洲的内陆几乎还是一片空白。到了1891年，那些空白就被各种线条和象征不同国家的颜色取代了。至此，欧洲国家完全占领了非洲。

作为地理大发现的两个主要推动力，探索和征服不是并驾齐驱，就是紧密相连，但除它们之外还有第三个因素，它也会导致有意义的发现——当然，随之而来的还是征服和吞并。强大的非洲猎人从内陆归来，带回的不仅是象牙和兽皮，还有关于那里的有趣信息。戈登·卡明的精彩故事也是引起人们对非洲探险兴趣的原因之一。在我们这个时代，塞卢斯[1]先生的功绩甚至超过了戈登·卡明，成为鼓励人们探索非洲的出色向导。

无数探险家进入了非洲内陆，正如诗人巴特勒所说"离开城镇，拥抱大象"，是他们让我们了解非洲，是他们弄清了非洲的轮廓。他们既是勇士，也是科学家。不管他们是出于什么动机进入这片黑暗大陆的中心地带——对冒险的热爱、对科学的好奇、对钱财的追逐，或对祖国的忠诚——结果都是非洲被世人所熟知。总的来说，英国人的探险为人们了解非洲内陆作出了主要的贡献，而英国人也获得了丰厚的回报，他们占领了这块大陆上最有前途的地区——尼罗河河谷和气候温和的南非。法国也获得了大面积的领地，几乎囊括整个非洲西北部，虽然大部分都只是沙漠，但也有一些商队可以利用尼日尔盆地，将其产品运往法属阿尔及利亚，以及突尼斯。而且与其他欧洲列强的殖民地相比，法属北非更接近法国本土。结果是，非洲士兵可能有一天会在欧洲的土地上为法国而战，就像1876年比肯斯菲尔德勋爵将印度士兵运到塞浦路斯一样。殖民活动固然给非洲带去了深重的灾难，但从另一方面讲，这也让非洲融入世界，充分接近其他文明。

---

1 塞卢斯：苏格兰探险家，早期自然资源保护论者。

12

波兰人—富兰克
林—罗斯—诺登
斯基尔德—南森

　　到目前为止，我们所描述或提及的几乎所有探险活动都有某种实际目的，无论是为了到达香料群岛，还是为了猎取大型猎物。甚至戴维斯、弗罗比舍、哈德逊和巴芬追寻西北航道，以及巴伦茨和钱塞勒追寻东北航道，实际上也都是为了实现商业目的。直到库克开启纯科学探索的时代。尽管这一说法的合理性值得商榷——我们之前提到的白令率领的俄国远征也是为了地理探索。不过该次远征的原因是彼得大帝下令要求对地理问题进行严格的界定，毫无疑问，它仍然与俄国的野心息息相关。如我们所见，白令和库克解决了亚洲和美洲这两个大陆的末端之间是否相连的问题，但是北极圈内大陆以北还剩下什么呢？这就是19世纪要解决的问题，并且几乎成功解决了。现在我们可以在地图上正确表示那片区域了——北极圈以里的上千平方英里几乎都是空白的。

　　这些知识是通过史诗般的勇气和耐力以缓慢的速度获得的。这是一个英勇的命运进程，人们对冒险的热爱和对科学的热忱战胜了北极恐怖的冬天——六个月的寂静与凄凉的黑暗、极度的严寒以及挨饿的危险。我们没办法深入讲述人类历史上最激动人心的故事之一——北极航行故事的所有细节，我们关心的重点是北极圈内连续探险带来了哪些新知识。

　　北极东部海域被许多巨大的岛屿环绕，其中大部分岛屿很早就被发现。我们已经得知10世纪北欧人登陆并定居在格陵兰的故事。1553年，威洛比在探索东北航道的一次航行中发现了新地岛，尽管这个名字（俄语中为"纽芬兰"）暗示它以前曾被俄国海员看到并命名过。巴伦兹见识过斯匹茨卑尔根。白令及其追随者的调查使西伯利亚北部的众多岛屿广为人知。在探索西北通道的过程中，北美洲大陆北部错综复杂的岛屿网络也慢慢建立起来。其实，北极圈内的大部分发现都是因为追求西北航道这一虚无缥缈的目标，这是北极探险的最初动力。

近代人们又重新尝试了北极的探索。1818年，在约瑟夫·班克斯爵士的影响下，人们派遣了两支探险队探索西北航道，并试图到达北极点。两支探险队分别由约翰·罗斯和帕里、约翰·富兰克林率领。两次探险都没有成功，但罗斯和帕里证实了巴芬的发现。两年后人们又进行了两次远征。一次是在富兰克林的带领下在陆路行进，另一次是在帕里的带领下在海路行进。帕里到达了北美洲顶端的中点处，发现了一个群岛并以他的名字命名，接着达到了西经114°，从而获得了英国议会颁发的5 000英镑奖金——奖励他第一个在110°经线以西航行。帕里尝试在班克斯向北绕行，如果当时能够深入的话，他就可能找到西北航道，可惜当时那里被冰封了。在1822年和1824年的两次连续航行中，帕里对已发现海岸有了更详细的了解，但他未能再次到达第一次航行时向西到达的距离。这在一定程度上阻止了政府进行勘探的尝试。伦敦郡长费利克斯·布斯1829年组织了一次探险，他派遣了罗斯所指挥的"胜利号"轮船。罗斯发现了现在名为布西亚费利克斯的土地，他的侄子詹姆斯·罗斯证明了该土地属于美洲大陆。他沿着陆地海岸航行到了富兰克林角，还确定了北磁极的确切位置——在布西亚费利克斯上的阿德莱德角。在北极圈内度过5年之后，罗斯和他的同伴被迫放弃了"胜利号"，乘坐偶然遇到的一艘捕鲸船回家。

再看富兰克林，英国海军部派他去勾勒美洲北海岸的轮廓，当时那里只有两个地点得到了确定，那就是赫恩发现的科珀曼河的河口和麦肯锡发现的麦肯锡河的河口。1821年，富兰克林坐着两只独木舟从科珀曼河河口向东出发，一直漂行到他称作转折角的地方。当时，富兰克林一行人仅剩下三天的肉干储备。最后，他们靠吃地衣和烤皮革的残片艰难度日才设法回到了位于恩特普赖斯堡的基地。4年后的1825年，富兰克林开始了另一场具有相同目的的探险活动。这一次，他从麦肯锡河河口出发，并派他的一个同伴理查德森去开拓麦肯锡河和科珀曼河之间的路线。他本人则向西前去与比奇船长的"布洛瑟姆号"会合，该船的任务是前往白令海峡，接回比奇的同伴。理查德森成功探索了麦肯锡河和科珀曼河之间的海岸线。但是，比奇虽然成功绕过冰冷的海角并沿着海岸到达了巴罗角，却没能找到富兰克林，当时他距离富兰克林只有160英里的距离。这160英里是直线距离，因为有转折角的阻隔他们之间的航行距离是222英里。1837年，辛普森越过了帕里当年到达的最西端，沿岸航行长达1 408英里，这一纪录一直保持到了今天。1833年，贝克发现了大鱼河，并跟踪到它的入海口。在顺流而下的航行中，遇到急流，船桨断了，船员们开始大声祈祷，这时贝克大声斥责地喊道："现在是祈祷的时候吗？右舷划桨！"

　　同期，人们对南极的兴趣大大增加。库克在寻找南极周围传说中的未知大陆时，发现了南极大陆的踪迹。他已经到达了南纬71.10°的区域，不过被巨大的冰障阻挡，未能继续前进。1820—1823年，威德尔访问了合恩角以南的南设得兰群岛，发现该地区即使在非常寒冷的情况下也存在活火山。他到达了南纬74°的区域，但未能找到大陆的踪迹。1839年，贝兰尼发现了一个岛并以他的名字命名，岛上有一座海拔12 000英尺的火山，他还发现了另一座岛屿——伯克岛，上面也有活火山。1839年，法国人在杜蒙·德维尔的带领下再次访问并探索了南设得兰群岛。次年，美国海军上尉威尔克斯发现了新的土地并以他的名字命名。但是在南极洲最引人注目的发现属于罗斯。1840年，罗斯由海军部派出，目的是定位南磁极——之前，他曾经发现北磁极。罗斯率领"幽冥号"和"恐怖号"两艘船，他发现了维多利亚大陆和以他的船命名的两座正在雪中喷出熔岩的活火山。1842年1月，罗斯到达南纬76°的区域。在此之后的近50年中，几乎再没有其他人尝试过探索南极大陆。

　　"幽冥号"和"恐怖号"从南太平洋返回后，政府将这两艘船交给了富兰克林（富兰克林曾因为他先前的发现获封骑士）。1845年5月26日，富兰克林带着129人乘坐这两艘船开始了北极探索之旅，船上载着丰富的物资，可以使用到1848年7月。1845年7月26日，有捕鲸者看到过他们的船只，那时他们正准备进入兰开斯特海峡。此后再也没人见过他们。很多年以后，人们才根据发现的遗迹，大致拼出一个模糊的轮廓。通过惠灵顿海峡后，富兰克林被迫在比奇岛过冬，第二年（1846年9月），他的两艘船被困在维多利亚海峡，距离威廉国王岛大约12英里。次年（1847年），瑞伊从哈德逊湾的憎恶角出发，沿布西亚东海岸航行，准备考察罗斯和富兰克林在哈德逊湾附近，探险线路之间的区域。1847年4月18日，瑞伊曾到达距离富兰克林不到150英里的布西亚的另一边，可惜并没有发现受困的富兰克林一行。两个月还没到，也就是6月11日，富兰克林死在了"幽冥号"上。船上的物资能坚持到1848年7月，可不知为何，接替富兰克林指挥的克罗齐尔却带着105名幸存者离开了船，试图徒步走向大鱼河。他们沿着威廉国王岛的西海岸奋力前进，但未能到达目的地。疾病和饥饿逐渐减少着幸存者的数量。一个爱斯基摩老妇人目睹过这支悲惨的队伍，她告诉克林托克，那些人走着走着就摔倒了，然后死去。

　　这个时候，由于富兰克林一行人没有任何消息，人们非常焦虑。理查德森和瑞伊在1848年奉命沿陆路搜寻，同时两艘船也从白令海峡出发去追寻富兰克林等人。另外两艘船（"调查者号"和"企业号"）在罗斯的带领下，通过巴芬湾，继续前往富兰克林要去的地方。瑞伊穿过了维多利亚地的东海岸，到达距离富兰克林的两艘船被遗弃的地点不到50英里的地方，但是直到1853年他从陆路再次搜寻，才获得了一些消息。1854年4月20日，在佩利湾过冬后，瑞伊遇到了一个年轻的爱斯基摩人，爱斯基摩人告诉他，4年前，有40名白人从威廉国王岛西岸的一条船上向南行进，几个月后，他们发现了其中30个人的尸体，爱斯基摩人用带有富兰克林徽章的白银证实了所陈述内容的真实性。陆上的进一步搜索一直持续到1879年，美军中尉施瓦特卡发现了富兰克林探险队的几个坟墓和骨架。

1848年，分别从大西洋和太平洋出发进行的两次海上搜寻均未获得任何消息。之前曾试图从东方追踪到富兰克林的"企业号"与"调查者号"，在柯林森和麦克卢尔船长的带领下于1850年出发，试图从西部穿过白令海峡进行搜寻。"调查者号"的船长麦克卢尔并没有按照柯林森的指示等他，而是继续前进并发现了班克斯地，然后在威尔士亲王海峡被浮水包围。1850—1851年，麦克卢尔努力尝试从这个海峡进入帕里海湾，但并未成功。1851年8月到9月，麦克卢尔设法在班克斯地沿海岸向西北移动至最远点，然后成功通过了之后以他的名字命名的海峡，并到达巴罗海峡——这是西北航道的首次贯穿。但在1853年他们不得不放弃了"调查者号"。掌舵"企业号"的柯林森紧追麦克卢尔，但一直没有追上，之后他通过多尔芬海峡向南绕过阿尔伯特王子地区，抵达剑桥湾。这里距富兰克林被困的地方已经很近了，但柯林森不得不向西返航。1855年，出海5年零4个月后，柯林森才返回英国。

1851年，至少有十艘船只尝试过富兰克林探险队船只的海上搜寻，包括两支海军部的探险队，一支英国的私人探险队，一支美国政府和私人联合探险队，还有一艘由富兰克林夫人派来的船。所有这些队伍都试图搜寻富兰克林最后一次出现的地方——兰开斯特海峡，但他们仅找到了三个在早期就丧生并埋葬在比奇岛上的人的坟墓。1852年，爱德华·贝尔彻爵士又率领四艘船出发，他们很幸运地在第二年遇到了"调查者号"和麦克卢尔，使麦克卢尔得以完成贯穿西北航道的首航。为此，在1763年贝尔彻获得了国会提供的10 000英镑的奖励。但贝尔彻也损失了他的大部分船只，其中一艘名为"坚决"号的船只漂流了1 000多英里，被一艘美国捕鲸船打捞上来，由美国重新改装后又赠送给了英国女王和英国人民。

尽管做了这些努力，富兰克林的遗骸仍未被发现，瑞伊实际上已经确信了富兰克林的命运。但是，富兰克林夫人对这个含糊的信息不满意。她下定决心再进行一次探险，尽管私人花费已经超过了35 000英镑，而其中大部分来自她的个人财产。1857年，蒸汽船"福克斯号"在麦克林托克的领导下启航，麦克林托克已经向大众证明了自己是最有能力的雪橇工作大师。1858年，他在比奇岛上为富兰克林探险队立起了一块纪念碑，然后沿着皮尔海峡前进，在1858—1859年对当地人进行询问。麦克林托克搜寻了威廉国王岛地区，在5月25日，遇到了一具漂白的人体骨骼，面朝下趴在地上，这意味着此人是在走路时死亡的。同时，他的一位同伴霍布森发现了富兰克林探险队的记录，记录简要说明了探险队在1845—1848年的经历。1859年，麦克林托克带着有关富兰克林探险队命运的确切信息回到了英国。他不仅找到了关于富兰克林生死命运问题的答案，还探索了威廉国王岛周边800英里的海岸地区。

因此，根据搜寻富兰克林历次探险的结果，人们绘制了北美洲北部星罗棋布的岛屿网络。然而，人们依然尚未跨过北纬75°线。

要想到更北的地方去，只有通过史密斯海峡，大约能达到北纬80°左右。这是早在1616年由巴芬发现的。直到1852年，这一纪录才被英格菲尔德的"伊莎贝尔号"打破，他往北超越了40英里。这也是为寻找富兰克林而派遣的船只之一。紧随其后的是凯恩的"进阶号"，该船由两名美国公民——格林内尔和皮博迪慷慨捐赠。1853年凯恩沿着史密斯海峡和罗伯逊海峡驶入大海，后来这片海域以他的名字命名。在两年当中，他继续探索格林内尔地区和格陵兰岛的海岸。1860年海耶斯进行了后续探索，10年后霍尔也对该区域进行了探索，这极大地激起了人们对史密斯海峡及其周边地区的兴趣。1873年，纳雷斯船长（之后的乔治爵士）带领三艘船进行了探索，基本上完成了对格林内尔地区的调查。他的一名副手——佩勒姆·奥尔德里奇，几乎在同一时间成功抵达了北纬82.48°的区域。同时，一支奥地利探险队在帕耶和韦普雷希特的带领下，探索了东边的一片最著名的土地，这块土地被他们以奥地利皇帝的名字命名为法兰士约瑟夫地。

同时，诺登斯基尔德教授（后成为男爵）对东北航道的成功开发也引起了人们对北方地区的兴趣。诺登斯基尔德在1858—1870年在北极地区进行了七八次航行，他首次验证了夏天从挪威穿越到叶尼塞河河口的可行性，并在1875—1876年进行了两次旅行。从那之后，维金斯船长就出于商业目的，经常从英格兰驾驶商船驶入叶尼塞河河口。随着西伯利亚的发展，毫无疑问，这条路线将变得越来越具有商业价值。诺登斯基尔德教授受到鼓舞，决定从叶尼塞河河口，沿海岸前往白令海峡。1878年，他驾驶"织女号"开始航行，同行的还有"勒拿号"和一艘为他们供应煤炭的运煤船。8月19日，他们经过了旧大陆最北端的切柳斯金角。"勒拿号"在这里转向了后来以其命名的河口，而"织女号"则继续前进，在9月12日到达北方岬，距离白令海峡不到120英里。1778年，库克曾从东方到达过这里。不幸的是，冰块塞满航线，他们无法继续前进，只得在进退两难中等待至少10个月。1879年7月18日，冰层破裂，两天后，"织女号"挂满迎风飘扬的五彩旗帜环绕东方角，以鲜艳的色彩向亚洲最东的海岸致敬，以纪念西北航道的建成。此后，诺登斯基尔德男爵从艰苦的探险工作中脱身而出，通过研究早期制图学的历史并出版相关著作，获得了应得的闲暇。他出版了两本有价值的地图集，其中包括中世纪地图和海图的摹本。

人们对北极探险的普遍兴趣又重新被激起，众多国家联合起来对极地地区的情况进行调查。1879年，在汉堡举行了一次国际极地会议，决定在1882—1883年建立环绕北极的科学观测站，目的是研究极地海洋的情况。不少于15支探险队被派出，有些在南极地区，但大部分在北极附近。这些探险队的目标更多是为了进行自然科学考察，而不是为了地理大发现。其中一支由格里利中尉率领的美国探险队，又开始了对史密斯海峡及其出口的研究。他手下的洛克伍德中尉成功到达北纬83.24°的区域，距极点不到450英里，在那个时候这已经是人类所能到达的最北的地方了。格里利探险队还成功地证明了格陵兰岛与其说是被冰层覆盖，不如说是被冰川环绕。

迄今为止，在极地地区进行探索的通用方法是建立基站，在基站中储存足够的食物，然后将其尽可能远地推向任何需要的方向，并在沿途持续设立储藏所。在感到储备不足以支持前进时，原路返回并取得这些储藏。但在1888年，弗里杰夫·南森博士决定采用一种大胆的方法来探索格陵兰岛的内陆。他从无人居住的东海岸出发，穿越格陵兰岛。他的性命只能指望旅途成功，因为他在后方没有留下任何储备，返回是没有意义的。他的尝试获得了辉煌的成功。南森成功之后，皮尔里中尉于1892—1895年连续两次尝试，也在比南森博士当时还高得多的纬度成功穿越了格陵兰岛。

前述的大胆计划获得成功，促使南森博士进行了更大胆的尝试。据1882—1883年《国际极地观察》所做的调查，南森博士确信，从西伯利亚的东北岸开始，北冰洋上的冰一直在漂移。1881年，西伯利亚海岸的弃船"珍尼特号"的残骸在1884年漂到格陵兰岛东海岸，这一事实证实了他的观点。南森博士为自己建造了一艘船，即著名的"弗拉姆号"，并对其进行了专门的防冰设计。截至当时，北极探险的主要目的一直是避免船只搁浅，并且尽量在陆地沿岸航行。但南森博士相信，只要大胆地不理会这些规则，冰的漂流会把他带到北极点。他认为漂流需要大约三年的时间，因为"弗拉姆号"准备了5年的补给。南森博士冒险旅程的结果几乎在每一个方面都印证了他的非凡计划。冰的漂流带着南森博士在三年的时间里穿越了极地海洋，和预计的大概时间一致。当南森博士发现漂移并不能将他带到北边足够远的地方时，就带着一个同伴离开了"弗拉姆号"，徒步向北极前进。1895年4月，他们到达了所能及的最北端，北纬86.14°的区域，距离北极点大约200英里。回程中，他们很幸运地遇到了杰克逊先生。杰克逊于1894年在上风向的法兰士约瑟夫地区建立了自己的营地。这些勇猛无畏的探险家们的表现，与史丹利和利文斯通在完全相反的气候条件下的惊险旅程相比毫不逊色。

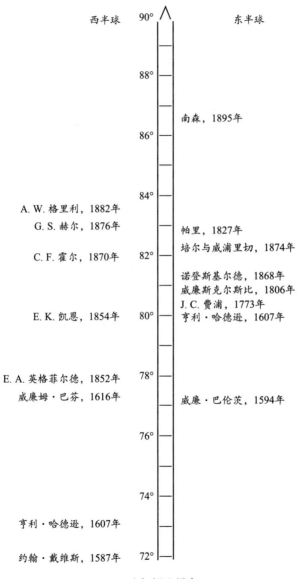

北极探险历史

南森博士在格陵兰岛放弃基地的方法一直被安德烈效仿。1897年秋，他在北极点乘气球出发，准备在北极地区长期逗留。过去的12个月中，没有人听到过他的消息，但有了南森博士的成功案例后，人们没有理由担心安德烈的安全，而今年可能会在实现地理发现的重大目标之一后见证他的回归。令人好奇的是，目前世界上的注意力因为两个最相反的动机而集中在北极地区，它们是对黄金的渴求和对知识与荣誉的渴望。

地理大发现纪事表

时间（公元前）	事件
约600年	马赛建立
570年	米利都的阿那克西曼德发明地图和日晷
501年	米利都的赫克特斯撰写第一本地理杂志
450年	据说迦太基人希米尔科访问英国
446年	希罗多德斯描绘埃及和塞西亚
约450年	迦太基人汉诺沿非洲西海岸航行到塞拉利昂
约333年	皮西亚斯访问英国和低地国家
332年	亚历山大占领波斯，访问印度
330年	尼阿库斯从印度河航行到阿拉伯湾
约300年	麦伽斯提尼描绘旁遮普
约200年	埃拉托塞尼创立科学地理学
100年	提尔的马里努斯创立数学地理学
60—54年	恺撒征服高卢，访问英国、瑞士和德国
20年	斯特拉波描绘罗马帝国，首次提及极北之地和爱尔兰
12年前	阿格里帕编绘《古世界地图》，《古世界地图》是所有世界地图后续版本的基础

时间（公元）	事件
150年	托勒密出版《地理学》
230年	《波伊庭格地图》描绘罗马帝国道路网络布局
400—414年	法贤游历阿富汗和印度
499年	会兴信访问中国以东的扶桑王国
518—521年	会兴信和成云访问帕米尔高原和旁遮普
671—695年	义净游历爪哇岛、苏门答腊岛和印度
776年	古世界地图《贝尔多斯地图》出版
851—916年	苏莱曼和阿布·扎伊德访问中国
861年	纳多德发现冰岛
884年	伊本·霍尔达描绘欧洲与亚洲之间的贸易路线
约890年	"沃夫斯坦号"和"奥瑟号"航行到波罗的海和北角
约900年	贡比恩发现格陵兰岛
912—930年	地理学家马斯乌迪在《黄金之乡》一书中描述西班牙和东亚
921年	艾哈迈德·伊本·福兹兰描述俄国人
969年	伊本·豪卡撰写《路途》
985年	维京人红发埃里克殖民格陵兰岛
约1000年	红发埃里克之子莱夫发现纽芬兰、新斯科舍和北美大陆
1111年	中国人最早开始使用水罗盘
1154年	西西里国王罗杰的顾问，地理学家伊德利赛绘制地理图
1159—1173年	图德拉的拉比·本杰明访问波斯湾和印度
约1180年	亚历山大·内卡姆首次提到指南针
1260—1271年	马可·波罗的父亲、叔叔在中亚建立第一家贸易公司

续表

时间（公元）	事件
1280年	哈丁厄姆·理查德出版《赫里福德地图》
1284年	埃布斯托夫出版《古世界地图》
1320年	阿马尔菲人弗拉维奥·里奥哈发明指南针盒和卡片
1312—1331年	阿布尔·菲达完成《地理书》
1327—1372年	约翰·蒙德维尔爵士记录印度旅行
1328年	西弗拉克的修道士乔丹努斯编写《基隆主教》
1328—1349年	方济会修道士约翰·德·马里诺里出访中国，1347年访问奎隆，1349年前往印度圣托马斯神社朝圣
1339年	马略卡岛的安杰利科·杜尔塞特绘制波多兰型海图
1351年	《美弟奇–波兰诺海图》出现
1375年	马略卡岛的犹太人克斯开改善杜尔塞特的波多兰型海图，制成加泰罗尼亚地图
约1400年	杰汗·贝斯库特重新发现加那利群岛
1419年	航海家亨利王子在萨格雷斯建立地理神学院
1419—1440年	威尼斯人贵族尼科洛·康蒂游历印度南部和孟买海岸
1420年	扎尔科发现马德拉群岛
1432年	贡萨洛·卡布拉尔重新发现亚速尔群岛
1442年	努诺·特里斯蒂昂到达佛得角
1442—1444年	阿卜杜勒·拉扎克在前往印度的使馆期间访问卡利卡特、芒格洛尔和维杰亚纳加尔
1457年	《弗拉·毛罗地图》出版
1462年	佩德罗·德·辛特拉到达塞拉利昂

续表

时间（公元）	事件
1468—1474年	俄国人阿塔纳西乌斯·尼基丁从伏尔加河出发，经中亚和波斯，到达古吉拉特邦、坎贝和高卢，后向内陆前进到达比达尔和戈尔孔达
1471年	费尔南多·德普发现费尔南多岛屿
1471年	佩德罗·德·埃斯科瓦尔穿越赤道
1474年	《托斯卡内利地图》（马丁·贝海姆地球仪的创作基础和哥伦布航行指南）出现
1478年	托勒密第二版印刷品出版，附二十七张地图（第一本地图集）
1484年	迭戈·卡姆发现刚果
1486年	巴塞洛缪·迪亚士环绕好望角
1487年	佩德罗·迪·科维拉姆访问荷莫兹海峡、果阿邦和马拉巴尔，后定居阿比西尼亚
1492年	马丁·比海姆制作地球仪
1492年	9月6日，哥伦布从加那利群岛出发航行
1492年	10月12日，哥伦布在圣萨尔瓦多（华特林岛）登陆
1493年	5月3日，教皇亚历山大六世颁布西班牙和葡萄牙分区治法令
1493年	9月，哥伦布在第二次航行中发现牙买加
1494—1499年	热那亚人希耶罗尼莫·迪·圣斯特凡诺访问马拉巴尔、科罗曼德海岸、锡兰和佩古
1497年	瓦斯科·达·伽马环绕海角，发现纳塔尔和莫桑比克，登陆桑给巴尔，后穿越卡利卡特
1497年	约翰·卡伯特重新发现纽芬兰
1498年	哥伦布在第三次航行中发现特立尼达和奥里诺科
1499年	韦斯普奇发现委内瑞拉

续表

时间（公元）	事件
1499年	品松发现亚马孙河入口，绕圣罗克角航行
1500年	佩德罗·卡布拉尔前往卡利卡特，发现巴西
1500年	胡安·德·拉·科萨绘制第一张新世界地图
1500年	科尔特·雷亚尔登陆圣劳伦斯河口，重新发现拉布拉多半岛
1501年	韦斯普奇沿美洲海岸航行
1501年	特里斯坦·达库尼亚发现特里斯坦岛屿群
1501年	胡安·迪·诺瓦发现阿森松岛
1502年	伯穆德斯发现百慕大群岛
1502—1504年	哥伦布在第四次航行中探索洪都拉斯
1503—1508年	卢多维科·迪·瓦尔特玛再次访问印度
1505年	马斯卡伦哈斯发现波旁岛和毛里求斯岛
1507年	马丁·瓦尔德塞缪勒在《宇宙学》中提议称新世界为美洲
1509年	迪奥戈·洛佩斯·西奎拉抵达马六甲
1512年	弗朗西斯科·塞拉奥访问香料群岛
1513年	在斯特拉斯堡，第一部现代地图集出版
1513年	庞塞·德莱昂发现佛罗里达
1513年	瓦斯科·努涅斯越过巴拿马地峡，到达太平洋
1517年	塞巴斯蒂安·卡伯特发现哈德逊湾
1517年	胡安·迪亚兹·德·索利斯发现里约热内卢广场，在马丁·加西亚岛上被谋杀
1518年	格里哈尔瓦发现墨西哥
1519年	埃尔南多·科尔特斯征服墨西哥

续表

时间（公元）	事件
1519年	斐迪南·麦哲伦开始环球航行
1519年	古雷探索墨西哥北海岸
1520年	麦哲伦到达蒙得维的亚，发现巴塔哥尼亚和火地岛，穿越太平洋
1520—1526年	阿尔瓦雷斯探索苏丹
1521年	麦哲伦发现拉德龙人（马利亚纳斯），在菲律宾被杀
1522年	塞巴斯蒂安·德尔卡诺接替麦哲伦率领"维多利亚号"绕地球航行三年后，到达西班牙
1524年	韦拉扎诺代表法国国王，从费尔角海岸到达新罕布什尔海岸
1527年	萨维德拉从墨西哥西海岸航行到香料群岛
1529年	西班牙和葡萄牙之间的分界线定为香料群岛以东17°
1527年	萨维德拉从墨西哥西海岸航行到香料群岛
1531年	弗朗西斯科·皮萨罗征服秘鲁
1532年	科尔特斯访问加利福尼亚
1534年	雅克·卡地亚探索圣劳伦斯的海湾和河流
1535年	迭戈·阿尔马格罗占领智利
1536年	冈萨雷斯·皮萨罗经过安第斯山脉
1537—1558年	费迪南德·门德斯·平托前往阿比西尼亚、印度、马来群岛、中国和日本
1538年	葛哈德·墨卡托以地理学家的身份开始职业生涯
1539年	弗朗西斯科·德·乌略亚探索加利福尼亚湾
1541年	奥雷拉纳沿着亚马孙河航行
1542年	德维拉洛博斯发现菲律宾、加登群岛和贝鲁群岛
1542年	卡布里略向门多西诺角挺进

续表

时间（公元）	事件
1542年	安东尼奥·德·莫塔首次访问日本
1542年	盖太诺道访桑威奇群岛
1543年	奥尔特兹·德·雷蒂斯发现新几内亚
1544年	塞巴斯蒂安·卡波特绘制《世界地图》
1549年	巴雷托和霍梅拉在赞比西河下游探险
1553年	休·威洛比爵士试图通过北角的东北航道探索新地岛
1554年	威洛比的同伴理查德·钱瑟勒到达阿尔汉格尔，由陆路前往莫斯科
1556—1572年	安东尼奥·拉佩里斯的地图集在罗马出版
1558年	安东尼·詹金森从莫斯科前往布哈拉
1567年	阿尔瓦罗·门达尼亚发现所罗门群岛
1572年	胡安·费尔南德斯发现费尔南德斯群岛、圣菲力克斯和圣安布罗斯岛屿
1573年	亚伯拉罕·奥特柳斯出版《全球史事舆图》
1576年	马丁·弗罗比舍发现弗罗比舍海湾
1577—1579年	弗朗西斯·德雷克环游地球，探索北美西海岸
1579年	耶尔马克·蒂莫维夫占领爱尔兰的西比尔
1580年	荷兰人定居圭亚那
1587年	约翰·戴维斯驶过戴维斯海峡，到达北纬72°的区域
1590年	巴特尔访问下刚果
1592年	莫利纽克斯制成英国最早的地球仪
1592年	胡安·德富卡设想在北美西北部发现广阔海洋
1596年	威廉·巴伦茨发现斯匹茨卑尔根，到达北纬80°的区域
1596年	霍特曼绕过好望角访问苏门答腊

时间（公元）	事件
1598年	蒙达尼亚发现马克斯萨斯群岛
1598年	哈克卢伊特出版《主要航行》
1599年	霍特曼到达苏门答腊的阿钦
1603年	史蒂芬·本内特重新发现北纬74.13°的樱桃岛
1605年	路易斯·韦兹·德·托雷斯发现托雷斯海峡
1606年	德基罗斯发现塔希堤岛和澳大利亚东北海岸
1608年	尚普兰发现安大略湖
1609年	哈德逊发现哈德逊河
1610年	哈德逊穿过哈德逊海峡进入哈德逊海湾
1611年	扬·马延发现扬·马延岛
1615年	勒梅尔绕过合恩角，发现新大不列颠
1616年	德克·哈托格使西澳大利亚航海图的范围延伸到南纬27°
1616年	巴芬发现巴芬海湾
1618年	巴巴里商人乔治·汤普森航行到冈比亚
1619年	埃德尔斯和霍特曼将西澳大利亚海岸延伸至南纬32.5°
1622年	荷兰帆船"鲁文号"到达澳大利亚的西南角
1623年	罗伯探索阿比西尼亚
1627年	"德鲁伊特号"绕过澳大利亚南海岸
1630年	本初子午线固定在加那利群岛的费罗
1631年	福克斯探索哈德逊湾
1638年	威廉·扬松·布劳地图册出版
1639年	库皮洛夫穿过西伯利亚到达东海岸

时间（公元）	事件
1642年	阿贝尔·扬森·塔斯曼发现范迪门斯岛（塔斯马尼亚岛）和斯达顿岛（新西兰）
1642年	瓦西莱·波哈尔科夫追踪阿穆尔河路线
1643年	亨德里克·布劳维尔发现新西兰
1643年	塔斯曼发现斐济
1645年	迈克尔·斯塔杜钦到达科利马
1645年	尼古拉斯·桑森出版地图集
1645年	意大利圣方济教会探索下刚果
1648年	哥萨克迪希涅夫航行于亚洲和美国之间
1650年	斯塔杜辛到达阿纳迪尔，遇到"迪申涅夫号"
1682年	拉萨勒沿密西西比河而下
1696年	俄国人到达堪察加半岛
1699年	丹皮尔发现丹皮尔海峡
1700年	德利尔地图出版
1701年	辛波波夫描述茨楚特基人领地
1718年	康熙皇帝出版《中国耶稣会地图》和《东亚地图》
1721年	汉斯·埃杰德重新定居格陵兰
1731年	哈德利发明六分仪
1731年	克鲁皮舍夫环绕卡姆恰卡航行
1731年	保罗特斯基环绕西伯利亚的东北角行驶
1735—1737年	莫佩尔蒂测量子午线弧度
1739—1744年	乔治·安森勋爵环游地球

续表

时间（公元）	事件
1740年	瓦雷纳·德拉·瓦朗德雷发现落基山脉
1741年	白令横渡白令海峡
1742年	切柳斯金发现切柳斯金角
1743—1744年	拉·公达敏探索亚马孙河流域
1745—1761年	布尔吉尼翁·安维尔制作古代地图
1761—1767年	卡斯滕·尼布尔勘查阿拉伯地区
1764年	约翰·拜伦勘查福克兰群岛
1765年	哈里森完善天文钟
1767年	《航海年鉴》首次出现
1768年	卡特雷特发现皮特凯恩岛，并航行于新大不列颠和新爱尔兰之间的圣乔治海峡
1768—1771年	库克第一次航行，发现新西兰和澳大利亚东海岸，穿越托雷斯海峡
1769—1771年	赫恩发现科珀曼河
1769—1771年	詹姆斯·布鲁斯在阿比西尼亚重新发现青尼罗河的源头
1770年	利阿霍夫发现新西伯利亚群岛
1771—1772年	帕拉斯勘测西西伯利亚和南西伯利亚
1776—1779年	库克第三次航行，勘查西北通道，发现夏威夷，后在夏威夷被杀害
1785—1788年	拉彼鲁兹勘查亚洲和日本东北海岸，发现库页岛，完成海洋划分
1785—1794年	比林斯勘查东西伯利亚
1787—1788年	莱塞普斯勘察堪察加半岛，并从东到西穿越旧世界
1788年	非洲协会成立
1789—1793年	麦肯锡发现麦肯锡河，并从麦肯锡河出发首次穿越北美

时间（公元）	事件
1792年	温哥华探索温哥华岛
1793年	布朗到达达富尔，记录白尼罗河的存在
1796年	蒙戈·帕克到达尼日尔
1796年	拉赛尔达探索莫桑比克
1797年	巴斯发现巴斯海峡
1799—1804年	亚历山大·冯·洪堡探索南美洲
1800—1804年	刘易斯和克拉克探索密苏里河流域
1801—1804年	弗林德斯勘查澳大利亚南部海岸
1805—1807年	派克探索密西西比河和红河源头之间的地区
1810—1829年	马尔特·布伦出版《通论地理概要》
1814年	埃文斯发现拉克伦河和麦夸里河
1816年	史密斯船长发现南设得兰群岛
1817—1820年	斯皮克斯和马蒂乌斯探索巴西
1817年	《斯提勒地图集》第一版出版
1817—1822年	金船长绘制澳大利亚海岸线
1819—1822年	富兰克林、贝克和理查森试图通过陆路西北通道
1819年	帕里发现兰开斯特海峡，并到达西经114°的区域
1820—1823年	弗兰格尔发现弗兰格尔岛
1821年	贝林豪森发现最南端的陆地彼德岛
1822年	德纳姆和克拉珀顿发现乍得湖，并访问索科托
1822—1823年	斯考兹比探索格陵兰东部海岸
1823年	威德尔到达南纬74.15°的区域

续表

时间（公元）	事件
1826年	莱恩少校在廷巴克图被谋杀
1827年	帕里到达北纬82.45° 的区域
1827年	瑞内·凯利访问廷巴克图
1828—1831年	斯图特船长追踪"达林号"和"默里号"
1829—1833年	罗斯试图通过西北通道发现布西亚费利克斯岛
1830年	英国皇家地理学会成立，第二年与非洲协会合并
1831—1835年	尚伯克探索圭亚那
1831年	比斯科船长发现恩德比大陆
1833年	贝克发现大鱼河
1835—1849年	容洪考察爪哇岛
1837年	辛普森沿北美北部大陆海岸前行1 277英里
1838—1840年	伍德探索阿姆河源头，杜蒙·乌尔维利发现路易–菲力浦领地和阿德利领地
1839年	贝兰尼发现贝兰尼群岛
1839年	斯特爵雷茨基伯爵发现吉普斯领地
1840年	斯特尔特船长在澳大利亚中部旅行
1840—1842年	詹姆斯·罗斯到达南纬78.10° 的区域，发现维多利亚大陆、埃里伯斯火山和特罗尔山
1841年	艾尔穿越西澳大利亚南部
1842—1862年	埃德梅·弗朗索瓦·约玛《地理古迹地图集》出版
1843—1847年	卡斯泰尔诺伯爵追溯巴拉圭起源
1844年	莱希哈特探索澳大利亚南部
1845年	彼得曼《地理通讯信息》首次出版

时间（公元）	事件
1845—1847年	富兰克林进行最后的航行
1846年	斯普努纳《历史手图册》第一版出版
1847年	约翰·雷将哈德逊湾与布希亚东海岸连接
1848年	莱克哈特试图穿越澳大利亚，后来下落不明
1849—1856年	利文斯通沿赞比西河穿越南非
1850—1854年	麦克卢尔成功航行西北航道
1850—1855年	巴特探索苏丹
1853年	凯恩博士探索史密斯海峡
1854年	瑞伊从爱斯基摩人处打探富兰克林远征队的消息
1854—1865年	费代尔布探索塞内甘比亚
1856—1859年	杜·查鲁游历中非
1857—1859年	麦克林托克发现富兰克林远征队遗迹，探索威廉国王岛
1858年	伯顿和史佩克发现坦噶尼喀湖，史佩克发现维多利亚·尼扬扎湖
1858—1864年	利文斯通发现尼亚萨湖
1859年	瓦利哈诺夫特到达喀什
1860年	伯克从维多利亚游历到卡彭塔利亚
1860年	格兰特和史佩克从维多利亚湖归来，在尼罗河上遇到贝克
1861—1862年	麦克杜尔·斯图尔特从南到北横穿澳大利亚
1863年	威廉·吉福德·帕尔格雷夫探索阿拉伯半岛中部和东部
1864年	贝克发现阿尔伯特湖
1868年	诺登斯基尔德到达格陵兰岛最高点
1868—1871年	内伊·埃里亚斯穿越中国中部

续表

时间（公元）	事件
1868—1874年	约翰·福雷斯特从澳大利亚西部穿越至中部
1869—1871年	施韦因富斯探索南部苏丹
1869—1874年	纳赫蒂加尔探索乍得东部
1870年	费琴科发现帕米尔北部的阿赖山脉
1870年	道格拉斯·福赛斯到达雅坎德
1871—1888年	普列瓦利斯基《中国西部四次探险》出版
1872—1873年	帕耶和维普雷希特发现法兰士约瑟夫领地
1872—1876年	英国"挑战者"远征队探索海底世界
1872—1876年	欧内斯特·吉尔斯穿越澳大利亚西北部
1873年	沃伯顿上校从东到西横穿澳大利亚
1873年	利文斯通发现莫埃罗湖
1874—1875年	陆军中尉卡梅隆穿越赤道非洲
1875—1894年	埃利斯·雷克吕斯出版《世界地理》
1876年	阿尔伯特·马科姆在纳雷斯远征中到达北纬83.20°的区域
1876—1877年	史丹利追踪刚果路线
1878—1882年	彭提·克里希纳游历沿扬子江、北江和雅鲁藏布江
1878—1879年	诺登斯基尔德开辟西伯利亚北海岸的东北通道
1878—1884年	约瑟夫·汤姆森探索非洲中东部
1878—1885年	塞尔帕·平托两次穿越非洲
1879—1882年	"珍妮特号"穿越白令海峡进入莉娜河口
1880年	格里利调查史密斯海峡附近
1880—1882年	邦瓦洛特穿越帕米尔高原

续表

时间（公元）	事件
1881—1887年	魏斯曼两次穿越非洲，发现刚果的富裕阶层
1883年	格里利特派团的洛克伍德到达格陵兰北角（北纬83.23°）
1886年	弗朗西斯·卡尼尔探索湄公河流向
1887年	荣赫鹏从北京游历到克什米尔
1887—1889年	史丹利带领埃明帕沙救援远征队穿越非洲，发现俾格米和月亮山脉
1888年	弗里乔夫·南森从东到西穿过格陵兰岛
1888—1889年	宾格船长沿尼日尔河河湾航行
1890年	塞卢斯和詹姆森探索马绍纳兰
1890年	威廉·麦格雷戈爵士穿越新几内亚
1891—1892年	蒙特伊尔从塞内加尔穿越到的黎波里
1892年	皮尔里穿越格陵兰岛
1893年	利特尔戴尔夫妇游历中亚
1893—1897年	南森博士乘坐"弗拉姆号"穿越北冰洋，向北推进到北纬86.14°
1894—1895年	卡斯滕·埃格伯格·博奇格里温克访问南极洲
1894—1896年	杰克逊·哈姆斯沃斯进行北极探险
1896年	伯特戈上尉勘测索马里兰
1896年	唐纳森·史密斯发现鲁道夫湖
1896年	亨利·德·奥尔良王子从东京穿越至莫鲁
1897年	佛阿上尉从南到北穿越南非
1897年	戴尔·卡耐基从南到北穿过西澳大利亚